科学新经典文丛

U0383106

欢迎来到宇宙

跟天体物理学家 去旅行

WELCOME
TO THE
UNIVERSE

AN ASTROPHYSICAL TOUR

[美]

尼尔·德格拉斯·泰森（Neil deGrasse Tyson）

J. 理查德·戈特（J. Richard Gott）

迈克尔·A. 施特劳斯（Michael A. Strauss）

著

孙正凡 梁焰 李旻

译

图书在版编目（ＣＩＰ）数据

欢迎来到宇宙：跟天体物理学家去旅行 ／（美）尼尔·德格拉斯·泰森（Neil deGrasse Tyson），（美）J.理查德·戈特（J. Richard Gott），（美）迈克尔·A.施特劳斯（Michael A. Strauss）著；孙正凡，梁焰，李旻译. -- 北京：人民邮电出版社，2021.5
（科学新经典文丛）
ISBN 978-7-115-56010-0

Ⅰ. ①欢… Ⅱ. ①尼… ②J… ③迈… ④孙… ⑤梁… ⑥李… Ⅲ. ①宇宙学 Ⅳ. ①P159

中国版本图书馆CIP数据核字(2021)第031752号

版权声明

◆ 著　　　　　[美] 尼尔·德格拉斯·泰森（Neil deGrasse Tyson）
　　　　　　　[美] J.理查德·戈特（J. Richard Gott）
　　　　　　　[美] 迈克尔·A.施特劳斯（Michael A. Strauss）
　　译　　　　孙正凡　梁　焰　李　旻
　　责任编辑　刘　朋
　　责任印制　王　郁　陈　犇
◆ 人民邮电出版社出版发行　　　北京市丰台区成寿寺路 11 号
　　邮编　100164　　电子邮件　315@ptpress.com.cn
　　网址　https://www.ptpress.com.cn
　　三河市中晟雅豪印务有限公司印刷
◆ 开本：880×1230　1/32
　　印张：15.625　　　　　　　　　2021 年 5 月第 1 版
　　字数：356 千字　　　　　　　　2021 年 5 月河北第 1 次印刷
　　著作权合同登记号　图字：01-2016-9377 号

定价：99.90 元
读者服务热线：(010)81055410　印装质量热线：(010)81055316
反盗版热线：(010)81055315
广告经营许可证：京东市监广登字 20170147 号

内容提要

我们身处广袤的宇宙之中，可是对它又有多少了解呢？恒星是如何诞生和死亡的？冥王星为什么会失去其行星地位？人们在坠入黑洞的过程中将有什么奇妙的体验？宇宙中其他地方的智慧生命前景如何？宇宙是如何起源的？它为什么在膨胀，为什么它的膨胀在加速？我们的宇宙是单独存在的还是无限多宇宙的一部分？

在本书中，普林斯顿大学的三位著名天体物理学家尼尔·德格拉斯·泰森、J.理查德·戈特和迈克尔·A.施特劳斯将带你进行一趟奇妙的宇宙之旅。他们用幽默风趣的语言向你揭示了宇宙的万千奥秘。本书的编写基于三位作者多年来共同讲授的一门面向非天文专业学生的基础课程，书中延续了课程讲授的通俗性、趣味性和严谨性，内容涵盖行星、恒星、星系、黑洞、虫洞、时间旅行、多重宇宙、外星生命等方面。

本书可供对宇宙演化及天文感兴趣的读者阅读。

谨以此书纪念小莱曼·斯皮策、马丁·史瓦西、博赫丹·帕钦斯基和约翰·巴考尔，他们对我们三人的天体物理学研究和教育有着不可磨灭的影响。

序: 走遍宇宙才能更好地理解我们自己

教育就是这本书的全部内容，外加一剂宇宙认知启蒙。

——本书第2章

近些年来，关于天文、宇宙的新闻屡屡登上显著的位置，如引力波、中国天眼（FAST）、月球和火星探测等。在过去几年中，天文学家屡屡摘得诺贝尔物理学奖。也有更多的学生和家长在咨询，应该怎样学习天文，哪所大学有天文系可以报考。比起其他学科来，天文学在我们的教育体系中的地位略显尴尬。数理化天地生，只有天文学在中小学阶段没有开设独立课程。这直接导致了很多人对天文学既充满好奇又十分陌生。在此，我们很荣幸能够把《欢迎来到宇宙：跟天体物理学家去旅行》（以下简称《欢迎来到宇宙》）这本书翻译介绍给读者。这本书是普林斯顿大学为非科学专业的学生开设的天文学课程讲稿的实录。课程的主讲人是美国的三位杰出天体物理学教授，其中尼尔·德格拉斯·泰森还身兼美国自然历史博物馆罗斯地球和太空研究中心海登天文馆馆长，也是当前最负盛名的科普作家。这本书介绍了太阳系、恒星、银河系、黑洞、宇宙膨胀和广义相对论研究等方方面面的内容，其中既有基础认识，也有最前沿的问题。如果你想快速了解天文学这个学科，知道当今的天文学家在做什么，尤其是将来你也想当一名天文学家，那么这可能是最合适的一本书了。

天文学是什么

　　关于什么是天文学，有一些常见的误解。有一次，我在上海天文台对面的徐光启纪念馆中听到一位家长在给孩子念展览的解说词："……天文学家……"孩子问："什么是天文学家？"家长微微一顿，说道："我们每天看到的天气预报就是天文学家告诉我们的。"这位家长把天文和气象混为一谈了。气象是指我们地球的大气层尤其是对流层里发生的天气现象。"天气"和"天文"里都有一个"天"字，但它们不是一回事儿。另一种常见的不恰当的解释与这位家长想的相反，许多人说"天文学只研究地球大气层以外的事情"。其实不是这样，天文学家也研究地球，甚至也关心大气层。

　　大的基础学科的划分，其实并不是以研究对象为标准（例如地球不只是地理学的研究对象，太空也不只是天文学的研究对象），而是以研究手段和方法为标准。对于同一个具体的对象，很多学科都要进行研究，只是切入的角度和方法不同。比如说地球，当然地理学要研究它，可是天文学家同样要研究它——地球的形状及其在宇宙中的地位在历史上曾经是天文学中的重大问题，如今地球更是行星天文学所能密切接触的唯一样本。所以，天文学的研究对象是包括地球在内的太阳系、银河系、宇宙时空等一切目标，只是天文学家考察在这些目标的时候所要解决的问题和所用的方法跟其他学科不太一样，当然也离不开其他学科的支撑。因为天文学研究的大部分目标遥远且暗淡，天文学家需要借助许多学科的知识来弄清楚通过望远镜看到的有限信息究竟意味着什么。进一步来说，我们无力在唯一框架下解决如此复杂的世界上的所有问题，因而被迫人为地划分了不同的学科，它们从不同侧面帮助我们去理解同一个世界。不同学科之间往往共享着大量的知识内容和认知手段，这也是学科细分、交叉和重组的基础。

在望远镜发明之前的时代，天文学有两个主要分支：属于物理学和哲学范畴的宇宙结构（天地日月星的位置关系和运动规则）和属于数学的时间历法（年月日规则的制定）。另外，还有与天文学的关系非常密切、如今已经被视为迷信的占星术。随着哥白尼日心说的提出和望远镜的发明，天文学领域产生了众多的观测和理论成果，特别是启发牛顿创立了三大运动定律和引力定律，实现了数学和物理学的第一次大综合，深入理解太阳系，也奠定了现代宇宙观念的基础。

现代天文学与其他学科特别是物理学之间的互动非常频繁。20世纪初，物理学的两大分支——量子力学和广义相对论的建立离不开天文学的贡献；反过来，20世纪物理学的发展又成为我们揭开天文现象本质的基础。20世纪70年代以来，宇宙学领域重大问题的研究进展离不开一批理论物理学家的加入，天文学关于暗物质、暗能量的发现又对物理学的基础理论提出了重大挑战。这些在本书里都有体现。因为现代天文学和物理学结合得如此紧密，所以它就被称为天体物理学了。

现代天文学的分支可谓包罗万象，如本书所述，涵盖了行星、恒星、星系、宇宙等，形成了一个彼此有别而又相互联系的统一整体。20和21世纪之交形成了天体生物学这个分支，致力于寻找宜居星球和智慧生命，更是跨越了天文学、物理学、地理和生物学等领域。现代天体物理学和宇宙学的发展，让我们第一次窥探到了宇宙创生的某些秘密，把太阳、地球和人类的诞生纳入了统一的时间序列。有一位宇宙学家戏称，宇宙学实际上包含了世界上的一切学科领域。

问题意识引领科学发展

在任何时代，人们对宇宙总是充满了难以满足的好奇心，因而对于某些基础问题的理解可以看作衡量人类文明先进程度的标准之一。这些问题包括宇宙的本质是什么，宇宙由什么构成，以及宇宙是如何起源的（如果它有一个起源的话）。对这些问题的回答构成了天文学的基本研究框架，而这些回答又深刻地影响了人类文化。从古希腊的地心说、哥白尼的日心说、牛顿的无限世界到现代的"有限无界"宇宙论，每一次天文学关于宇宙认识的新进展都成为其他学科尤其是哲学讨论世界的基础。

21世纪中国行星探测计划被命名为"天问"，这个名字来自伟大的诗人屈原的长诗《天问》。屈原在这首诗里劈头就提出了至少20个关于宇宙的问题：天地究竟是什么形状、究竟有多大，日月如何运行，星辰如何安放……可惜的是，在历史上，这首诗一直被视为浪漫的"奇思"，并没有得到重视。如今我们越来越重视科学的作用，才发现在科学体系里，问题意识起到了至关重要的引领作用。爱因斯坦甚至说过，提出问题要比解决问题更重要。一个好的问题往往能够引领一代甚至几代科学家孜孜以求的探索。在本书里，三位作者也非常注意指出课程里要谈论什么问题，在这些方向上还有哪些问题没有解决。作者泰森告诉我们："作为一个科学家，你必须拥抱知识的变化，你得学会热爱问题本身。"（本书第9章）

我们在中小学举办科学讲座时发现了一个令人惋惜的现象：随着年龄的增长，孩子们懂得的知识越来越多，可他们越来越不敢、不愿、不会提问题了。这对于我们的科学教育来说是非常不利的，因为提问题应该是一个科学家的基本功。我们甚至可以在英文儿歌《小星星》里看到这种问题意识。我们看一下这首儿歌的英文和中文两个版本的歌词。

The Star（括号内为直译内容）

Twinkle, twinkle, little star,（一闪一闪小星星）

How I wonder what you are.（我多想知道你是什么）

Up above the world so high,（高高在世界之上）

Like a diamond in the sky.（就像天上的钻石）

Twinkle, twinkle little star,（一闪一闪小星星）

How I wonder what you are.（我多想知道你是什么）

小星星

一闪一闪亮晶晶，

满天都是小星星。

挂在天上放光明，

好像许多小眼睛。

一闪一闪亮晶晶，

满天都是小星星。

《小星星》来自19世纪初英国女诗人兼小说家简·泰勒（1783—1824）和她的姐姐编写的歌词集《摇篮曲》。在这首儿歌中，女诗人通过"How I wonder what you are"（我多想知道你是什么）这一句表现出了非常强烈的问题意识。我们要知道，在200年前，连当时的天文学家们都还不知道星星的本质是什么，这依然是一个悬而未解且没有什么实用价值的问题。这个问题竟然出现在一首儿歌里，可能体现了当时在科学家的引领之下，全社会都在关注它。

可是，在大约 100 年前这首儿歌被翻译成中文时，也许译者在中文里找不到合辙押韵的表达方式，或者根本就觉得这个问题不重要，于是删除了这个提问，只保留了原文对现象的描述。中、英文版本的这个细微区别可能就反映了在我们的文化中，我们在有意或无意地不断"删除"孩子们的好奇心。

那么，是我们本来就缺少好奇心吗？当然并非如此。在屈原之后，我们在苏轼的诗歌里也能找到一首"小星星"。

夜行观星

天高夜气严，列宿森就位。大星光相射，小星闹若沸。

天人不相干，嗟彼本何事。世俗强指摘，一一立名字。

南箕与北斗，乃是家人器。天亦岂有之，无乃遂自谓。

迫观知何如，远想偶有似。茫茫不可晓，使我长叹喟。

就像英文儿歌一样，苏轼也是先描写夜空里的星宿依次排列，明亮的大星光芒四射，数不清的小星星热闹非凡。他还指出星宿的名字只不过是我们人为设定的而已。最后，他提出了一个深刻的问题——要是靠近去看，星星会是什么样呢？在当时的认知水平下，苏轼只能面对茫茫星海徒叹奈何。苏轼提出这个问题，并且认定它是一个还没有答案的问题，这在古代文学作品里是非常少见的。我们要发展科学，尤其是要做出重大的原创科学贡献，就必须找回屈原《天问》和苏轼《夜行观星》

里的问题意识。

从某种意义上来说，科学家就是永远拥有像孩子一样的好奇心的人，好奇心与实用无关。即使尚未知道答案，科学家们也从未放弃过对这个问题的探究。一直到 20 世纪 30 年代，星星发光的秘密才在相对论和量子力学的基础上被揭开。学习天文学的好处在于既能够保持好奇心，又能够了解科学家们是怎样一步一步从未知出发，找到合适的方法、工具、知识，逐渐揭开宇宙之谜的。这对于我们培养科学精神来说是一个非常有利的途径。

推而广之，在任何科学领域里，我们在不断学习和继承前人知识的同时，都不能忘记初心，不能满足于当前的认识水平。我们应该时时回到那些最初的问题上，知道科学研究仍然是开放和需要继续探索的。爱因斯坦在《物理学的进化》一书中，曾经把科学研究比作一个侦探故事，而且是一个至今没有被解答、我们甚至不能肯定它是否有最终答案的侦探故事。本书作者迈克尔·A. 施特劳斯指出，在科学领域里，"最激动人心的发现可能是我们甚至连想都想不到的事情……那些'未知的未知'"（本书第 16 章）。这些未知往往预示着重大的、原创的科学发现。

通过认识宇宙来认识自我

苏轼在《夜行观星》里提到了一个概念"天人（不）相干"。苏轼所说的"不"是一个非常有勇气的断言，因为古代文化给出的普遍答案是"天人相干""天人合一"（这里指的主要是占星术）。中国古代帝王自称"天子"，那么高高在上的"天"就在关注着人间命运，并以天象（包括天气）变化来示警。《汉书·天文志》认为，日月星辰、彗星、流星、风雨雷电等"此皆阴阳之精，其本在地，而上发于天者也。政失于此，则变见于彼，犹景（影）之象形，乡（响）之应声"。古人认为日食、地震、彗星等都是上天在警示人间政事变动、战争、饥荒，甚至国家兴亡。西方古代的占星术除了应用于军国大事之外，还应用于个人。它认为人体就像"小宇宙"，我们所处的这个大宇宙中的星座、日月行星的位置影响着我们生活里的一切。这种占星术的现代简化版本就是当今常见的"生日星座"（或者叫"星座运程"）。

中西方占星术当然都是古老的迷信，然而我们剖析它的本质，可以发现它其实保留了全世界文明普遍提出的一个有趣的问题，即星空和我们之间究竟有没有关系，有什么样的关系。我们毕竟生活在宇宙星空之下，天上各种变幻莫测的现象产生的原因究竟是什么，它们是否会影响我们的生活（比如带来福利或者灾祸）？占星术给出的答案虽然是错误的，但它也是古人对于人类在宇宙中的地位的一种思考。在现代科学诞生之前，古人难以知道日月星辰的本质，他们认为宇宙的尺度很小，因此才给出了如此自恋的答案。

在儿歌《小星星》写成的年代和其后的几十年里，德国的一些科学家开始研究太阳和实验室中得到的光谱，发现了光谱线与物质元素组成之间有着严格的对应关系，从而发展了光谱化学分析方法。1864年，英国科学家威廉·赫金斯发现太阳和恒星光谱可以与实验室里的气体光谱对应起来，因此，他推断太阳和恒星也是由跟地球上同样的物质组成的，而不是古人想象的神奇物质（比如阴阳或者以太）。恒星光谱学由此发展起来。1885年，瑞士巴塞尔大学年近60岁的数学教授巴尔末总结了当时在实验室和恒星光谱里发现的氢原子光谱，写成了统一的巴尔末公式。这个形式简洁的公式在1913年启发了丹麦物理学家玻尔提出他的原子模型，推开了量子力学的大门，使人类对物质结构的理解有了质的飞跃。随之而来的是英国、德国的天文学家和物理学家在量子力学、相对论和粒子物理的基础上发现了恒星发光的秘密——轻核聚变。

因此，天体物理学和宇宙学告诉我们：宇宙里最初只有氢、氦两种元素，太阳、地球和我们身体里比氦更重的元素都是在恒星燃烧的过程中形成的，恒星在生命结束时又把重元素抛洒到了星云里。所以，含有重元素的太阳一定不是第一代恒星，而是第二代甚至第三代恒星；我们的地球在太阳星云里形成，因此得以拥有如此之多的重元素，为生命演化奠定了物质基础。现代天文学带给我们的答案既颠覆了占星术这种古老迷信，又重建了我们和宇宙之间的联系——我们都是星尘。我们每个人都是宇宙演化的产物，也终将通过理解宇宙来认识自我。

天文学与中国科学

今天我们在回顾现代天文学的发展和传入中国的历史时，会发现一些特别巧合的时间点和事件，它们也影响了天文学在当代中国科学和教育体系里的地位。

现代天文学知识第一次传入中国是在400年前的明末清初。意大利传教士利玛窦在1582年来到中国，他一边学习中国文化，一边留意传教机会。利玛窦在和士大夫交往的过程中注意到数学和天文学在中国文化里具有非常重要的地位，而明朝的历法特别是日食预报受到较大误差的困扰，朝野上下在酝酿历法改革。恰好就在利玛窦来到中国的这一年，罗马教廷完成了格里高利改革，颁布了我们现在使用的公历。这一发现让利玛窦决定以帮助中国进行历法改革，向中国传播欧洲学术，进入中枢作为传教方略。上海籍学者徐光启在与利玛窦等人的交往中也发现了欧洲学术的价值，并在 1609 年和利玛窦完成了《几何原本》前六卷的翻译。

崇祯二年（1629 年）五月初一，钦天监预报的日食时间再次失误，提前了半小时，引来了崇祯皇帝的不满。徐光启此时正担任礼部尚书，钦天监在他的管辖范围内。他告诉皇帝中国传统天文学的计算精度已经无力继续提高了，要想获得准确的天象预报，只能从头开始重新修订历法。因此，徐光启领衔开设"历局"，邀请多位欧洲传教士加入，启动了修订历法的"大科学工程"。徐光启为修历工作提出了"翻译、会通、超胜"原则，从最基础的几何学和宇宙模型开始学习，借此弄清楚以往天文历算错误的原因，让后人在遇到误差时能够自主修改。这项工作在崇祯七年（1634 年）完成（徐光启在前一年去世），具体成果就是包括46 部书共计 137 卷的《崇祯历书》，全面引入了当时欧洲的天文学理论、仪器和计算方法，实际上标志着中国天文学的转型。

在 16 和 17 世纪之交，欧洲天文学正面临着托勒密地心说、哥白尼日心说、第谷的折衷体系之间的抉择。《崇祯历书》对此都有反映，还认为哥白尼是欧洲历史上最伟大的天文学家之一。换言之，那时中国天文学与欧洲有差距，但差距并不大，很容易赶上。可惜后来明清鼎革，江山易主，中国与欧洲学术交流的气氛也大为不同。清朝初年仍有不少传教士在钦天监和朝廷的其他部门任职，他们也介绍了哥白尼日心说的进展和牛顿的科学发现。中西方学者在数学、天文学、大地测量技术等方面有不少交流，可基本上限于朝廷内部，影响范围很小。康熙皇帝（1654—1722）和梅文鼎（1633—1721）等人开始提倡"西学中源说"，认为欧洲学术有不少好东西，但它们都是从中国古代传过去的，或者是在中国古代成果的基础上发展起来的，因此不值得继续学习。到了乾隆年间，随着中西方在其他方面的激烈争执的产生，人员来往和学术交流遂宣告彻底断绝。

康熙皇帝比牛顿（1643—1727）年轻 11 岁，当牛顿在 1687 年发表《自然哲学的数学原理》时，康熙皇帝才 33 岁。从康乾到 1840 年这一两百年间，欧洲社会发生了巨变，这一时期也正是欧洲天文学和物理学大发展的时期，经典物理学的大厦逐渐建立起来。所以，等中国在欧洲列强的坚船利炮的威逼之下被迫再次打开国门时，中国学者看到是物理学统治的科学领域，天文学的身影已经被辉煌的物理学成就所掩盖。

在清末及此后的 100 多年间，虽然有高鲁（1877—1947）、余青松（1897—1978）、张钰哲（1902—1986）、戴文赛（1911—1979）、王绶琯（1923—2021）、叶叔华（1927—）等多位天文学家撑起了中国现代天文学的天空，但对整个社会而言，无论是战乱年代还是和平建设时期，"高冷"的天文学显然是一门基本"无用"的科学。在两次世界大战前后，恰好又是现代物理学的转型时期，量子力学和相对论两大分支建立起来；在物理学基础和工业技术的推动下，天文学也逐渐转型，并在 20 世纪 60 年代有了射电天文学的四大发现，形成了现代天体物理学和宇宙学。于是，改革开放后，中国天文学面临的是新一轮的冲击。在我们面向公众举办科学讲座时，经常有观众提问，为什么总是在讲欧美科学家的贡献，很少讲到中国科学家。答案有着以上复杂的历史原因。

幸运的是，历经几十年的发展，今天我们拥有了郭守敬望远镜、中国天眼等大型科学设备和一支优秀的天文学家队伍，在前沿研究的某些领域已经不弱于国际水平。在本书当中，作者也提到了不止一位中国科学家的名字。如今我们要实现更多的原创性基础研究工作，推动我国基础科学研究高质量发展，加强天文学教育、进入中小学课堂势在必行，因为天文学特别适合开阔学生的视野，培养学生的好奇心和科学的质疑精神。

希望未来的天文学前沿领域有更多优秀的中国天文学家的身影，说不定也包括正在阅读这本书的你！

孙正凡

2021 年 3 月

前　言

当我的孙女儿艾莉森出生的时候，我最早对她说的那些话里有一句是"欢迎来到宇宙"。这是我的合作者尼尔·德格拉斯·泰森在广播里和电视上说过很多次的话。实际上，这是他的标志性用语之一。当你诞生的时候，你就成了一位宇宙公民。对你来说，四处看看，对周围感到好奇，是你对宇宙的义务。

尼尔第一次感受到宇宙的召唤，是他在 9 岁那年参观纽约海登天文馆的时候。作为一个城市里的孩子，他在天文馆穹幕的演示中第一次看到夜空里的辉煌景象。从那一刻起，他决定成为一名天文学家。嗯，他如今是这个天文馆的馆长。

实际上，我们都被宇宙触摸过。你体内的氢原子是在宇宙本身诞生的时候锻造出来的。你身体内的其他元素是在遥远的、很久以前消失的恒星里制造出来的。当你用手机联系朋友时，你应该感谢天文学家——手机制造技术依赖麦克斯韦方程组，而这个方程组的正确性依赖天文学家对光速的测量并得到了证实。手机上的定位系统告诉你所在方位，帮助你进行导航。这需要依赖爱因斯坦的广义相对论，而广义相对论由天文学家测量星光经过太阳附近时的偏折所证实。你知道在直径为 15 厘米的硬盘上可以存储的信息量的上限是什么以及这依赖黑洞物理学吗？一个更加通俗的例子是，你每年经历的季节变换直接依赖地球自转轴相对于地球围绕太阳运行的轨道平面的倾角。

我们写作这本书的目的在于让你更熟悉你居住的宇宙。写作这本书的想法开始于我们 3 个人在普林斯顿大学为非科学专业的学生讲授一门关于宇宙的本科新课程，那些学生可能以前从来没有学过任何一门科学课程。为此，我们的同事兼本科教育主任娜塔·巴寇选择了尼尔·德格拉斯·泰森、迈克尔·A. 施特劳斯和我。尼尔在向非科学人士解释科学方面的天赋是显而易见的，迈克尔当时刚发现了宇宙中最遥远的类星体，而我刚刚获得了普林斯顿大学杰出教学校长奖。这个课程大张旗鼓地开讲了，吸引来了如此之多的学生，以至于我们无法在自己的楼里上课，不得不搬到了物理系最大的演讲厅。尼尔讲授"恒星和行星"，迈克尔讨论"星系和类星体"，我讲授"爱因斯坦、相对论和宇宙学"。《时代》杂志也提到了这门课，当时该杂志授予尼尔"2007 年全世界最具影响力百人奖"。尼尔是一位教授，他会像跟他的学生聊天一样向你介绍各种知识。

我们讲授这门课几年之后，决定把我们的想法写成一本书，提供给那些渴望更深入地理解宇宙的读者。

我们从天体物理学的视角带你遨游宇宙，试图从这个角度理解正在发生的事情。我们会告诉你牛顿和爱因斯坦是怎样获得他们最伟大的想法的。你知道斯蒂芬·霍金非常有名，但我们会告诉你是什么让他出名的。在关于他生平故事的伟大电影《万物理论》[1] 中，埃迪·雷德梅尼 [2] 由于逼真地演绎了霍金而赢得了奥斯卡影帝的称号。在这部电影中，霍金在凝视着火炉时突然有了他最伟大的想法。我们会告诉你电影遗落的东西：霍金为何曾经并不相信雅各布·贝肯斯坦的工作，但他最终确

---

[1] 中文又名《飞向无限——和霍金在一起的日子》。——译注
[2] 中国观众爱称之为"小雀斑"。——译注

认了它，而且用它得到了一个新的结论。也就是这个雅各布·贝肯斯坦发现了在你的 15 厘米硬盘里能够储存多少信息。这一切都是有关联的。在本书关于宇宙的所有话题之中，我们特别关注那些让我们最具热情的方面，而且我们期待能够把我们的激动之情传递出去。

本书的三位作者，从左到右依次是施特劳斯、戈特和泰森。

图片来源: 普林斯顿大学，丹尼斯·艾波怀特。

自从我们开始授课以来，天文学知识又增加了许多，本书也反映了这一点。尼尔关于冥王星地位的观点已经被国际天文学联合会在 2006 年的一次历史性投票中认可。数以千计的围绕其他恒星运行的新行星已经被发现。我们会讨论这些。包括正常的原子核、暗物质和暗能量的标准宇宙学模型如今已经达到了相当精密的程度，这要归功于哈勃太空望远镜、斯隆数字巡天计划、威尔金森微波各向异性探测器（WMAP）和普朗克卫星的探测结果。物理学家已经通过欧洲的大型强子对撞机发现了希格斯粒子，让我们朝希望中的万有理论更靠近了一步。激光干涉仪引力波天文台（LIGO）实验已经直接发现了两个相互绕转的黑洞并合时所发出的引力波。

我们会解释天文学家如何确定有多少暗物质，以及我们如何知道它不是由普通物质（包含质子和中子的原子核）构成的。我们会解释我们如何知道暗能量的密度，以及我们怎么知道它具有负压。我们会谈到当前对宇宙起源及其未来演化的推测。这些问题把我们带到了今天物理学认知的前沿。我们还收录了来自哈勃太空望远镜、WMAP和"新视野号"探测器的精美照片，"新视野号"向我们展示了冥王星和冥卫一。

宇宙是多么神奇！尼尔会在最开始的一章中向你证明。这让许多人激动不已，同时又感到自身渺小、微不足道。但是，我们的目的是让你有能力去理解宇宙，这应该让你感觉到强健有力！我们已经理解了引力如何产生作用，恒星如何演化，宇宙的年龄是多少。这些都是人类思想和观测能力的胜利——这些事情应该能让你为自己身为人类的一员而感到骄傲。

宇宙在向你招手，让我们开始吧！

J. 理查德·戈特

美国新泽西州普林斯顿大学

目　　录 ┃

第 1 部分

恒星、行星和生命

第 1 章　天文数字和宇宙尺度

尼尔·德格拉斯·泰森

我们从恒星开始，然后去往星系、宇宙和更远的地方。巴斯光年在《玩具总动员》里怎么说来着？"超越无限！"

这是一个很大的宇宙，我希望向你介绍它的大小和尺度。它要比你想象的还大，它的温度要比你想象的还高，它的密度要比你想象的更高，它要比你想象的更加稀薄。你关于宇宙的一切想象跟宇宙的实际状况比起来还不够奇特。

在开始之前，让我们先一起准备一些工具。我想先带你对一些大大小小的数字进行一次巡礼，这样能够让我们用的词汇轻松一些，让我们对于宇宙里各样东西的大小感觉直观一些。我们从数字 1 开始。你以前见过这个数字，这个数字里没有零。如果我们把它写成指数形式，就是十的零次方，即 10^0。数字 1 的后面没有零，这里的零指数就表示这个意思。当然，10 可以写成十的一次方，即 10^1。让我们跳到 1000，即 10^3。代表 1000 的词头是什么？就是千，千克即 1000 克，千米即 1000 米。让我们再增加 3 个零，就是百万，即 10^6，它的词头是兆。可能这就是发明扩音器（megaphone）时人们学过的最大的数字了吧。如果他们知道还有 10 亿，也就是再添上 3 个零，即 10^9，他们就会称之为"吉音器"（gigaphone）了吧。如果你看一下计算机里文件的大小，你就会对"兆字节"和"吉字节"这两个词非常熟悉。1 吉字节就是 10 亿字节。我不确定你是否知道 10 亿究竟有多少。让我们环顾世界，看看有什么东西是用 10 亿来计数的。

首先，世界上如今有 70 多亿人口。比尔·盖茨？他跟这有什么关系？上一次我查看数据时，他拥有约 800 亿美元。他是极客守护神，这是极客们第一次控制了世界。人类历史上的大部分时间都不是这样的。时代已经改变了。

你见过 1000 亿吗？噢，也不是正好 1000 亿。麦当劳的口号"服务过 990 多亿人"，这是你在街上能见到的最大数字了。我记得他们开始计数的时候。在我的童年时代，麦当劳骄傲地展示过"服务过 80 多亿人"。麦当劳的招牌从来没有展示过 1000 亿，因为他们的汉堡计数器只有 12 位数。这样一来，计数就停在 990 亿。然后他们很快换上了一个卡尔·萨根数 [1]，所以现在就是"服务亿亿万万人"。

拿 1000 亿个汉堡包，挨个将其排列起来，从纽约开始往西边排，能够排到芝加哥吗？当然可以。能排到加利福尼亚吗？是的，当然。用某种方法让它们浮起来。下面的计算使用面包的直径（10 厘米），因为汉堡本身比面包还要小一点儿。所以，为了便于理解，这里的计算用到

---

[1] 在广受欢迎的电视系列科普片《宇宙》播出后，卡尔·萨根被邀请参加《强尼·卡森今夜秀》。在节目中，他为了强调很大的数字而使用了"几十亿乘几十亿"（billions upon billions）这个表述。不过主持人强尼·卡森模仿他的"几十亿又几十亿"（billions and billions）这个说法更受欢迎，成为幽默流行语。萨根去世后，"几十亿又几十亿"被非严格地定义为"1 萨根"，或称为萨根数，用来描述非常大的数字。"几十亿又几十亿"（或"亿亿万万"）也成为萨根身后出版的一本科普书的名字。——译注

了面包。现在你带着 1000 亿个面包漂洋过海，绕一个大圈，将手中的面包一个接一个地排列起来。这样你就跨过太平洋，经过澳大利亚、非洲，再经过大西洋，最后你回到了纽约。实际上在绕地球一圈后，你还剩下不少面包。你知道还剩下多少吗？你可以沿着上述路线再走……215 次！现在你手里仍有剩下的面包。你老是绕着地球转都厌烦了，那么你可以做点别的什么呢？你把它们摞起来吧。你会摞到多高呢？将你环绕地球 216 次后剩下的面包（每个高 5 厘米）摞起来，你会到达月球，然后回来。只有这样，你才能用完你的 1000 亿个面包。这也是为什么牛会害怕麦当劳。作为对比，银河系有大约 3000 亿颗恒星。所以，麦当劳已经达到了宇宙级别。

当你的年龄是 31 岁 7 个月 9 小时 4 分钟 20 秒的时候，你已经迎来你人生的第 10 亿秒了。当年我到这个年龄的时候，我开了一瓶香槟来庆祝，是一小瓶。你不会经常遇到 10 亿这个数字。

让我们继续。下一个数字是什么？万亿（trillion），即 10^{12}。我们给它个国际单位制词头：太（tera-）。你无法数到 1 万亿。当然，你可以尝试一下。即使你 1 秒钟数 1 个数，也得数上 31 年的 1000 倍——31000 年，这就是为什么我不推荐你这么做，在家里也不要。1 万亿秒之前，克罗马农人正在他们居住的洞穴的岩壁上画画。

在纽约的罗斯地球与太空中心，我们展出了一条螺旋形的宇宙时间线，从大爆炸开始，展开 138 亿年。如果不卷起来，它相当于一个足球场的长度。你每一步都会跨越 5000 万年。当你走到这条线的尽头时，你会问："我们在哪里？我们人类历史的尽头会在哪里？"从 1 万亿秒之前到今天，从爱好涂鸦艺术的穴居人到现代人，整个人类史仅仅相当于一缕头发的宽度，只是我们占据了时间线的末端。你可能认为我们的寿命很长，认为我们的文明已经持续了很长时间，但从宇宙的角度来看并非如此。

下一个数字是什么？10^{15}。那就是 1000 万亿（quadrillion），词头为拍（peta-）。它是我最喜爱的数字之一。研究蚂蚁的生物学家 E. O. 威尔逊说，在地球上生活的蚂蚁有 10 拍只。

接下来是什么？10^{18}，100 亿亿（quintillion），词头为艾（exa-）。这是 10 个大型海滩上沙粒的估计数目。全世界最著名的海滩之一是里约热内卢的科帕卡巴纳海滩。它的长度为 4.2 千米，宽度曾经为 55 米。后来人们又倾倒了 350 万立方米沙子，将其拓展到 140 米。科帕卡巴纳海滩在海平面高度上的沙粒的平均大小为 1/3 毫米。也就是说，每立方毫米有 27 粒沙子，所以 350 万立方米这种沙粒的数目为 10^{17}。这是如今那里的绝大多数沙子了。所以，10 个科帕卡巴纳海滩就会有大约 10^{18} 粒沙子。

再乘以 1000，我们就得到 10^{21}，10 万亿亿（sextillion）。我们从千米的"千"到扩音器的"兆"，到麦当劳汉堡的"千亿"，到克罗马农人，到蚂蚁，到沙滩上的沙子，最终到了这里的 10 万亿亿——这是可观测宇宙中的恒星数量。

在我们的周围，有很多人断言我们在这个宇宙中是孤独的。他们根本没有大数字的概念，没有宇宙大小的概念。后面，我们将会更多地了解我们所说的可观测宇宙，也就是我们所能看到的这部分宇宙。

在这里，请允许我临时跳过这一步，让我们看看比 10 万亿亿更大的数字，比如 10^{81}，怎么样？据我所知，这个数字还没有特殊称呼。

它是可观测宇宙中的原子总数。为什么你需要比它更大的数字呢？你"在地球上"到底在数什么呢？比如说 10^{100}，这个数字看起来挺漂亮。

它叫 1 古戈尔（googol）。不要与谷歌（Google）弄混了，这家互联网公司是故意把"googol"拼错的。

在可观测宇宙中没有要计算的对象会用到古戈尔。这只是一个有趣的数字。我们可以写它为 10^{100}，如果你没有编辑上角标，将其写成 10^100 也行。不过，在某些情况下，你仍然会使用这么大的数字——不是数东西，而是计算某些事情可能发生的方式。例如，国际象棋总共有多少种可能的棋局？下面 3 种状况都会被判定为和棋：（1）同一局面出现了 3 次；（2）在 50 回合之内，没有任何一个棋子被吃掉，而且没有任何一方的兵移动过；（3）剩余的棋子数量不足，无法将军。倘若遇到这些状况，两个对弈者之一肯定会利用和棋的规则，那么我们就能计算出可能的棋局的数目。戈特计算了一下，发现答案是小于 10^（10^4.4）的一个数字。这个数要比古戈尔大得多，古戈尔是 10^（10^2）。如果你不是在数东西，而是在数做某些事情的可能的方法，那么数字就会变得非常大。

我还有个比这更大的数字。如果 1 古戈尔是 1 后面跟 100 个零，那么 10 的 1 古戈尔次方如何表示？它也有一个名字：古次幂（googolplex，音译为"古戈尔普勒克斯"）。它是 1 后面跟着 1 古戈尔个零。你还能写出这个数字吗？不可能。因为它有 1 古戈尔个零，而 1 古戈尔已经比宇宙中的原子总数还要大了。因此，你就只能在这几种写法里选择一个了：10^{googol}、$10^{10^{100}}$ 或 10^（10^100）。如果你已经跃跃欲试了，我想你可以尝试写 10^{19} 个零，也就是在宇宙中的每个原子上写一个零。但你可能有更好的事情要做。

我接下来要讲的内容并不是要浪费你的时间。我有个数字比古次幂还要大。雅各布·贝肯斯坦发明了一个公式，让我们可以估计不同量子态的最大数量，它们的质量和大小可与我们观测到的宇宙相媲美。考虑到我们所观察到的量子模糊现象，这将是在像我们这样的可观测宇宙中的最大数字。它是 $10^{(10^{124})}$，这个数字比"古戈尔普勒克斯"还要大得多。从那些大部分是由黑洞构成的可怕宇宙，到那些跟我们所在的宇宙很类似的宇宙，这个 $10^{(10^{124})}$ 描述了各种类型的宇宙。只是在那些宇宙里，你的鼻孔中少了一个氧分子，而某些外星人的鼻孔中多了一个氧分子。

因此，事实上，我们确实能够给那些极大的数字找到一些用处。我不知道比 $10^{(10^{124})}$ 更大的数有什么用，但数学家当然知道。

一个定理曾经包含了大到蛮不讲理的数字 $10^{(10^{(10^{34})})}$，它叫史丘斯数。数学家从远远超越物质现实的思考中获得乐趣。

让我们聊聊宇宙中其他的极端情况。

聊聊密度如何？你从直觉上知道密度是什么，但是让我们来考虑宇宙中的密度。首先，探索我们周围的空气。我们正在呼吸的空气每立方厘米中有 2.5×10^{19} 个分子——78% 是氮气，21% 是氧气。

每立方厘米中有 2.5×10^{19} 个分子这个密度可能比你想象的要高。让我们看看我们最好的实验室真空环境。我们今天已经做得很好了，使密度降低到每立方厘米约 100 个分子。那么行星际空间是什么样呢？到达地球的太阳风中，每立方厘米包含大约 10 个质子。在这里谈论密度时，我指的是组成那种气体的分子、原子或自由粒子的数量。恒星之间，也就是星际空间是什么样呢？它的密度起伏不定，这取决于你在哪里闲逛，但是密度降到每立方厘米 1 个原子的区域并不少见。在星系之间的空间里，这个数字要小得多，每立方米才有 1 个原子。

我们在如今最好的实验室里都找不到像太空那样的真空环境。有句老话说："大自然痛恨真空。"说这种话的那些人从来没有离开过地球表面。事实上，大自然简直爱死真空了，因为宇宙的大部分都是真空。当人们说"自然"的时候，他们指的仅仅是我们现在所处的位置，在我们称之为大气层的这条厚厚的毯子的底部，大气在任何时候都会冲进它可以填满的空间。

假设我把一支粉笔朝黑板扔去，然后拿起一块碎屑。我已经把那支粉笔摔成了碎屑。假设一块碎屑的大小为 1 毫米左右。想象一下，假设那是个质子。你知道最简单的原子是什么吗？氢，你可能已经知道了。它的原子核中包含一个质子，而普通的氢原子中有一个电子占据着环绕原子核的轨道。氢原子有多大？如果粉笔碎屑是质子，原子会像沙滩球一样大吗？不，要更大。它的直径将达到 100 米，大约相当于 30 层楼的高度。这是怎么回事呢？因为原子内部非常空。在原子核和那个孤独的电子之间没有粒子，电子在原子的第一个轨道上运动，这是我们从量子力学那里知道的，电子在原子核周围形成球形分布。让我们进入更小更小更小的尺度，以达到宇宙的另一个极限。它代表我们要测量的东西是如此之小，以至于我们甚至不能测量它。我们还不知道电子的直径是多少。它比我们能测量的极限还要小。不过，超弦理论表明，它可能是一个微小的振动弦，小到 1.6×10^{-35} 米的尺度。

原子的直径约为 10^{-10} 米（1 米的百亿分之一）。10^{-12} 米或 10^{-13} 米是多少呢？已知这样大小的物体包括只有一个电子的铀，以及一种由一个质子和一个叫缪子的电子的重量级表兄组成的奇特氢原子。它的大小大约是普通氢原子的 1/200。由于缪子的自发衰变，它的半衰期大约为 2.2 微秒。只有深入 10^{-14} 米或 10^{-15} 米的尺度，你才能测量出原子核的大小。

现在让我们走向另一个方向，上升到越来越高的密度。比如，太阳怎么样？它的密度是不是很大，还是并不大？太阳中心相当稠密（也超级热），但边缘的密度要小得多。太阳的平均密度大约是水的 1.4 倍。我们知道水的密度是 1 克 / 厘米^3。太阳中心的密度是 160 克 / 厘米^3，但是太阳在这方面的表现很普通。很多恒星会有惊人的表现（或者说不正常的表现）。有些恒星膨胀变大，成了大洋葱，密度变得非常低，而另外一些恒星则坍缩得很小很致密。考虑一下我的质子碎屑和包围它的孤独、空旷的空间。宇宙中有一些过程会导致物质坍缩、粉碎，直至达到原子核的密度。在这样的恒星中，每个原子核都与相邻的原子核摩肩接踵。那些具有这些特性的物体恰好大部分是由中子组成的——这是宇宙的超高密度区域。

在我们天文学家的职业中，我们倾向于对我们所看到的东西进行准确命名。我们称又大又红的恒星为红巨星，称又小又白的恒星为白矮星。当恒星由中子组成时，我们称它们为中子星。发出电磁脉冲的恒星称为脉冲星。在生物学中，学者用大写的拉丁语为物种命名。医学博士用这些古老的语言写处方，病人无法理解，而把它们交给药剂师时，药剂师能看懂它们。有一些英文名称包含很多音节的奇特的化学物质是我们每天都要吃下去的。在生物化学中，最流行的分子的英文名称包含 10 个音节：deoxyribonucleic acid（脱氧核糖核酸）！然而关于宇宙中所有空间、时间、物质和能量的开始，我们可以用两个简单的英文单词 "big bang"（大爆炸）来描述。天文学家喜欢用单音节描述研究对象，因为宇宙已经令人难以理解了，进一步用大字眼让人感到困惑是没有意义的。

想要看到更多的例子吗？在宇宙中，有些地方的引力是如此之强，以致连光都出不来。要是你掉进去了，你也不出来，那就是黑洞。我们在这里又一次使用单音节词（black hole），讲完了整个故事。对不起，关于这一切，我实在是不吐不快。

一颗中子星有多么致密？让我们来一点点儿（相当于顶针那么大的一点儿）中子星物质。顶针是什么？很久以前，人们会手工缝制所有的东西，顶针可以保护你的指头不被针刺到。为了达到中子星的密度，你得召集1亿头大象，然后把它们塞进这个顶针里。换句话说，如果你把1亿头大象放在跷跷板的一侧，另一侧有一个用中子星物质制成的顶针，它们就会平衡。中子星就是如此致密的东西。中子星的引力也很大。有多大？让我们去它的表面看看。

衡量某物具有多大引力的一种方法是问举起它需要多少能量。如果引力很大，你就需要很多能量来举起它。我用一定数量的能量爬上一层楼，这个量在我的能量储备范围之内。但是想象一下，在一颗跟地球引力类似的假想的巨型行星上，悬崖高达2万千米。从悬崖底部爬上顶部，你时刻需要对抗我们在地球上爬山时所体验到的重力加速度，现在测算一下你从底部爬到顶部所需的能量。这就需要很多能量。它比你在悬崖底下时所储存的能量还要多。在路上，你需要吃一些能量棒或其他高热量、容易消化的食物。好，以100米/小时的速度快速攀登，每天24小时不停歇地往上爬，你将用22年以上的时间才能达到悬崖顶部。但是，要是在中子星表面上，你爬上一张纸的高度就需要与此相当的能量。看来，中子星上面可能是没有生命的。

我们已经从每立方米1个质子谈到1亿头大象每顶针的密度。我漏掉了什么？温度是什么样？让我们谈谈热。从太阳表面开始吧，那里的温度大约是6000开。你往太阳表面放任何东西，它们都会汽化。这就是为什么太阳表面是气体，因为在那个温度下一切都变成了蒸气。（相比之下，地球表面的平均温度仅为287开。）

太阳中心的温度是什么样呢？正如你可能猜到的，太阳的中心比它的表面更热——这是有足够的证据来支持的，本书后面会讲到。太阳中心的温度约为 1500 万开。在 1500 万开下会发生令人惊奇的事情。质子正在快速移动，事实上它们的速度极快。

两个质子通常相互排斥，因为它们具有相同的（正）电荷。但是如果质子运动得足够快，它们就能克服这种排斥作用。要是你可以让它们靠得足够近，就会有全新的力量加入进来——不是排斥性的静电力，而是在极小的范围内表现出吸引作用的力量。如果你让两个质子靠得足够近，在那个极小的范围内，它们将连接在一起。这种作用力有个名字，我们称之为强核力。是的，这就是它的正式名称。这种强大的核力可以使质子结合在一起，形成新的元素，例如在周期表中氢之后的下一个元素——氦。恒星正在忙于制造比形成它们的那些元素更重的元素。这一过程发生在恒星核心的深处，我们将在第 7 章中进一步了解它。

我们去低温方向聊聊。整个宇宙的温度是多少？它确实有温度，是由大爆炸遗留下来的。回到 138 亿年前，你现在看到的所有空间、时间、物质和能量都挤压在一起。初生的宇宙是一个炽热的、沸腾的装满物质和能量的大熔炉。宇宙膨胀从那时起已经使宇宙冷却到了大约 2.7 开。

今天宇宙在继续膨胀和冷却。数据显示，我们正在进行单程的时空旅行。宇宙是从大爆炸中诞生的，它将永远膨胀下去。温度将继续下降，最后变为 2 开，然后变为 1 开，然后变为 0.5 开，渐近地接近绝对零度。最终，由斯蒂芬·霍金发现的、戈特将在第 24 章中讨论的效应出现了，宇宙的温度可能低至约 7×10^{-31} 开。但这个事实并没有给我们带来任何安慰。恒星将会把它们所有的热核燃料耗尽，它们将会一个一个地死去，从天上消失。星际气体确实可以制造新的恒星，但显然这也会耗尽它们的气体供应。从气体开始制造恒星，恒星在它们的生命周期中不断演化，留下一具具尸体——恒星演化后死亡的副产品（黑洞、中子星和白矮星）。这一过程一直持续到银河中所有的光源都熄灭，一个接着一个。星系变黑了，宇宙变黑了，只剩下黑洞，它们发出极其微弱的辉光。再次说明一下，这是斯蒂芬·霍金预测的。

宇宙就这样结束了，不是随着一声巨响，而是伴随着一声呜咽。

在这种情况发生之前很久，太阳按大小来说将增大。我向你保证，你不想在这种情况下出现。当太阳死亡时，它的内部会发生复杂的热物理过程，迫使它的外表面膨胀。太阳会变得越来越大，越来越大，它慢慢地在天空中占据你越来越多、越来越多的视野。太阳最终吞没了水星的轨道，然后吞没金星的轨道。50亿年后，地球将是一块被烧焦的余烬，在太阳表面之外环绕着它运动。海洋早已沸腾，水分蒸发到大气中。大气层将被加热到某种程度，所有大气分子都将逃逸到太空中。我们所知道的生命将不复存在，而其他力量在大约76亿年后会导致烧焦的地球螺旋式进入太阳，在那里汽化。

祝你今天愉快！

我试图让你对这本书涉及的数量和大小有所感觉。我刚才谈及的所有内容在后面的章节中都会进行更深刻更详细的讲述。欢迎来到宇宙！

第 2 章　从昼夜变化到行星轨道

尼尔·德格拉斯·泰森

在这一章里，我们将介绍 3000 年来天文学的发展历程。这一切发生在上至远古的巴比伦时代，下至 17 世纪。这不会是一堂历史课，因为我不打算涵盖所有的细节，比如谁第一次发现了什么。我只想让你大致了解在那些时代人们都了解到了什么。天文学开始于人们试图理解夜空。

这是太阳（见图 2.1）。让我们在它的旁边画上地球。画的时候，既没有按大小比例，也没有按距离比例，只是简单地试图说明太阳－地球系统的某些特征。在更远的外面，当然是天上的星星。我将假设天空是一个大球，其内有许多光点，即恒星。这样更容易描述其他一些事情。

地球，你可能知道它在绕一根轴旋转，而这根轴相对于地球绕太阳运转的轨道倾斜，倾斜的角度是 23.5°。对我们来说，地球需要多长时间自转一次？一天。绕太阳转一圈需要多久？一年。在美国，30% 的普通民众被问及第二个问题时给出了错误的答案。

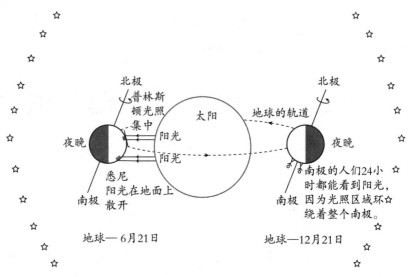

图 2.1 地球绕着太阳转，随着季节的变化产生不同的夜间范围。由于地球的自转轴相对于其轨道倾斜，在 6 月 21 日，照射到北半球的阳光更接近直射，而澳大利亚和整个南半球的阳光的倾角更大。在 12 月 21 日，南极圈以南的人们在 24 小时内都能看到阳光，因为在地球自转时，阳光包围了南极。

图片来源: J. 理查德·戈特。

一个旋转的物体在太空中实际上是相当稳定的，它在空间中的方向保持不变。地球围绕太阳运动，从 6 月 21 日到 12 月 21 日，它从太阳的一边运动到了另一边（在图 2.1 的右边），但地球在空间中的自转方向仍将保持不变——它的自转轴在它围绕太阳运转的整个过程中均指向同一个方向。这就产生了一些有趣的现象。例如，在 6 月 21 日，一条垂直于地球轨道平面的垂线将地球分成日夜两部分。在那条线的左边，远离太阳的地方，你知道那是什么吗？那是晚上（夜半球）。但在 12 月 21 日，当地球运行到轨道的另一边时，夜半球就换成了地球的另一半——在图的右边。地球上所有在夜间抬头看天的人都能看到与太阳相对的那部分天空。6 月 21 日的夜空（最左边的星星）与 12 月 21 日的夜空（最右边的星星）是不一样的。在夏天的夜晚，我们看到了"夏季"星座，如北十字（也就是天鹅座）和天琴座；而在冬天的夜晚，我们看到了"冬季"星座，如猎户座和金牛座。

让我们看看其他东西。12 月 21 日，南极圈以南的人们会怎样？他们将绕着南极转动。那里的人们会看到黑夜吗？不会。12 月 21 日，随着地球转动，那里的人们会看到一天中都没有黑夜，24 小时阳光灿烂。那一天，在整个南极大地上，没有任何人会经历夜晚。对于位于南极圈和南极点之间的任何人来说都是如此。根据这个事实，如果我来到北极，就会看到北极圈以北的人们围绕着北极转动，那就是圣诞老人和他的朋友们，他们从不旋转到地球的白天。对他们来说，12 月 21 日有 24 小时的黑夜。正如你可能想到的那样，在 6 月 21 日，相反的情况发生了，也就是说南极圈以南的人们在一年中的这个时候看不到白天，北极地区的人们看不到黑夜。

要是我们从新泽西州的普林斯顿进行观察呢？它离纽约市很近，但没有摩天大楼和明亮的城市灯光干扰我们的视线。这个城镇的纬度大约是北纬 40°（跟北京的纬度一致）。在 6 月 21 日的黎明时分，新泽西州将旋转到白天，接收到的阳光相当接近直射，而照到南半球的阳光相对于地面倾斜的角度很大。

正午是太阳到达天空最高点的时候。你知道在美国大陆，在一年中的任何一天，在一天里的任何时间，没有任何地方会出现太阳位于头顶正上方的情况吗？奇怪的是，如果你抓住街上的人问"中午 12 点的时候，太阳在哪里"，大多数人会回答"在头顶正上方"。在这件事以及其他很多事上，人们只是重复他们认为正确的东西，这就暴露出来他们从来没有观察过，他们从来没注意到过，他们从未做过实验。世界上充斥着这样的事情。例如，我们问冬天的白天长度会怎样变化？有人回答："在冬季白天变短，在夏季白天变长。"让我们考虑一下。一年中白天最短的是哪一天？12月21日，这是北半球的冬至。如果冬至是一年中白天最短的一天，那么冬季的其他日子会怎样呢？它们必须更长一点。所以，在冬至以后，白天变得更长，而不是更短。你不需要成为博士或者从国家科学基金会那里得到资助就能发现这一点。在冬季白天先变短后变长，在夏季白天先变长后变短（这个结论和大多数人认为的有所不同）。

夜空中最亮的星星是哪一颗？人们一般会说是北极星。你看过吗？大多数人没有。北极星都没有名列前10，也不在前20名中，不在前30名中，它甚至不在前40名中。澳大利亚位于南方很远的位置，那里没有人看到北极星。他们甚至也没有什么南极星可以看。我们谈论天体半球时，不要嫉妒澳大利亚人能看到南方天空中的星座，比如南十字座。你可能听说过它。人们会在歌曲里唱到它，但你知道南十字座是88个星座中最小的一个吗？把胳膊伸出去，你的拳头就能完全遮挡住这个星座。同时，南十字座的4颗最亮的恒星构成了一个弯曲的盒子，中间没有恒星来表示十字架的中心。更准确地说，它应该叫南菱形星座。相比之下，北十字（也就是天鹅座）的面积大约是南十字座的10倍，有6颗突出的恒星。这个星座中间有一颗星看起来就像一个十字。在北半球，我们能看到一些伟大的星座。

北极星实际上是夜空中亮度排在第45名的恒星。所以，帮我一个忙，抓住街上的人问他们这个问题，然后纠正他们的错误。你也许知道，夜空中最明亮的恒星是天狼星，在西方古代也叫狗星。

现在我们来比较一下地球上两个地点的阳光照射情况。6月21日中午，阳光以很大的角度照射在普林斯顿的地面上（见图2.1）。两条平行的光线从太阳照射到普林斯顿，到达地面时所经过的距离的差异非常小。在同一时刻，在澳大利亚悉尼的地面上也可以找到两条类似的光线，只是阳光入射的角度要小得多，而且落到地面上时彼此分开得比较远。这是怎么回事？哪个地方的地面升温更快？当然是普林斯顿。在普林斯顿的地面上，入射的能量更加集中。6月21日，普林斯顿处于夏季。每年的这个时候，澳大利亚的悉尼是冬天。6个月后，在12月21日会发生相反的情形。

太阳使地面升温，地面使空气升温。太阳并不是明显地加热了空气本身，因为空气对于来自太阳的大部分能量来说是透明的。太阳的能量在光谱的可见光部分出现峰值，而且你已经知道你可以透过大气层看到太阳。我们由此得出一个明显的结论：太阳的可见光没有完全被空气吸收，否则你根本看不到太阳。如果你待在一个没有窗户的房间里，你就看不到太阳，因为你所在建筑的屋顶正在吸收来自太阳的可见光。你要么通过透明的窗户，要么得出去才能看到太阳。因此，可以说阳光穿过了透明的空气并到达地面。地面吸收阳光，然后把能量转换为不可见的红外线发射出来。大气层可以且确实吸收了红外线——我们将在第4章中谈论关于光谱的其他部分的详细情况。

地面吸收来自太阳的可见光后变得更热，然后通过发射出的红外线来加热空气。这不是瞬间发生的。这需要时间，但需要多长时间呢？一天中最热的时间是什么时候？不是中午12点，这是地面被加热的高峰时间。一天中最热的时间从来都不是中午12点。由于这种延迟效应，最热时间总是在几小时以后：下午2点，下午3点，甚至在一些地方是下午4点。

这就是北半球的夏季。在夏季，地轴的北极向太阳倾斜，当然这个时候是南半球的冬天。一天中最热的时间是在中午 12 点之后。由于同样的原因，北半球最热的时间是在 6 月 21 日之后。这就是为什么夏天会在6 月 21 日之后变得更热。同样，12 月 21 日以后，北半球会变得更冷。

3 月 21 日，春季开始。[1] 在北半球春季的第一天（3 月 21 日）和秋季的第一天（9 月 21 日），由于自转，地球的每一部分处于阳光下的时间和看不到阳光的时间都是相等的。所以，地球上的每个人在这两天都会看到等长的黑夜和白天——这就是春分和秋分。

地球的北极指向北极星，这是一个宇宙级的巧合吗？并非如此，因为北极并非精确地指向北极星。在我们的地轴指向天上的实际位置（北天极）和北极星所在的位置之间可以填进 1.3 个满月的宽度。

让我们回到普林斯顿，如图 2.2 所示。晚上站在那里，你会看到当时在天空这一侧的任何一颗星星。在图中，这些星星被标记为"在普林斯顿地平线之上可见的恒星"。普林斯顿的地平线是画出来的——这条线与你所站的地球表面相切。当你抬头看时，随着地球转动，你会看到星星绕着北极星旋转（图 2.2 右边所示）。（北极星离北天极很近，几乎不移动。）所以，在天空中有一个顶盖，其中的星星围绕北极星旋转，但实际上永远不会落到地平线之下。这些星星被称为拱极星。

假设你正看着离北极星更远的一颗星星。那颗星星会落下，然后转过来再次升起。这就是天空的样子，是从地球上看到的风景。夜空中人们最熟悉的星群（星星构成的图案）之一是北斗七星，这是由于其中的恒星比较明亮，又围绕着北极星转动（见图 2.2）。它向下倾斜时，刚好掠过（从普林斯顿看）地平线，然后重新出现在高高的天空中。任何比

---

[1] 欧美习惯上以春分作为春季的开始，中国传统上以立春作为春季的开始。
　——译注

北斗七星离北极星更远的星星实际上都会落下。从普林斯顿看，按角度来说，北极星有多高？我们可以解决这个问题。让我们假定我们已经拜访了北极的圣诞老人。从那里看，北极星在天上什么位置？如果你正在拜访圣诞老人，北极星将会出现在你的头顶上。在那里，它总是在头顶正上方。在北极看，随着地球转动，半个天空中的星星总是待在地平线之上。恰好位于地平圈上的星星会沿着地平线旋转。所以，你看到的每一颗星星都会待在地平线之上。没有星星升起，也没有星星落下，它们都绕着头顶上方的北极星盘旋，而且你能看到整个北半球的天空。这就是圣诞老人看到的景象。

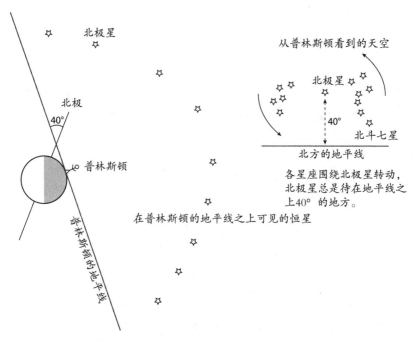

图2.2　从普林斯顿（北纬40°）看到的夜空景象。北极星在北方地平线之上40°的位置保持静止，北斗七星绕着它旋转。

图片来源：J. 理查德·戈特。

19

北极的纬度是多少？ 90°。在北极看北极星，它在地平线以上的高度是多少？也是 90°——数字相同。这不是巧合。北极星的高度是 90°，而你正好位于北纬 90°。让我们到赤道去吧。赤道的纬度是多少？ 0°。北极星现在位于地平线上，高度为 0°。普林斯顿的纬度是多少？北纬 40°。因此，从普林斯顿看，北极星的高度就是地平线以上 40°。

根据星空航海的人知道，你观察到的北极星的高度总是与你在地球上的纬度相等。克里斯托弗·哥伦布率队航行时，要保持船只行驶在固定的纬度上，以此确保他的整个旅程横跨大西洋。回头看看他的地图，这就是他们的导航方式。他们通过在航程中使北极星保持在同一高度，从而保证行驶在特定的纬度上。

当你还是个孩子的时候，你有没有玩过陀螺，看过陀螺摇晃吗？地球也在摇晃。我们的地球就是一个旋转的陀螺，它受到了太阳和月球的引力的影响。我们也摇摇晃晃。我们摇晃一圈需要的时间是 26000年。我们一天旋转一次，26000 年摇晃一圈。这就产生了一个有趣的结果。

首先，考虑我在太阳系周围画的星星组成的球面。当地球绕着太阳运转时，太阳在恒星的背景上出现在不同的位置。6 月 21 日，在图 2.1中，太阳位于我们和最右边的星星之间，意味着我们在 6 月 21 日可以看见太阳在那些星星前面经过。但在 12 月 21 日，太阳位于我们和最左边的星星之间。在一年中，随着太阳在天空中绕行，它依次出现在不同的恒星之前。

很久以前，当世界上的大部分人都是文盲的时候，没有晚间电视，没有书本和互联网，人们把他们的文化投射到天空上。这是他们生活中重要的事情。人类的心智非常擅长构造实际上并不存在的图形。你可以轻而易举地从随机分布的许多点点中找出图案，你的大脑会说："我看到了一个图形。"

你可以尝试一下这个实验：如果你擅长编写计算机程序，那么就把许多点随机地打印在一张纸上，比如大约 1000 个点。看看它们，你可能会想："嘿，我看出来了……这是亚伯拉罕·林肯总统！"你会看到一些东西，古人也以同样的方式把他们的文化投射到天空中，当时他们并不知道关于星空还有其他解释。他们不知道行星在做什么，他们也不懂物理定律。他们说："嗯！天空比我大，它肯定会影响我的行为。"

所以，他们认为这里有一个像螃蟹的星座，它具有一些人格特征。当你出生的时候，太阳就位于那部分天空。那一定和你为什么这么怪异有关。然后在这里，他们看到一些鱼；在那里，他们看到一对双胞胎。因为他们没有电视剧频道，那就让他们来编他们自己的故事情节，再把这些故事代代相传下去。通过这样做，古人确定了黄道星座。在一年中，看上去太阳在这些星座前面经过一次。

黄道星座有 12 个，你也全知道它们，如天秤座（也叫天平座）、天蝎座、白羊座等。你知道它们是因为它们几乎每天都在新闻媒体上出现。与你素昧平生的一些人通过预言你的爱情和生活而发财。让我们试着去理解这背后的真相吧。首先，太阳实际上经过的并非 12 个星座，而是 13 个星座。没有人会告诉你这一点，因为如果他们这样做了，就无法从你的身上赚钱了。你知道黄道上的第十三个星座是什么吗？蛇夫座，听起来好像有点儿可怕。我知道你知道你的星座是什么，所以不要撒谎说自己从来都不关心星座。大多数自认为是天蝎座的人实际上是蛇夫座，但我们在占星图中找不到蛇夫座。

好吧，让我们先谈谈这个。黄道十二星座是什么时候设置的？两千多年前，克罗狄斯·托勒密出版了他绘制的星图。2000 年是 26000 年的 1/13，快 1/12 了。你是否意识到因为地球的摇晃（在正式名词中，我们称之为"岁差"或"进动"），在一年中的某个月份，太阳被看到在那个黄道星座之前经过时的情况已经发生了变化？在报纸上每一个黄道星座被分配到的日期实际上已经错过整整一个月了。因此，对于天蝎座和蛇夫座来说，目前太阳实际上是在天秤座。

这里涉及的是教育的最重要的价值。你获得了关于宇宙如何运作的独立的知识。如果你没有足够的知识去评估别人是否知道他们在说什么，那么你的钱就会流失了。社会人类学家说，国家彩票是向穷人征税。其实并不尽然。它是向那些没有学过数学的人征税，因为如果了解数学，他们就会明白概率是不会让购买彩票的人发财的，他们也不会用辛苦挣来的任何一分钱买彩票了。

教育就是这本书的全部内容，外加一剂宇宙认知启蒙。

下面让我们讨论一下月球，然后直接拜访约翰·开普勒，再拜访我的偶像艾萨克·牛顿。我在拍摄《宇宙：时空奥德赛》时访问了他的家乡。

首先，我们知道地球绕着太阳转，当然我们也知道月球绕着地球转，所以让我们来看看图 2.3。我们把太阳放在图右边很远的位置，把地球放在图的中心，月球围绕着地球转。我们在相对于地球的多个不同位置显示月球。因为阳光从右边照射进来，所以我们是从月球轨道的北极向下看。

地球和月球在任何时候总是有一半被太阳照亮。如果你站在地球上，当月球正与太阳遥遥相对时，你会看到什么？是什么月相？满月。图 2.3 中的大图显示了月球在其轨道上的每一点时从地球上看到的外观。

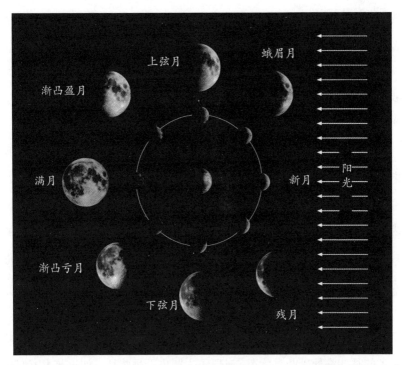

图 2.3 月球绕地球运转时所呈现的月相。太阳在右侧，总是照亮半个地球和半个月球。图上显示了月球在绕地球运转的过程中经过不同位置时所呈现的样子（逆时针方向）。我们正在从月球轨道的北极往下看。月球总是把同一面朝向地球。请注意，在新月时，它的背面被照亮，不过在地球上从来都看不到。大的照片上显示从地球上看时月球在每个位置的样子。

图片来源：罗伯特·J. 范德贝。

地球每个月都会像这样运行到太阳和月球之间，可是为什么我们不是每个月都可以看到月食？这是因为月球的轨道与地球绕太阳公转的轨道之间存在 5° 夹角。因此，在大多数月份里，月球从地球在太空中的阴影以南或以北通过，让我们可以看到正常的满月。偶然一次，当满月穿过地球轨道的平面时，它就会进入地球的阴影，我们就会看到月食。

现在，让月球在其轨道上按逆时针旋转 90°。月球现在处于下弦月时分，俗称半个月亮——你会看到它的一半被照亮。让月球在其轨道上按逆时针再转过 90°，从地球和太阳之间穿过。月球只有朝向太阳的那一侧被照亮了，可你看不到，所以此时在地球上，你根本看不到月球。我们称之为新月。在这个阶段，月球通常从太阳以南或以北经过。偶尔当它正好从太阳前面经过时，我们就会看到日食。

到目前为止，我们知道了满月、下弦月和新月。继续转过 90°，我们就会看到上弦月，这时它再次有一半被照亮。从新月到上弦月，你看到了什么？只有一点点儿，一个小月牙。它被称为蛾眉月或渐盈蛾眉月，因为它变得越来越宽。就在新月之前，我们看到了一个变得越来越小的月牙，叫残月。残月出现在与蛾眉月相反的方向，逐渐缩小，经过新月之后成为蛾眉月，再逐渐变大。

在上弦月和满月之间，我们看到的月相叫盈凸月。这是一个看起来相当尴尬的阶段，几乎从来没有艺术家画过它，即使有一半的时间我们看到的月球都处于凸月状态——既不太圆也不是弦月。如果艺术家们在一年中随机选择时间描绘天空，我们可别指望在他们的画作中看到半数是凸月，因为他们通常会画新月或满月。他们没有抓住摆在他们面前的全部现实。

当然，这整个周期需要约一个月，这也是"月份"这个时间单位名称的由来。与太阳相对的满月在一天的什么时候升起？如果太阳正在落山，那么满月在日落时分正在上升；如果太阳正在升起，那么满月就在落山。

在每个月的其他时候，情况不同。当下弦月高挂在天空中时，太阳正在升起。注意，在图 2.3 中，地球是按逆时针方向旋转的。当你转进阳光中时（天亮了），下弦月正高高挂在天空中。想象一下，把你的大脑和眼睛放到那张照片里，环顾四周，然后回到现实世界，检验你的结果。

我的计算机上有一个应用程序（App），这样每次我打开计算机桌面的时候，那里便会显示当天的月相，日复一日。那是我的阴历钟，它连接着我和宇宙，即使当时我只是盯着计算机屏幕。

让我们回到太阳系——16世纪中期到后期。丹麦有一位富有的天文学家，他的名字叫第谷·布拉赫。月球上的第谷环形山就是以他的名字命名的。

我花了一小时的时间跟一个土生土长的丹麦人学习如何正确地读这个天文学家的名字：提扣·不哈（tī'kō brä）。我很努力地学习。不过，在美国我们还是按照英文的习惯来发音。

第谷·布拉赫非常在意行星，尽力跟踪它们的轨迹。他建造了当时性能优良的裸眼观测仪器，创造了有史以来最精确的行星位置观测记录。直到1608年，望远镜才被发明出来，所以第谷使用了瞄准装置，记录下了恒星在天空中的位置以及行星位置随时间的变化。第谷拥有一个巨大的数据库和一个有天分的助手（德国数学家约翰尼斯·开普勒）。

开普勒拿到了这些数据，并且有了新的发现。开普勒说："我知道行星在做什么。事实上，我可以创造出一些定律来精确描述行星到底在做什么。"在开普勒之前，人们认为宇宙的结构是显而易见的。人们会说："看，星星围绕着我们旋转，太阳升起又落下，月球升起又落下。我们必然在宇宙的中心。"这不仅容易让人相信，看来也确实如此。这增强了人类的自尊，并且有直观的证据支持，所以没有人怀疑，直到波兰天文学家尼古拉·哥白尼来了。如果地球在中间，那么行星在做什么？你抬头看，日复一日，你会看到火星相对于背景恒星的移动。嗯，现在它正在减速。哦，等等，它停了。现在它正在倒退（这叫作逆行运动），然后它又继续前进。它为什么会这样做？

哥白尼想知道，如果太阳在中间，地球绕着太阳转，那么将会怎样？嗯，这些向前和向后的运动瞬间就可以得到解释。太阳在中间，地球绕着太阳转，就像一辆绕着跑道奔驰的赛车。火星是从太阳向外数的下一颗行星，它的轨道速度更慢，就像行驶在外侧赛道上的一辆较慢的赛车。当地球在内侧赛道上超越火星时，火星在天空中看上去就像倒退了一会儿。如果你在高速公路的快车道上超过了另一条车道上的一辆比较慢的汽车，那辆车看上去就相对于你向后移动了。如果你把太阳放在中间，使地球和火星在简单的圆形轨道上绕着太阳转，这样就可以解释逆行运动，从而解释了在夜空中发生的现象。离太阳更远的行星的轨道速度更慢。哥白尼出版了一部大部头的著作《天体运行论》来解释这个理论。如果你想在拍卖会上买到这本书的第一版，你得花上 200 多万美元，因为它是人类历史上最重要的著作之一。

这本书是在 1543 年出版的，它引起了人们的深思。哥白尼起初不敢出版这本书，只是在私下向朋友们展示他的手稿。当时，你不能就这样对每个人说，地球不再是宇宙的中心了。强大的罗马天主教会对此类事务有其他的想法，断言地球处于宇宙的中心。

亚里士多德曾这样说过。在古希腊，阿里斯塔克曾正确地推断出地球绕太阳运行，但是亚里士多德的观点胜出了，教会也赞同它，因为它与《圣经》的说法一致。所以，哥白尼是在什么时候出版他的著作的？当他躺在病床上的时候。人死后就不能被迫害了。他重新引入了以太阳为中心的宇宙观念，也就是所谓的日心说。在此之前，我们有地心说。它来自亚里士多德、托勒密，后来教会通过法令予以承认。

然后，开普勒出现了。开普勒的意见在某些方面跟哥白尼的一致。

哥白尼沿用了地心说里的完美圆形轨道。但由于这跟观测到的行星运动并不完全匹配，哥白尼通过添加更小的本轮（就像托勒密所做的那样）来调整它们。然而，它们并不完全符合行星在天空中的位置。开普勒认为，哥白尼的模型需要修正。利用第谷·布拉赫留给他的数据——历经多年测量的行星位置，他推导出了行星运动三定律。我们称它们为开普勒定律。

开普勒第一定律说：行星的轨道是椭圆形，而不是圆形（见图2.4）。什么是椭圆？在数学上，一个圆有一个中心，而椭圆有两个中心，我们称这两个中心为焦点。在圆周上，所有的点都与中心等距；而在椭圆上，所有的点与两个焦点的距离之和相等。事实上，圆是椭圆的极限情况，也就是两个焦点在同一个点上。狭长椭圆的两个焦点相距很远。当我把两个焦点拉近到一起的时候，我得到的东西更像一个完美的圆。

根据开普勒的观点，行星在椭圆轨道上运动，太阳位于其中的一个焦点上。这已经是革命性的改变了。古希腊人说，如果宇宙是神圣的，那么它必须是完美的，而且他们对完美意味着什么的看法是有哲学意义的。圆是一个完美的形状，圆上的每个点到中心的距离相等，这就是完美。在神圣宇宙中的任何运动都必须遵循圆形。他们认为，星星在圆形轨道上运动。这种哲学观点已经持续了几千年。此时，开普勒说："不，人类啊，它们不是圆形。我得到第谷留给我的数据，证明它们是椭圆形。"

他进一步证明，当行星运动时，它的速度随它与太阳之间的距离而变化。想象一个完美的圆形轨道，圆周上任何一部分的速度都没有任何理由与其他部分存在差异，那颗行星应该总是保持同样的速度。但是，对于椭圆轨道来说不是这样。行星在哪里的速度会更快？你可能会想到，是在地球离太阳最近的时候。开普勒发现行星离太阳很近的时候，它的速度很快，当它距离太阳较远的时候，速度也就变慢了。

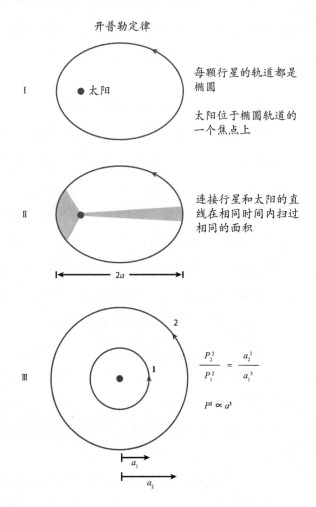

开普勒定律

I 太阳

每颗行星的轨道都是椭圆

太阳位于椭圆轨道的一个焦点上

II

连接行星和太阳的直线在相同时间内扫过相同的面积

2a

III

$$\frac{P_2^2}{P_1^2} = \frac{a_2^3}{a_1^3}$$

$$P^2 \propto a^3$$

a_1

a_2

图 2.4 开普勒定律。a 是半长轴，即椭圆轨道长轴的一半。对于圆形轨道，偏心率为零，半长轴等同于半径。

图片来源：J. 理查德·戈特。

28

从几何上考虑这个问题，开普勒说："让我们测量一下这个星球走了多远，例如在一个月里。"当它靠近太阳并快速运动时，在一个月内它将扫过它的轨道的某一特定区域，即一个粗短矮胖的扇面（见图2.4）。把这个区域叫作 A_1。让我们在它离太阳较远的时候，在轨道的另一个部分做同样的实验。开普勒观察到，在距离太阳较远的地方，它运动得较慢，因此在同样的时间内，它不会行进那么远。因为它走过的距离较短，故而它会在同样的一个月内扫出一个狭长的扇形区域 A_2。开普勒足够聪明，他注意到无论离太阳是近还是远，行星在一个月内扫出的面积都是一样的。因此，他制定了第二定律：行星在相等的时间内扫过面积相等的区域。

这里有一个基本推论，来自角动量守恒。如果你从来没有见过这个名词，那么可以直观地理解它。

滑冰的人会用到它。注意观察花样滑冰运动员如何从伸着手臂开始做旋转动作。他们然后做什么呢？他们把胳膊收回来，缩短他们的胳膊和他们的自转轴之间的距离，相应地提高了他们的自转速度。当椭圆轨道上的行星靠近太阳时，它到太阳的距离就会缩短，它的速度就会增大。我们如今称之为角动量守恒。开普勒当时没有这个词汇，但事实上这就是他所发现的东西。

开普勒第三定律是绝妙的，非常绝妙（仍见图2.4）。他花了很长时间才发现它。前两个定律他很快就弄出来了，实际上他只用了几个通宵。第三定律花了他10年的时间，他与之反复缠斗。他试图找出一颗行星和太阳的距离与它绕太阳公转所需的时间（即其轨道周期）之间的关系。外侧行星在轨道上运行一周需要比内侧行星更长的时间。

已知有多少颗行星？水星、金星、地球、火星、木星，还有大家最喜欢的行星——土星。[1]

三年级的学生曾经把冥王星称为他们最喜爱的行星，因此他们就把我列在他们最不欢迎的人士名单上。当时，我们在罗斯地球和太空中心，把冥王星从行星地位降级为外太阳系的一颗冰球。

"行星"（planeto）这个词在希腊语中的意思是"漫游者"。对于古希腊人来说，地球并不被认为是一颗行星，因为地球是宇宙的中心。古希腊人认出了另外两个我没有列出的"行星"，它们会是什么？它们是太阳和月球，相对于背景恒星在移动。根据古希腊人的定义，这些就是七大行星。一星期七天的名字也来自这7颗行星，或者说是与其相关的神灵。有些是明显的，比如星期日（Sunday）是太阳（sun）之日，星期一（Monday）是月亮（moon）之日，星期六（Saturday）意为土星（saturn）之日。其他几个词必须要到其他语言里去找。比如，星期五（Friday）来自 Frigga，有时也写作 Freyja，是与金星有关的挪威女神。

最后，开普勒发现了一个等式。这是宇宙的第一个公式。开普勒开创了以日地距离作为单位来测量宇宙的传统。我们称之为天文单位，其缩写为 AU。行星与太阳的距离随时间而变化。椭圆是一个扁平的圆，它有一个长轴和一个短轴。开普勒发现，在度量行星到太阳的距离时，应该取轨道长轴的一半。我们称之为半长轴，这也是行星到太阳的最大和最小距离的平均值。

如果用地球年测量时间，我们就会得到下面的这个公式，它是我们理解宇宙力量的曙光。如果我们使用符号 P 和 a 分别表示以地球年为单位的轨道周期以及地球到太阳的最小和最大距离的平均值（以 AU 为单位），那么我们就得到：

---

[1] 后来人们又发现了天王星和海王星这两颗行星。

$$P^2 = a^3$$

这就是开普勒第三定律。让我们看看它对地球是否有效。我们尝试按照上述公式计算一下。地球的公转周期为1，它到太阳的最小和最大距离的平均值为1，所以由上述公式可知 $1^2=1^3$，或 $1=1$。有效，很好。

如果这是一个适用于太阳系范围的定律，它就应该对任何行星（或围绕太阳运行的其他天体）均有效，无论是已知的行星还是以后将发现的行星。对冥王星来说怎么样？开普勒不知道冥王星，让我们看看冥王星。它到太阳的最小和最大距离的平均值是39.264AU。因此，上述定律给出 $P^2 = 39.264^3$。39.264 的 3 次方是多少？约为60531.8。你可以在计算器上验算一下。轨道周期 P 必须等于 60531.8 的平方根，保留 4 位有效数字就是 246.0。冥王星实际上的轨道周期是多少？ 246.0 年。

开普勒真了不起!

牛顿发现万有引力定律时，他引用了 $P^2 = a^3$，想弄清楚引力随着距离增大是如何减小的。引力随距离的平方而衰减。为了得到答案，他采用了微积分——这很方便，因为是他刚发明的。牛顿推广了开普勒定律，找到的定律不再仅仅适用于太阳和行星，而是适用于宇宙中的任何两个天体。这基于新发现的引力作用。两个物体互相吸引时遵循以下规律：

$$F = Gm_a m_b / r^2$$

其中，G 是一个常数，m_a 和 m_b 是两个物体的质量，r 是两个物体中心之间的距离。

你可以从这个等式推导出开普勒第三定律（$P^2 = a^3$），它是一个特例。你也可以推导出开普勒第一定律和第二定律：行星绕太阳运行的轨道总是一个椭圆，太阳位于其中的一个焦点上；行星在相等的时间内扫过面积相等的区域! 牛顿万有引力定律就是如此强大，甚至比这更强大。它是关于宇宙中任何两个物体之间的引力作用的完整描述，不管它们有什么样的轨道。牛顿拓展了我们对宇宙的理解，并对远远超出开普勒想象的行星进行了描述。牛顿在 26 岁之前就得到了这个公式。他还发现了光学定律，标出了光谱的颜色。他发现了一件奇妙的事情：当把彩虹的7 种颜色组合在一起时，就得到了白光。他发明了反射式望远镜，发明了微积分。这一切都是他干的。

下一章是关于牛顿的。

第 3 章　牛顿定律

迈克尔·A. 施特劳斯

　　哥白尼在解释行星运行方面取得了重大突破，这就是日心说宇宙模型。他把太阳置于我们现在所说的太阳系的中心，包括地球在内的各颗行星都在绕着太阳运行。我们生活在一个快速运动的平台上。要想知道地球的运转速度有多快，我们需要确定它在一个特定的时间间隔内到底移动了多远，那么它的速度就是用那段距离除以相应的那段时间。

　　正如我们在第 2 章中看到的，开普勒证明地球的轨道是一个椭圆。事实上，我们太阳系中大多数行星的轨道都接近正圆，所以我们暂时采取这种近似，认为地球在一个圆周上运动，一年内在圆周上走一圈。这个圆的半径，即从太阳到地球的距离，是我们在天文学中要经常使用的一个数字。如上一章所述，它的正式名称是"天文单位"（AU）。1AU 大约是 1.5 亿千米，即 1.5×10^8 千米。

　　因此，地球绕半径为 1.5 亿千米的圆周跑一圈要用一年。圆的周长是其半径的 2π 倍。每个人都知道 π 大约是 3，这就是天文学家在粗略估计时喜欢使用的近似值。我们需要用周长除以这段时间（也就是 1 年）。

我们要以秒为单位表示一年，这将有助于实现当前的目标。一年中的秒数是 60（每分钟 60 秒）乘以 60（每小时 60 分钟），再乘以 24（每天 24 小时），再乘以 365（每年 365 天）。你可以用计算器进行计算，但是回想一下，尼尔在第 1 章中说他在 31 岁第 10 亿秒的时候喝了香槟。因此，一年大约是 10 亿秒的 1/30，也就是约 3000 万秒。我们认为一年大约为 3.0×10^7 秒。

把这一切放在一起，我们发现地球绕太阳运行的速度是 $2 \times 3 \times$（1.5×10^8 千米）/（3×10^7 秒）=30 千米 / 秒。这就是我们现在绕着太阳转的速度大小。我们是奔驰的大卡车！我们觉得自己是静止不动的，这可能解释了为什么古人想象他们处于宇宙的中心是如此自然。这看起来是如此显而易见，但事实上地球正在做各种运动。地球每天绕轴自转一周。它每年绕太阳转一圈，速度为 30 千米 / 秒。我们将在本书的第 2 部分看到太阳也在移动，（携带地球和其他行星）做各种运动。

哥白尼告诉我们，各颗行星都在绕太阳公转。开普勒使用第谷·布拉赫的数据确定各颗行星的轨道，了解它们的特性。如第 2 章所述，他从这些轨道中提出了三个定律。艾萨克·牛顿是我们的故事中最伟大的主角之一，他能够从开普勒第三定律推断出引力是一对物体之间的径向作用力，与它们之间的距离的平方成正比。

牛顿也许是最伟大的物理学家，也许是有史以来所有科学家之中最伟大的。他做出了数量惊人的基础性发现，他想知道万物是如何移动的：不只是绕着太阳运转的行星，还有扔在空中的球，以及从山上滚落下来的岩石。

在科学中，人们需要大量观察，并试图从中提炼出几条定律，从而能够包含和解释这些现象。牛顿提出了他自己的三条运动定律。第一条是惯性定律。惯性是什么意思？在日常生活中，如果你说"我今天懒得很"，则意味着你真的不想到处走动。你宁愿坐着不动，想继续做一个沙发土豆，而且不想改变。要想让你动起来，就需要其他理由。静止的物体（如沙发、土豆）将保持静止，除非有外力作用于它。

让我们谈谈力是什么。牛顿的惯性定律分为两部分。第一部分指出，静止的物体将保持静止，除非外力作用于它。这听起来是有道理的。例如，放在桌子上的苹果在没有外力作用时会保持静止。

牛顿惯性定律的第二部分是不那么直观的：一个匀速运动的物体将会保持速度不变，除非有外力作用于它。匀速意味着它以一定的速度沿某一方向前进，两者都不变。我在地板上滚动一个球时，它不会继续以恒定的速度和恒定的方向永远运动下去，而是减速，进而停止，因为有一种力正在作用于它，那就是球和地板之间的摩擦力。在日常环境中，摩擦力无处不在。把一张纸抛在空中后，它的速度将减慢，然后飘落到地板上。事实上，有两个力作用于它：一是引力，我们后面会用很长的时间来介绍它；二是由于空气本身的阻碍作用而产生的阻力。纸有很大的表面积，空气不停地作用于它，因此空气的阻力作用很明显。

除非存在外力作用，否则运动物体将继续以恒定的速度运动的观念并不直观，因为我们周围存在摩擦力。在日常条件下，很难找到没有摩擦力以及没有任何力的情况。花样滑冰运动员的冰鞋和冰之间的摩擦力很小，因此他们可以毫不费力地在冰上滑行很长一段时间。在根本没有摩擦力的极端条件下，一个被推动的物体会保持恒定的速度。伽利略想明白了这一点。外太空提供了远离所有摩擦力的最生动的例子。在太空中，你真的可以用恒定的速度发送一些东西，并且知道它们会继续前行，因为在它们的路径上没有什么能阻止它们。牛顿把这一点整理成公式，成为一条基本定律。

牛顿第二运动定律告诉我们，当一个物体受到一个力的作用时会发生什么。一个物体可以被各种力所作用，但是不管这些力是什么，所有力的总和将导致它偏离匀速运动状态。我们使用"加速度"这个词来量化这种偏差，加速度是指单位时间内速度的变化。牛顿第二运动定律将物体的加速度与作用于它的力联系起来。当你用力推物体时，物体将会加速。如果物体的质量很小，那么加速度将会很大；而如果物体的质量非常大，在相同大小的力的作用下，加速度就会小得多。这种关系可用牛顿最著名的公式 $F = ma$ 来表示，即力等于质量乘以加速度。

牛顿第三运动定律可以总结为以下顺口溜："我推你，你就推我。"也就是说，如果一个物体对另一物体施力，那么第二个物体就会以大小相等、方向相反的力反作用于第一个物体。如果你用手按压桌面，你就会感到有力反作用于手上。这是桌子在反推你。每一个作用力都与另一个大小相等、方向相反的力配对。

假设你手上拿着一个苹果，它显然是静止的。有什么力作用于其上吗？有的，来自地球的引力。那么它应该加速向下运动，但显然它没有，原因是你用手拿着苹果，正在向上推它（使用你的手臂肌肉）。作为回应，根据牛顿第三运动定律，苹果正在向下推你的手。这就是我们所说的苹果的重量。来自地球的向下拉苹果的引力和你的手往上推苹果的力相互平衡，这两种力的总和为零。根据牛顿第二运动定律，力为零意味着加速度为零，所以苹果是静止的，它不会去任何地方。

事实上，这个故事可以变得更有趣。早些时候，我们计算出地球正在绕太阳转，速度为 30 千米 / 秒。这样的话，苹果也以同样的速度运动。考虑到这一点，我们需要绕一点儿远路，讨论圆周运动的性质。

在圆周上，速度为 30 千米 / 秒的运动并不是匀速运动，因为运动方向在不断变化。如果地球不改变运动方向，它就会沿着一条直线运动，而不是作圆周运动。圆周运动所产生的加速度是我们在日常生活中所熟悉的。游乐场里的各种游乐设施会让你在圆周上转圈，你可以切身感受到加速度。

牛顿使用他刚刚发明的微积分工具确定，在半径为 r 的圆周上以恒定的速度 v 运动的物体的加速度是 v^2/r，方向指向圆心。我们认为你手中的苹果保持静止，实际上它在一个巨大的圆周上以 30 千米 / 秒的速度运动。根据牛顿第二运动定律，我们知道必然有一个力作用于它。这种力是太阳的引力。太阳拉着地球在轨道上运动，它也拉着我们手中的苹果运动。就像你和我一样，苹果也受到太阳引力的作用。

我们正在以 30 千米 / 秒的速度绕太阳运动。考虑到这个巨大的速度，你也许认为加速度会很大，但是加速度实际上很小，因为圆的半径很大。让我们计算一下加速度有多小。地球的速度是 30 千米 / 秒，即 30000 米 / 秒，地球的轨道半径是 150000000000 米。使用我们的公式 v^2/r，加速度 a 等于（30000 米 / 秒）^{2}/150000000000 米 = 0.006 米 / 秒^2。这意味着每秒速度大小的变化幅度为 6 毫米 / 秒。这太小了。伽利略发现在地球引力的影响下，物体下落到地面的加速度大约是 9.8 米 / 秒^2，这是一个更大的值。因此，虽然我们以非常高的速度绕着太阳转，但是地球的加速只是一个很小的量。相比之下，在游乐场的旋转木马上，我们的速度不会接近 30 千米 / 秒，但我们正在绕行的圆圈的半径 r 极小。当我们利用公式 v^2/r 进行计算时，所得到的加速度就会变得相当大，我们马上就会认为这个加速度算错了。（例如，你的运动速度是 10 米 / 秒，圆周的半径为 10 米，那么得到的加速度就是 10 米 / 秒²。)

　　当我们试图观察物体由于太阳而加速的时候，我们看到的情况就更加微妙了。太阳的引力使地球上的一切（你、你手中的这本书、你手里的苹果）都存在同样的加速度。我们都位于围绕太阳的一个自由落体轨道上。我们没有发现我们周围的物体与我们存在任何相对运动。在我们看来，我们都是静止的。我们既没有注意到我们在移动，也没有注意到我们正在加速。但事实依然是地球正在以大小为 v^2/r 的加速度加速。牛顿利用开普勒第三定律来计算太阳产生的加速度随轨道半径的变化。行星的轨道周期 P 为：

$$P = 2\pi r/v$$

　　轨道周期 P 是行星绕轨道一圈所经过的距离（$2\pi r$）除以其速度（v）。因此，P 与 r/v 成正比，P^2 与 r^2/v^2 成正比。

　　开普勒告诉我们，P^2 与 a^3 成正比，其中 a 是行星轨道的半长轴。在这种情况下，地球的轨道几乎是圆形，所以我们可以近似地说 $r = a$，因此，用 r 代替 a，我们发现 P^2 与 r^3 成正比。

　　因为 P^2 也与 r^2/v^2 成正比，所以，r^2/v^2 与 r^3 成正比。二者同时除以 r，得到 r/v^2 与 r^2 成正比。

　　将两式倒置过来，我们发现 v^2/r（加速度）与 $1/r^2$ 成正比。

　　通过这些推理过程、开普勒第三定律和一点儿代数知识，我们已经知道，太阳对距离为 r 的物体所施加的引力加速度，也就是力的大小，总是反比于距离的平方。这就是牛顿的平方反比引力定律，用牛顿自己的话说就是：

　　"在进入发明和思考数学及哲学的全盛之年，我从开普勒关于行星运动周期与其到轨道中心的距离成比例的法则推导出，使行星保持在轨道上的力必然与其距离成平方反比关系。"

牛顿把这种对引力的理解应用于地球和月球。考虑一下掉到牛顿头上的那个著名的苹果，据说它启发了牛顿。它到地球中心的距离等于地球的半径，并以 9.8 米 / 秒^2 的加速度向地球运动。月球与地球的距离等于地球半径的 60 倍。如果地球引力的减弱遵循平方反比规律（对于太阳来说是如此），那么在月球轨道上，地球引力引起的加速度应仅仅是地球表面加速度（9.8 米 / 秒^2）的 1/（60）^{2}，即大约 0.00272 米 / 秒^2。

正如我们在研究地球绕太阳运动时所做的那样，我们可以计算月球围绕地球做圆周运动时的加速度（见图 3.1）。把它的周期（27.3 天）和它的轨道半径（384000 千米）代入 v^2/r，可以得出加速度为 0.00272 米 / 秒^2。尤里卡！（我发现了！）这与从苹果开始的预测吻合得很漂亮。正如牛顿自己所说的，他发现这两个结果"几乎完全一致"。把苹果拉向地球的力同样也将月球拉向地球，从而使月球保持在地球周围近似圆形的轨道上。地球所施加的使苹果落到地球上的引力延伸到了月球的轨道上。在发生瘟疫的那两年，剑桥大学关闭，牛顿住在他祖母的房子里的时候发现了这一点，但他没有公布他的发现。也许他感到不安的是，理论预言和观测之间并未完美吻合。这是由于牛顿手上没有真正精确测量的地球半径，因而存在微小偏差。无论如何，直到多年之后，在埃德蒙·哈雷（哈雷彗星即以他的名字命名）的敦促下，他才发表了这些结果。

正如第 2 章中介绍过的，牛顿发现了有时被尊称为万有引力定律的定律。考虑两个物体，比方说地球和太阳。它们之间的距离（1 AU，即 1.5×10^8 千米）大约是太阳直径（1.4×10^6 千米）的 100 倍，它们的质量分别记为 $M_地$ 和 $M_日$。

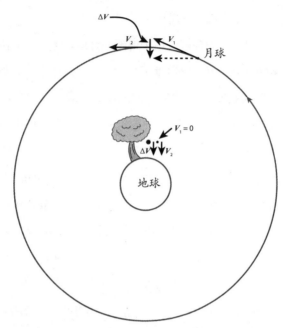

图 3.1　月球的加速度和苹果从树上掉下时的加速度。注意，在每种情况下，加速度（速度的变化率）的方向总是指向地球的中心。

图片来源：J. 理查德·戈特。

牛顿发现，两个物体之间的引力跟它们各自的质量成正比，和它们之间的距离 r 的平方成反比（如前文所述，可使用开普勒的第三定律进行推导）。"正比"和"反比"在这里意味着这个力还涉及一个比例常数，我们称之为万有引力常数（G），或为纪念牛顿而称之为牛顿常数。下面是描述太阳和地球之间的作用力的牛顿公式：

$$F = GM_日 M_地 / r^2$$

这个力是吸引力，即两个物体相互吸引，因此这个力的方向是从一个物体指向另一个物体。

根据牛顿第三定律，这个公式既涵盖了太阳对地球的引力，也包括

40

地球对太阳的作用力。但是，太阳的质量比地球的质量大得多。牛顿第二运动定律告诉我们，加速度等于力除以质量。因此，地球的加速度要比太阳的加速度大得多。与地球相比，太阳由于这个力而产生的运动是微小的。（它们围绕着公共质心转动，但这个位置在太阳表面以下。太阳在围绕这个质量中心的一个微小圆周上运动，而地球在绕太阳周围的一个大圆上运动。）

这里是牛顿公式的另一个迷人的结果。根据牛顿第二运动定律，我们刚刚写下的引力等于地球的质量（$M_{地}$）乘以加速度；而对于圆周运动来说，加速度等于 v^2/r。因此，在这种情况下，$F = ma$ 可以重新写为：

$$GM_{日}M_{地}/r^2 = M_{地}v^2/r$$

注意，地球的质量出现在等式的两边，因此我们可以把它拿掉，则：

$$GM_{日}/r^2 = v^2/r$$

这意味着地球的加速度（$GM_{日}/r^2 = v^2/r$）并不依赖地球的质量。这是一个值得注意的事实。物体的质量出现在方程 $F=ma$ 的两边，因此这个因子可以去掉，所以引力加速度并不依赖加速物体的质量。无论是围绕太阳公转的行星还是在地球引力场中下落的物体都是如此。如果我丢下一本书和一张纸，即使那本书的质量要大得多，它们也会产生同样的加速度，而且应该以同样的速度下降。这就是伽利略所说的在真空中发生的事情。它实际上起作用吗？不，由于空气阻力，书和纸下降的速度不一样。空气对书和纸都有作用力，但由于书的质量比纸要大得多，因此书由于空气阻力而产生的加速度很小——实际上是微不足道的。但是，如果我把这张纸放在一本书的上面，这样纸就不会受到空气阻力的影响，然后我再扔一遍，它们将以同样的速度一起下落，纸就会一直位于书的上面。亲自动手做做这个实验吧！

当"阿波罗 15 号"的宇航员登月时，他们用一把锤子和一根羽毛做了一个实验来验证这个原理。月球实际上没有大气层，月面上存在很好的真空环境，因此没有明显的空气阻力。当宇航员同时扔下羽毛和锤子时，就像牛顿（和伽利略）曾预言的那样，它们以完全相同的速度下落。你可以在网上看到那个月球实验的录像。

你可能知道亚里士多德把这个事弄错了。亚里士多德说，质量更大的物体具有更大的加速度，下降得更快。他之所以这样说是因为在他看来这是合乎逻辑的，但事实上他从来没有做过实验来判断他的想法是否正确。他可以选择大石块和小石块（两者所受空气阻力的影响很小），扔下它们，就会发现它们以同样的速度下降。在科学里，检查你的直觉与实验是否一致，这是至关重要的！

让我们思考一个相关的问题。你伸展手臂，手上拿着一个苹果，考虑地球施加在苹果上的引力。牛顿公式中包含从苹果到地球的距离 r。我们可能会天真地认为我们应该使用从苹果到地面的距离，大约 2 米。但事实证明，这是不对的。牛顿认识到，你必须考虑地球上每一克物质的引力作用，而不仅仅是我们脚下的这一块。他花了大约 20 年的时间才弄明白如何做这个计算。他需要考虑来自地球的每一个单独区域的力，每一个区域到这个苹果的距离和方向均不相同。为了对所有这些力进行求和，他需要发明一个新的数学分支，现在称之为微积分。计算的结果是，球形物体（如地球）的引力作用就好像它的所有质量都集中在其中心。这是一个非常违反直觉的概念。要计算苹果受到的引力，你需要想象地球的全部质量位于你脚下 6371 千米处的一点，即从地表到地心的距离。当讨论苹果与月球轨道时，我们已经调用了这个过程。

但是，苹果（竖直向下）坠落显然看起来跟月球的轨道运动并不一样。为什么月球会在圆周上运动，而苹果直接撞向地面？要把苹果送入地球轨道，我不得不把它水平地扔出去，但让它绕着地球转是非常困难的。考虑一下哈勃太空望远镜，它距地球表面只有几百千米。它大概每90分钟绕地球一圈，这一圈约是40000千米。如果我们把这个速度计算出来，结果是约8千米/秒。所以，为了让一个苹果进入地球轨道，我必须以8千米/秒的速度将其水平地扔出去。

想象你站在高山之上（假设那里已经没有了大气的摩擦作用），以越来越大的速度把苹果水平地投掷出去。你尽力把苹果扔出去，但它很快就落到了地上。找一个职业联盟投球手来投掷苹果，它会飞得更远，但它仍会落地。现在让我们找超人来扔它。随着他越来越用力，苹果在它的向下弯曲的轨迹到达地球表面之前会飞得越来越远。但地球表面并不平坦，在很长的距离上，它依旧形成了向下的运动轨迹。超人当然能使苹果的速度达到8千米/秒。苹果在引力作用下下落，但它的弯曲轨迹与地球的曲率相匹配，这样它就将永远不会撞到地球表面，最终形成了圆形轨道。

轨道上的物体在所有的时间里一直在下落，尽管还存在侧向运动。当你扔出一个苹果时，它会因地球引力的作用而下降。同样的引力既导致哈勃太空望远镜在轨道上绕地球运行，也导致月球围绕地球运动（在更高的轨道上，因此它运动得更慢）。在低地轨道上，物体的下落速度与地球的曲率吻合，因此物体永远不会撞到地面上。牛顿理解了这一点，并提出了在地球轨道上放置人造卫星的想法——这可是在真正实现之前270年！

如果你曾经经历过电梯失控坠落，在那段很短的时间内你就在自由下落，你周围的一切也都和你一起下落。当你扔下一个苹果的时候，你自己不会跟它一起下落，因为来自你脚下地面的力会让你保持站立姿势。相对于周围的环境，你是静止的，但苹果会感觉到重力加速度，从而掉落下去。如果你跌倒了，跟着苹果一起摔倒下去，我会看到苹果和你一起掉下去了（至少在你和苹果都撞到地板之前）。

你可能已经看过运行在地球周围的轨道上的国际空间站里的宇航员们的图像。地球引力同样作用于宇航员和国际空间站，但是国际空间站里的一切都在以相同的速度下落。回想一下我们的计算，重力加速度并不依赖轨道上物体的质量。随着一切都以同样的速度下降，宇航员会感到失重。"重量"指的是你站在体重计上时记录下来的数值（根据牛顿第三运动定律，它等价于体重计在用多大的力向上推你）。但是如果那台体重计跟你一起往下掉落，你就不会往下推体重计，它会显示你的体重为零，这时你失重了。

不过，这并不意味着你的质量是零。质量和重量不是一回事！根据牛顿的观点，质量是他的第二运动定律（关于力、质量和加速度的关系）所考虑的物理量，它也是产生重力的基础。当人们在日常生活中聊起减掉"重量"的时候，他们实际上想做的就是减掉质量。脂肪有质量，他们希望减掉一些。然后，用同样大小的力，他们可以加速得更快，行动起来就更方便。

现在让我们看看牛顿完成了什么。从观测当时已知行星的运动，开普勒提出了行星运动三定律来描述它们的轨道。然后牛顿来了，他用一种完全不同的方式进行思考。在他的三条运动定律中，他试图理解万物是如何运动的，而不仅仅是当时已知的绕太阳运动的 6 颗行星。此外，他还发展了对引力的物理理解，这是天文学中最重要的作用力。利用开普勒第三定律，他证明引力必须按 $1/r^2$ 衰减。他发现两个天体之间是相互吸引的，太阳对行星的引力是 $F = GM_日 M_{行星}/r^2$。把这些放在一起，我们发现我们可以根据牛顿的运动定律和万有引力定律来理解开普勒第三定律。由此，牛顿对开普勒第三定律背后的物理有了比开普勒本人更广泛的理解。

在最后的成果中，牛顿的万有引力定律预言，行星的运动会遵循完美的椭圆形轨道，太阳在其中的一个焦点上；连接行星和太阳的直线将在相同的时间里扫过面积相等的区域。开普勒三定律现在可以被看作牛顿的万有引力定律连同他的运动学三定律的一个直接结果。

牛顿的万有引力定律是我们所理解的第一条物理学定律。重要的是，它可以给出能够检验的预言。哈雷利用牛顿定律发现，几个世纪以来出现的几颗彗星（包括贝叶挂毯上记录的 1066 年出现的那颗彗星）实际上是在椭圆形轨道上运行的同一颗彗星。它大约每 76 年返回一次。它在越过木星和土星的轨道时会受到它们的扰动，因此，哈雷彗星的回归时间可以用牛顿定律来预测，而根据开普勒定律，这个周期是完全不变的。哈雷预言那颗彗星将在 1758 年再次返回。哈雷在 1742 年去世，并没有看到这个事件。但当它如他预言的那般于 1758 年再次回归时，人们以他的名字称之为哈雷彗星。它最接近太阳的时间是由亚历克西斯·克莱罗、杰罗姆·拉朗德和妮可–瑞尼·勒波特用牛顿定律预言的，精确度为 1 个月。这是对牛顿万有引力定律的一次令人惊奇的确认。

牛顿定律还有另一个巨大的成功。天王星并不精准地遵循牛顿定律，它的轨道似乎被扰动了。于尔班·勒维耶发现，如果天王星受到了离太阳更远的一颗还没有被看见的行星的引力拉扯，那么这就可以解释了。他预言这个星球可以在哪里找到。随即在 1846 年，约翰·戈特弗里德·加勒和海因里希·路易斯·迪阿雷斯根据勒维耶的计算，发现它就位于离勒维耶预言的位置只有 1° 远的天空中。牛顿定律就这样被用来发现了一颗新的行星——海王星。牛顿的名声立即飙升。

  在这本书中，我们将会一次又一次地发现，我们自己也能利用这些基本力和引力的概念来理解宇宙。

第 4 章　恒星是怎么发光的（一）

尼尔·德格拉斯·泰森

我们现在尝试理解一下恒星的距离。我们已经知道了从太阳到地球的距离是 1.5 亿千米（或称为 1 天文单位，即 1AU），大约是太阳自身直径的 100 倍。想象一下，我们按比例把地球和太阳间的距离缩小到 1 米，太阳自身的大小就是 1 厘米。最近的恒星距离我们大约 20 万天文单位，按照这个比例就是 200 千米。恒星之间的空间相对于它们自身的大小来说是非常庞大的。我们发现如果不用米或者厘米，而是用光穿过这些距离所用的时间来指代距离，就会更方便一些。

光的速度一般用小写字母 c 来表示，大小是 3×10^8 米 / 秒。这又是一个值得记住的数字。在第 17 章里，我们会仔细讲解为什么这个速度代表宇宙的速度极限。光速是任何东西能够达到的最快速度。既然我们通过光来观察星星，因此光为我们提供了最自然的距离单位。1 光秒表示光在 1 秒内走过的距离，即 3×10^8 米，也就是 30 万千米，大约是地球周长的 7 倍。月球距离我们 38.4 万千米，光走过这段距离要用 1.3 秒。我们就说月球到地球的距离大约是 1.3 光秒。从地球到太阳的距离（1 AU）大约是 8 光分，也就是说光要用大约 8 分钟走完这段距离。离我们最近的恒星大约有 4 光年远。因此，光年是一个测量距离而不是时间的单位，是光在 1 年里走过的距离。1 光年大约是 10 万亿千米。我们今天看到来自最近的恒星的光是在 4 年前离开那些恒星的。在宇宙中，我们总是看到时间的过去。我们看这些最近的恒星的时候并没有看到它们目前的情况，而是它们在 4 年之前的样子。

在日常生活中也是这样。光的速度也可以用其他单位来表示，大约是 30 厘米 / 纳秒（1 纳秒是 1 秒的十亿分之一）。所以，坐在桌子两边的人看对方的时候，已有大约几纳秒的延迟。当然，这实在太短暂了，我们不会注意到，但我们所有的目光接触都存在这样的时间延迟。

我们怎样测量最近的恒星与我们之间的距离呢？ 4 光年是非常遥远的，我们不能简单地拉开卷尺去测量我们到恒星的距离。为了完成这项测量任务，我们需要引入"视差"这个概念。地球围绕太阳公转（见图 4.1）。1 月份的时候，地球位于太阳的一边，经过 6 个月，到了 7 月之后，地球位于太阳的另一边。在图 4.1 中的右侧有一颗比较近的恒星，其右侧是一批远得多的恒星。它们实在太远了，我会把它们全都画在右边非常远的地方。然后想象一下，我在 1 月份为附近的这颗恒星拍一张照片。我会在照片中看到各种恒星，其中之一是我们要探索的那颗恒星（涂上了红色）。请看看图 4.1，这是 1 月份我们在地球上看到的情景。当然，单独这一幅图并没有告诉我们任何信息。请记住，我现在还不知道哪些恒星近，哪些恒星远。我对它们一无所知。但是，等上 6 个月，然后在 7 月份从地球轨道的另一边再拍一张照片。这时地球已经移动到了新的位置。现在我们看到的背景是完全一样的，但那颗恒星（涂上颜色）已经从原来所在的位置运动到了在 7 月份从地球上看到的新位置。它已经移动了位置，其他的恒星基本上还保持在原位不动。再过 6 个月会发生什么？它又从新位置移动回来了。这种移动会重复进行，周而复始，取决于我们在一年中的什么时候观测那颗恒星。

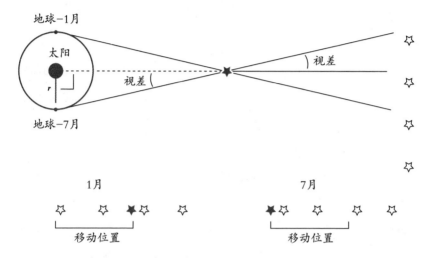

图 4.1　视差。随着地球围绕太阳运动，近处的恒星在天空中相对于遥远的恒星的位置会发生改变。

　　来回闪现这两张照片，看过一张后再换另一张。如果你闪视它们，两张照片上除了那颗位置发生移动的恒星之外其余都是一样的，那么那颗恒星的距离就比其他所有恒星都要近。如果这颗恒星的距离更近，它在图上的位置的变化就会更大。越近的恒星"移动"的幅度越大。我之所以在"移动"二字上加上了引号是因为那颗恒星实际上停在那里（我们围绕太阳来回运动），而我们的观察视角变了。

观看三维立体图的说明

　　当我们的两只眼睛分别从略微不同的角度看事物时，我们就在现实世界中感觉到了深度（即远近）。根据这个原理，我们可以欺骗自己即使在一本书里平坦的纸面上也能看到三维场景。我们所需要的是呈现两幅并排的图像，一幅就像从右眼的角度看到的情形，另一幅就像从左眼的角度看到的情形。在这个立体像对（见图4.2）中，供右眼看的图像在左边，供左眼看的图像在右边，所以你得会用斗鸡眼来看它。这比你想象的要容易。一只手拿着这本书，将它放到自己眼前约40厘米处。把另一只手的食指竖直地放在你的眼睛和书之间一半的距离上。盯着书看，你将会看到你的手指产生了两个模糊而透明的图像（右眼看到一个，左眼看到一个）。来回移动你的手指，直到你的手指的这两个透明图像正好位于书上每一个图像的底部。你可能得把头向左或向右倾斜一下，以便使两个手指图像保持同样的高度。

现在把注意力集中在手指上。你应该看到你的手指的一个图像和书上图片的三个模糊图像。小心地把注意力转移到中间的图像上，改变你的斗鸡眼。它应该成为一个美丽的3D图像的焦点，明亮的前景星织女星跳出了页面，位于其他恒星之前！你可以在不同的距离看到不同的恒星。你的大脑会自动测量视角的变化并进行视差计算。这就是我们产生3D视觉的原因。我们的大脑经常比较我们的两只眼睛看到的图像，通过计算视差来确定我们看到的物体的距离。另一种做法是，开始只看你的手指。你的眼睛自然会以斗鸡眼的方式看它，在它的后面会出现三个模糊图像。把你的目光转移到中间的那个上，如此一来就会出现3D图像。反复尝试，这需要多练习几次。不是每个人都能看到它，如果你可以看到，那么效果将是很壮观的，值得付出一些努力去尝试。在图18.1中，我们将再次使用这一技巧。

你可以自己证明这一点。闭上你的左眼，伸长手臂，举起你的拇指。只用你的右眼，将你的拇指跟远处的某个物体对准。现在轮流眨眼，一只眼睛睁开时就闭上另一只眼睛。会发生什么？你的拇指好像改变了位置。现在把你的拇指拉近到离眼睛只有手臂长度一半的位置，重复这个练习。这时看起来你的拇指移动的位置更加明显。人们发现了这种效果，意识到它同样适用于恒星。可以将附近的恒星看成你的拇指，地球的轨道直径相当于你的两只眼睛之间的距离。显然，如果你用自己的眼睛去测量恒星的距离，就不会有什么效果，因为你的两只眼睛之间的那点距离不足以对遥远的恒星产生显著的视角变化。但是地球轨道的直径是3亿千米，这是一个相当大的距离，可以对着宇宙"眨眼"，从而测量出恒星离你有远。

在图 4.2 中，我们模拟了天琴座里的这种效果。两张照片中那些恒星的位置变化正比于它们被观测到的视差，相当于在地球轨道上相隔6个月拍摄的两幅照片。我们只是放大了位置变化的大小，这样你就能很容易看出来。

图中最亮的织女星离我们只有 25 光年。它比位于照片中心的天琴座中的其他恒星要近得多。如果仔细比较这两张照片，寻找不同之处，你就会发现织女星的位置变化比其他恒星要大。

恒星越远，其视差就越小。但对于许多相对较近的恒星来说，我们可以使用这种技术来测量它们的距离。为了做到这一点，我们需要利用一些基本的几何事实。在图 4.1 中，我们在 1 月份看到一颗较近的恒星位于一组恒星的前面，然后我们在 7 月份看到这颗恒星移动到了另一组恒星的前面。按照惯例，位置变化的一半称为视差，也就是对应于你的位置变化为 1AU 而不是 2AU 时所看到的位置移动。我们知道地球轨道半径（1AU）对应多少千米。我们可以测量视差。下面考虑由地球、太阳和这颗恒星形成的三角形。它是一个直角三角形，太阳位于直角的顶点。你在一年里观察附近的一颗恒星时所看到的角度移动正好也就是位于那颗恒星上的一个观察者沿着同样两条视线看你时所发生的角度移动。这就意味着，你观察到的视差（总移动角度的一半）将等于那颗恒星上的观察者看到的太阳和地球之间（在7月）的夹角（见图4.1）。因此，地球、太阳和恒星所形成的这个三角形有一个直角（太阳在此），另外两个角分别等于视差（恒星在此）和90°与视差的差（地球在此）。这是真实的，因为根据欧几里得几何学，三角形的内角和必须等于180°。

图 4.2　织女星的视差。天琴座的这两张模拟图相当于在地球轨道上相隔6个月拍摄的两幅照片。图片中的每颗星星都有视差，视差与其距离的大小成反比。（视差已经通过乘以一个很大的因子而被放大了，这样你才能看出来。）织女星（天琴座中最亮的恒星）是距离我们只有25光年的前景恒星，它的位置变化最大。你可以通过比较织女星在两幅图中的位置看出它的视差。你也可以将其视为一幅3D图像，把这两幅图片看成一幅立体图形。

图片来源: 罗伯特·J. 范德贝和J. 理查德·戈特。

你已经知道三角形的一条边长（日地距离），如果你又知道三角形的三个角的大小，你就可以确定三角形中太阳和恒星所在的那条边的长度。这就给了你一种直接测量恒星距离的方法。让我们发明一个新的距离单位。现在指定一段距离，使在该距离上的恒星的视差角为 1 角秒。1 角秒是 1 角分的 1/60，1 角分又是 1 度的 1/60，因此，1 角秒是 1/3600 度。若一颗恒星到地球的距离对应的视差是 1 角秒，那么这段距离就叫 1 秒差距。这个名字酷不酷？1 角秒的视差角是圆周长的 1/（360 × 60 × 60）。如果恒星的距离是 d，那么圆周长就是 $C = 2\pi d$。日地距离 $r = 1$ AU 对应周长的 1/（360 × 60 × 60），即 1 AU/（$2\pi d$）= 1/（360 × 60 × 60）。因此，视差为 1 角秒时所对应的距离为 $d = 206265$ AU = 1 秒差距。这里只用欧几里得几何学就可以了。

如果观看《星际迷航》，你就会听到他们使用这个距离单位。这段距离用光年表示时是多少呢？是 3.26 光年。秒差距这个单位很可爱，说起来也很有趣，但在这本书中，我们一般坚持用光年。如果你遇到了"秒差距"这个词，那么你就知道它来自哪里了。天文学家通过结合"视差"（parallax）和"角秒"（arc second）这两个术语创造了"秒差距"（parsec）。视差为 1/2 角秒的恒星到地球的距离是 2 秒差距。视差为 1/10 角秒的恒星到地球的距离是 10 秒差距。就这么简单。天文学中有许多经常用到的合成词，例如类星体（quasar）。它是"类似恒星的射电源"的缩写。脉冲星（pulsar）是"发生脉动变化的恒星"，人们喜欢这个词，有个手表品牌就叫脉冲星。

离地球最近的恒星是什么？是太阳。如果你说半人马座阿尔法星，那么你就被我骗到了。离太阳最近的恒星系统是半人马座阿尔法星。半人马座是南方天空的星座，阿尔法是希腊字母表里的第一个字母，所以

"阿尔法"这个名字的意思是它是这个星座里最亮的恒星。但实际上它是一个三星系统，其中一颗恒星是离太阳系最近的恒星。三星系统，很酷。那里有一颗恒星叫半人马座阿尔法 A，它是一颗太阳类型的恒星，其直径是太阳直径的 123%；另一颗恒星叫半人马座阿尔法 B，其直径是太阳直径的 86.5%。第三颗恒星是比邻星，它是一颗暗淡的红星，其直径只有太阳直径的 14%。在这三颗恒星中，离太阳最近的是比邻星。这就是为什么我们叫它比邻星。它与我们的距离大约是 4.1 光年，视差是 0.8 角秒。

1 角秒真的太小了。你将要看到的大部分夜空图像来自地面上的专业望远镜。在这些照片中，恒星的视大小一般是 1 角秒，对地面望远镜来说这是常见的。哈勃太空望远镜的效果比这好 10 倍。当我们在地面上使用望远镜时，大气层会破坏和模糊图像。就其本身来说，星光来自一个锐利的点光源，然后它进入大气层发生反射、折射，变得模糊，最终成为这样的一个光斑。在地球上，我们说："哦，是不是很漂亮？星星眨眼睛！"但对于试图观测恒星的天文学家来说，"星星眨眼"令人讨厌。在那些"眨眼睛"的照片中，1 角秒是恒星的典型宽度。

请注意，1 秒差距要小于最近的恒星到地球的距离。这就是为什么天文学家花了几千年的时间才测量出了视差。直到 1838 年，德国数学家弗里德里希·贝塞尔才首次测量到了恒星视差。（如果大气将恒星图像模糊至 1 角秒的宽度，则通过望远镜进行观察的观测者必须进行多次测量，以达到 1 角秒以下的精确度。）事实上，阿里斯塔克在 2000 多年前就提出了地球绕太阳公转的观点，但由于当时没有观测到视差而未能获得支持。古希腊人很聪明。他们说："好吧，你不喜欢太阳绕着地球转的地心宇宙吗？你想让地球绕着太阳转吗？"他们知道，如果地球真的绕着太阳转，当地球位于太阳的一侧时，与另一侧相比，你就能从一个不同的角度来观察近距离的恒星。他们说，我们应该能够看到这种视差效应。那时候望远镜还没有被发明出来，所以他们只能非常仔细地观察，一直在努力寻找。可不管他们多么努力，他们都找不到任何区别。事实上，由于这个效应不用望远镜根本测量不出来，所以他们用它作为反对日心说宇宙模型的有力证据。但是，缺乏证据并不意味着一直没有证据。

即使在夜空中观看了所有这些星星，注意到模糊的云状天体潜伏其中，在20世纪的前几十年里，我们一直没有认识到真实的宇宙。直到后来，我们让星光通过棱镜获得数据，并注意到了结果的特点。由此，我们得知有些星星可以被用作标准烛光。想想吧，如果夜空中的每颗星星都是一模一样的（如果它们是用某把曲奇刀切出来的，然后被扔进了宇宙中），那么看起来昏暗的星星就总是比亮星更远。要是那样就简单了，所有明亮的星星都是距离近的，暗淡的星星是距离很远的。但情况并非如此。在这个恒星动物园里，无论在哪里，我们都在其中寻找并能找到这样的星星。因此，如果一颗恒星的光谱中有某种特殊的特征，而且有一颗此类恒星足够近，我们就能够测出它的视差，那将是幸福的一天。我们现在可以校准恒星的亮度，并利用它来确定其他跟它同类的恒星的亮度是它的亮度的1/4还是1/9，然后我们可以计算出它们的距离。但是我们需要那个标准烛光，它是一把尺子。直到20世纪20年代，我们才拥有了这样的尺子。在那之前，我们对宇宙中的事物有多么遥远一无所知。事实上，那时出版的书籍描述的宇宙仅仅是恒星的范围，不知道也无从考虑更大的宇宙。

当你试图理解星星时，你的万能腰带上需要携带额外的一些数学工具。其中，一种工具将是分布函数，它们是强大而有用的数学工具。我想慢慢地来介绍它们，所以让我先介绍一个分布函数的简单版本，《今日美国》称之为柱状图，因为它们在图表上都很大。例如，我们可以把一间典型的大学教室里的人数按年龄分布绘制出来（见图 4.3）。

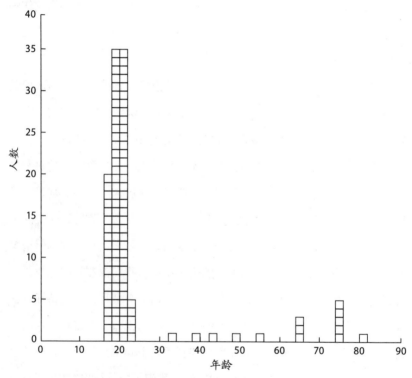

图 4.3　一间教室的人数 – 年龄柱状图。

图片来源：J. 理查德·戈特。

　　要制作这样一个图表，你首先要问班上是否有人是 16 岁或更年轻，如果没有人回答，那么图表上这个年龄段的人数就是零。接下来，你会问有多少人的年龄为 17 ~ 18 岁。让我们说 20 人，那么就画一根柱子，其高度正好是 20 个高度单位。那么，19 ~ 20 岁的人呢？ 35 人。一直这么做下去，直到所有的人都被清点过。

让我们后退一步，再看看图 4.3。在这个典型的班级里，关于人数的分布可以告诉我们一些事情。例如，大多数人的年龄在 20 岁左右，这就说明这张图表统计的对象可能是大学班级。其中有一个断层和几个掉队的，在 75 岁左右有一个凸起。这样，我们就有两个突起和两个模式。我们称之为双峰分布。在那个年龄较大的群体中，大部分人并不是真正的本科生；他们可能是班上的旁听生，而且在白天旁听大学课程的人显然是不必早九晚五工作做房奴的人，他们可能已经退休了。只要看一下这个分布，你就能了解人口状况。如果我们在整个大学校园里对学生们进行调查，那么我们就可能填补一些空白，但我敢打赌，很可能会得到几乎相同的图表形状：主要是本科生，还有一些年长的人，偶尔会有早熟的 14 岁少年（可能只有千分之一）。这个柱状图中每列的宽度为 2 年。如果可以得到足够大的采样量，包括全国所有的大学生，我就可以使每一列的宽度仅为 1 天。我可以收集很多数据来填补这张图表，它不会显得这么"崎岖"。有了这么多数据，图表的每一列都会很窄。我可以后退一步，在上面画出一条平滑的曲线。如果从条形图得到了平滑曲线，你就可以用数学形式来表示它，你的条形图已经成为一个分布函数了。

这个班级的总人数是多少？这很简单，只要沿着坐标轴一路走过去，把各个数字相加就行了。在这个例子中，我们得到的数字是 109。如果你得到了平滑函数，就可以使用积分来计算曲线下的总面积，从而得到这个面积所代表的事物总数。牛顿在 26 岁时发明了微分和积分算法。在我看来，他是我们这个星球上有史以来最聪明的人！

怎样把这种方法应用到对星星的研究上？让我们看看太阳。我要说："太阳，告诉我一些事情。我想知道你发射的光粒子有多少。"牛顿也想出了"光粒子"的概念。我得加一句，这早在爱因斯坦之前。这些粒子有一个专门名称——光子，不是质子，而是光子。照相要用到光，科幻作品里有"光子鱼雷"。《星际迷航》的粉丝们都知道这个词。

光子有各种"味道"。艾萨克·牛顿让白光通过棱镜，他列出了他所看到的彩虹的颜色：红色、橙色、黄色、绿色、蓝色、靛蓝（在牛顿时代，这是应用很广的一种染料的颜色，所以他将其列在了光谱中）和紫色。今天在美国通常只提到彩虹的 6 种颜色。但为了向牛顿致敬，我通常会提到靛蓝。加上靛蓝之后，你可以把英文缩写拼成"Roy G Biv"，这是记住彩虹颜色的好方法。

英国天文学家威廉·赫歇尔发现了光谱的另一个大分支——今天我们称之为红外线，我们的眼睛对此不敏感。在能量谱上，它落在红色的"外面"。赫歇尔让阳光通过棱镜，他注意到放置在可见光谱中红色一端的温度计变热了。在可见光谱的另一侧，你也可以在紫色的外侧得到紫外线（UV）。你以前听说过这些光带，因为它们出现在日常生活中。紫外辐射会将你晒黑或晒伤，餐厅的红外线加热器能使您的法式薯条保持温热，等着你去购买。

因此，光谱比可见光部分显示的要丰富得多。在比紫外线更远的地方，我们还能发现 X 射线，那么也就有 X 射线粒子。在比 X 射线更远的地方，还有伽马射线。这些你都听说过了。让我们看看另一个方向——红外线。红外线的外侧是什么？微波。在它们的外侧呢？无线电波，也叫射电波。微波曾经被认为是无线电波的一个子集，但现在它们被视作独立的光谱成分。这些都是我们已经命名的光谱部分。在伽马射线的外侧没有别的什么东西了，我们继续称它们为伽马射线。同样，在无线电波以外也没有任何东西。

光子是一种粒子，我们也可以把它看成一种波。这就是波粒二象性。嗯，你会问究竟是哪个？是波还是粒子？这个问题没有意义。相反，我们应该扪心自问，为什么我们的大脑不能把它们归类为一种内在具有双重实在性的事物呢？这才是问题所在。我们可以构造出一个新词，如"波粒"[wavicle，即"波"（wave）和"粒子"（particle）的缩写]。这个词是在不久之前引入的，但它从未流行开来，因为人们仍然想知道它属于二者中的哪一种。答案取决于你如何测量它。我们可以把它看成波，波有波长。只是在这里我们不使用 L 表示波长，我们使用小写希腊字母兰姆达（lambda）。它看起来像这样：λ。这是物理学家表示波长时的首选符号。

无线电波的波长有多大？这样想吧。在过去的年代里，如果想调换电视频道，你就得离开沙发，走到电视机的前面，然后转动一个旋钮。这是很久以前的事了。那种电视机上有一个"兔子耳朵"天线——两根可伸缩的金属杆，就像 V 字。如果接收的信号不好，你就可以转动作为天线的两根金属杆。这些天线有一定的长度，大约为 1 米。事实上，电视所用的电波波长大约是 2 米。天线从空中接收电波。当你来到一个电视演播室中时，会看到一个牌子上写着"直播中"（on the air），其英文字面意思就是"在空气中"，因为电波是通过大气层传播到你家里的。当然，现在大部分都是通过有线线路进行传输的，但今天的标志并没有改成"在线路上"（on the cable）。在任何情况下，光（包括无线电波）通过真空时不会遇到麻烦。因此，空气与此无关。这总是让我想把那个标志 "on the air" 改成 "on the space"（在空间中）。

手机又怎样？它们的天线有多大？很小。它们使用微波，波长只有

1厘米。现在，天线是内置在手机里的，但在过去你用手机的时候还得有一根又短又粗的天线。

微波炉面板上的那些孔有多大？那些孔是为了让你可以看到里面正在加热的食物。也许你没有注意到，但这些孔只有几毫米大小。这比加热食物的微波波长要小。因此，波长为1厘米的微波试图逸出微波炉时，它就会遇到只有几毫米大小的孔，它就出不去了。它从微波炉里找不到出口。你知道还有谁会用微波炉吗？警察，他们常将雷达枪指向司机来测量他们的速度。微波会被汽车的金属外壳反射回去。这里有一个方法来阻止这一点。你知道黑色帆布防虫网吗？有些人，通常是那些开跑车的家伙，把它们罩在汽车的前端。这些防虫网能有效地吸收微波。所以，如果你朝它发射微波，返回到雷达枪的信号是如此微弱，以至于通常得不到读数。当然，汽车的挡风玻璃对微波来说是透明的。你怎么知道微波能通过玻璃？人们把他们的雷达探测器放在哪里？通常放在车里的仪表面板上。很明显，微波能通过玻璃。同样，你可以在微波炉里用玻璃容器烹调食物，因为微波通畅无阻。警察利用称为多普勒频移的原理测量你的速度，我们稍后再讨论它。目前，你只需要知道，在这种情况下，它可以对从移动物体上反射回来的信号波长的变化进行测量。如果在运动物体的精确路径上进行测量，你就会得到最精确的读数。在实际操作中，雷达枪不能准确地测量你的车速，因为那样的话，警察就不得不站在道路的中间，而他们并不倾向于这么做。他们总是站在路边，这意味着他们得到的速度总是比你的实际速度低。所以，如果他们抓到你超速，你没有必要争论，乖乖地收下罚单，然后走人吧。

警察的雷达枪发出了一个信号，又被你的汽车反射回去。想象一下，你正从3米外的一面镜子里看着自己的像，而镜子则在以0.3米/秒的距离向你移动。你的像就是从 6 米以外开始移动的（光发出后传播了 3 米，反射回来又是 3 米）。但 1 秒后，镜子与你的距离只有 2.7 米，你看到你的反射图像离你只有 5.4 米。你会看到你的像正以 0.6 米 / 秒的速度冲向你。同样，警察观察到雷达枪的反射信号向他冲过来，速度是你的两倍。试着向法官如此解释一下！当然，雷达枪被校准过，只报告了一半的多普勒频移，也就是正确地报告你的车速。顺便说一下，"radar"（雷达）这个英文单词是 "radio detection and ranging"（"无线电探测和测距"）的缩写。在这个单词产生的时代，微波还被认为是无线电波家族的一部分。

如你所见，我们谈论的是微波。水分子（H_2O）对微波非常敏感。微波炉中的微波以它本身的频率来回翻转分子。如果你有一堆水分子，它们都会如此翻转。多少亿亿个分子都是如此。不久，水变热了，因为在进行翻转时，这些分子之间的摩擦产生了热量。你放进微波炉的任何东西里面只要有水就会热起来。除了盐，你吃的东西里都有水。这就是为什么微波炉可以如此有效地加热食物，这也是为什么没有放食物时它不会加热你的玻璃盘子。

人体会对红外线辐射产生反应。你的皮肤会吸收它，产生热量，因此你会感到温暖。我们很了解可见光。根据你的肤色，你对紫外线的敏感程度或高或低。紫外线会损害皮肤的下层，让你得皮肤癌。大气中的臭氧（O_3）保护我们免受大部分太阳紫外线的照射。空气中氧气的分子式是 O_2，再加上一些臭氧（氧气和臭氧分别由两个和三个氧原子组成）。臭氧存在于上层大气中，很容易被分解。它会吸收外来的紫外线。臭氧就被分解后，紫外线也就消失了，它就好像被臭氧吃掉了。如果你拿走了臭氧，就不会有东西消耗紫外线，它会直接照射下来，导致皮肤癌发病率上升。火星上没有臭氧，所以火星表面总是处于太阳紫外线的照射之下。这就是为什么我们怀疑（而且我认为是正确的）火星表面如今没有生命，也许火星表面之下存在生命。任何生物暴露在紫外线的照射下时都会分解腐烂。

几乎所有的人都做过 X 光检查。你记得 X 光技术员在打开开关让你暴露在 X 射线下之前做了什么吗？技术员把你领到某个位置，说："好的，别动。"然后，他就走出去了，走到一块铅屏蔽墙后面，关上大门，然后才打开开关。技术员可不想被 X 射线照射。由此，你应该得到了暗示，即将发生的事情对你来说并不是好事。但是通常来说，要是不做 X 光检查，你的情况就会变得更糟糕，因为你需要 X 光照片来诊断伤病。如果你的胳膊断了，X 光照片就会告诉你具体情况。X 射线穿透你的皮肤，能在你的内脏中引发癌变。但是，如果你受到的 X 射线照射的剂量很小，风险就很小。

伽马射线的伤害更严重，它会作用于你的 DNA，弄得一团糟。漫画书也在讲伽马射线对人的伤害。还记得绿巨人"无敌浩克"吗？他是怎么变成绿巨人的？他怎么了？他不是在做实验让自己暴露在高剂量伽马射线的照射下吗？在生气的时候，他会变得又大又丑，还变绿了。所以，要警惕伽马射线——我们不希望这种情况发生在你的身上。沿着光谱按波长从短到长的方向移动，即从紫外线到 X 射线，再到伽马射线，每个光子中所包含的能量将依次增多，其破坏能力也会增大。

在现代，无线电波就在我们周围，一直都在。你可以做一个简单的实验来证明这一点。打开收音机，收听电台节目。调到任何频道，在任何时间都行。它们都在你的周围。你怎么知道自己一直被笼罩在微波里——一直都是？当你坐在那里时，你的手机可以随时响起。假设你从来没有进入像微波炉那样的高强度环境中，那么比起在光谱的高能部分发生的情况，微波是无害的。

所有这些光子通过真空时以同一速度行进，即光速。这不仅是个好主意，而且是定律。可见光，正如我们所定义的那样，位于电磁波谱的中间部分，但所有类型的光的速度均为 30 万千米 / 秒（准确地说是299792458 米 / 秒）。这是我们所知道的自然界中最重要的常量之一。

所有波段的光子均以相同的速度运动，但它们有不同的波长。当我站在那里看着它们通过时，它们的频率被定义为每秒经过的波峰数。如果光波的波长较短，那么每秒通过的波峰就更多。因此，较高的频率对应于较短的波长，较低的频率对应于较长的波长。这是满足公式的完美条件：光速（c）等于频率乘以波长（λ）。对于频率，我们使用希腊字母 ν 来表示。我们的公式就可以写成：

$$c = \nu\lambda$$

假设我们有波长为 1 米的无线电波，而光速约为 3 亿米 / 秒，可以得到频率为每秒钟 3 亿个波峰，也就是 300 兆赫。

事实上，光子的频率和能量也被一个公式所约束，即 $E = h\nu$。爱因斯坦发现了这个公式。该公式用到了普朗克常数 h，其得名于德国物理学家马克斯·普朗克。它在公式中充当比例常数，告诉我们光子的频率和能量是如何关联的。单个光子的频率越高，其能量就越高。这样一来，X 射线的光子有很大的冲劲儿，而无线电波的光子都只携带了极少的能量。

又到了来问问太阳的时间了。你的每种波长的光波里各有多少个光子？有多少绿色光子来自你的表面？有多少红色光子来自你的表面？红外线、微波、无线电波、伽马射线又如何呢？我想知道。有如此多的光子从太阳里出来，我可以做的比简单的柱状图好得多，因为我被数据淹没了。我可以画出一条平滑的曲线。当我这样做的时候，我会画出强度与波长的对应关系。在这种情况下，画在垂直方向的强度表示太阳表面每平方米每秒钟发射的光子数。我们可以只计算光子数量，但我们通常对它们所携带的能量感兴趣。这个纵轴让我们可以计算太阳表面单位面积在单位时间内发射的功率。沿横轴方向向右，我可以看到波长变长。因此，让我们标记上 X 射线、紫外线（UV）、可见光（彩虹色带）、红外线（IR）和微波。图 4.4 显示了太阳的光强分布函数。

炎热的太阳发出的辐射大约是 5800 开。它的分布曲线是由马克斯·普朗克发现的，其频谱峰值在可见光部分，这不是偶然的——我们的眼睛演化到今天正是为了适应这一点。与其他恒星比较，让我们考虑 1 米^2 的情况。

样本的实际面积并不重要，只要我们在各种情况下考虑相同的面积就行了。有时人们说我们有一个黄色太阳，但太阳的颜色并不是黄色。你可以称之为黄色，是因为它的峰值接近黄色部分。你也可以理直气壮地争辩说它的峰值在绿色部分，但没有人说我们拥有一颗绿色恒星。除了黄色，如这条曲线所示，在太阳发出的光里，还有同样多的紫色光、靛蓝色光、蓝色光、绿色光和红色光。每种颜色的光是等量的，把它们全部加在一起。回想一下艾萨克·牛顿。这是什么颜色？白光。如果你让这个可见光谱中各种颜色的等量的光反向通过棱镜，那么将得到白光。牛顿实际上做了这个实验。因此，太阳等量辐射这些颜色的光，最终我们看到的是白光。不管教科书中如何描绘太阳，不管街上的人告诉你什么，我们拥有的是一颗白色恒星——就这么简单。顺便说一下，如果太阳真的是黄色的，那么白色表面在阳光充足的时候会显得发黄，而且雪看起来也会是黄色的。

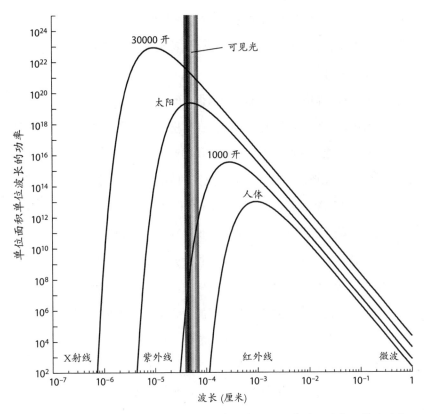

图4.4　来自恒星和人体的辐射。纵坐标表示各种物体在单位波长、单位面积、单位时间内发射的能量（即功率），横坐标表示波长。我们在这里展示了一颗温度为30000开的恒星、表面温度为5800开的太阳、一颗温度为1000开的褐矮星和一个人（310开）的情况。在波长方面显示了X射线、紫外线、可见光、红外线和微波。

图片来源：迈克尔·A.施特劳斯。

太阳表面的温度约为5800开。开氏温标的温度（开）等于摄氏温标的温度（摄氏度）加上273。水结冰的温度是0摄氏度（或273开），水的沸点为100摄氏度（或373开）。摄氏温标和开氏温标的差值为273。当我们提到越来越高的温度时，再计较这个差值就越来越不那么有意义了。在任何情况下，5800 开是非常热的，它会把你蒸发掉。我们要弄清楚的是，0 开（你可能听说过它称为绝对零度）是可能达到的最低温度。此时，分子运动停止。

我们再找一颗星星。这里有一颗很"酷"的，其表面温度仅为 1000 开（见图 4.4）。这颗恒星的辐射峰值在哪里？红外线。你的眼睛能看到红外线吗？不能。我们看不见这颗星星吗？不是。这颗恒星辐射的一小部分光在可见光波段，其光谱中可见光的强度从红光到蓝光急剧下降，它发出的红光比蓝光要多得多。在我们的眼睛看来，这颗星星是红色的。现在我们来看一颗温度为 30000 开的恒星。提醒一下，正如我们研究一个大学班级里学生年龄的分布那样，我会就这颗恒星发出的光的分布提出同样的问题。辐射峰值在哪里？紫外波段。它发射的紫外线比其他类型的光更多。我们看不见紫外线，但能看到这颗星星吗？当然可以。它在光谱的可见光部分也产生了大量的能量。在它的表面上，每平方米所发射的可见光的能量比太阳更多。然而，与太阳不同的是，它的颜色并不是各种色光等量混合的结果，而是偏蓝色。如果我把它发出的各种颜色的光混合在一起，就会得到蓝光。蓝光产生的热量其实是所有颜色中最多的。天体物理学家都知道温度最低的是红光，温度最高的是蓝光。按照天体物理学的准确描述，浪漫小说应该说"蓝热情人"而不是"红热情人"。

这颗表面温度为 30000 开的恒星的辐射峰值在紫外部分。如果选择一颗更热的星星，它的颜色也会是蓝色。蓝色仅仅意味着你眼球中的蓝色受体比绿色和红色受体接收到了更多的辐射。30000 开的恒星是蓝色的，5800 开的恒星是白色的，1000 开的恒星是红色的。

那么人体呢？你的体温是多少？除非你发烧，否则你的体温就是

36.5 摄氏度，大约为 310 开。你的辐射频谱的峰值在红外波段。你通常
会发出多少可见光？你用眼睛可以看到别人，只是因为他们反射了可见
光。如果你把房间里所有的灯都关掉，一切就会变黑，你看不到任何人。
从图上你会注意到，如果灯熄灭了，310 开的曲线告诉我们，人体几乎
不发出可见光。但是，在温度为 310 开的情况下，人体仍在发射红外线。
拿出一台红外线摄像机或者一副红外夜视镜，你可以看到人体在红外波
段发出的强烈辐射。在下一章中，我们将把整个宇宙放在这样的一个图
表中。

第 5 章　恒星是怎么发光的（二）

尼尔·德格拉斯·泰森

　　我想把你跟整个宇宙联系在一起。在第 4 章中，我们研究了恒星的热辐射曲线。图 5.1 是与图 4.4 类似的一幅图，我们在其中添加了一些东西。纵坐标表示强度，横坐标表示波长。我们称为可见光的波长区间与以前一样，用彩虹色带来标识。

　　这幅图显示的是几条热辐射曲线，太阳的温度是 5800 开，一颗炽热的恒星的温度是 15000 开，一颗低温恒星的温度是 3000 开，人体温度是 310 开。人体的辐射曲线的峰值在波长为 0.001 厘米处。这条曲线的右下方远处是新增加的东西，一条温度为 2.7 开的辐射曲线，这是整个宇宙的温度！这就是著名的背景辐射，来自天空的各个方向。因为它的峰值出现在光谱的微波部分，故称之为宇宙微波背景辐射。20 世纪 60 年代中期，位于新泽西州的贝尔实验室发现了宇宙微波背景辐射。阿诺·彭齐亚斯和罗伯特·威尔逊当时使用了一台射电望远镜，他们称之为"微波号角天线"。当他们将射电望远镜瞄准天空时，不管指向哪个方向，他们总能探测到这个微波信号。它来自天空的各个方向，对应于温度大约为 3 开（更加准确的数值是 2.725 开）的某种热辐射。这就是大爆炸留下的热辐射，我们将在第 15 章中对此进行更多的讨论。

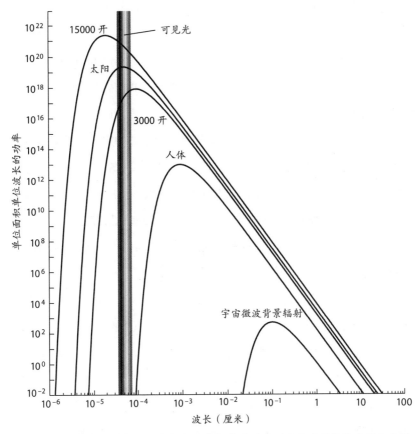

图 5.1　宇宙中的热辐射。纵坐标表示在相应的温度下天体表面单位表面积在单位时间内发射的能量（即功率），单位是人为规定的。这组曲线对应的温度分别为 15000 开（恒星，蓝白色）、5800 开（太阳，白色）和 3000 开（恒星，红色）。图上还显示了人体辐射（310 开）和宇宙微波背景辐射（2.7 开）。

图片来源：迈克尔·A. 施特劳斯。

　　和以前一样，我们可以用多种方式来研究这幅图。每条曲线的峰值在哪里？它们的峰值出现在不同的位置。每秒发射的总能量是多少？我们需要一种方法来计算每条曲线与横轴之间的面积，以确定每种辐射每秒发射的总能量是多少。首先，我们需要定义一些名词术语。

黑体是一种能吸收所有入射辐射的理想物体。在一定温度下的黑体会发出我们所说的黑体辐射，它遵循这里的曲线所描述的分布规律。"黑体"这个词看起来像是用词不当，但其实不是。我们同意你说这些星星不是黑色的，一颗恒星发蓝光，另一颗恒星发白光，还有一颗恒星发红光。但正如此图的这些曲线所示，它们都符合黑体的定义。黑体是相当简单的：它会"吃掉"到达它的所有能量。我不管你喂它什么（这无关紧要），它都会将其吃掉。你可以喂它伽马射线或无线电波。黑色的东西吸收落在它们身上的所有能量。这就是为什么黑色服装在夏天不是一个好的选择。随后，黑体重新按这些曲线发出辐射——就是这样简单。曲线的形状和位置仅仅取决于黑体的温度。

你可以加热某种东西，提高它的温度。你所需要做的就是问它的新温度是多少，然后回到你的那些曲线上，看看这个新的温度适合哪一条。我有一个绝妙的方程式来描述这些曲线。那就是分布函数，又称为普朗克函数，得名于我们以前介绍过的马克斯·普朗克。他是第一个为这些曲线写出方程式的人。等号左侧是特定波长的光在单位面积和单位时间内发射的能量，我们称之为数量强度（I_λ）。它仅取决黑体的温度 T：

$$I_\lambda(T) = (2hc^2/\lambda^5) / (e^{hc/akT} - 1)$$

让我们来理解一下这个具有里程碑意义的公式各部分的含义。首先，λ 表示波长，这里没有任何秘密。常数 e 是自然对数的底，在每一个科学计算器上都有这个符号的按钮，通常显示为 e^x（"e 的 x 次方"）。e 的值为 2.71828…，这个数字就像 π 一样，小数点后的数字永远写不完。c 代表光速，我们以前见过。k 是玻尔兹曼常数，T 是温度，h（在

第 4 章中介绍过）是普朗克常数。如果你给一个物体分配一个温度 T，那么这个等式中唯一的未知数就是 λ。因此，当你把 λ 从非常小的值计算到非常大的值时，你得到的就是作为波长函数的强度 I_λ 的各个数值，它们将精确地服从这些曲线。马克斯·普朗克在 1900 年引入了这个公式，彻底改变了物理学。

用他的新常数，普朗克提出了量子的概念，这使得他成为第一位量子力学之父。只看等号右侧的第一个小括号中的内容，即 $2hc^2/\lambda^5$。随着波长变长，发射出来的能量会怎样？它会下降。随着 λ 变得很大，$1/\lambda^5$ 趋近零。随着 λ 变大，$hc/\lambda kT$ 这一项的值将变得很小。数学家会告诉你，当 x 很小的时候，e^x 大约等于 $1 + x$。所以，λ 的值很大时，$hc/\lambda kT$ 这一项的值很小，$e^{hc/\lambda kT}$ 大约等于 $1 + hc/\lambda kT$。如果我们从中减去 1，那么 $e^{hc/\lambda kT} - 1$ 这一项就等于 $hc/\lambda kT = 2ckT/\lambda^4$。在普朗克之前的人们很熟悉这个关系式，它被称为瑞利 – 金斯定律，是以它的发现者瑞利公爵和詹姆斯·金斯爵士的名字命名的。随着 λ 变得越来越大，强度 I_λ 开始减小，遵从 $1/\lambda^4$ 这样一个非常确定的规律。当你朝着波长越来越小的方向移动时，会发生什么？随着 λ^4 越来越小，$1/\lambda^4$ 会变得越来越大，普朗克函数的值将呈爆炸式增长（这跟实验不一致）。这曾经被称为"紫外灾难"。这说明有地方出错了。威廉·维恩发现了另一个定律，它在小波长上呈现指数截止，与小波长的数据吻合得很好，但与大波长的数据不一致。

人们当时没有真正了解这些黑体辐射曲线，直到 1900 年马克斯·普朗克发现了一个公式，它既同时符合小波长和大波长极限，也符合二者之间任意大小的波长。该公式包括一个常数 h，它使能量被定量化。这样一来，你只能得到离散的小份能量。如果你把能量看成离散的小份，那么当你取越来越小的波长时，普朗克公式里的指数就会变得很大，从

而碾压了 $1/\lambda^5$ 这一项。当 λ 变小的时候，$hc/\lambda kT$ 变大，而 e 的（$hc/\lambda kT$）次方变得非常大，增长非常快。它远远超过了 –1，所以你可以忘记 –1 这个数。由于 $e^{hc/\lambda kT}$ 是分母，结果就变得很小。这是等式右边的这两个部分之间的较量，即 $1/\lambda^5$ 的极限和 $1/e^{hc/\lambda kT}$ 的极限。当 λ 趋近零时，$1/e^{hc/\lambda kT}$ 趋近零的速度要远远超过 $1/\lambda^5$，使整条曲线趋近零。如果没有这个指数项，当波长为零时，公式右边就会趋近无穷大。我们从实验中知道，物质的表现并不是那样的。理解热辐射需要量子，而普朗克公式正好描述了这些曲线是如何起作用的。

公式有了，它可以告诉你曲线的峰值。艾萨克·牛顿发明的数学工具让你能够计算出函数峰值的位置，也就是使用微积分对函数取导并确定这个位置。当我们这样做时，将得到一个非常简单的答案：$\lambda_{峰} = C/T$。其中 C 是一个新常量，我们可以用最初的公式用到的那些常量来表示它，$C = 2.898$ 毫米。T 以开氏温标表示。峰值在哪里？如果宇宙微波背景辐射的温度是 2.7 开，那么 $\lambda_{峰}$ 将略大于 1 毫米。我们可以通过查看图 5.1 中的宇宙微波背景辐射曲线来确认这一点。人体的温度比那还要高 100 多倍。人体的辐射峰值在 0.001 厘米左右（如图 5.1 所示），在红外波段。

真漂亮。随着温度升高，对应于曲线峰值的波长越来越小。这仅仅是通过观察 $\lambda_{峰} = C/T$ 这个等式的行为来发现的。T 是分母，也就是说，如果某个物体的温度升高两倍，则其峰值波长将减半。（威廉·维恩发现了这一点，我们称之为维恩定律。）

如何从这些曲线中获得单位面积在单位时间内发出的总能量？我想把所有波长的贡献都累加起来，也就是求特定曲线下的总面积。我可以使用微积分对面积进行累加。再次谢谢你，艾萨克·牛顿。如果我们对普朗克函数在所有波长上进行积分，我们就会得到单位面积每秒辐射的总能量为 σT^4，其中 $\sigma = 2\pi^5 k^4 / (15c^2 h^3) = 5.67 \times 10^{-8}$ 瓦 / 米 ^{2}，温度 T 以开氏温标表示。这个定律被称为斯特藩 – 玻尔兹曼定律。约瑟夫·斯特藩和路德维希·玻尔兹曼是 19 世纪物理学界的两位伟人。可悲的是，玻尔兹曼在 62 岁时自杀身亡。如果我们对普朗克函数进行积分，就能得到常数 σ 的值。这令人印象深刻。当普朗克还没有推导出他的公式时，斯特藩和玻尔兹曼是如何发现这一定律的？斯特藩在实验中发现了它，而玻尔兹曼则是从热力学讨论中推导出来的。

单位面积每秒辐射的总能量为 σT^4，如果将温度升高 1 倍，那么辐射的能量增加的倍数就是 15。温度升高 2 倍，你将得到什么？ 80 倍。温度升高 3 倍时，辐射的能量将增加 255 倍。这一趋势在图 5.1 中得到了证实。

这里有一个方法可以记住这个公式所表达的意义：想象一下一个盒子里的热辐射。现在慢慢地挤压盒子，直到它的大小缩小为原来的 1/8。盒子里的光子数保持不变，这时盒子里每立方厘米的光子数就增加了 7 倍。但是挤压盒子使每个光子的波长也缩小为原来的 1/2，这使得盒子内的温度倍增，因为它的峰值波长已经缩小 50%。这还使每个光子的能量加倍，也就是使盒子里的总能量加倍。每个光子增加的能量来自你挤压盒子时为抵抗内部辐射压力而投入的能量。这意味着盒子里的能量密度是此前的 16 倍，而 $16 = 2^4$。因此，热辐射的能量密度与温度的 4 次方成正比。

让我们定义另外一些名词术语。光度是一颗恒星在单位时间所发出的能量。就像灯泡一样，光度以瓦为单位。一个 100 瓦灯泡的光度为 100 瓦。太阳的光度是 3.8×10^{26} 瓦，这是一个非常有潜力的灯泡。

我提出一个谜题。假设太阳与另一颗表面温度为 2000 开的恒星具有相同的光度，那么太阳的温度为多少？对于这个问题，我们取太阳的温度约为 6000 开。那颗恒星的温度为 2000 开，所以，既然它的温度比太阳低那么多，那么它在单位面积和单位时间内发射的能量就不能跟太阳几乎一样多。但我宣布，太阳与这颗恒星的光度相同。怎么可能？我从那颗恒星上取 1 米 ^{2} 的面积，其温度为 2000 开，从太阳上也取 1 米 ^{2} 的面积，其温度为 6000 开，是那颗恒星的 3 倍。

在太阳上 1 米 ^{2} 的面积在单位时间内发射的能量要比那颗恒星多 80 倍。这颗恒星怎么能发射出和太阳一样多的总能量？这两颗恒星除了温度之外，必然还有其他不同之处。那颗恒星的温度既然比较低，那么它必须具有比太阳更大的辐射面积。事实上，它的表面积必须是太阳的 81 倍。它必须是一颗红巨星，以 81 倍的表面积来弥补其单位面积上辐射的能量较少的缺陷。现在，让我们使用我们的公式。球面的表面积是多少？是 $4\pi r^2$，其中 r 是球体的半径。你可能在中学里学过这一点。既然光度是指单位时间内发射的能量，单位面积在单位时间内发射的能量等于 σT^4，那么太阳光度的计算公式为：

$$L_日 = \sigma T_日^4 \times (4\pi r_日^2)$$

对于另一颗恒星，我有一个类似的公式。让我们用 L_* 来表示这颗恒星的光度，那么它的光度方程为 $L_* = \sigma T_*^4 \times (4\pi r_*^2)$。现在它们各有了一个公式。我已说过 $L_日 = L_*$，而且已经声明，在举这个例子时，我实际上并不需要知道太阳的表面积，因为这个问题是在谈论事物的比率。我们可以仅仅通过思考事物的比率，获得对宇宙的深刻洞察。

让我们把这两个公式的两边分别相除，可以得到：$L_日 / L_* = \sigma T_日^4 \times 4\pi r_日^2 / (\sigma T_*^4 \times 4\pi r_*^2)$。下一步做什么？在等式右侧的分子和分母中，把相同的因数约去。首先，我将约去常量 σ。我甚至不关心它的特定数值是什么，因为当我比较两个对象的时候，既然它们对两颗恒星来说是常量，我就可以约去这些常量。数字 4 可以约去，π 也可以约去。等式左边的 $L_日/L_*$ 是多少？是 1，因为我说过这两颗恒星具有相等的光度，所以它们的比值是 1。因此，得到了一个简单的等式：$1 = T_日^4 r_日^2/T_*^4 r_*^2$。太阳的温度是 6000 开，那颗恒星的温度是 2000 开。当然，6000^4 除以 2000^4 得到的结果为 3^4，也就是 81。现在有 $1 = 81 r_日^2/r_*^2$。让我们直接在等式的两边同时乘以 r_*^2，则有 $r_*^2 = 81 r_日^2$。等式两边同时平方，得到 $r_* = 9 r_日$。与太阳的光度相同、温度较低的恒星的半径是太阳的 9 倍！这是我们的答案。如果我们考虑表面积，则那颗恒星的表面积是太阳的 81 倍，因为面积与半径的二次方成正比。这些都是一些常用的公式。

我还可以举另一个不同的例子。我可以从假设一颗恒星的温度与太阳一样开始，但它要比太阳亮 80 倍。这两颗恒星的表面每平方米每秒发射的能量都是相同的，所以那颗恒星的表面积必须是太阳的 81 倍，其半径是太阳的 9 倍。等式需满足相同的条件，但是我们把不同的变量放到等式的不同部分。这就是我们所做的。

回想一下前文的介绍（第 2 章），地球上一天里最热的时候不是中午，而是午后的一段时间，因为地面吸收可见光。那些可见光慢慢地提高了地面的温度，然后地面将红外线辐射到空气中。地面就相当于黑体——吸收来自太阳的能量，然后根据普朗克函数给出的配方将其辐射出去。

你可以问下面这个问题：你的身体的光度是多少？取你的体温为 310 开，然后取 4 次幂，再乘以 σ，这时你就会知道你的身体在单位时间和单位面积内辐射出了多少能量。如果你用它乘以你的总体表面积（成人平均大约为 1.75 米^2），你就会得到你的光度。你不会发出可见光，主要发射红外线，但你肯定有一定的光度。让我们计算一下。斯特藩 – 玻尔兹曼常数 σ =5.67×10^{-8} 瓦 / 米 ^{2}，温度取开氏温标，即 310 开。$310^4 \approx 9.24 \times 10^9$。用这个数乘以 5.67×10^{-8}，得到 523 瓦 / 米 ^{2}。再乘以你的表面积 1.75 米 ^{2}，得到 916 瓦。太大了！但是，请记住，如果你坐在一个温度为 300 开（27 摄氏度）的房间里，根据同样的公式，你的皮肤会吸收大约 803 瓦的能量。你的身体必须拿出大约 100 瓦的能量来使自己保持温暖。你通过饮食和新陈代谢得到能量。温血动物为保持它们的体温高于周围环境的温度，需要吃的东西超过了冷血动物。当你在房间里安装空调的时候，要考虑两个主要问题：房间有多大，有哪些能量会释放到房间里？例如，房间里有多少个灯泡，有多少个人，因为每个人都相当于一个一定瓦数的灯泡，空调必须与之对抗才能保持合适的温度。为了确定保持适当的温度所需的空调制冷量，必须考虑到房间内有多少个人（以及他们的"瓦数"）。

让我再来介绍一个概念——亮度。你观察到的恒星亮度是指在单位面积和单位时间内进入你的望远镜并接收到的能量。亮度告诉你星星看起来有多么明亮。这取决于恒星的光度以及它与你的距离。让我们直观地认识一下亮度。一个物体在你看来有多亮？你看到一个物体以某种特定的亮度闪耀，然后我把它移得更远一些，它的亮度就会降低。然而，光度是物体在单位时间内发出的能量，它与物体到你的距离没有任何关系，它只是物体释放出来的东西，它与你的测量无关。一个 100 瓦的灯泡具有 100 瓦的光度，无论你把它放在宇宙中的什么地方都是如此。但是，亮度取决于物体与观察者之间的距离。

亮度理解起来很简单，我喜欢它。准备好了吗？让我画一个我从未建造过的装置，如果你愿意，你可以去申请专利。这是一把黄油枪，你装上一些黄油，然后在它的前头装上一个喷嘴，黄油可以从这里喷出来（见图 5.2）。

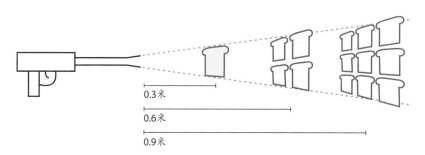

图 5.2　黄油枪。它可以将黄油喷到 0.3 米外的一片面包上、0.6 米外的 4 片面包上以及 0.9 米外的 9 片面包上。

图片来源：J. 理查德·戈特。

　　把一片面包放在离黄油枪 0.3 米远的地方。我已经校准好了这把黄油枪。这样，在 0.3 米远的距离上，我能将黄油涂满整片面包，恰好完全覆盖它。如果你是那种喜欢将黄油一直涂到面包片边缘的人，这项发明就是给你的。现在，让我们想想，我希望省钱，正如任何一个好的生意人想做的那样。我想用同样数量的黄油涂满更多的面包片，而且我想把它们涂得均匀。第一片面包位于 0.3 米处，现在让我把距离变为 0.6 米。黄油喷出后覆盖的面积变大了。在两倍于原来的距离处，黄油覆盖的区域是两片面包的宽度和两片面包的高度。因此，喷出的黄油覆盖的面积为 2×2 面包片阵列，也就是说能涂满 4 片面包。只要距离加倍，你现在就可以涂满 4 片面包。如果我把距离变为原来的 3 倍，喷出的黄油就可以覆盖 9 片面包。1 片，4 片，9 片。与距离只有 0.3 米的一片面包相比，距离为 0.9 米的一片面包上涂了多少黄油？只有原来的 1/9。它仍然被涂上了黄油，但仅为原来的 1/9。这对于客户来说是不好的，但是还没超出我的底线，还好。我断言，这把黄油枪表达了一个深刻的自然定律。如果这不是黄油而是光，它的强度将以与这里黄油数量减少完全相同的速度下降。毕竟，光线像黄油一样沿着直线行进，并以同样的方式扩散开来。

在 0.6 米的距离上，来自灯泡的光的强度将变为 0.3 米远处的 1/4；在 0.9 米的距离上，强度将变为 1/9；在 1.2 米的距离上，强度将变为 1/16；在 1.5 米的距离上，强度将变为 1/25，以此类推。光的强度按照距离的平方进行变化——平方反比关系。事实上，我们已经获得了一个重要的物理定律，它告诉我们光的强度是如何随着距离的增大而下降的，即平方反比定律。引力也有这样的表现。你还记得牛顿的引力公式 $F=Gm_am_b/r^2$ 吗？r^2 是分母，表明它与引力成平方反比关系。引力和黄油的行为表现是类似的。

想象一下像太阳那样向各个方向发光的光源（见图 5.3）。让我们进一步想象，我围绕太阳划定了一个大球体，其半径 r 等于地球的轨道半径（1AU）。太阳向各个方向发光，我们截获了一些阳光。我们只得到以太阳为中心、半径相当于日地距离的球面上的一小部分光。那么，这个大球的面积是多大呢？是 $4\pi r^2$，其中 r 是球面的半径。在太阳发出的所有光里，到达我的探测器上的光所占的比例等于我的探测器的面积除以这个巨大的球面的面积（$4\pi r^2$）。如果我移动至原来的距离的两倍处，我的探测器的面积保持相同的大小，但我所在的球面半径将为原来的两倍（2AU），因而阳光通过的面积将是原来的 4 倍。我的探测器检测到的光子数将是在 1AU 处的 1/4。亮度以落在我的探测器上每平方米的光子数来表示。为了计算我在与太阳的距离为 r 时观测到的亮度，我用太阳的光度除以这个球的表面积 $4\pi r^2$。这就得到了这个距离上每平方米的瓦数。用它乘以探测器的面积，就得到了每秒落在其上的能量。

如果 L 是太阳的光度，那么我看到的太阳亮度（B）就是 $B=L/4\pi r^2$，其中 r 是我与太阳间的距离。随着 r 增大，分母（$4\pi r^2$）减小，亮度降低。海王星与太阳的距离是日地距离的 30 倍，在那里太阳的亮度看起来只有我们这里的 1/900。

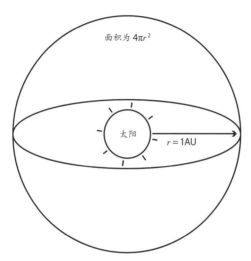

图 5.3 太阳位于一个球体的中心。经过距离 r 之后，太阳光扩散到大小为 $4\pi r^2$ 的面积上。

图片来源: J. 理查德·戈特。

假设两颗星星在天空中有相同的亮度，但我知道其中一颗的光度是另一颗的 10000 倍，那么关于这两颗星星的真实情况应该是什么？光度大的星星必然更远。有多远呢？100 倍。我怎么得到 100 倍？是的，100 的平方等于 10000。

你刚刚学到了 19 世纪末 20 世纪初的一些最深奥的天体物理学知识。玻尔兹曼和普朗克就是通过理解你在本章和前一章中学到的知识而成为科学界的英雄的。

第 6 章　恒星光谱

尼尔·德格拉斯·泰森

恒星里面到底发生了什么？恒星不是手电筒，你打开开关，光就从它的表面射出来了。恒星核心深处正在发生热核过程，制造能量。那些能量慢慢地传到恒星的表面，然后以光速到达地球或宇宙中的其他地方。现在我们要分析这些光子通过物质时发生了什么，光子不经过一番努力就无法出来。

首先，我们必须了解光子是如何从太阳里面出来的。我们的太阳和大多数恒星主要是由氢构成的，它是宇宙中排名第一的元素。90% 的原子是氢原子，大约 8% 是氦，其余的 2% 包括了周期表中的其他所有元素。所有的氢和大部分氦，还有一点点锂，都可追溯到大爆炸。其余的元素是后来在恒星中被锻造出来的。如果你狂热追捧"地球生命具有某种特殊性"这个观点，那么你就必须与一个重要的事实抗衡：在宇宙中排名前五的元素（氢、氦、氧、碳和氮）看起来很像人体的成分。你体内排名第一的分子是什么？水分子（H_2O），你的身体的 80% 是水。把水分子打开，你就会发现人体中占第一位的元素是氢。

你的体内没有氦，如果你从气球中吸入氦气，你的声音在短时间内听起来就像米老鼠。氦是惰性的，它位于周期表中最右侧的一列。它最外面的电子壳层是封闭的——完全被填满了，没有开放的位置与其他原子共享电子。因此，氦不会与绝大多数元素发生化合。即使你拥有氦，你对它也无能为力。

其次，人体内含有氧元素，它主要还是来自水分子。在氧元素之后是碳元素——我们生命最大的化学基础。接下来是氮元素。除了氦元素，它与任何东西都不发生反应。如果我们是由一些稀有元素（比如铋的同位素）组成的，你就会得到诸如"这里发生了某个特殊事件"的观点。但是，考虑到我们的体内具有跟宇宙中一样的元素，我们不具有化学特殊性，这是令人震撼的。同时，认识到我们真的是星尘，也是相当有启发意义的，甚至令人更加自信。正如我们将在接下来的几章中讨论的那样，在大爆炸之后的数十亿年里，氧、碳和氮都是在恒星中被锻造出来的。我们由这个宇宙生成，我们生活在这个宇宙中，宇宙在我们的身体里面。

考虑一团气体云——由氢、氦和其他元素组成的宇宙混合物，让我们看看会发生什么。原子的中心是由质子和中子组成的原子核，电子围绕着它们。在大约 100 年前，尼尔斯·玻尔提出了原子的一个简单的经典量子模型。原子有一个基态，即一个电子所能占据的最严密的轨道。让我们称之为基态能级（即能级 1）。下一个可能的轨道将处于激发态，我们称之为能级 2。让我们画一个二能级原子，这只是为了让事情看起来简单一些（见图 6.1）。

原子有一个原子核和一团电子云，我们说电子位于原子核周围的"轨道上"，但这些不是我们从引力、行星和牛顿那里所了解的经典轨道。事实上，我们可以不使用"轨道"这个词，而是引入一个新词"轨道能级"。轨道能级就像轨道，但它们可以呈现各种不同的形状。实际上，它们是"概率云"，在这些特定区域中，我们很可能找到电子。这就是电子云。电子云有些是球形的，有些是椭球形的。我们用"电子能级"表示原子核周围被电子包围的地方，接下来把它抽象出来。

原子核是位于原子中心的点。能级 1 对应于离原子核最近的球形轨道能级上的一个电子。能级 2 是离原子核较远的球形轨道，对应于受原子核束缚不太紧的一个电子。电子和质子相互吸引，把电子转移到较远的轨道能级上时需要能量。能级 2 的能量比能级 1 要高。

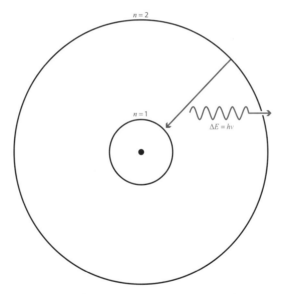

图 6.1 原子能级。一个简单的原子用两个电子轨道能级（$n=1$ 和 $n=2$）表示。如果电子开始位于能级 2 上，然后掉到较低的能级 1 上，它将以能量 $\Delta E = h\nu$ 发射出一个光子。其中，$\Delta E = E_2 - E_1$，是能级 2 和能级 1 之间的能量差。当电子进入能级 1 之后，它又能通过吸收能量为 $h\nu$ 的光子跳跃到能级 2。

图片来源：迈克尔·A. 施特劳斯。

假设有一个电子位于基态（能级 1）。这个电子不能在能级 1 和能级 2 之间的任何地方停留，它无处可去。这里是量子世界，事情不会连续变化。为了让电子跳到相邻的能级，你必须给它提供能量，它必须以某种方式吸收能量。目前，一个很好的能量来源就是光子，但并不是任何光子都行，只有能量等于两个能级之间的能量差的光子才行。如果电子"看见"了光子，它就会"吃掉"光子并跳跃到能级 2。如果光子的能量略大或者略小，它就只是路人，不会被消化掉。现在，原子跟人类不一样，它并不想保持激发态（兴奋状态）。如果有足够的时间，能级 2 上的这个电子将自发地掉到较低的能级 1 上（如图 6.1 中的蓝色箭头所示）。

在某些情况下，足够的时间意味着一亿分之一秒。电子根本就不会维持激发态太长时间。所以，当它们回落时，必然会发生一些事。它们必须"吐出"一个光子——一个新的光子，其能量跟前面吸收的恰好相等。能级跃迁涉及吸收光子，回落涉及发射光子，如图 6.1 中的红色所示。根据爱因斯坦的著名方程，这个光子的能量 E 等于 hv，其中 h 是普朗克常数，而 v 是光子的频率。发射的光子的能量正好等于两个能级之间的能量差 ΔE。（Δ 通常用于表示数量上的差异或变化。）这里给出了方程 $\Delta E = hv$，它让我们可以计算电子从能级 2 跃迁到能级 1 时发射的光子的频率。

你玩过那种夜光飞盘吗？为了让它在黑暗的环境中发光，你必须先把它暴露在某种光线下，比如你可以把它放在灯泡前。这是怎么回事呢？这个玩具的原子中的电子正在跃迁到更高的能级（那些较大的原子有许多能级），它们正在吸收光子。设计者选择的那些材料里面的电子需要一些时间才能从高能级跃迁下来，它们在跃迁时会发出可见光，但不是永远。停止发光后，电子就返回到了其原初状态。

电子吸收的能量可以来自光子，也有其他可能的来源，还可能来自另一个原子的撞击。当电子被"踢"中时，它可以被发射到更高的能级。在这种情况下，起作用的是动能。那么，它如何在氢气云中起作用呢？首先，我们要问这片氢气云的温度是多少？以开尔文为单位的温度与氢气云中分子或原子的平均动能成正比。云的整体运动对这种测量结果没有贡献。动能是运动的能量，所以温度越高，这些粒子来回碰撞的速度就越快。假设我是一个处于基态的电子，我的屁股被踢了一脚，我可以问这一脚的能量是多少。如果这一脚的能量只是我跃迁到能级 2 所需能量的一部分，我就会待在原地。但是，如果这一脚的能量正好完全可以让我跃迁到能级 2，我就会接受这份能量，吸收它，并跃迁到能级 2。

根据温度的不同，你可以让一大群原子里的一部分电子维持更高的能量状态。你可以通过安排条件使它们保持平衡，这样每次有电子下落时，你就把它们踢回去。这就像变戏法的人让所有的球保持在空中一样。在低温下，绝大多数电子停留在能级 1，只有极少数电子处于能级 2。随着温度升高，更多的电子被"踢"入能级 2。

让我们把这些条件都放在一起。想象一片星际气体云被一颗温度为 10000 开的恒星照耀着。大多数原子有多个能级，具有很高的复杂性。这就是事物的自然顺序。相比之下，氢原子的能级很简单。把这些混合物放在由那颗 10000 开的恒星发射的纯热谱之下，就会发生灾难。那么，让我们来看看能造成什么灾难。

首先，我给你一个成熟的氢原子。它有无限多个能级，对应于延伸得越来越远的同心轨道：$n=1$（基态，最内层轨道），$n=2$（第一激发能级），$n=3$，$n=4$，$n=5$，$n=6$，…，$n=\infty$。能级图看起来像一个梯子，所以我们称之为梯形图。最低的能级在图的下端，紧贴着原子核（见图6.2）。

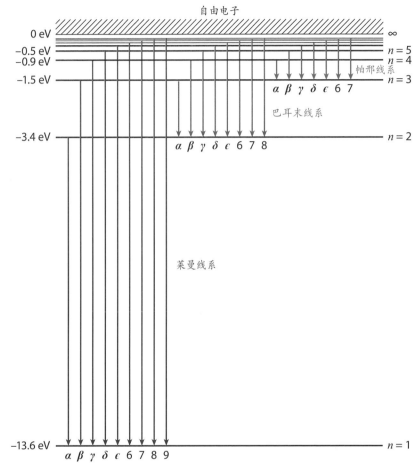

图6.2 氢原子的能级图。水平线表示氢原子中电子的不同能级，单位为电子伏特（eV）。箭头表示电子可以从一个能级跃迁到另一个能级，发射的光子的能量等于能级之间的能量差。图中显示了到第一能级的跃迁（莱曼线系，发出的光子位于光谱的紫外部分）、到第二能级的跃迁（巴耳末线系，发出可见光光子）和到第三能级的跃迁（帕邢线系，在近红外波段）。图中也显示了电子的下落和发射的光子。如红色箭头所示，如果一个电子从能级3下落到能级2，它将发射一个Hα光子（属于巴耳末线系），光子的能量为1.9电子伏特。

图片来源：迈克尔·A. 施特劳斯。

对于氢原子，第一激发状态（$n = 2$）位于梯形图上方四分之三处，其次是 $n = 3$，然后是 $n = 4$，$n = 5$，等等。n 值很大的电子占据一个非常大的轨道，仅仅与质子有微弱的联系。在原子中，我们用电子伏特（eV）来测量能量。1 电子伏特就是在 1 伏的电压差上移动一个电子所需的能量。假设你有一个使用 9 伏电池的手电筒。每一个电子通过手电筒的线路时，就会以光和热的形式产生 9 电子伏特的能量。这个手电筒中每秒有 6.24×10^{18} 个电子通过，产生 $9 \times (6.24 \times 10^{18})$ 电子伏特（或 9 瓦）的光和热能。电子伏特是在讨论与电子跃迁有关的极少量的能量时使用的一个能量单位。

例如，图中的 –13.6 电子伏特是能级 1 的能量。这里表示为负能量，意味着你必须在能级 1 中注入 13.6 电子伏特的能量才能将它从原子中拿走。我们说 13.6 电子伏特是基态（$n = 1$）的结合能。如果基态的电子遇到一个能量大于 13.6 电子伏特的光子，则会发生什么？它能吸收这个光子吗？这里来了一个具有那么多能量的光子，电子将如何处理它？如果电子吸收这个光子，那么它将有足够的能量到 $n = \infty$ 之上。在 $n = \infty$ 之上是什么？那就是自由态。如果一个电子弹出来，能量大于零，那么这个电子就从原子中逃脱了，只留下氢核本身。我们说我们已经电离了那个原子——剥离它的一个电子。（原子现在拥有了一个净电荷，成为离子。）逃走的电子的能量大于零，大于零的"过剩"能量在电子逃离原子之后成为了它的动能。正如你可能想到的，另一个原子的撞击也可以导致一个原子被电离。

有了关于能级的知识，我们现在就能理解光是如何从那颗 10000 开的恒星中发射出来的。在 10000 开的温度下，有一小部分而不是大部分氢原子的电子处于第一激发态（$n = 2$）。这就是我选择这颗恒星的原因，因为 10000 开的温度使我们要描述的情况最大化。在这颗恒星的深处有一个热辐射谱，呈现为美丽的普朗克曲线。它正努力从恒星的外层出来。10000 开的热辐射谱将击中那些外层的氢原子，其中一些电子处于第一激发状态，并且那些电子是"饥饿"的。我可以问一个问题，在这个热辐射谱中，单个光子拥有多少能量？那些光子的能量大部分集中在光谱的可见光部分，它恰好如此。10000 开的氢气中有一些"饥饿"的氢原子的电子处于能级 2，所以它们会疯狂地吸收合适的光子，并因此跃迁到到更高的能级上。

但并不是所有的光子都会被吸收，只有能够使电子跃迁到特定能级的那些光子才会被吸收。例如，能级 2 上的电子上（能量为 –3.4 电子伏特）能吸收一个能量足以让它跃迁到能级 3（能量为 –1.5 电子伏特，参见图 6.2）的光子。这两个能级之间的能量差是 1.9 电子伏特，电子必须得到这么多的能量才能跃迁上去。这样的一个电子将吸收一个能量为 1.9 电子伏特的光子。这种光子被称为氢阿尔法或 Hα 光子，它的波长为 6563 埃，它的颜色是勃艮第红。吸收光子后，电子从能级 2 跃迁到能级 3。光子现在已经从光谱中消失了。许多电子都会这样做，导致普朗克光谱在波长为 6563 埃处出现凹陷，称之为氢阿尔法（Hα）吸收线。波长为 4861 埃的光子可以把一个电子从能级 2 级提升到能级 4，这会在光谱中导致另一处被称为氢贝塔（Hβ）吸收线的凹陷。还有更多的吸收线：4340 埃处的氢伽马（Hγ）吸收线、4102 埃处的氢德尔塔（Hδ）吸收线等。在那里，光子被吸收，把电子从能级 2 送到能级 5、能级 6 等。在进来的连续光谱中，在那些光子被吸收掉的地方出现窄线，我们称这种光谱为吸收谱。这一系列谱线被称为巴耳末线系：Hα、Hβ、Hγ、Hδ、Hε、接下来是 H6、H7、H8 等（没有人希望去记那么多希腊字母）。这些谱线的间距与梯形图上的能量差有关。图 6.3 显示了一个实际的 10000 开恒星的光谱。小图显示的是较短波长部分的特写。

如果我们看表面温度更高（比如 15000 开）的一颗恒星的表面，这个故事就会发生戏剧性的变化：有那么多的能量去踢电子的屁股，它们会完全脱离氢原子的束缚。电子和质子各行其是——原子已经被电离了。电离的氢原子不再具有离散能级，也不会吸收巴耳末光子。这就是为什么巴耳末线系能在 10000 开恒星中强烈显示，而不会出现在温度更高的恒星中。

到目前为止，我们只是在考虑氢发生的情况。把钙、碳和氧扔进去，每种元素都会在其中扮演各自的角色。我跟你讲一下我最喜欢的一个类比—— 一棵树。你可以把星星的最外层看成一棵树。你知道从树里面（从恒星里面）出来的是什么吗？各种坚果。有一个坚果大炮（恒星的内部）将各种坚果（不同频率的光子）发射到树上，树上有松鼠。松鼠喜欢橡子（H α 光子）——这些是橡子松鼠。它们看到了各种坚果，但它们只抓取它们喜欢的橡子。从另一边（恒星外面）出来的就是除橡子之外的各种坚果（热辐射中没有 H α 光子）。现在让我们引入另一个物种——澳洲花栗鼠，它们只吃澳洲栗子。现在从另一边出来的是什么？除橡子和澳洲栗子之外的各种坚果。我们放在树上的每种啮齿动物都喜欢吃不同种类的坚果，因此，基于另一侧有什么坚果消失了，你就可以推断树上有什么动物，如果你知道它们吃什么的话。

这正是我们在天体物理学中所面临的问题。我们不能到恒星上去（反正你也不想去那里，它们太热了），只能从远处分析它们，观测星光，看看有什么从它们的热连续谱中被拿掉了。我们看它们的光谱，并问是否与氢吸收线系相符？在大多数情况下，那里也有其他元素。去实验室，检查钙和其他元素，看看它们在实验室条件下都吸收了什么频率。然后检查每种元素，以确定其是否与那颗恒星的模式相匹配，因为每种元素都留下了唯一的"指纹"。这些能级，这些梯形图，对每种元素和分子来说都是独特的。（例如，在图 6.3 中除了氢线之外，还有由钙形成的一根吸收线，其标记为 Ca。）

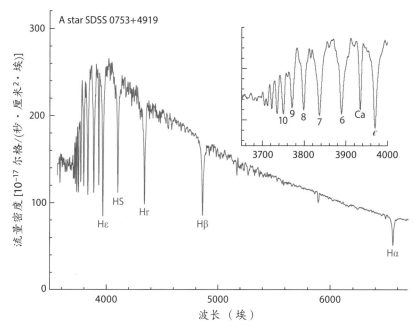

图 6.3　显示巴耳末吸收线系的恒星光谱。这个 A 型星光谱来自斯隆数字巡天项目，显示了氢吸收线的巴耳末线系，它们被称为 Hα、Hβ、Hγ 等。这些线在波长最短处密集排列。那幅小图显示了放大后的效果，标记直到 H10 的各条线（按照惯例，在 Hε 之后使用数字而不是希腊字母）。其中，唯一一条线是由电离的钙原子产生的，被标记为 Ca。

图片来源：斯隆数字巡天项目和迈克尔·A. 施特劳斯。

对于一般情况，我们甚至不谈恒星，而是讨论星际空间中的一团气体，一团氢云。它拥有来自附近的一颗亮星的连续能量谱。来自恒星的光进入气体云，然后在另一侧出现，所以，有些谱线缺失形成吸收谱线。我们现在必须以某种方式解释那些能量，那些波长的光被吸收了，电子因此上升到更高的能级。这些电子将回落，并在此过程中发射光子。因此，这是电子和光子之间的一个暂时性事件。当电子返回到它原来的能级时，随机向各个方向发出与它所吸收的光子同样的光子。

这就好像松鼠和花栗鼠有消化不良问题，它们向各个方向随机吐出它们刚刚下去吃的坚果。如果气体云处于平衡状态，处于能级 2 上的电子数不随时间变化，那么被吃掉的坚果和被吐出来的坚果的数量必须相等。如果你位于大炮的炮火路线上（向着星星方向看去），你就会看到各种坚果从大炮那里向你飞来，其中少了部分橡子和栗子。然而，如果你站在任一个地方看着树，而不在大炮的炮火路线上（视线不在恒星的方向上），你就不会看到从大炮那里飞来的各种坚果。但看树（气体云）时，你会看到橡子和栗子从树上飞出来。这些将是明亮的发射线，在光谱中恰好处于它们此前被吸收的波长处。从看到的橡子和栗子，你可以推断树上有松鼠和花栗鼠。根据看到的气体云所产生的发射线，可以识别出它所包含的一些元素。

图 6.4 中的玫瑰星云是红色的。气体发出的光是氢阿尔法发射线（Hα），波长为 6563 埃。所以，这团星云中含有氢元素。天文学家使用只允许 Hα 发射线通过的滤镜来拍摄像玫瑰星云这样的发射星云，得到了精彩的照片。这样一来，几乎所有来自地球大气层其他地方的光（光污染）都被阻挡了。来自玫瑰星云中心的年轻、明亮的蓝色恒星（你可以在图中看到）的光把星云里的氢原子的能级提高到 3。当它们回落到能级 2 时，它们向各个方向发射 Hα 光子，使星云发出红光。

我们一直在讨论氢原子的跃迁谱线，如 Hα、Hβ、Hγ、Hδ 等。

它们被称为巴耳末线系。这一系列跃迁是在 1885 年发现的，以发现者约翰·雅各布·巴耳末的名字来命名。在能级图中箭头的方向并不重要，进入和出来的都是同样的光子。它们可以被吸收（向上）或发射（向下），但是在巴耳末线系中所有的跃迁都以第一个激发态（$n = 2$）作为基准，相关的光子处于光谱的可见光部分（见图 6.2，它显示了电子下落时发射的光子）。巴耳末线系之所以首先被发现是因为巴耳末光子位于光谱的可见光部分。但我们还会谈到另外两个常见的线系，其中之一是帕邢线系，它以能级 3 为基准。由于这些是能量标度上较短的跃迁，所以所涉及的光子的能量都将比可见光的能量略低（见图 6.2）。这就使帕邢线系完全落在了红外区域。一旦我们发明了好的探测器来可靠地测量红外线，帕邢线系就会现身。你应该知道这些家族还可以继续下去，但我只会提到 3 个：帕邢线系、巴耳末线系和莱曼线系（像以前一样，我们用希腊字母命名法称之为莱曼阿尔法、莱曼贝塔等）。基态（$n = 1$）形成莱曼线系的基准，这个线系所有的跃迁都发生在紫外区域。莱曼线系的最低跃迁能量比巴耳末线系的最高跃迁能量还要高（再次参见图 6.2）。

这意味着，当你在光谱中寻找这些跃迁时，巴耳末线系的位置与其他线系有所不同。莱曼线系是独特的，帕邢线系也是独特的，这使它们容易被分离出来，便于理解。我可以画一个并不符合事实的原子。我可以编造一个原子（我们已经有一些奇怪的原子了），它的莱曼线系、巴耳末线系和帕邢线系的能量跃迁可能是相似的。这样，3 个线系在光谱上将会重叠。在考虑这些线系以及我们如何对它们进行解码以发现尚未确认的元素时，我们必须考虑到这种可能性。

图 6.4　玫瑰星云是正在形成恒星的一团气体云。红色缘于氢原子的发射，特别是它们从能级 3 到能级 2 的跃迁（Hα）。

图片来源：罗伯特·J.范德贝。

　　几千年来，我们所能做的一切就是测量恒星的亮度以及它们在天空中的位置，也许还会注意到它们的颜色。这是古典天文学。当我们开始获取光谱时，现代天体物理学就诞生了，因为光谱能够使我们理解物质的化学成分。我们对光谱的准确解释来自量子力学，我想让你记住这一点的重要性。在量子力学出现之前，我们对光谱没有了解。普朗克在

1900 年介绍了他的常数，1913 年丹麦物理学家玻尔创造了他的氢原子模型，用基于量子力学的电子轨道能级解释巴耳末线系。现代天体物理学直到 20 世纪 20 年代之后才真正开始起步。这是多么近的事情。今天最年长的人是在天体物理学诞生的时候出生的。几千年来，我们对恒星基本上一无所知，然而在相当于一个人的寿命的时间内，我们已经对它们有了很好的了解。我有一本 1900 年出版的天文学图书，它所介绍的内容是"这里是一个星座""有一颗漂亮的恒星""这里有很多星星""这里的星星更少"，等等。它有一整章是关于月相变化的，另一章是关于日食的—— 这是当时的天文学家可以谈论的一切。然而，20 世纪 20 年代之后的教科书谈到了太阳的化学成分、核能光源以及宇宙的命运。1926 年，埃德温·哈勃发现宇宙比任何人想象的都要大，因为他发现星系的位置远远超出了我们的银河系。1929 年，他发现宇宙在膨胀。这些理解上的飞跃发生在今天还活着的人的有生之年。太了不起了。我经常问自己，在未来的几十年里，在等待我们的是什么革命？你会亲历什么宇宙发现，让你可以告诉你的后代？

　　有了这些历史教训，你就可以避免像法国哲学家奥古斯特·孔德那样做出愚蠢的预言。他在 1842 年出版的一本书《积极的哲学》中宣称："我们永远无法知道它们的内部组成，也不会知道另一些问题的答案，比如热量是如何被它们的大气层吸收的。"

第7章 恒星的一生（一）

尼尔·德格拉斯·泰森

　　两位天文学家各自独立完成了同一项工作，亨利·诺里斯·罗素和埃纳·赫茨普龙决定把所有已知的恒星按照它们的光度与颜色的关系绘制在一张图表上（见图 7.1）。毫不奇怪，这张图被称为赫茨普龙 – 罗素图（简称赫罗图或 HR 图）。如果你知道那些恒星的光谱，就可以把它们的颜色量化。我们今天知道，就像他们当时所知道的那样，颜色是（通过普朗克函数）测量温度的一种手段。赫罗图上的纵坐标表示光度，横坐标表示颜色或温度，左侧为最热的（蓝色）恒星，右侧为最冷的（红色）恒星。

　　亨利·诺里斯·罗素是普林斯顿大学天体物理学系主任。根据许多人的说法，他是美国第一位天体物理学家。在他早期的图表中，向左表示温度上升，我们今天依然沿用这种传统。他有成千上万颗恒星的数据，这些数据大多是由当时在哈佛大学天文台工作的女性得到的。这些女性做的是大多数男人认为卑微的工作，她们对这些恒星的光谱进行分类。在那个时候，那些从事计算的人被称为"计算机"。人就是计算机。那里有一个大房间，里面坐满了女性。在 20 世纪初，女性不能做教授，也无法获得男人梦寐以求的工作。但这个房间里的"计算机"包括了一些聪明的、有上进心的女性，她们在分析这些光谱时推断出了宇宙的重要特征——你将在随后的章节中了解到这些特征。亨利埃塔·莱维特是其中的一位。塞西莉亚·佩恩作为哈洛·沙普利的助手，也在哈佛大学做了10年的光谱分析工作，最终被任命为教授。她发现太阳主要是由氢元素构成的。

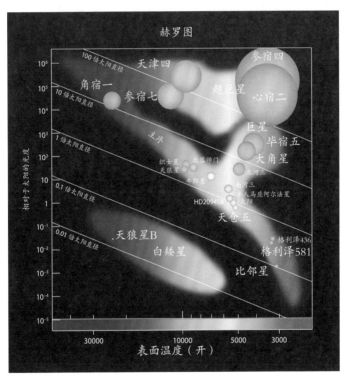

图7.1 恒星的赫罗图。图上给出了恒星的光度与表面温度之间的关系。请注意，根据惯例，从左到右，表面温度逐渐降低。表面温度较低的恒星是红色的，而表面温度较高的恒星则是蓝色的，如图所示。阴影表示通常发现恒星的位置。沿着特定标记的对角线分布的恒星具有相同的半径。

图片来源：J. 理查德·戈特和罗伯特·J. 范德贝。

有了恒星的光度和温度数据，赫茨普龙和罗素开始把它们描绘到图上。他们发现，在这个图上并不是任何位置都有恒星出现。有些地方没有恒星（见图上的空白位置），但在对角线上，就在中间，出现了一个醒目的恒星序列。他们把它叫作主序，他们在起名时力求简单。

被编入星表的恒星的 90% 都落在了那个区域内。右上角也有恒星零星分布。这些恒星的温度相对较低，但它们的亮度很高。如果它们的温度较低，那么它们可能是什么颜色？红色。一个低温的红色东西怎么可能具有极高的光度？这究竟是怎么回事？它们一定很大。的确，这些星星是又大又红的东西。我们叫它们为红巨星。凭借我们拥有的普朗克函数，我们知道它必须是红色的，它们必须是巨大的。我盼望这样的推断能力。红超巨星更靠近右上角。我们现在可以走进一个新的天文竞技场，用你现在拥有的物理学知识来分析整个情况。事实上，利用斯蒂藩 – 玻尔兹曼定律和恒星半径 r，根据 $L = 4\pi r^2 \sigma T^4$，我们可以在图上画出恒定大小的对角线：太阳直径的 1%、太阳直径的 10%、1 倍太阳直径、10 倍太阳直径和 100 倍太阳直径。现在我们知道这些恒星有多大了。红超巨星的直径大于太阳直径的 100 倍。在主序之下，我们找到了另一组恒星。这些恒星的温度较高，但不太高；因此它们的颜色发白。它们的光度极低，所以它们一定很小。我们称之为白矮星。

在赫罗图发表之时，恒星被分成了若干组，但是我们并不知道为什么会这样分组。也许一颗恒星刚诞生时的光度很高，随着时间推移，它逐渐变弱，最后作为一个低光度、低温度的东西死去。也许随着变老，它会沿着主序逐渐下滑（同时光度降低）。这个推测看似合理，但导致了对太阳年龄的估计高达 1 万亿年，远远大于地球的年龄。几十年来，我们提出了有依据的猜测来回答这个问题，直到我们弄清到底发生了什么。这种洞察力开始于观察天空中不同种类的天体（见图7.2和图7.3）。

这些图像显示的是聚集在一起的恒星，其正式名称叫作星团。有的星团包含几百颗恒星，有的包含几十万颗恒星。如果恒星的数量只有几百颗（如图7.2中的昴星团），我们称之为疏散星团；如果星团中包含数十万颗恒星，则它倾向于球形，我们称之为球状星团，如M13（见图7.3）。

图7.2　昴星团，一个疏散星团。这是一个年轻的星团（年龄可能还不到1亿年）。图片来源: 罗伯特・J.范德贝。

球状星团可以包含数十万颗恒星，但疏散星团最多包含1000颗恒星。当你在天空中看到一个这样的天体时，很容易确定它是哪种类型的星团。没有争论，因为没有中间地带，它们要么只拥有很少的恒星，要么拥有一大堆恒星。特定星团中的恒星有一个共同的生日，它们都是在同一时间从同一团气体云中形成的。

昴星团是一个年轻的星团，年轻、明亮的蓝色恒星主宰着这幅画面。

但是这个星团的赫罗图显示了一个完整的主序，没有红巨星。位于主序顶部的蓝星是如此明亮，它们占据了主宰地位，但主序下方的红色恒星也很显著。昂星团显示了一团恒星出生后不久的样子。我们从中可以看到，一些恒星生来就具有高光度和高温度，而其他恒星生来就具有低光度和低温度。它们就是那样出生的，沿整个主序都有分布。

图 7.3　M13，一个球状星团。

图片来源：J. 理查德·戈特和罗伯特·J. 范德贝。

　　像 M13 这样的球状星团显示为一个主序减去一个顶端，加上并不属于主序的一些红巨星。M13 的照片就像毕业 15 年后大学同学聚会的照片一样，所有的恒星都很年老。红巨星是其中最亮的，主宰了这幅画面。M13 的主序中仍然有低光度、低温度天体，而那些明亮的蓝星去哪里了？它们退场了吗？发生了什么事？你大概可以猜到它们去哪里了，它们变成了红巨星。主序的顶部被剥离，明亮的蓝星变成了红巨星。

　　我们还发现了中年星团，那些星团的主序顶端只有一部分消失了，刚刚出现了一部分红巨星。

为了确定不同类型的恒星的质量，我们必须要聪明。对于相互绕转的双星系统，我们可以测量它们光谱的多普勒频移，并利用牛顿的万有引力定律，从而得出它们的质量。在这个练习中，我们发现主序也是一个质量序列，左上方为大质量、高光度的蓝色恒星，右下方为小质量、低光度的红色恒星。低质量恒星出生时的光亮度低，温度也低，而大质量恒星出生时的光度高，温度也高。

主序上部的大质量蓝色恒星的存活时间大约为 1000 万年，其实这段时间不算长。在主序的中间，像太阳一样的恒星能存活 100 亿年，比大质量蓝色恒星要长 1000 倍。沿着主序一直到底部，低光度的红色恒星应该能存活数万亿年。我们在主序上能看到 90% 的恒星。为什么？事实证明，基于光度和温度，我们知道恒星在 90% 的寿命内都处于主序上。这样想吧。我知道，或者我很自信，知道你每天都在浴室中刷牙。但是，如果白天在随机的时间拍摄你的照片，我就不太可能抓拍到你刷牙的动作，因为即使你每天把一些时间花在刷牙上，你也不会花很多时间去做这件事。我们已经了解到赫罗图上的某些地方只有很稀疏的恒星，实际上在它们的光度和 / 或温度变化时，它们"经过"了这些区域，但是它们的速度很快，不会在那里花费太多的时间。我们抓拍到的正在"刷牙"的恒星很少。

恒星的中心发生了什么事呢？我们同意，随着温度的升高，粒子移动的速度越来越快。我们还同意，宇宙中 90% 的原子都是氢原子，在恒星中也会发现同样的百分比。取一团 90% 的成分是氢元素的气体，它还不是恒星，让它坍缩，形成一颗恒星。正如你可能想到的，它的中心将成为恒星中最热的部分。如果你压缩某个东西，它就会变热。恒星的中心足够热（如我们所知道的），能够形成一个核反应堆，让那里保持高温。表面不太热。恒星的中心实在太热了，所有的电子都从它们的原子中被剥离掉，使得原子核裸露出来。氢原子核有一个质子。当另一个质子接近它时，两个质子相互排斥。质子带正电荷，而且电荷间的斥力遵循平方反比定律。它们靠得越近，彼此间的排斥力就越大。较高的温度意味着更大的平均动能，以及更高的质子速度。更高的速度意味着在静电力迫使它们掉头之前，质子可以彼此靠得更近。事实证明，有一个神奇的温度——大约为 1000 万开。这时，这些质子靠得如此之近，以至于一个全新的短程强核力接管了它们，把它们吸引并绑定在一起，正如我在第 1 章中所提到的那样。

这种具有吸引作用的核力必须相当强大，这样才能克服质子之间天然的静电斥力。除了强核力之外，这种作用力还有什么别的称呼吗？这使所谓的热核聚变能够发生了。强核力也是将更大质量的原子核聚集在一起的力量。氦原子核中有两个质子和两个中子。两个质子由于静电斥力而相互排斥，正是强核力让它们能保持在原子核里。碳原子核（有 6 个质子和 6 个中子）和氧原子核（有 8 个质子和 8 个中子）也是类似的。在 1000 万开的温度下，随即而来的两个质子连在一起的反应很有趣。你最终得到的是一个质子和一个中子粘在一起，其中一个质子自发地变成了一个中子，并得到了一个带正电荷的电子（称为正电子）。正电子是反物质，这是一种奇怪的东西。正电子的质量与电子相同，但当正电子与电子相遇时，它们会湮灭，把它们的质量转化为能量并由两个光子带走。这恰好遵循了爱因斯坦的质能方程 $E = mc^2$。在第 18 章中，戈特教授还会讲到更多的内容。在 1000 万开的温度下，还会出现一个电子中微子。它是一种中性（零电荷）粒子，与宇宙中其他物质的相互作用如此微弱，以至于它能迅速从太阳中逃逸。注意，在这个反应中，电荷是守恒的。我们从两个正电荷开始（每个质子带一个正电荷），并以两个正电荷结束（一个正电荷在质子上，另一个正电荷在正电子上）。反应产生了能量，因为原始粒子的质量总和比最终粒子的质量总和要大。质量有损失，它们通过 $E = mc^2$ 转换成了能量。拥有一个质子和一个中子的原子核是什么？它只有一个质子，所以它仍然是氢，但现在它是一个重版本的氢。我们经常称之为"重氢"，但它也有自己的名字，即氘。

现在我有了一些氘原子。一个氘原子加上一个质子，会得到一个 ppn 核（两个质子和一个中子），外加更多的能量。我刚刚做了什么？现在，我的原子核里有两个质子。当它有两个质子时就叫作氦。氦这个名字来源于赫利俄斯（*Helios*）——希腊神话里的太阳神。我们以太阳命名这种元素是因为它是通过光谱分析在太阳中被发现的，后来才在地球上找到了它。这个 ppn 核是一个比正常的氦要轻的版本，称为氦 –3，因为它有 3 个核粒子（两个质子和一个中子）。现在两个这样的氦 –3 核发生碰撞：ppn + ppn = ppnn + p + p，产生更多的能量。由此产生的 ppnn 是完整、健康的氦 – 4（在氦气球中，你会找到正常的氦）。

所有这些都是太阳中心在 1500 万开的温度下正在进行的反应，每秒钟将 400 万吨物质转化为能量。我们开始了解到，主序中的恒星能将氢元素转化成氦元素。最终，中心的氢元素被耗尽了。所有的天堂也松动了：恒星的外层开始膨胀，它会变成一颗红巨星。从现在开始，大约 50 亿年之后，我们的太阳将变成一颗红巨星，然后抛掉它的气态外层，稳定下来成为一颗白矮星。更大质量的恒星将成为红巨星和红超巨星。随着它们的核坍缩形成中子星或黑洞，它们可能会爆炸成为超新星。我们将在第 8 章中回到这个话题上。

现在，让我们回到赫罗图。我们有了主序星、红巨星和白矮星。从右向左，温度升高；从下向上，光度越来越高。恒星被赋予给光谱分类时所用的字母代号。有些是量子力学诞生之前的分类方案的遗迹，它们实际上当时是按字母顺序排列的，但今天仍在沿用，只不过排列顺序改变了（O、B、A、F、G、K、M、L、T、Y）。这些字母代表恒星的表面温度等级，太阳是一颗 G 型星。它们的表面温度和颜色如下：

O：3.3 万开，蓝色。

B：10000 ~ 33000 开，蓝白色。

A：7500 ~ 10000 开，白色到蓝白色。

F：6000 ~ 7500 开，白色。

G：5200 ~ 6000 开，白色。

K：3700 ~ 5200 开，橙色。

M：2000 ~ 3700 开，红色。

……

所有这些都包含在图 7.1 中。在右边，在我们的列表之外是其他类型，如 L（1300 ~ 2000 开，红色）、T（700 ~ 1300 开，红色）和 Y（700 开，红色）。角宿一是一颗 B 型星，天狼星是一颗 A 型星，南河三是一颗 F 型星，而格利泽 581 是一颗 M 型星。每颗恒星在图表上既有一个横坐标来显示它的温度（左边更热，右边更冷），也有一个纵坐标来显示其光度（从下到上，光度升高）。当然，根据定义，太阳精确地具有 1 倍太阳光度，可以在纵轴上看出它的光度。这是一种对数刻度，允许我们绘制观察到的光度的巨大范围，刻度标记上升 1 格代表恒星的光度升高 9 倍。

沿着图 7.1 的顶部可以看到光度为太阳光度 100 万倍的恒星，图的底部是光度为太阳光度的 1/100000 的恒星。宇宙中主序星的光度分布范围大得惊人。我们最终会发现，位于主序顶端的恒星的质量只有太阳质量的约 60 倍，而不是 100 万倍。在底部，它们的质量大约是太阳质量的 1/10，但正如图中所示，它们比太阳要暗淡很多很多。因此，质量的范围很大，但不像我们发现的光度范围那么大。事实上，我们可以给出一个正式关系来描述主序上的光度如何取决于恒星的质量，但它是非线性的：光度与质量的 3.5 次幂成正比。这告诉我们，两颗质量稍微不同的恒星将具有非常不同的光度。

这是一个很酷的计算。从 $E = mc^2$ 开始，这是人们在学校里学到的一个重要方程。也许在知道它的意思之前，你已经知道这个等式了。也许你会在大学三年级学到它，然后发现爱因斯坦创立了这个方程。爱因斯坦他老人家在 1905 年获得了这项成果。正如我们已讨论过的那样，这个等式说，一定的质量可以通过这种关系转化为能量，其中 c 是巨大的光速，还得平方，将变得非常大。核弹的威力要归功于这个方程。戈特教授将在第 18 章中探讨这个方程的起源。

如果一颗恒星有特定的质量和特定的光度，那么它能存在多久？当然，关于你的汽车，你可以提出同样的问题：你知道加满油时有多少油，也知道它的油耗。根据这些事实，你可以预测在把油用光之前，汽车可以走多远。恒星的光度是指单位时间内发射的能量。如果你用恒星的寿命 ℓ 乘以它的光度 L，你就会得到它在一生中发射的总能量，即 ℓL。我们知道恒星的光度以及它消耗燃料的速率，我们知道它拥有多少氢燃料，那么什么是一颗主序星的生命周期？也就是说，它将在主序上停留多久？恒星通过氢燃料核聚变释放的总能量与它的质量 M 成正比。记

住 $E = mc^2$。恒星发射的总能量与 M 成正比，也与 ℓL 成正比，所以 M 与 ℓL 成正比。这意味着 ℓ 与 M/L 成正比。如果 L 与 $M^{3.5}$ 成正比，那么 ℓ 与 $M/M^{3.5}$ 成正比。这和 ℓ 与 $1/M^{2.5}$ 成正比是一样的。恒星的质量越大，其主序寿命就越短。

让我们看看这意味着什么。如果恒星的寿命与 $1/M^{2.5}$ 成正比，那么当一颗恒星的质量是太阳的 4 倍时，它的寿命就应该是太阳的 $1/4^{2.5}$。因此，这颗恒星的寿命是太阳寿命的 1/32。太阳的主序寿命大约是 100 亿年。因此，这颗恒星的主序寿命只有 100 亿年的 1/32，即大约 3 亿年。太短了。

$1/40^{2.5}$ 是大约 1/10000，所以如果你有一个 40 倍太阳质量的恒星，它的寿命将只有 100 万年——这与 100 亿年相比是很短的。让我们朝着另一个方向迈出一步。考虑一颗质量为太阳质量的 1/10 的恒星。1 除以 1/10 是 10，10 的 2.5 次幂约为 300。那颗恒星的寿命将是太阳的 300 倍。300 乘以 100 亿年是多少？那是 30000 亿年，或者说是 3 万亿年，比当前宇宙的年龄还长得多。这颗恒星的工作是非常有效的。一颗 10 倍太阳质量的恒星的寿命是太阳的 1/300，而一个 1/10 太阳质量的恒星的寿命则是太阳的 300 倍。

在主序星中，氢聚变成氦。处于红巨星阶段的恒星的核心会发生其他事情，发生更多的核聚变，产生诸如碳和氧等元素，还有元素周期表中铁元素（有 26 个质子和 30 个中子）之前的其他元素。恒星将 90% 的生命花在主序上，然后它变成红巨星，开始制造其他更重的元素。最后一个阶段发生得很快，仅占恒星生命的 10%。把轻元素（比元素周期表中第 26 号元素铁轻的元素）组合在一起，形成更重的元素时，所有这些反应都会损失质量，聚变反应按照 $E = mc^2$ 进行，发射能量。这个聚变过程称为放热反应，因为它会释放能量。但我们知道其他类型的核反应过程也会产出能量。拿铀元素（原子序数为92）来说，将它的原子核分解成更小的核也属于放热反应。这是在第二次世界大战中所做的事情，投放到广岛的原子弹是一枚铀弹，投放到长崎的原子弹使用了钚元素（原子序数为94）。

这些元素都有一个巨大的原子核，并且具有不稳定的同位素（具有相同数量的质子和不同数量的中子）。如果你把它们分解成碎片，将产生更轻的元素，能量也被释放出来。这也是放热反应，称为核裂变。在早期的大多数核武器都是裂变炸弹，而今天大部分为将氢聚变为氦的聚变炸弹。聚变炸弹使用裂变炸弹作为触发装置，这让我们可以感觉到这些聚变武器具有多么可怕的毁灭性。我们知道它们能多么有效地将物质转化为能量，而这正是恒星里发生的事情。太阳是一个巨大的热核聚变炸弹，只是它那可怕的力量被所有的质量压在了核心里。我们还不能建造一座可控核聚变发电厂。美国、法国和其他国家现在的所有核电厂都是核裂变发电厂。

你不可能一直分裂原子而又总能获得能量，你也不能一直聚变原子而又总能获得能量。图7.4解释了其中的原因。横坐标显示的是每个自然出现的原子里的核子数（即质子数和中子数之和），从1开始（氢原子核中有一个质子），一直延伸到238（铀原子核中有92个质子和146个中子）。有些元素（比如铀）有不同的同位素。铀–235有92个质子，但只有143个中子。它具有放射性和高度可裂变性（它就是在广岛投下的原子弹中使用的同位素）。所有其他元素都位于氢和铀之间。纵坐标表示结合能——平均每个核子所具有的结合能。结合能越大，元素在图表中所处的位置越低。

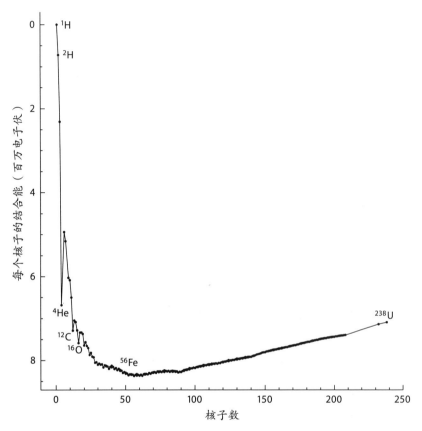

图 7.4　原子核里每个核子的结合能，对于每种元素只显示了其稳定的同位素。结合能以百万电子伏每核子（即质子和中子）为单位。这代表了自由质子创造这个原子核时每个核子所释放出来的能量。每个核子的结合能越大（在图中的位置越低），原子核中平均每个核子的质量就越小（根据爱因斯坦的方程 $E=mc^2$）。

图片来源：迈克尔·A. 施特劳斯。

　　要理解结合能，可以想象把两块磁铁粘在一起，一块磁铁的北极接触另一块磁铁的南极。在这个组合中，如果你想把两块磁铁拉开，就需要投入能量。结合能使两块磁铁保持在一起。图 7.4 显示氢位于图表顶端——结合能为零。氢聚变成氦时就从山顶落下来了，释放能量。氦相对于氢具有更大的结合能——相对于氢处于山顶，它就像处于山谷之中。注意纵坐标的刻度，这些结合能是很大的（测量单位是百万电子伏特每核子）。回想一下，我们在第 6 章中介绍了电子伏特。你必须给氦增加足够的能量（超过 2800 万电子伏特），才能将它分解成氢。这条曲线的中间是最低点，此时铁元素具有最低的能量。图的最右侧是铀，它具有的能量高于最低点。假设你是一个原子，你可以经历放热的裂变反应或放热的聚变反应，但无论如何你都会落到这个底部。铁有 26 个质子和 30 个中子（即 56 个核子），占据了底部的这一点。如果我尝试让铁元素发生聚变，它就是吸热反应，也就是得吸收能量。如果我尝试让铁元素发生裂变，它也是吸热反应。所以，这件事到铁元素这里就停下了。在铁元素之后，就没有更多的能量可以释放了。

恒星在忙着制造能量。如果一颗恒星启动了，沿着这条线聚变它的元素，并且可以获得能量，那么你就拥有一颗快乐的恒星。所产生的能量保持恒星核心的温度很高，而热气体的压力使恒星免于在自身引力之下坍缩。比方说，我有一颗 10 倍太阳质量的主序星，它的主要成分是氢和氦，而且其核心仍然在把氢转换成氦。这是场景 1。然后切换到场景 2，现在的核心是纯氦，但它周围的包层里仍然有氢和氦。若在中心的核聚变停止了，并且核心不可能再支撑恒星，那么恒星会发生什么变化？恒星的核心会坍缩，压力增大，温度升高，热到足以使氦元素发生聚变。把两个氦原子核拉到一起（ppnn + ppnn）就比把两个氢原子核拉到一起（p + p）需要更高的温度，因为每个氦原子核（ppnn）中有两个质子——相互排斥的正电荷翻倍了。

继续看场景 2。氦核聚变启动（温度为 1 亿开），恒星保持稳定。

在非常炽热的核心中间，氦正在变成碳。在核心之外的一个壳层中，氢核正在发生聚变。最终，在中心得到了一个碳球。中心的温度不够高，不能使碳发生聚变，所以核聚变又停止了。随着核心进一步坍缩，温度再次上升，碳聚变才会开始。这是场景 3。现在碳聚变成了氧，这发生在恒星的碳球中心，碳球之外是氦球，氦球之外的恒星包层里仍然有氢和氦。我们创造了一个元素洋葱，一层包着一层，中间部分的温度最高。每个反应都会释放能量。最终，在中心处会形成铁元素，其周围包裹着一层又一层其他各种更轻的元素。这一点将在星系未来的化学成分增丰中被证实。

但是这些元素仍然被锁在恒星里面，它们必须以某种方式从恒星里出来，因为我们就是由这些元素构成的！我们现在知道，因为铁元素是这条聚变之路的尽头，一旦铁元素在中心处累积起来，核聚变停止，恒星就会坍缩。如果试图让铁元素发生聚变，则会吸收恒星的能量，从而使恒星坍缩得更快。恒星的存在是由于它们产生能量，而不是吸收能量。当中心坍塌的速度越来越快时，恒星就爆炸了，在中心留下一颗微小的、超级致密的中子星。中子星的形成产生了足够的动能来吹掉整个包层和恒星的外核，并导致一次大规模的爆炸。在几个星期的时间里，其光度要比太阳高数十亿倍。这颗恒星的"内脏"现在被抛撒到星系中，进入我们所谓的星际介质中，重元素丰富了气体云的化学成分（称为增丰过程），使气体云成为比纯氢氦云更有趣的东西。

图 7.5 显示了一个美丽的旋涡星系 M51，它包含 1000 亿颗星。岁月静好（上图），直到一颗恒星发生爆炸（下图）。

正如我们将在第 12 章中看到的，我们生活在与 M51 不相像的一个旋涡星系中。在爆炸之前（上图），你可以看到那个星系和属于银河

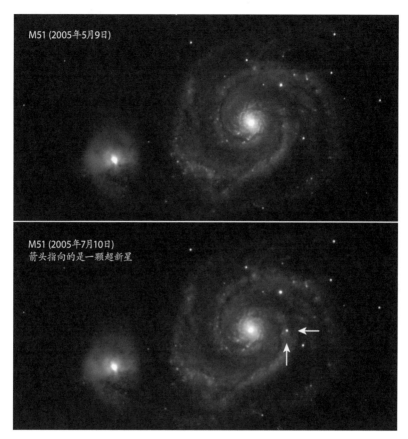

M51 (2005年5月9日)

M51 (2005年7月10日)
箭头指向的是一颗超新星

图 7.5　旋涡星系 M51 和超新星。

图片来源: J. 理查德·戈特和罗伯特·J. 范德贝。

系的一些前景恒星。与星系相比，这些恒星离我们要近得多（当然光
度也低得多）。当其中一颗恒星发生爆炸时，我们就在那个星系中看到
了一颗新的恒星（下图），它以前是不可见的，现在是那个星系中最亮
的天体。它只是一颗恒星。如果你是环绕着这颗恒星运行的一颗行星，
你就完蛋了。道理很简单，而且必然如此。我们称这些东西为超新星

（supernova）。*nova* 来自拉丁语，意思是"新"，它意味着天空中出现了一颗新星。后来我们得知，对于超新星，我们看到的是一颗恒星垂死挣扎时的景象。并非所有的恒星都能做到这一点，只有大质量恒星才能成为超新星。当它们吹掉外层时，就会在中心留下微小的、极其致密的中子星。宇宙中甚至还有更大质量的恒星，它们也会爆炸。但这样的一颗恒星坍缩时，其中心附近的引力增长会使空间弯曲得非常严重，以至于它把自身封闭起来，与宇宙的其他部分隔离。那么，猜猜你得到了什么？一个黑洞。当恒星吹掉外层时，有时在中心会形成黑洞，这也会造成超新星爆炸。

斯蒂芬·霍金的工作是研究黑洞，他对黑洞的怪异行为有重大的发现。戈特教授在第 20 章里会介绍更多关于黑洞和霍金的发现的内容。电视动画情景喜剧《辛普森一家》尊称斯蒂芬·霍金是当时活着的最聪明的人。我们大多数人都同意。

现在，让我来告诉你关于恒星诞生的故事。猎户星云是一个恒星育婴房，它是一团气体云，其中已经包含了在前一代死亡恒星的核心处锻造出来的各种重元素，具有丰富的元素成分。

这个星云的中心是非常明亮的、刚诞生的大质量 O 型星和 B 型星。这些 O 型星和 B 型星正在辐射强烈的紫外线。这种炽热的紫外辐射有足够的能量把星云中心附近的氢气电离（剥离电子）。那些气体正在试图形成恒星，但是被中心处的大恒星的强光所挫败。与此同时，某些增丰的气体已经准备好形成一些更有趣的东西，不仅仅是更小的气体球。它还可以形成含有氧、硅、铁等固体物质的球——类似地球的行星。一些新生的恒星正在从包裹它们的气体中形成行星系统。这些都是从旋转的物质盘中诞生的新的太阳系（见图 7.6）。猎户星云里仍在产生恒星。

一些恒星育婴房正在诞生成千上万个太阳系。我们的星系中有 3000 亿颗恒星，其中许多可能被它们自己的行星所包围。

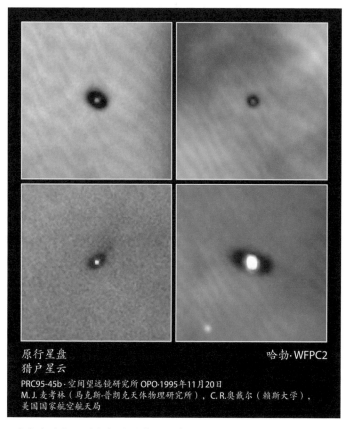

图 7.6 哈勃太空望远镜拍摄的猎户星云中围绕新形成的恒星的原行星盘。
图片来源: M. J. 麦考林（马克斯·普朗克天体物理研究所），美国国家航空航天局。

我们在这张照片中有多重要？我们很小，对宇宙来说微不足道。对一些人来说，这是一个令人沮丧的启示，他们宁愿感到自己很重要。这个问题是由历史产生的。在历史上，每一次我们认为自己在宇宙中具有特殊地位（无论我们是在宇宙的中心还是整个宇宙都围绕着我们），或者说我们是由特殊成分组成的，或者说我们从一开始就存在，我们都会了解到真相恰恰相反。事实上，我们占据的是银河系中的一个不起眼的小角落，银河系在宇宙中也只占据了一个卑微的角落。每个天体物理学家都得面对这样的现实。

我还会让你感觉自己更渺小。图 7.7 是由哈勃太空望远镜拍摄的，图上所有的斑点都是很大的星系，它们的距离实在太远了，以至于每个星系只占据了图像的一小部分。每一个这样的斑点都包含大量恒星，多的要超过 1000 亿颗。这还只是宇宙中的一小撮儿。这幅照片被称为"哈勃极深场"，是有史以来得到的最深处的宇宙图像。它显示了大约 1 万个星系。这幅图像覆盖的这一片天空相当于满月的 1/65，是整个天空的大约一千三百万分之一。这片天空并不特殊，我们可以在整个天空中看到的星系数量是我们在这张照片中看到的 1300 万倍。这意味着在哈勃太空望远镜的视场内就有 1300 亿个星系。

美国天文学家、科普作家卡尔·萨根在他的著作《暗淡蓝点》中指出，我们曾经认识的每个人，我们曾经在历史上读过的每个人，都生活在地球上，他们只是宇宙中的一粒微尘——我也经常想到这些。我是这样认为的：你的头脑说"我感觉很渺小"，你的心脏说"我感觉很渺小"，但是现在你被赋予权力，而且随着本书的展开，你将继续被赋予权力，不是认为很渺小，而是认为很了不起。为什么？因为你现在被物理定律启蒙了，这是宇宙运转的机制。实际上，了解天体物理学能鼓励你，让你有权抬头仰望天空。你会说："不，我不觉得自己渺小，我觉得自己很伟大，因为人类的大脑，我们这三磅灰质，想通了宇宙这回事，甚至还有更多的奥秘等待着我去揭开。"

图 7.7 哈勃极深场。哈勃空间望远镜拍摄的这张长时间曝光照片显示了大约 1 万个星系，但它只覆盖了天空的大约一千三百万分之一。因此，在这个望远镜的探测范围之内大约有 1300 亿个星系。

图片来源: 美国国家航空航天局、欧洲空间局、S. 贝克威思（空间望远镜研究所）和哈勃极深场项目组。

第 8 章　恒星的一生（二）

迈克尔·A. 施特劳斯

在本章中，我们将总结我们在上一章中所学到的知识，深入探讨恒星的性质。什么使一个天体有资格成为恒星？天文学家将一颗恒星定义为一个靠自身引力束缚使中心进行核聚变的天体。靠自身引力束缚意味着它通过引力使自身保持在一起。地球也通过引力将自己聚集在一起。事实上，对于像地球这样大质量的天体，引力的强度实际上比岩石内部的强度大得多。我们可以通过地球的形状是球形来认识这一点。天体受到引力作用的标志是它倾向于保持球状。较小的天体（比如小行星）的引力不是很大，它由其岩石的抗拉力保持在一起，有些小行星是不规则的碎石块，通常被拉长（见图 8.1）。

但是对于像太阳这样巨大的天体，引力相对于其他力来说是如此强大，以至于它将这团物质压缩成了球状——这是最紧凑的构型。一个巨大的自引力天体快速旋转时，它就不再保持球状了，因为旋转会使其扁平化。艾萨克·牛顿就弄明白了这一点。木星旋转得相当快，结果略呈椭球状，它的赤道半径比极半径大约 7%。扁平的旋转天体最形象的例子是旋涡星系，我们将在第 13 章中进行讨论。

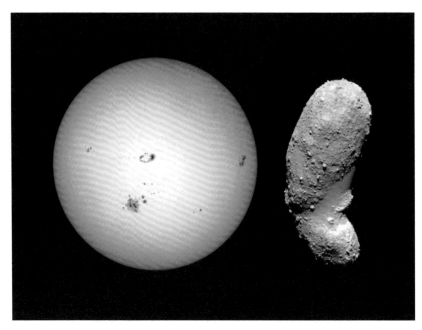

图 8.1　太阳（左）和小行星 25143 糸川（右）具有不同的形状（未按比例绘制。太阳的直径为 140 万千米，它被自身引力拉成球状。注意壮观的太阳黑子。小行星的直径只有 500 米，它的引力不足以使它成为球状。它被认为是在漫长的时间里聚合起来的一团松散物质。太阳的图像是由一个专门观察太阳的探测器"太阳和日光层天文台"（SOHO）拍摄的。小行星的图像是由日本航天局（JAXA）发射的"隼号"探测器拍摄的。

图片来源: 美国国家航空航天局、日本航天局。

　　如果恒星中的气体由引力控制，那么是什么阻止气体坍缩到一个点上的？是气体内部的压力。每一部分气体都会受到引力作用而被向内拉，压力将其向外推，两股力量保持平衡。

　　可以用气球来进行类比：它不是被引力控制，而是由乳胶的张力控制的。气球想跟橡皮筋一样收缩，但就像在恒星中那样，气球内的空气压力使它无法收缩。气压和张力处于平衡状态，气球保持球状。

越靠近恒星的中心，气压越大。在地球的海平面上，大气压力大约是 1.0×10^5 帕。这代表了从地球表面一直到大气层的顶端，每平方厘米上的空气柱的总重量。当你在地球的大气层中上升的时候，越来越多的大气位于你的下方，而你上方的大气层压在你身上的重量就会减小。因此，气压随高度下降。

在恒星中，气体的压力是它的温度和密度的反映。靠近恒星的中心时，两者会急剧升高。

现在让我们了解一下恒星的核心。我们不能直接观察到恒星的核心，但我们可以通过写下恒星结构的方程式来推断其性质，其中包括压力和重力的影响。这些方程式结合了对处于平衡状态的太阳的观测，引力和压力在整个恒星中处处平衡。这些计算表明，太阳中心的温度是1500 万开，这是我们已经讨论过的。这一计算结果也揭示了太阳中心的密度大约是 160 克 / 厘米 ^{3}，是水的 160 倍。相比之下，地球上最致密的自然元素是锇，其密度为 22.6 克 / 厘米 ^{3}（约为铅的密度的两倍）。由于极高的温度，太阳核心的气体发生了电离。这意味着电子被从原子中剥离，原子核和电子以高速相互冲撞，称之为等离子体。正是这些粒子高速移动时产生的压力抵抗住了引力，阻止了太阳的崩塌，并使之保持平衡。

我们已经看到，在给定的温度下，物质的基本性质是它会发射光子。对于 1500 万开的太阳中心来说也是如此。在这种温度下，物体的黑体光谱在 X 射线的波长处达到峰值。这是否意味着太阳会发出明亮的 X 射线？不是。下面考虑从太阳中心发射出来的一个 X 射线光子。它能从太阳的中心一路上不受阻碍地跑出来吗？当你去医院拍 X 光片时，工作人员会用一张含铅的毯子把你身上那些不需要拍摄的部位盖住，以遮挡 X

射线，不到 3 厘米厚的铅板（密度为 11.34 克 / 厘米 ^{3}）就能吸收击中它的所有 X 射线。你可以想象来自太阳中心的 X 射线走不了多远。事实上，它们在被完全吸收之前所走的距离还远远不到 1 厘米。

然而，被吸收的光子的能量必须有去处。它们会加热吸收它们的物质，然后发出黑体辐射，也就是重新发射更多的 X 射线。因此，你可以认为我们的那些小光子一遍又一遍地被吸收和发射。当你算完所有的数字后会发现，太阳中心产生的能量传播到表面所需的时间大约是 17 万年。从太阳的中心到表面的距离只有 2.3 光秒，如果光子能够畅通无阻地行进，那么从太阳的中心到表面就只需要 2.3 秒。但是因为光子总是被周围的物质推挤着，它们就像醉汉走路一样跌跌撞撞，一边被吸收和发射，一边慢慢地从太阳的中心向外游荡。

太阳中心的原始光子是 X 射线光子，它们在 1500 万开的温度下发射出来。当到达太阳表面时，它们还是 X 射线光子吗？不是。每次被重新发射时，它们就会以那个位置的温度对应的光子形式出现。从太阳的中心一路走到表面，温度会不断下降，光子就会失去它们的身份，能量会以低能光子的形式分布，对应于较低的温度。所以，即使太阳中心产生的是 X 射线，我们也不能在表面看到 X 射线。X 射线已经慢慢地退化为可见光光子，这正是我们从太阳表面看到的那种。

如果太阳的中心没有核熔炉来保持高温和压力，随着从表面辐射能量，太阳就会在引力的影响下慢慢开始收缩，太阳的包层向中心下落，这种引力收缩就会产生能量。这就好比一支粉笔在落到地板上的过程中，速度加快，动能增加。收缩产生的引力能量本身就足以使太阳在约 2000 万年内保持其当前的光度。在爱因斯坦之前，赫尔曼·冯·亥姆霍兹（在 1856 年）曾推测，这种缓慢的引力收缩实际上是供太阳发光的能量来源。

这在当时是合理的，因为人们还不知道核聚变，直到 82 年后才发现这一点。这种发光机制暗示太阳最多已经像今天这样照耀了 2000 万年。但我们现在知道，通过利用放射性同位素进行计算（例如，计算特定岩石中有多少铀已经衰变成了铅），可以发现地球的年龄已经为几十亿年了。此外，化石证明地球表面的温度在地球年龄相当大的一部分时间内大致保持恒定。因此，在远远超过 2000 万年的时间里，太阳都是像目前这样发光的，因此太阳因引力收缩而发光不可能是正确的。

随着我们理解了 $E = mc^2$ 的意义，一切都有了答案。

太阳在它的中心燃烧核燃料，提供能量。核能的产生平衡了太阳发出的光度并维持了其内部的压力，因此太阳是稳定的，并且不会收缩。核聚变在产生能量方面非常高效。太阳在过去 46 亿年里一直在稳定地发光，这给地球上的生命提供长时间的稳定条件，从而使其得以演化。太阳现在的年龄大约是其主序寿命的一半。

顺便提一下，我们如何测量太阳的半径、质量和亮度？为了测量太阳的半径，我们进行了一系列探索。在大约公元前 240 年，古希腊数学家和地理学家埃拉托色尼已经知道地球的半径。每年 6 月 21 日的正午，太阳正好从埃及赛尼城的正上方经过。埃拉托色尼知道这个事实。在同一时刻，他在赛尼城正北的亚历山大城测量到太阳光偏离垂直方向 7.2°。亚里士多德曾提出，无论地球的影子朝向何方，它在月食期间投射在月球上的影子总是一个圆。唯一能总是投射圆形影子的物体是球体。因此，埃拉托色尼知道地球一定是个球体。他还知道，从两个城市同时测量太阳高度有 7.2° 的偏差，这是由地球表面的曲率造成的。这意味着两个城市的纬度差是 7.2°，或者说它们之间的距离是地球周长的 1/50。埃拉托色尼雇人测量亚历山大城到赛尼城的距离，用这个距离乘以 50，你就有了地球的周长——大约 1.5 万千米。用它除以 2π，你就有了地球的半径。一旦有人想通了如何做到这一点，这就很容易了！

利用地球表面相距很远的各个天文观测站，我们可以发现火星相对于遥远的恒星存在轻微的视差。通过了解地球的半径，测量视差的变化，我们就能够测量出地球到火星的距离。卡西尼是第一个这样做的。开普勒的贡献使我们能够按比例绘制出行星轨道，从而建立一个太阳系的比例模型。一旦你有了地球到火星的距离，你就可以推断出所有轨道的大小，包括地球轨道的半径（即 1AU）。卡西尼在 1672 年确定地球到太阳的距离约为 1.4 亿千米，这比准确值 1.5 亿千米差不了太多。

我们知道太阳的角直径从地球上看来大约是半度，并且知道太阳到地球的距离，我们就可以确定太阳的半径。它等于太阳角半径的度数（ $0.25°$ ）除以 $360°$，再乘以日地距离的 2 倍。太阳的半径大约是 70 万千米，是地球半径的 109 倍。太阳光度的计算也很简单。我们可以测量从地球上观察时太阳的亮度，现在又知道日地距离，根据平方反比定律就可以确定它的光度大约为 4×10^{26} 瓦。

我们也可以确定太阳的质量。牛顿定律允许我们计算出地球质量和太阳质量的比值。我们知道地球在大小等于地球半径的距离（即地球表面）上产生的加速度，即 $GM_{地}/r_{地}^2 = 9.8$ 米 / 秒 ^{2}。这可以通过观察苹果落地来确定。我们也知道太阳在 1AU 处的加速度，即 $GM_{日}/(1AU)^2 =$ 0.006 米 / 秒 ^{2}。我们已经在第 3 章中计算过了。计算这两个加速度的比值：0.006 米 / 秒 ^{2}/9.8 米 / 秒 $^2 \approx 0.0006 = [GM_{日}/(1AU)^2]/[GM_{地}/r_{地}^2] = (M_{日}/M_{地})(r_{地}/1AU)^2$。代入已知的地球半径和 1 AU 的数值，我们发现太阳的质量大约是地球质量的 33 万倍。

但是，地球的质量是多大呢？我们可以用地球表面重力加速度的方程式来求解它的质量。根据 9.8 米 / 秒^2 = $GM_{地}/r^2_{地}$，我们只要知道牛顿常数 G 的数值就可以了。亨利·卡文迪什（他发现了氢这种宇宙中含量最丰富的元素）做了一个聪明的实验，测出了 G 的大小。他使用一个扭摆分别测量地球和附近的一个 159 千克的铅球对一个测试球的引力的比值。地球把测试球向下拉，附近的大铅球把它向侧面拉，他可以通过测量摆锤的偏转角度来比较它们所施加的引力的大小。他知道测试球到附近的铅球和地球中心的距离，利用牛顿定律，从而确定了地球质量和大铅球质量的比值。卡文迪什在 1798 年测定了牛顿常数 G 的值，并且发现了地球质量的数值（千克）。将它乘以 33 万，你就有了太阳的质量，结果是 2×10^{30} 千克。太阳的质量太大了！

我们一直在关注太阳，但我们也想了解其他恒星的情况。就像利用地球绕太阳公转的轨道和牛顿定律来确定太阳的质量一样，我们可以通过对双恒星（双星）的观测来确定它们的质量。

主序上质量最小的恒星（M 型星）的质量大约相当于太阳质量的 1/12。那些质量更小的恒星呢？在更小的引力下，它们的核心温度较低，密度也较低。如果一团受引力束缚的气态物质的中心根本不够热，不能发生氢核聚变，那么会是什么情形呢？我们称之为褐矮星（它们不是褐色的，实际上看起来很红，主要是以红外线形式发光，有时天文学名词可能会产生误导）。它们确实存在，但很难找到。这样的恒星因其引力坍缩的残余热量而发出微弱的光（就像亥姆霍兹为太阳所想象的那样），它们没有内部的核熔炉，因而光度很低。它们的温度也很低，表面温度为 600 开到 2000 开不等，因此它们的辐射主要以红外线形式出现，而不是光谱的可见光部分。相比之下，你家的烤箱的温度可达 500 开。（一个鲜为人知的事实：574 华氏度也是 574 开，是这两种温标的交叉点。）

大多数望远镜对可见光都很敏感，在过去的几十年里，我们才建成了可以在红外波段巡天的望远镜（这也表明，由于各种技术原因，这样做是相当困难的）。只有拥有了对红外线敏感的强大望远镜，天文学家才得以找到这些天体。

恒星分类中的 O、B、A、F、G、K 和 M 等类型已经发现了大约 100 年，自 1999 年以来，我们发现了褐矮星，增加了两个新的类别，即 L 型和 T 型。更近些时候，一颗称为广域红外巡天探测器的红外卫星发现还有一些温度更低的恒星（Y 型星），其表面温度低至 400 开，略高于水的沸点。褐矮星的质量在太阳质量的 1/80 到 1/12 之间（即在木星质量的大约 13 倍和 80 倍之间），微弱地燃烧着存在于它们核心的痕量氘。因为它们的核心确实有一些核燃料在燃烧，它们仍然被称为恒星。对于质量更小的天体（小于木星质量的 13 倍），它们的核心绝对不会发生任何类型的核聚变。我们称这些天体为行星！

让我们来看看比第 7 章讨论的更详细的恒星死亡情形。即使在其主序阶段的晚期，太阳的光度也会逐渐增大，地球上海洋中的水将在从现在算起大约 10 亿年后蒸发掉。这将意味着地球生命的终结。大约 50 亿年后，当太阳的核心没有剩下多少氢时（大部分氢已经变成了氦），太阳的核熔炉将关闭，随即一直与引力对抗的内部压力减小。引力会赢，恒星会开始坍缩。但回想一下，在核心产生的能量需要十几万年的时间才会逃出表面。恒星的内部开始坍缩，即使能量仍然在流经恒星的外层，把它们托举起来。在十几万年之后，外面各层才会得到坏消息——太阳中心的能量源消失了。

考虑紧紧围绕核心（现在是纯氦）的氢壳层。在核心之外仍然有大量的氢，但该区域迄今为止尚未介入核聚变，因为它的密度和温度实在太低了。然而，由于这个氢壳层的坍缩，它变得越来越热，越来越致密。很快，氢壳层中的密度和温度就会高到足以触发氢变成氦的核聚变。我们有新的燃料源来运行核熔炉，即氢壳层中燃烧的氢。

突然间，这颗恒星有了新的生命。氢壳层的产能率极大，远高于恒星位于主序上时核心的产能率。此外，氢壳层的体积比恒星的核心要大得多。因此，在短时间内，恒星将产生巨大的光度，但它需要很长的时间才能辐射出来，向外的压力开始赢得与引力的拔河比赛。后果是恒星的外层部分会膨胀（温度略微降低），即使内层在收缩。正如第 7 章所讨论的那样，太阳变成了一颗红巨星。在氢壳层之外，恒星的外层已经扩展到极远处，大约 1 AU（太阳当前半径的 200 倍）。大约 80 亿年以后，地球与太阳的潮汐作用可能导致地球进入太阳的包层并被焚烧殆尽。

当恒星的氢壳层燃烧时，它的氦核没有了内在的能量源，引力使它继续收缩，从而升温。当恒星的核心温度达到约 1 亿开时，氦原子核开始聚变，产生碳和氧原子核。对于太阳，氦燃烧阶段将持续约 20 亿年，但最终核心里的氦将全部耗尽，核心开始再次坍缩。

对于太阳质量的恒星，我们的故事已经接近尾声。恒星的外层部分离核心很远，因此只受到微弱的引力拉扯。只需要略多的能量来抛出恒星的外层，它就会轻轻地膨胀成一个弥漫开来的气体包层，显示出恒星剩下的炽热致密的碳氧核心。这些被抛出的气体被恒星的紫外线激发，发出荧光，形成像图 8.2 所示的像哑铃状星云一样的星云。这些天体的名称有些误导，叫作行星状星云，因为第一批通过望远镜窥探它们的天文学家认为它们看起来像行星，而这个名字从那时起就一直保留下来了。天文学家有一种怀旧情怀，即使在过时和存在误导的情况下也要把原来的名字保留下来。

图 8.2　哑铃状星云。这是已经抛出了外层的一颗红巨星，露出了炽热致密的核心。核心是一颗白矮星，在图中可见，其外层是行星状星云，受白矮星发出的紫外线的激发而发出荧光。

图片来源：J. 理查德·戈特和罗伯特·J. 范德贝。

　　这种延伸的物质包层曾经是恒星本身的一部分，现在正在轻轻地向外扩展。恒星有时会以复杂的方式吹离外层，从而产生行星状星云，在它们周围形成多个气体壳层。不同的层次来自恒星内部的不同深度，可能含有各种重元素。原始恒星的自转可能导致各层优先沿着自转轴被吹出，就像在哑铃状星云中发生的一样（参见图 8.2）。

　　在星云中心，现在暴露出来的是发光的恒星核心。它很小（与地球的大小相当），温度又足够高，因此呈白色，我们称之为白矮星。白矮星没有内部的能量来源，因此在数十亿年的时间里将慢慢冷却下来。我们仍然称白矮星为恒星，尽管它不再燃烧核燃料。（我承认，这种命名方法与实际情况并不是完全一致！）

是什么支撑着白矮星对抗引力坍缩？泡利不相容原理。该原理得名自物理学家沃尔夫冈·泡利，它指出没有任何两个电子可以占据相同的量子态。这是理解原子结构的关键。在含有许多电子的原子中，当较低的能级被填满时，电子必须叠加进入更高的能级。对于白矮星来说，泡利不相容原理意味着电子不喜欢被挤得太近。这就产生了一种压力，它使白矮星能够对抗引力。我们的太阳将以白矮星的形式结束它的生命。

如第 7 章所述，质量是太阳质量 8 倍以上的恒星会发生一系列更剧烈的反应。它们的核心有足够多的碳和氧，它们不会静静地变成一颗白矮星，而是由于温度足够高，继续发生核聚变，形成氖、硅等元素，在元素周期表中一直排到铁。

这些质量更大的恒星的外层明显比单纯的红巨星更大。它们称为红超巨星，半径达到几天文单位。

在夜空中，一些明亮的星星用裸眼看起来显然是红色的。位于主序上的红星的光度很低，用裸眼是看不到它们的。相比之下，红巨星很大，有着巨大的光度，在很远的距离上就可以看到。天空中所有明亮的红星要么是红巨星（如牧夫座中的大角星和金牛座中的毕宿五），要么是红超巨星（如猎户座中的参宿四）。

科学家过度使用了"超"这个前缀。我们简直会把它放在所有东西的前面，因为我们不断发现或制造比我们之前所知道的东西更大或更壮观的东西，比如超新星、超大质量黑洞，当然还有永无休止的粒子加速器（被称为超导超级对撞机）！天上最著名的红超巨星是参宿四，它的半径大约是太阳半径的 1000 倍，质量至少是太阳质量的 10 倍。在其核心，氦正在燃烧变成碳、氧以及各种更重的元素。核心外侧是一个薄薄的壳层，本质上是纯氦，它的温度和密度不够高，无法燃烧，所以那里是安静的。在它的外侧是氢燃烧变成氦的一个壳层，更外侧（也就是恒星体积的绝大部分）是一个巨大的延伸包层，由氢和氦组成。

在 20 世纪 40 年代和 50 年代，人们开始详细了解在恒星核心发生的核物理过程，并且能够使用第一代计算机来解决与恒星结构相关的计算问题。此时，主序之后的恒星演化故事的细节逐渐浮现出来。这项工作的大部分是在普林斯顿大学完成的，由马丁·史瓦西教授领导。尼尔、戈特和我有机会在他的晚年与他互动，他是个很神奇的人物。

图 8.3 中的三个人是史瓦西、莱曼·斯皮策和戈特。当亨利·诺利斯·罗素（以赫罗图而闻名）于 1947 年从普林斯顿大学天文台台长任上退休时，他提携了两位年轻的天文学家马丁·史瓦西和莱曼·斯皮策，两人都刚三十出头。斯皮策成为该天文台台长，继续拓展我们对星际介质（恒星之间的气体和尘埃）的现代理解，并建立了普林斯顿等离子体物理实验室。这个实验室的科学家们正致力于使核能聚变成为我们的能量来源。斯皮策将永远以"哈勃太空望远镜之父"为公众熟知，他发展了最初的概念，并为之奋斗了数十年，说服天文界和美国国会应该建造它。斯皮策和史瓦西是普林斯顿大学天体物理系在接下来的48 年中的核心人物。1997 年，他们在 11 天内相继辞世，令我们为之震惊。

在 20 世纪 50 年代，史瓦西和他的学生研究了我正在讲述的故事的细节。他是最早理解恒星演化的人士之一。马丁·史瓦西的父亲卡尔·史瓦西在研究黑洞方面扮演了重要角色，他的名字将在第 20 章中再次出现。

图 8.3　从左至右，依次是莱曼·斯皮策、马丁·史瓦西和戈特。

图片来源：J. 理查德·戈特。

继续讲述我们的恒星故事。电子的压力会使白矮星免于坍缩，然而如果恒星的质量超过太阳质量的 1.4 倍，这种压力就不足以与引力抗衡。受到引力压缩后，电子和质子被挤压到一起形成中子（在此过程中释放电子中微子）。这就给我们留下了一颗中子星——实际上是一个巨大的原子核，由纯中子组成。就像对电子一样，泡利不相容原理对中子同样适用，由此产生的中子压力抵抗住了引力。然而，由于中子的质量比电子大得多，中子星达到平衡状态之后的大小（直径约为 25 千米）要比白矮星小得多。想象一下，质量比一个太阳还大的物质被挤压成曼哈顿岛那么大（或者在顶针里塞进 1 亿头大象，见第 1 章）！中子星是我们所知道的最致密的物质，其中心的密度差不多是 10^{15} 克 / 厘米^3。

如果大质量恒星的核心质量比太阳质量的 2 倍还大，那么试图形成的中子星就不稳定，会进一步坍缩。此时，中子压力不足以使恒星抵抗住引力，于是黑洞就形成了。无论恒星的核心是坍缩成中子星还是黑洞，向内下落的物质都会受到剧烈压缩，引发进一步的核反应（要记得核心以外的物质仍然是由比铁轻的元素组成的）。突然释放出来的能量可以将恒星的整个外层抛射到核心之外，导致一次超新星爆发。位于主序上的初始质量大于太阳质量 8 倍的恒星以超新星爆发的方式死亡，在这个过程中形成中子星或黑洞。大质量恒星爆炸称为 II 型超新星，因为还有另外一种类型的恒星爆炸。下面考虑三颗恒星彼此环绕的情形，其中两颗是白矮星。它们之间的引力相互作用会导致两颗白矮星相撞。由碰撞引起的加热作用引爆了它们的核燃料并产生了超新星。双星系统中的红巨星可以将质量转移到白矮星上，将其推到 1.4 倍太阳质量的极限，导致它坍缩，随之形成超新星。这种爆炸称为 Ia 型超新星，以区别于大质量坍缩恒星的爆炸。我们将在第 23 章中简要地讨论它们，因为它们是帮助我们测量宇宙加速膨胀的重要工具。

无论哪种类型，在超新星爆发中，气体向四面八方飞去。这个过程不像气体从行星状星云外部缓慢飘走那样温和。正好相反，这是一场极其猛烈的爆炸。恒星质量的大部分或全部将在爆炸中被摧毁，物质以接近光速 10% 的速度被抛出。恒星核心产生的重元素现在回到星际介质中，准备进入下一代恒星和行星之中。

1054 年，中国天文学家在我们称为金牛座的方向发现了一颗新星。中国古人对天空的观察非常仔细，以求发现未来事件的征兆，所以他们对这颗"客星"的印象特别深刻。它在几个星期内可见，最初明亮得在白天都可以看到。有趣的是，在欧洲所有的手稿里没有任何人记载看到过这个东西，尽管在连续几个星期内它都是天空中最亮的目标。也许这段时间整个欧洲都是阴天，或者欧洲所有的书面评论都丢失了，或者只是中国天文学家对天空中正在发生的事情给予了更多的关注。

相隔几十年拍摄的金牛座蟹状星云照片（见图8.4）清楚地显示它正在扩张。根据观测到的膨胀速度和目前的大小，我们可以计算出膨胀开始的时间，答案是大约1000年前，正好是中国人观察他们所谓的"客星"之时。因此，蟹状星云（位于与中国记录的描述完全相同的天空区域）无疑是他们发现的那颗超新星的残骸。在未来几千年的时间里，这种气体会扩散得过于稀薄，以致无法看到，其增丰气体会与星际介质混合在一起。

图8.4 蟹状星云。它是（1054年在地球上看到的）超新星爆发导致的不断膨胀的残余物。

图片来源: 哈勃空间望远镜、美国国家航空航天局。

人们在蟹状星云的中心发现了一颗快速旋转的中子星，它每秒旋转30圈。当恒星坍缩时，它的角动量是守恒的，从而开始更迅速地旋转，就像一个溜冰者因收拢双臂而转得更快。它的磁场也被压缩，从而变得更强。蟹状星云里中子星表面的磁场比地球表面的磁场强约 10^{12} 倍。当中子星旋转时，它的南、北磁极稍微摆动，中子星发射的两束射电波就像灯塔上的光束一样摆动。每当灯塔上的光束扫过地面时，我们就会看到射电波的脉冲。因此，这种中子星被称为射电脉冲星。第一颗射电脉冲星是由女研究生约瑟琳·贝尔在1967年发现的，它的自转周期为1.33秒。她的论文导师安东尼·休伊什由于这个发现而被授予诺贝尔物理学奖。我觉得她没能分享诺贝尔奖是不能容忍的。

蟹状星云中的脉冲星在全电磁波谱上发射电磁辐射，从射电波一直到伽马射线波。在可见光波段，可以看到脉冲星每秒快速闪烁60次（它的两座灯塔都会扫过我们），但是天文学家一直到发现它的射电脉冲之前从未注意到这一点。它看起来只不过是蟹状星云中央的一颗暗淡的星星。蟹状星云离我们大约6500光年，这意味着爆炸实际上发生在约公元前5446年，但它发出的光直到公元1054年才到达我们这里。

回想一下平方反比定律。最近的恒星系统是半人马座阿尔法星，距离我们4光年。蟹状星云离我们要远得多，但超新星比我们在夜空中看到的任何星星都要明亮得多，甚至在白天都很容易看见。在它的峰值光度下，它的亮度是太阳的约25亿倍。

超新星是罕见的。银河系中已知的最后一次超新星爆发发生在400年前，在伽利略第一次把望远镜指向天空之前。因此，1987年，当天文学家看到在大麦哲伦云中有一颗超新星爆发时，他们特别兴奋。大麦哲伦云是银河系的一个小卫星星系。这是现代历史上离我们最近的一次超新星爆发。它明亮到足以用裸眼看到，即使它离我们有 15 万光年。我有幸在 1987 年 5 月前往智利，在那里用望远镜为我的博士研究进行观测。对我来说，看到大麦哲伦云中的这颗"新"星也是非常兴奋的（也很容易）。

第9章　为什么冥王星不是行星

尼尔·德格拉斯·泰森

这个故事是关于冥王星如何失去它的行星地位而被降级为外太阳系的一个冰球的，其中也有我和美国自然历史博物馆罗斯地球和太空中心扮演的角色。

在建设罗斯地球和太空中心时，除了展示美丽的宇宙图片（你在互联网上也可以看到它们），我们还决定建造另一个设施。我们在一个玻璃立方体中建造了一个直径为 26 米的球体，建筑和展品结合在一起，让你感觉自己就像是宇宙的一部分——你正在走过整个宇宙。我们的球体是完整的。大多数天文馆只有一个穹幕，里面安装着天空投影机，在周围的走廊上展示宇宙图片。这是大多数天文馆的设计方式。天文美图很漂亮，但我们认为是时候让人们对宇宙是如何运作的有更多的了解，所以我们汇集了最深刻的宇宙概念，并将它们设计为我们的展品。

我们与建筑师吉姆·波尔舍克和他的合作伙伴、展览设计师拉尔夫·阿贝尔鲍姆等人（也许他们最出名的作品是华盛顿特区的大屠杀纪念馆）合作，一起推进这个项目。宇宙热爱球体。从恒星到行星，再到原子，你已经认识到物理定律是如何把物体变圆的，从而对于宇宙是如何运作的有了深刻的认识。对于不是圆形的大多数情况，有某种有趣的事物正阻止它们变圆，如天体正在快速旋转。我们从一个圆形建筑结构开始，把它作为一个展览元素，从而去比较宇宙中事物的大小。通过将海登天文馆太空剧场的穹幕放在它的上半部，形成了一个完整的球体，我们在球体的腹部获得了一个全新的展览空间。这就是大爆炸剧场。在那里，游客们可以往下看，观察宇宙诞生的模拟过程。

围绕这个直径为 26 米的球体，我们建造了一条步道。在这里，我们邀请你想象"宇宙的尺度"。开始的时候，先想象一下天文馆所在的球体是整个可观测宇宙。栏杆上装有一个模型，其直径约为 10 厘米，显示了我们所在的超星系团的范围，其中有包括银河系在内的数千个星系。你知道宇宙比我们这一小块地方大得多。我们这一块地方有个名字：室女超星系团。然后再走几步，我们要求你改变比例尺，想象一下天文馆所在的球体现在代表室女超星系团——直径为 26 米。你会在栏杆上看到一个直径大约为 0.6 米的模型，其中包括银河系、仙女星系和一些卫星星系。这是我们的本星系群。接下来，天文馆所在的球体变成了本星系群，栏杆上有一个银河系模型，直径为 0.6 米，看起来像一个大煎蛋——它是扁平的，中心隆起。再多走几步，天文馆所在的球体就变成了银河系，栏杆上有一个有机玻璃球体，其直径为十几厘米，里面有10 万个斑点，代表银河系中的球状星团。继续往前走，这时天文馆所在的球体就变成一个球状星团，栏杆上有一个直径大约为 15 厘米的球体，显示环绕太阳系的彗星组成了一个范围很大的球形——奥尔特云。

这些来自奥尔特云的彗星一旦进入内太阳系，就成为即将撞击地球的最危险的一类天体。每颗彗星都来自外太阳系，随着向太阳靠近而加速，因此它们都具有极大的动能。上一次，彗星从奥尔特云进入内太阳系可能是在 4 万多年前，所以我们没有它的任何历史信息。如果一颗彗星向我们直冲过来，我们就没有多少时间去对付它了。当一个正常的小行星在附近摇晃时，我们通常可以提前预测它转 100 圈的轨迹。我们可以绘制小行星的轨道和地球的轨道，并确定它转 100 圈后是否会与我们相撞。这可能给了我们 100 年的时间来筹划一个太空任务去偏转它的轨迹。但是，如果一颗彗星从海王星的轨道以外进入，直接向我们撞过来，我们就不会有任何预警时间[1]。

在"宇宙的尺度"走廊的下一站，天文馆所在的球体代表太阳，它的旁边是行星模型，模型大小是相对于用大球体代表的太阳来确定的。这项活动继续下去，尺度越来越小，直到我们到达原子的中心。当天文馆所在的球体代表氢原子时，我们用一个点表示其原子核的大小，这揭示了原子内部大部分是空的。

天文馆所在的球体已经成为探索宇宙万物相对大小的有力工具。

今天，罗斯地球和太空中心在夜晚是一个美妙的地方（见图 9.1）。在左边，你可以看到走廊。站在那里，你可以比较太阳与各颗行星的大小。在这个场景中，你可以看到土星（与它的光环）和木星彼此相邻。当然，天王星和海王星也在那里。至于水星、金星、地球和火星，它们都太小了，在这张图片里看不到。它们的模型（从棒球大小到柚子大小）都展示在过道的栏杆上，而不是悬挂在天花板下面。这就是所有关于冥王星的麻烦开始的地方。我们没有在水星、金星、地球和火星旁边的栏杆上安排冥王星的模型。我们有充分的理由。

---

[1]　比如，直径为 35 米的海尔 – 波普彗星仅仅在它经过近日点 2 年前才被发现。假如它冲我们而来，它撞击地球的能量相当于 4000 万亿吨 TNT 炸药，比历史上爆炸过的最厉害的氢弹还要大 6000 万倍以上。

图 9.1　夜间的罗斯地球和太空中心，直径为 26 米的球体沐浴在蓝光之下，你可以看到它位于玻璃立方体中。在展览的这一部分少了一个冥王星模型，引起了争议。

图片来源：阿尔弗雷多·格拉科姆。

　　我们处于并非由我们挑起的一场争论的中心。一位记者在我们的展览开始一年后来访问，他注意到在行星相对大小的展示中冥王星失踪了。他把这作为一件大事，决定在《纽约时报》上写一篇关于它的头版报道。由此，一切都失控了。下面是我们所做的事情和我们为什么要这么做的背景。

　　冥王星的故事是从珀西瓦尔·洛威尔开始的，他是新英格兰地区的一位非常悠闲的绅士。他喜欢天文学，又很富有，所以他建造了自己的天文台，名为洛威尔天文台（你可能想到了）。这个天文台位于亚利桑那州，海拔为 2175 米。它至今还在那里，坐落在一个名为火星山的地方。

洛威尔是一个狂热的火星爱好者，他如此热爱火星，想让它拥有生命，以至于他就这个主题写了三本书。写书讨论火星上存在生命的可能性也没什么，但他声称通过望远镜看到了火星上有生命存在的证据。他看到了季节性变化的植被和运河，他认为运河交叉的那些地方是绿洲。他认为火星人的水都快用完了，因为他看到那运河从两极连接到植被区。火星上有极地冰盖。他想象火星人在那里融化冰雪，并将水引到所有需要水的地方。如果没有这个庞大的工程，火星上的生命将耗尽水源，注定要毁灭。人类拥有强大的想象力，这就是为什么我们要用科学的方法来检验我们的假说。

在 1877 年火星接近地球时，乔瓦尼·夏帕瑞丽曾在火星上看到过线或沟槽，并将其称为"*canali*"，这个词很容易被错译成"运河"（canal）。沟槽是行星景观中的自然形态，而运河是由智慧文明建造的。这两个词意味着截然不同的东西。但为时已晚，洛威尔接受了"运河"这个观念，精心设计了一套运河体系。最终，当其他人没能用他们的望远镜看到运河时，才认识到这可能是光学错觉导致的结果。在这种错觉下，眼睛会把随机特征连接成线。现代照片显示没有运河网，"覆盖植被"的区域原来是布满玄武岩的暗区。与火星上的红色沙漠相比，它们看起来呈绿色，并且它们会季节性地被风吹起的尘埃覆盖和露出。

除了对火星的兴趣之外，珀西瓦尔还开始搜寻 X 行星。在 19 世纪和 20 世纪之交，已知的行星有 8 颗：水星、金星、地球、火星、木星、土星、天王星和海王星。事实证明，除了海王星之外，牛顿定律对太阳系中所有行星的运动都有很好的解释。也许有一个未知的和未被探测到的引力源在某处影响着它的路径——有一颗尚未被发现的行星。洛威尔确信这样的行星存在，他称之为 X 行星。克莱德·汤博被雇来寻找它，他在黄道附近展开搜索，黄道面是已知行星绕太阳公转的平面。他在比对相隔几天或几个星期拍摄的两张照片时发现一个天体移动了一点点，这才意识到移动的天体是围绕太阳运行的一颗遥远的行星。汤博使用一种叫作 Oh 的仪器——天文学史上的一种重要工具。我们今天用计算机进行比对。一张照片安装在仪器的一侧，另一张照片安装在另一侧。它有一个单一的目镜与两个镜头，用于快速依次观察两幅被照亮的图像。当光线来回闪烁时，观察者的大脑会将两幅图像融合成一幅图像，除了在两张照片中位置来回移动的那个天体。任何移动的东西都很容易脱颖而出。就是用这种方法，克莱德·汤博在 1930 年发现了冥王星。

冥王星是由一个 11 岁的小女孩威尼西亚·伯尼命名的，她当时正好在学校里学习罗马神话。行星须以罗马神话中神的名字命名，普鲁托（Pluto）是冥界之神。冥神的官方标志是用"P"和"L"两个字母拼合而成的，这恰好是珀西瓦尔·洛威尔姓名的首字母。将近半个世纪之后，冥王星的卫星被发现了。在 1978 年拍摄的第一张照片上，这颗卫星像冥王星的斑点状图像上的一小块凸起。数年后，当冥王星系统的角度变得有利于观察时，我们发现从我们的视线方向看去，冥王星和它的卫星在绕转时会从彼此前面经过形成食和凌现象，导致图像变暗。利用哈勃太空望远镜，我们就得到了冥王星卫星的直接图像。冥卫一的名字叫查戎（Charon）。在神话故事中，查戎是运载灵魂经过冥河进入地府的渡船舵手。冥王星有一颗卫星，这很好。如果它想进入行星俱乐部，这是一个良好的开端。我们想，这应该没问题。

但有另一个问题。首先，当冥王星被发现时，我们认为我们已经找到了干扰海王星轨道的"失踪的 X 行星"。要做到这一点，X 行星必须是大质量天体，相对于海王星和天王星来说不能是微不足道的。然而，我们的测量技术越好，我们获得的关于冥王星的数据越多，结果发现它的体积和质量就越小。过了 10 年，又过了 10 年之后，人们对冥王星大小的估计变得越来越小了。只有在发现了冥卫一之后，我们才能通过冥王星对冥卫一的引力作用来准确地测量冥王星的质量。结果呢？冥王星的质量仅仅是地球质量的 1/500。相对于海王星的轨道受到了明显干扰，它明显过于袖珍了。我们再也不能用冥王星来解释海王星轨道的异常了。那么，是什么干扰了海王星呢？还有另一颗 X 行星吗？

人们一直在寻找，一直找到 1992 年。这时，一个名叫迈尔斯·斯坦的家伙，他是另一个迈尔斯·斯坦（美洲最早的清教徒移民之一）的第十二代后裔，分析了历史数据，指出海王星轨道与以前人们认为的不同。现代的迈尔斯·斯坦是位于加利福尼亚州帕萨迪纳的喷气推进实验室的一位天体物理学家。他用 20 世纪 80 年代 "旅行者号" 探测器探测到的数据，得到了关于木星、土星、天王星和海王星质量更好的估计值，排除了美国海军天文台在 1895—1905 年观测到的一组可疑数据。此后，他确定了海王星的轨道与牛顿定律所预测的完全一致，即除了已知的各个天体之外，海王星不再需要任何神秘的引力。X 行星死了，一夜之间就被埋葬了。

那么，我们该拿冥王星怎么办呢？冥王星是颗较小的行星，比其他行星小得太多了。太阳系中有 7 颗卫星都比冥王星大，包括我们的月球。冥王星是唯一跟另一颗行星的轨道发生交叉的行星，因为它的轨道极其扁长。冥王星主要是由冰组成的——其体积的 55% 是冰。我们有一个词用来称呼太阳系里由冰构成的天体。它们本可以称为 "冰球"，但在我们知道它们是由冰组成的之前，它们早已被命名为彗星了。那时的人们往往倾向于诗意地描写天上的物体，把这些东西描述为"天空中的毛发状物体"。如果你有一头柔顺的长发，那么在你奔跑时头发自然会向后飘。他们把这些东西称为"头发"，从希腊语直接翻译过来就是"发毛星"（中文里的"彗"是"扫帚"的意思，所以民间又称之为"扫把星"）。这就是我们已经给绕着太阳运行的冰冻天体的另一个称呼了。冥王星有很多与彗星相同的特征，但它待在很远的位置。它没有像大多数彗星那样冲到太阳附近，然后又跑到远方去。当一颗冰冻彗星靠近太阳时，它会排出蒸气，长出长尾巴。冥王星从来没有接近太阳，所以它不会发生这样的情况。尽管冥王星有一些不典型的特征，但人们还是乐于把它保留在我们对行星的定义之内。

不过，在罗斯地球和太空中心，我们希望尽可能多地使我们的展品具有前瞻性。因此，行星探测的发展趋势对我们来说非常重要。与水星、金星、地球和火星相比，冥王星的差别都很大。水星、金星、地球和火星的体积较小，由岩石构成（见图 9.2）。它们是一个家族。

水星是最靠近太阳的一颗行星，有一个大的铁核和极其稀薄的大气层，表面布满了陨石坑。金星被云层覆盖。在图 9.2 中，我们去掉云层，看到了火星的表面特征——剧烈起伏的山脉和几个陨石坑。金星有一个由二氧化碳组成的浓厚的大气层，温室效应强烈，从而拥有令人难以忍受的高地表温度。火星比地球和金星小，但比水星大。它留住了由二氧化碳组成的稀薄大气，从而有非常微弱的温室效应。这个因素再加上火星离太阳比较远，从而使火星表面的温度比地球低得多。火星表面的大气压大约是地球上的 1/100。图片中的那些深色区域是没有被沙子覆盖的深色玄武岩。使火星成为"红色星球"的那些红色区域是沙漠。火星上有一个又宽又长的大裂谷，相当于从大西洋海岸横跨美国大陆到太平洋海岸。它的上面有一座死火山——奥林匹斯山，高2万多米。火星有两个极帽，它们主要由水冰组成，上层是干冰（冰冻的二氧化碳）。火星是除地球以外最适于居住的行星。

图9.2　（与月球相比）类地/岩石行星的大小。我们在这里展示的是没有被大气层中的云层遮盖的金星，这样你就可以看到它的表面特征。它们是由"麦哲伦号"探测器上的雷达成像仪拍摄的。

图片来源：J.理查德·戈特和罗伯特·J.范德贝。

外面还有什么？我们有木星、土星、天王星和海王星。它们都是大个头的气态行星（见图9.3），那是另一个家族。再一次说明，它们之间有更多的共同点，而与冥王星的差异巨大。

木星的轨道要比火星远，它主要由氢和氦组成。它的外层大气中含有甲烷和氨组成的云。木星上的条纹是云带，还有大红斑，在图片中很容易看到。大红斑是一场肆虐了300多年的风暴。土星与木星相似，但被一组壮丽的光环包围着。这些光环是由环绕土星运行的冰冻颗粒构成的。天王星和海王星是更小版本的土星。天王星有很薄的光环（跟木星类似，虽然我们的图上没有显示木星光环）。1989 年，"旅行者 2 号"探测器发现海王星上也有一个风暴——大黑斑，它外面的风速高达 2400千米 / 小时。5 年后，哈勃太空望远镜的观测结果显示，那个大黑斑已经消失了。

图 9.3　气态巨行星的大小（与地球和太阳比较）。

图片来源: J. 理查德·戈特和罗伯特·J. 范德贝。

　　类地行星形成于内太阳系。在那里，诸如氢和氦等轻元素被加热到足够高的温度，它们可以摆脱行星的引力。在外太阳系中形成的气态巨行星的温度较低，可以保住氢和氦，质量增长到非常巨大。类地行星和气态巨行星形成了两个家族。关于它们的属性，请参见表 9.1。

　　冥王星不合群。在过去的几十年里，我们一直对冥王星很友善，把它保留在行星家族中，尽管我们在心里知道它不属于任何一个行星家族。看看 20 世纪 70 年代末的教科书，当时我们最终确定了冥王星的大小和质量。20 世纪 80 年代，冥王星开始与彗星、小行星和太阳系中的其他"残骸"集中放到了一起。这些是冥王星的行星地位崩塌的第一批迹象。

表 9.1 太阳系中行星

	水星	金星	地球	火星	木星	土星	海王星	天王星
半长轴（AU）	0.39	0.72	1.00	1.52	5.20	9.55	19.2	30.1
轨道周期（年）	0.24	0.62	1.00	1.88	11.9	29.5	84.0	165
直径（地球直径的倍数）	0.38	0.95	1.00	0.53	11.4	9.0	3.96	3.86
质量（地球质量的倍数）	0.055	0.82	1.00	0.11	318	95.2	14.5	17.1
主要成分	铁、硅、氧	（铁、硅、氧）？	铁、硅、氧、镁	铁、硅、氧	铁、镍、硅、氧	氢、氦	氢、氦	氢、氦、甲烷	氢、氦、甲烷
大气成分	痕量氧、硅、氢、氦	浓厚的二氧化碳、氮气	氧气、氮气	稀薄的二氧化碳	氢气、氦	氢气、氦	氢气、氦、甲烷	氢气、氦、甲烷
温度（摄氏度）	−168~427	438~460	−89~57	−140~35	−160	−190	−220	−222

注：表中的温度对岩石行星来说是（全部可观测范围内的）表面温度，对气态巨行星来说是接近大气顶部的温度。

冥王星的轨道也有一些问题。首先，正如前面已经指出的，它穿越了海王星的轨道。这不是一颗行星应该有的行为，没有借口。其次，它的轨道相对于其他行星的平面发生了明显的倾斜。这太令人窘迫了。它的一些轨道特性并未在其他行星上出现。1992 年，在闪视比较仪上的这些图片中，我们发现了另一个天体，它的位置随着时间的推移而变化。这是海王星之外在太阳系中运行的另一个冰冻天体。从那时起，我们发现了 1000 多个这类天体。它们的轨道是什么样子？它们都在海王星之外，大多数的轨道倾角和偏心率类似于冥王星的轨道。（偏心率用于度量椭圆轨道偏离正圆的程度。）这些新近发现的冰冻天体构成了太阳系中的一片全新的领地。因为它们正如杰拉德·柯伊伯预言的那样，都是体积较小的冰冻天体，所以我们称那片区域为柯伊伯带。冥王星和这些已经发现的冰冻天体里的大多数都处于柯伊伯带内边缘。现在，冥王星存在的意义被揭示出来了。它有弟兄，它有一个家族。冥王星是一颗柯伊伯带天体。

鉴于冥王星是已知最大的柯伊伯带天体，你发现的一个类别中的第一个天体是最大的也是最亮的，这难道不合理吗？谷神星是被发现的第一颗小行星，目前仍然是已知最大的小行星。冥王星的支持者起初声称冥王星如此之大，它不可能是柯伊伯带天体。但实际上它跟其他的柯伊伯带天体是同类，它们由同样的材质组成，也有类似的轨道特性。我们查看柯伊伯带，并绘制出每个天体到太阳的平均距离与偏心率的关系。我们找到了一批与海王星成 3 ∶ 2 周期共振的柯伊伯带天体。这是一种轨道匹配关系，海王星在轨道上每走三圈，柯伊伯带天体在轨道上走两圈——跟冥王星是完全一样的。共享这种模式的柯伊伯带天体称为"冥族小天体"。即使在柯伊伯带天体之中，跟其他的柯伊伯带天体比起来，它们也跟冥王星更像。

我们只是把冥王星和柯伊伯带放在一起进行展示，甚至都没说它不是一颗行星。我们觉得在我们的设计中，比标签更重要的是它们的物理属性。

就这样，过去了一年。直到 2001 年 1 月 21 日，《纽约时报》发表了那篇决定性的文章，题目为"冥王星不是一颗行星？只有在纽约不是"，作者是科学记者肯尼思·张。他在文章里写道：

来自亚特兰大的帕拉米·柯蒂斯正在罗斯地球和太空中心游览。当她走过行星展区时，她困惑地皱起眉头。行星的数量好像不够。她开始辨着手指数起来，努力回忆几年前她的儿子在学校里学到的记忆方法：水金地，火木土，天海冥。水星、金星、地球，火星、木星、土星，天王星、海王星。她说："我必须整个看一遍，找出哪一个失踪了。"冥王星。冥王星不在那里。"水金地，火木土，天海……"柯蒂斯太太说，"海之后就没有了。"在主要的科学机构中，美国自然历史博物馆悄悄地、显然也是独树一帜地把冥王星赶出了行星殿堂……"对这个问题，我们并没有表现出那么大的对抗性。"海登天文馆馆长尼尔·德格拉斯·泰森博士说，"你真的要很用心才会注意到这一点。"

我只是想用外交辞令解决这个问题。我们没有说"天上只有 8 颗行星"，或者"我们把冥王星踢出了太阳系"，或者"冥王星不够大，不能进纽约"。不。我们只是以不同的方式来组织这些信息——这就是我们所做的。而《纽约时报》把这当成了官方举措。那篇文章继续说：

不过，这一举动令人惊讶，因为博物馆似乎单方面把冥王星降级了，为其重新分类，将它变成了海王星之外绕太阳运转的 300 多个冰冻天体中的一个。那个区域叫柯伊伯带。

冥王星跟其他那些冰冻天体一起在轨道上运行，那就是它的生活。随着许多像冥王星这样的新冰冻天体被发现，我们在 20 世纪 90 年代了解到了这一点，这给我们提供了新的信息，并进一步了解了太阳系是如何形成的。

这篇文章引用了我的一位同事、麻省理工学院教授理查德·宾采尔博士的观点。在研究生院时，我们一起读书。他很生气，因为他把他职业生涯的一部分用在研究冥王星上。宾采尔在文章中说："在把冥王星降级这种事上，他们走得太远了，远远超出了主流天文学家的想象。"然后，美国天文学会行星分会的马克·斯代克斯博士打电话给《纽约时报》，说他将到纽约来，并计划跟我辩论。于是，他们派了另一位记者和另一位摄影师来拍摄和记录斯代克斯博士和我在我的办公室里展开的私人辩论，并在 2001 年 2 月 13 日发表的文章中逐字引述。与此同时，摄影师跟着我们走在气态巨行星模型附近的楼梯上，斯代克斯博士靠近我，开玩笑地抓住我的脖子。图片标题为"马克·斯代克斯博士挑战泰森博士，要他解释在海登天文馆行星展览中冥王星的遭遇"。

这个话题引爆了互联网、有线新闻和波士顿的网站。我花了 3 个月的时间进行媒体调查，其他什么也没做。让我们来看看在线聊天室的一些评论。

"冥王星是一个货真价实的美国星球，是由美国人发现的。"这句话来自美国国家航空航天局的一位科学家。聊天室里的其他人说："这样的浪漫主义在科学中是没有一席之地的，科学是一个永不停息地试图确定客观真理的系统。"这里还有一个人是站在我们这边的，他说："我承认我对智识阶层跟占星师们一样试图维护一个过时的分类方法感到失望。"如果你想让一个天文学家生气，就称他为占星师。那些是能惹起争吵的词。

下一个人不肯定地说："我个人的观点是，冥王星可能有双重身份。"他是国际天文学联合会小行星命名委员会的主席，他不想让任何人心烦。想要更多的看法吗？"我不同意双重身份，因为那会让公众认为这是个过于复杂的问题。"说这句话的不是别人，正是戴维·列维，彗星猎人心目中的大神。他发现了 20 多颗以他的名字命名的彗星。即使在 1994 年撞击木星的那颗著名的彗星也是由他共同发现的，名为舒梅克 – 列维 9 号。列维担心，如果我们做了一件让公众感到困惑的事情，那就太糟糕了。我的想法是，我们有很多研究是令人困惑的，但我们不应该只是为了避免让公众困惑而改变我们的科学。另一个人说:"首先,泰森,一个天体物理学家会冒险蹚这摊浑水是令人惊奇的。我觉得,这就像一个行星地质学家同样有资格将麦哲伦云从它当前作为银河系卫星星系的地位降级成一个星团……所以本着这种精神,我认为他满嘴胡扯。"这又是一个来自美国国家航空航天局的人。

这里还有一条评论:"这很容易令人想到,在伽利略时代向同样一群人说:'我从小就被教导说地球是宇宙的中心。为什么要改变它?我喜欢它现在的样子。'"

作为一个科学家,你必须拥抱知识的变化,你得学会热爱问题本身。冥卫一,也就是冥王星最大的卫星,其直径比冥王星的一半还大。你可以很容易地认为冥王星不是一颗有卫星的行星,它们更像是一对双行星。事实上,它们的质量中心甚至不在冥王星之内,而是落在它们之间的太空中。顺便说一下,与此相反的是,地球和月球之间的质量中心在地球的内部,大约位于地壳之下 1600 千米。并不是地球静止不动,月球绕着地球转。二者都绕着共同的质心运行。地球只是轻轻地颤抖着,而月球则在一个广阔的轨道上兜圈子。冥王星的质量足够大,自身变成了球状。冥卫一也足够大,也是球状的。如果你把冥王星算作一颗行星,那么冥卫一也有资格入选,许多其他个头比较小而又大到足以变成球状的天体也是如此。

迪士尼的卡通狗普鲁托在 1930 年第一次被勾勒出来,同年克莱德·汤博发现了那个同名的天体——冥王星普鲁托。在美国人的心目中,它们的年龄是一样的。我相信,如果我们把水星降级,那么没有人会在意。但是,我们降级的是冥王星普鲁托。普鲁托是谁?普鲁托是米老鼠的那只小狗。在美国,对我们来说,这是重要的东西,这是我们的文化。

顺便问一下，为什么普鲁托是米老鼠的小狗，而米老鼠不是普鲁托的老鼠？有没有想过？我了解了一下迪士尼的万神殿，如果你穿着衣服，你就可以拥有其他那些没有穿衣服的动物。高飞是一只狗，但他穿着衣服，会说话，所以他不是任何人的宠物。米老鼠穿裤子。普鲁托是赤裸的，只有像衣领的脖套，通常不说话，因此可以被一只老鼠当作宠物。这是迪士尼的世界。

让我来结束那些争论。我拥有许多图书，其中一些书可以向前追溯几个世纪，追踪我们关于宇宙中位置的思想演变。一本书是在 1802 年出版的。你知道 1801 年发生了什么事吗？在我们的太阳系中，火星和木星的轨道之间存在巨大的间隔，人们认为那里应该有一颗行星。这个间隔太大了，不能没有行星。经过一番努力，意大利天文学家朱塞佩·皮亚齐于 1801 年在那个间隔里发现了一颗行星。人们把它命名为谷神星刻瑞斯，来自罗马的丰收女神之名。事实上，"cereal"（谷物）这个词来源于刻瑞斯（Ceres）。当时每个人都很兴奋，因为发现了一颗新行星。你听说过那颗行星吗？没有吧。一本当时出版的书把它列入了行星行列：水星、金星、地球、火星、谷神星、木星、土星和赫歇尔行星（尚未改名的天王星）。谷神星在名单上。

1781 年，当威廉·赫歇尔发现后来所说的天王星时，怎么称呼它是一个难题，因为长期以来还从来没有人发现过一颗新的行星。（迈克尔·莱蒙尼克在他关于赫歇尔的书中，曾提出哥白尼也可以被认为发现了一颗新的行星——地球，因为他证明了地球实际上是一颗行星。）作为一个优秀的英国臣民，赫歇尔试图用英王乔治三世的名字来命名他发现的新行星。所以，赫歇尔把它叫作乔治之星。这里的乔治三世就是美国的《独立宣言》所针对的那个英王乔治。乔治国王授予他一年 200 英镑的津贴以示表彰，如果他能带他的望远镜在温莎宫为国王的客人们举行观星派对的话。那么，当时的行星列表会包括水星、金星、地球、火星、木星、土星和乔治之星。

幸运的是，头脑清醒的人占了上风，他们想寻找一个合适的罗马神灵取代乔治作为行星的名字。约翰·波得提出以希腊的天空之神乌拉诺斯之名称之为"Uranus"（天王星），这个名字被接受了。德国化学家马丁·克拉普鲁斯对此非常兴奋，他把发现的元素用新行星之名命名为"Uranium"（铀）。按照通常的方案，行星是以罗马神灵的名字命名的，而卫星则以那个罗马神灵对应的希腊神话中其他神灵的名字来命名。木星（朱庇特）较大的几颗卫星是木卫一伊娥、木卫二欧罗巴、木卫三加尼米德和木卫四卡利斯托。在希腊神话中，他们都出现在宙斯的生活中，希腊神话中的宙斯对应于罗马神话中的朱庇特。在这个方案中，这些名字同时向罗马和希腊的传统神话致敬。然而，对于天王星来说，为了安抚英国人，在无视国王之后，我们打破了传统，用英国文学中的虚构人物命名天王星的所有卫星，几乎所有的人物都来自莎士比亚的著作。其中之一是米兰达，我为我的女儿选择了这个名字，当时我只知道它是天王星卫星的名字。我告诉我的妻子："我喜欢'米兰达'这个名字。"她说："哦，你是说莎士比亚的《暴风雨》中的女主人公。"我说："啊，是的……我也是这么认为的。"

回到那颗行星谷神星。让我们再看30年后出版的另一本书《天文学理论基础》。这是一本高校教科书，其中充满了数学。它列出了当时已知的10颗行星，即水星、金星、火星、灶神星、婚神星、谷神星、智神星、木星、土星和天王星。那时，海王星还没有被发现。当时突然出现了4颗新的行星，需要给它们各自指定一个新符号。这是怎么回事呢？因为"行星"这个词当时没有被正式定义。这个词的明确定义出现在古希腊时期，来自希腊语中的"流浪者"。抬头仰望夜空，如果一个天体相对于恒星背景在移动，它就是一颗行星。我们看到哪些天体在相对于恒星背景运动呢？水星、金星、火星、木星、土星，还有两个——月球和太阳。宇宙中的"七大行星"，这是一个明确的定义。但是哥白尼把太阳放在中心，把地球描述为绕太阳转，那么太阳还是行星吗？地球呢？地球是行星吗？这时行星变成了绕着太阳转的东西。彗星也绕着太阳转，但它们是模糊的，还有尾巴，所以我们没有把它们称为行星。但这一决定是人为做出的。当我们在火星和木星之间发现跟彗星不一样的新天体（如灶神星、婚神星、谷神星和智神星）时，我们就把它们叫作行星。

几年后，我们又发现了 70 个以上这样的东西。你知道我们发现了什么吗？它们之间的共同点比它们中的任何一个与太阳系中其他天体的共同点都要多，而且它们都运行在同一条轨道上。我们并没有发现新的行星。我们已经发现的是太阳系中的一个新类型天体占据的一个新地带。今天我们称它们为小行星（asteroid），这个名称是由威廉·赫歇尔起的。他发现，相对于已确定的行星来说，它们实在太小了，并且它们构成了一种新的天体。最初被称为"行星"的这些东西后来被重新归类，有了一个新名字。更重要的是，我们了解到关于太阳系结构的一些新情况。我们的知识基础拓宽了，我们的理解也有所加深。这一切发生在《天文学理论基础》出版 10 年之后。我敢打赌，因为小行星太多，人们已经没有办法创造新的符号了。

冥王星的直径大约是地球直径的 1/5，它很小，跟其他柯伊伯带天体一样（见图 9.4）。我们按比例显示其他直径大于 254 千米的天体（与地球相比，没有太阳和行星）。月球在这里，还有其他行星的一些大卫星。有木星的4颗大卫星（伽利略在他最初举起他的望远镜观察夜空时发现的）。木卫三（木星最大的卫星）略大于水星，但质量不到水星的一半。木卫一和木卫二被其他卫星的引力排挤，内部又受到木星的潮汐作用的揉搓而升温。木卫一上遍布着活火山。木卫二上10千米厚的冰壳之下有一个80千米深的水海洋，其中的水比地球上所有的海水都要多。在土星的小卫星土卫二上，出于类似的原因，在冰盖之下有一个南大洋，还有壮观的喷泉。土星最大的卫星是土卫六，其上有甲烷湖泊和主要由氮气组成的大气层。土卫六上有甲烷雨，还有冰冻的甲烷河床。那些黑色特征是冰冻的甲烷－乙烷，而白色区域是结冰的水。海王星的大个冰冻卫星海卫一上有壮观的间歇泉（也许喷涌出来的是氮气）。海卫一在轨道上反向绕海王星运行，它可能是被捕获的柯伊伯带天体。图中还显示了最大的小行星和2010年已知最大的柯伊伯带天体。最大的小行星是谷神星，它也是第一个被发现的。灶神星是第二大的小行星，它上面有丰富的铁，可能很久以前在与另一颗小行星的碰撞中被炸飞了表面。小行星都是岩石天体。柯伊伯带天体是冰冻天体。冥王星和冥卫一也显示在上面，那是它们在2010年被认为的样子，是从它们彼此遮掩对方的亮度变化里推断出来的。阋神星曾被认为要比冥王星稍大一点儿，但2015年改进的测量结果显示阋神星[直径为（2326±12）千米]其实略小于冥王星[直径为（2374±8）千米]。柯伊伯带天体都比我们的月球小。

　　我已经给你介绍了一些关于冥王星的科学背景，现在让我们回到这个故事里来。接下来发生了什么？公众的来信蜂拥而至。"如果冥王星仍然是一颗行星，博物馆就得花钱给它建立一个模型。人们可能会抱怨，

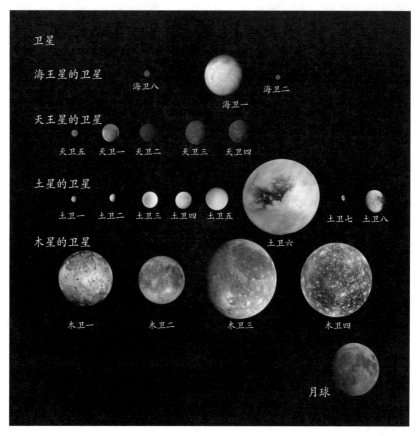

图 9.4 太阳系中所有已知直径大于 254 千米的天体（不包括太阳和行星），按比例显示（与月球比较）。

图片来源：J. 理查德·戈特和罗伯特·J. 范德贝。

他们不得不购买新的海报，但谁在乎呢？他们又得花上 3 美元。"还有来自一位七年级学生的信："冥王星怎么了？是因为它与众不同吗？这就是为什么你认为它不是一颗行星？"

还有另一个抱怨主题。"去年的老师还教他们有 9 颗行星，如今老师要教他们有八大行星了。学生，特别是年轻的学生会感到困惑，而我总

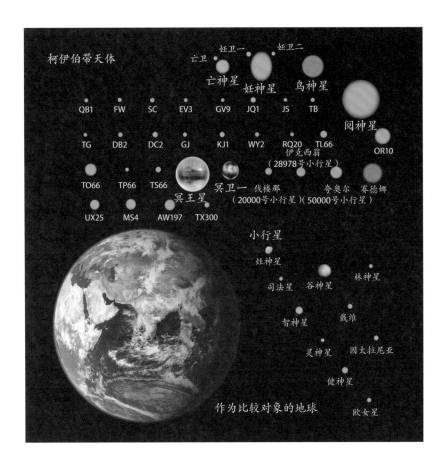

是通过口诀'My Very Educated Mother Just Served Us Nine Pizzas'（我那
非常有教养的妈妈刚给我们 9 张比萨）来记行星。它一直帮助我和很多
孩子记住行星的名字。现在要怎么教他们呢？""尽管我还是个孩子，但
我仍然知道发生了什么。"在罗斯地球和太空中心，我们不数行星的颗
数，比如"从太阳算起的第四颗行星是什么"。这种说法里面没有科学思
维。在那里，我们当时也没有说冥王星不是行星，我们甚至不强调"行星"
这个词。我们所说的是太阳系有几个家族，其中的一个家族——类地行星（即水星、金星、地球、火星）具有共同的属性，以此来区分它们的成员。小行星带是另一个家族——小个儿的岩石天体。气态巨行星组成一个家族。柯伊伯带天体（包括在其内缘运行的冥王星）都具有相似的性质，它们又组成了一个家族。然后，我们还有彻底包围着太阳的冰冻天体，即由彗星组成的奥尔特云。我们将环绕太阳的天体分为五大家族。这是我们的教学范式。重要的是询问那些天体有什么共同属性。三年级学生知道气态巨行星的个头大，密度低——这是要学习"密度"这个词的理由。它们很大，里面充满气体，就像沙滩球。土星的密度比水还低。如果你把一块土星物质放在你的浴缸里，它就会漂浮起来。小时候，我一直想要一个玩具土星，而不是一个橡皮鸭子——我觉得那很酷。

我认为，冥王星现在应该为归属于柯伊伯带而感到高兴。如果忽略它的基本性质，就可以认为它是一个充满活力的星球。如果你把冥王星移到地球所在的位置，它就会像彗星一样长出一条尾巴，这肯定不是一颗行星应有的行为。

在我们让冥王星为它矮小的个头感到难过之前，我给你一个谦虚一些的想法：木星之于地球的倍数，比地球之于冥王星的倍数还要大（比较图 9.3 和图 9.4）。这意味着，如果你询问住在木星上的人（或不管什么种类的生物）"在太阳系里有多少颗行星"，他们会给你什么答案？ 4 颗。你会说："哦，那么其他的行星呢？地球……"那些木星人说："那些应该叫石块吧？还是残骸？那些太阳系的流浪者算不上行星吧？"所以，去掉冥王星并不是刻意基于大小考虑的，更多的是基于物理和轨道性质提出的观点。

2005 年，迈克·布朗和他在加州理工学院的团队发现了一个柯伊伯带天体，它的名字叫阋神星厄里斯（见图 9.4），其直径与冥王星几乎一模一样，但质量还要大上 27%。阅神星有一个小卫星戴丝诺米娅，其轨道参数让我们能准确估计阅神星的质量。阅神星的质量显然比冥王星的质量大。这就把争议推到了决定是非的阶段。如果冥王星是行星，那么阅神星肯定也是行星。要么你把冥王星降级，要么把阅神星的级别提高。国际天文学联合会是决定此类定义的官方机构，在 2006 年举行了一个特别会议，对冥王星、阅神星和其他柯伊伯带天体的地位进行投票。

结果呢？冥王星从它以前的行星地位被降级为矮行星。这个故事成为传遍世界各地的新闻。教科书作者也注意到了。要成为一颗行星，天体必须满足以下三个条件：一是绕太阳公转；二是质量要足够大，这样才能靠自身引力达到流体静力平衡的形状（近乎球状）；三是已经清除了轨道周围区域中的残骸。冥王星不符合第三条标准，谷神星也是——与它们相伴的其他天体的总质量可与它们自身的质量相提并论。迈克·布朗解释说"清除轨道周围区域中的残骸"意味着那颗行星现在必须在其轨道周围区域的总质量中占据主导地位。伴随着木星的有 5000 多颗特洛伊小行星，它们聚集在两个稳定的拉格朗日点，位于木星轨道前方 60° 和后方 60°，但这些小行星的质量总和与木星本身相比仍是微不足道的。国际天文学联合会没有把木星降级，他们确认目前太阳系中有 8 颗行星，即水星、金星、地球、火星、木星、土星、天王星和海王星。My Very Excellent Mother Just Served Us Nachos（我那非常优秀的妈妈刚给我们做了玉米片）。

冥王星、阅神星和谷神星符合前两条标准，是可以使用"矮行星"之名的小行星。罗斯地球和太空中心在 6 年前就把冥王星降级了。我写了一本书《冥王星档案：美国人最喜爱的行星兴衰记》（2009），记述了我的经历。迈克·布朗写了一本关于他发现阅神星的迷人的书《我是怎么杀死冥王星的，以及为什么会发生这件事》（2010）。现在除了冥卫一，我们又发现了围绕冥王星运行的 4 颗小卫星。阋神星有一颗卫星，柯伊伯带天体妊神星（现在也被国际天文学联合会认定为矮行星）有两颗卫星。2006 年美国国家航空航天局向冥王星发射了"新视野号"探测器，上面搭载了克莱德·汤博的一部分骨灰。2015 年，航天器飞掠冥王星和冥卫一，捕捉到了它们的美丽照片，如图 9.5 所示。在冥王星上可以看到一个心形的冰冻区域，已被暂时命名为"汤博区"。而冥卫一的极点有一个黑色区域，已被非官方地命名为"魔多"。这个名字来自《指环王》里的黑暗地区。冥王星上一切安好。

图 9.5 "新视野号"探测器在 2015 年飞掠时拍摄的冥王星和冥卫一的照片。
图片来源：美国国家航空航天局。

第 10 章　在银河系中寻找生命

尼尔·德格拉斯·泰森

　　因为我们是有生命的，所以我们对宇宙中的生命怀有特殊的兴趣。如果我们环顾宇宙，想知道某颗特定的恒星是否有一些行星绕着它运转，而且那些行星上是否有生命，那么明智的做法是应该根据我们已经知道的生命——地球上的生命进行讨论。有生命的东西似乎都具有一些共同的属性。首先，我们所知道的生命需要液态水。其次，生命消耗能量。用化学术语来说，我们有新陈代谢。有趣的部分来了。最后，生命有一种方式来复制自己。我将重点放在第一点上，因为它让我们有机会用天体物理学的方法和工具进行处理。我们需要做的就是探索宇宙去寻找液态水。

　　由金发女孩和三只熊的故事，我们已经知道（并同意）所研究的地方可能会太热、太冷或刚刚好。以太阳为例，我们知道它具有一定的光度。你离太阳越近，就会感觉越热；你离它越远，就会感觉越凉。如果生命需要液态水，而你带着水离太阳太近时，水就会蒸发。离得太远呢？它就结冰了。这使我们总结出：存在一个轨道区域——一条带，那里的行星可以维持液态水的存在。离太阳更近时，水会变成蒸汽；离得更远时，水就变成了冰。在二者之间，可能有液态水存在。人们给了这个可居住的区域一个名字——宜居带。从 20 世纪 60 年代它被提出来开始，这一理论已经在半个多世纪的时间里在很大程度上主宰了我们的范式。不同的恒星根据它们的光度差异，拥有不同大小的宜居带。这让我们能够思考一些问题。天体物理学家弗兰克·德雷克把这个概念向前推进了一步，构造了我们现在所知道的德雷克方程。它并不是牛顿定律告诉我们的那种等式方程，而更像一种厘清宇宙中存在智慧生命的可能性的方法。

在我们看德雷克方程之前，让我们先说说，根据我们对生命的了解，我们认为生命的存在需要一颗行星，需要一颗绕着恒星运转的行星。必须先有恒星，然后才能产生行星。记住，地球上的生命演化非常缓慢，需要亿万年的演化来产生智慧生命。因此，这颗恒星必须是长寿命的。并不是所有的恒星都能存活很长的时间。有些恒星的寿命不到 10 亿年，甚至不到 1 亿年。那些质量最大的恒星在 1000 万年或更短的时间里就已经死亡了。如果在地球上发生的事情可以作为参考，那么在那样的恒星周围的行星上没有多少希望能找到智慧生命。我们需要一颗长寿命的恒星和一颗行星，但不是任何行星都行，只有位于恒星的宜居带中的行星才行。

到目前为止，我们知道要寻找一颗长寿命的恒星，一颗在宜居带内的行星，一颗有生命的行星，但不是任何生命都行，而是寻找智慧生命。在地球的大部分历史中，被称为蓝藻的强有力的微生物对地球的大气层有着重要的影响。今天人们抱怨人类正在污染环境，制造臭氧层空洞，并增加像二氧化碳这样的温室气体。但与 30 亿年前蓝藻对地球大气层的影响相比，我们的影响相形见绌。那时，地球的大气层中有大量二氧化碳。然后，蓝藻出现了，它们消耗二氧化碳，排出氧气，完全改变了大气层的化学成分和平衡，留给地球的是富含氧气的大气层，只有很少的二氧化碳。氧气实际上对当时的许多厌氧生物来说是有毒的。二氧化碳是一种温室气体，因此随着它的减少，温室效应减弱，地球开始迅速降温。如果当时就有环境保护运动，有关人士可能就会抗议说："停止制造氧气！这对地球有害。"因为这是一种改变，地球变得更冷了，有好几次整个地球都结了冰。与此同时，在几十亿年的演化过程中，太阳慢慢地、稳步地变得更加明亮，随即"雪球地球"时代结束了。最终，大气层中的氧气让各种各样的动物出现，包括人类。并非所有的变化对所有生物体来说都有害。我们担心下一颗小行星会把我们毁灭。我告诉你，那是会发生的。我不知道什么时候发生，但它会发生，那将是地球上糟糕的一天。想想地球上一次遭受的猛烈撞击，6500 万年前一颗小行星毁灭了恐龙。当时我们的哺乳动物祖先只有老鼠大小，在草丛中乱窜，勉强幸存下来。它们那时基本上只是霸王龙和其他可怕的掠食者的开胃小菜。在小行星撞击之后，霸王龙被淘汰出局，哺乳动物演化成更为庞大的动物。这些事件开启了一系列变化，最终出现了我们现在所拥有的文化和社会，在给我们以生命的同时也让凶猛的恐龙消失了。所以，我倾向于更全面地看待地球上发生的变化。

　　这个故事的启示是，如果你想在一个可能有生命的星球上与它们交流，那么只拥有生命还不行。那种生命必须具有智慧。事实上，你还需要满足更多的要求。艾萨克·牛顿很聪明，但你不能和他进行跨越星系的对话。在他的那个时代缺乏某种技术，不能跨越广袤的太空距离发送信号。我们正在寻找的智慧生命在我们观察它们时必须已经处于高科技时代。换句话说，如果它们位于 1000 光年之外，它们在 1000 年前发送的跨越太空的信号现在才刚刚到达我们这里。现在想象一下，技术包含了它毁灭自己的种子。假设技术掌控在无知而又不负责任的人的手中，它可以比任何自然灾难更有效地摧毁人类。在你手中的愚昧的权力导致你自我毁灭之前的那个时期有多长？可能只有 100 年。环顾银河系，你必须足够幸运才能有幸看到另一颗行星在绕着它的恒星公转 50 亿年的历史中正好处于那个 100 年的片段里。这使得你跨越宇宙找到一个能对话的外星人的可能性显得微乎其微。

弗兰克·德雷克把所有这些考虑都写进了德雷克方程。这形成了"寻找外星智慧"（Search for Extraterrestrial Intelligence，SETI）的出发点。他想估计银河系中我们现在可以与之通信交流的文明数量 N_c。为了到达这一点，他在方程里引入了一系列因数，每一项都代表基于现代天体物理学而估计出来的比例。

$$N_c = N_s \times f_{HP} \times f_L \times f_i \times f_c \times (L_c/L)$$

其中，N_c 为我们今天在银河系中可以观察到的可通信文明的数量；N_s 为银河系中恒星的数量，约为 3000 亿；f_{HP} 为拥有位于宜居带内的行星的恒星的比例，约为 0.006；f_L 为这些行星中演化出生命的比例，未知，但可能接近 1；f_i 为演化出智慧生命的比例，未知，但可能很小；f_c 为发展出星际通信技术的比例，未知，但也许接近 1；L_c 为可交流文明的平均寿命，未知，但与银河系的年龄相比也许很小；L 为银河系的年龄，约为 100 亿年。

让我们从银河系中的恒星数量开始讨论，那里大约有 3000 亿颗恒星。因为不是银河系中的每颗恒星都是合适的，所以必须乘以长寿命恒星的比例（有足够长的时间演化出智慧生命），并且它们在宜居带内有一颗行星。这就减少了我们要从中寻找智慧生命的恒星总数。截至本书英文版写成之日，经过对 15 万颗以上恒星的史诗般的观测之后，我们找到了 3000 多颗外行星。这是一场相当大的革命。

拥有行星的恒星是很普遍的，许多恒星有多颗行星。在拥有行星的恒星之中，我们希望发现在其宜居带里有一颗快乐行星的那些恒星。我们可以通过系外行星对它们的主恒星的引力拖曳效应找到它们，这种效应会导致恒星的径向速度发生抖动，我们可以探测到这种抖动。距离更近的行星施加的拖曳力更大，会导致恒星产生更大的径向速度抖动，因而它们也就更容易被发现。因此，距离主恒星较近的行星相对容易被找到，但这样的行星会因温度太高而不存在液态水，它们并非我们在德雷克方程中要找的样本。搜索系外行星的最大的巡天任务是由美国国家航空航天局的开普勒卫星（当然是以约翰尼斯·开普勒的名字命名的）执行的，它通过测量恒星光线的微小变化来发现行星。当行星直接在你的视线方向上从恒星前面经过时，恒星的亮度会轻微降低。更一般的说法是，我们称之为"凌"。木星的半径约为太阳的 10%，它的最大横截面积是太阳的 1%。

因此，当一颗木星大小的行星从太阳型主恒星前面经过时，凌星会引起恒星的亮度暂时下降 1%。一个地球大小的行星（其半径是太阳的 1%）只会引起太阳型主恒星的亮度下降 0.01%。开普勒卫星设计得足够灵敏，原则上可以探测到这种程度的星光衰减。它的主要任务是寻找类地行星，但这已经接近它的极限。开普勒卫星探测到的是木星和海王星大小的行星（不适合我们所知道的生命居住），不过我们也发现了许多较小的行星，其尺度的下限可与地球相比。图 10.1 用点表示已确认的开普勒行星，点的纵坐标是行星半径与地球半径的比例，横坐标是行星轨道的半径，以 AU（天文单位）为单位。开普勒行星大多围绕太阳型恒星运行。蓝色十字线表示地球在这张图上的位置。我们正在寻找接近这个位置的外行星。

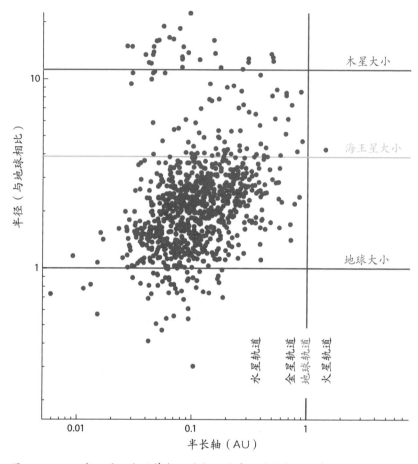

图 10.1　2016 年 2 月，由开普勒卫星发现的外行星的半径及其与主恒星的距离（轨道半径）。图上的点表示 1100 多颗被证实的外行星，纵坐标表示它们的半径（以地球半径为单位），横坐标表示它们与主恒星的距离（AU）。

图片来源: 迈克尔·A. 施特劳斯和美国国家航空航天局。

　　当行星离主恒星比较近时，更容易发生凌星现象。因此，迄今为止发现的大部分开普勒行星的温度都太高，无法支持生命存在。如果一颗行星离主恒星足够远，具有适宜生命居住的温度，那么它的轨道就必须刚好在我们的视线方向上，这样才能正好让我们看到凌星。但是因为它的轨道周期更长，发生凌星的机会也就更少，这就降低了我们找到它的概率。到目前为止，开普勒卫星只发现了大约 10 个被证实直径为地球直径 1 ~ 2 倍的外行星。这类行星数目少的原因仅仅是它们更难用凌星技术找到。

　　一个有希望的候选者是开普勒 62e（参见图 10.2 所示的艺术概念画）。它是绕着一颗 K 型恒星（名为开普勒 62）运行的 5 颗行星之一，距离我们约 1200 光年。这颗恒星的表面温度是 4900 开，开普勒 62e 的半径是地球半径的 1.61 倍，其表面每平方米从主恒星那里获得的辐射仅比地球从太阳那里得到的辐射多 20%。它应该位于宜居带内，可能是一颗岩石行星，或者是一颗表面覆盖着冰冻海洋的行星。这个多行星系统的年龄比我们的太阳系要大 25 亿年左右。

地球

开普勒62e

图 10.2　开普勒 62e 与地球的大小对比。右侧是开普勒 62e，左侧是地球。这里的开普勒 62e 是一张艺术想象画，但它的相对大小是正确的。它的轨道似乎使它处于宜居带内，因而它的上面可能有水构成的海洋。

图片来源：PHL@UPRArecibo。

在宜居带内拥有宜居行星的恒星占多大比例（f_{HP}）？像太阳这样的 G 型恒星占银河系中恒星总数的近 8%。我们知道它们对生命是宜居的，因为太阳就是其中之一。发光多得多的恒星因为燃料消耗得太快，不足以给它们的行星提供足够的时间来演化出复杂的智慧生命，比如在地球上需要亿万年的时间。更暗淡的 K 型和 M 型恒星拥有比太阳更长的寿命，因此它们能很好地满足这个要求。

但 M 型主序星的光度太低了，处于宜居带内的行星将不得不非常接近它才能保持温暖。这就导致它将被潮汐作用锁定，有一面总是朝向主恒星。距离越近，潮汐作用越明显。潮汐作用迫使行星略呈椭球状，它的自转速度也会减慢，直到椭圆球的形状被锁定，指向主恒星的方向。（我们的月球就是以这样的方式被潮汐作用锁定的，正是因为这种效应，它的一面才总是朝向地球。）这种状态可能不会对行星本身造成影响，但它表面上的任何生命都会受到影响，行星一直对着主恒星的一侧将会太热，而另一侧太冷。类地行星的大气层会在寒冷的一侧冻结。同时，较热的那一侧的大气将扩散到寒冷的一测，从而也被冻结。这个过程是失控的。最终，所有的大气都会在寒冷的一侧冻结，没有给生命留下机会。地球上生命的唯一希望是有一个非常厚的大气层，空气能够循环，减小从一侧到另一侧的极端温度变化。这样的大气层会在行星表面产生很大的压力。此外，M 型恒星有许多比太阳上的耀斑更大的耀斑，这对生命来说可能是致命的。这些事情可能不会使生命无法产生，但是它们确实使生命的演化更难以进行。

由于这些原因，G 型和 K 型星是最好的候选者，它们在银河系中占据了可观的 20% 的比例。

对于这样一颗恒星，在其宜居带内找到一颗行星的概率有多大？我现在要向你展示宇宙中最优美的计算之一，但也许你应该自己进行判断。我只想告诉你，如何获得做这个计算所需的工具。

太阳具有一定的光度，地球也具有一定的光度。我们也具有一定的温度，并且由于这个温度，地球发射的辐射主要集中在光谱的红外部分——通常叫热辐射。由于地球具有一定的温度，它将在光谱上形成与该温度对应的普朗克曲线。地球的总光度将是单位面积的能量乘以它的表面积。让我们先计算地球的表面积（$4\pi r_E^2$），再乘以地球上单位面积发射的能量，得到 σT_E^4（根据斯特藩-玻尔兹曼定律）。因此，地球的光度是 $L_E = 4\pi r_E^2 \sigma T_E^4$。对于太阳，我们可以这样做：$L_S = 4\pi r_S^2 \sigma T_S^4$。我们现在要问的是，这些来自太阳的光实际上到达地球的有多少？虽然地球的温度会变化，但它是在一个非常稳定的水平上变化的。在稳定状态下，地球从太阳那里接收的能量应该与地球表面发射的能量保持平衡。这一定是真的，否则在一段时间内地球会很快变得更热或更冷，而不是保持我们观察到的水平。我们以前见过这些方程，但现在我有了一个新的目标——计算地球的平衡温度。

阳光并不是全部到达地球。我们不考虑太阳在各个方向上产生的总能量，我们只关心将要到达地球的能量。所有这些来自太阳的能量最终穿过一个球形的表面，其半径等于地球的轨道半径（1AU）。我们需要找出地球遮挡住的面积相对于整个球面的比例。对地球有意义的部分（被地球截获的部分）等于地球最大的横断面。

因此，太阳辐射到达地球的比例是，地球圆形剖面的面积 πr_E^2 除以所有太阳辐射通过的半径为 1AU 的大球体的表面积 $4\pi(1AU)^2$。那么，得到的比例就是 $\pi r_E^2/[4\pi(1AU)^2]$。因此，到达地球的太阳总光度是 $L_S \pi r_E^2/[4\pi(1AU)^2]$，即 $4\pi r_S^2 \sigma T_S^4 \pi r_E^2/[4\pi(1AU)^2]$。如果

地球处于平衡状态，我就可以设它等于地球发出的光度 $4\pi r_E^2 \sigma T_E^4$。让我们把二者等同起来，即 $4\pi r_S^2 \sigma T_S^4 \pi r_E^2 /[4\pi（1AU）^2]=4\pi r_E^2 \sigma T_E^4$。在等式左侧有一个 $4\pi/4\pi$，它们相互抵消。方程两边都出现的 πr_E^2 也抵消了，方程两边的 σ 也抵消了，最后简化为 $r_S^2 T_S^4 /（1AU）^2=4T_E^4$。

我们现在可以计算地球的平衡温度 T_E 了。首先，我会写出公式 $T_E^4 = r_S^2 T_S^4/[4（1AU）^2]$。为了使这个式子看起来更漂亮，我要对等式两边同时开 4 次方，这样我们就得到：

$$T_E = T_S\sqrt{r_S/（2AU）}$$

这是方程最简单的形式，也正是我们所需要的一个关于地球温度的方程式。让我们把各个数值代入方程，太阳的半径是 69.6 万千米，2 AU = 3 亿千米。用太阳的半径 69.6 万千米除以 3 亿千米，答案是什么？0.00232。它的平方根是多少？0.048。太阳的表面温度是多少？5778 开。用它乘以 0.048，你得到了什么？地球的平衡温度是 278 开。我们知道 273 开是冰点。因此，我们对地球温度的估计值是 5 摄氏度。地球的平均温度实际上接近这个温度。

但是等一下，有些东西我没有考虑进来。我一直把地球看成一个黑体，但地球并没有吸收它所接收到的所有能量。它的上空有白云，它也有反射率很高的冰帽。事实上，地球把照射到它上面的 40% 的太阳能量反射回了太空。这一部分从来没有被地球吸收，从来没有用于提高地球的温度。如果你把这个因素纳入这个方程，地球的平衡温度就会下降，降到冰点之下。是的，在我们到太阳的距离上，地球自然的平衡温度低于冰点。

根据我们早先的论点，地球上应该没有生命，没有液态水。但地球上确实有液态水，这里生机勃勃。所以，其他东西会提高地球的温度。

你猜到了,那就是温室效应。地球表面发出的红外辐射不会直接进入太空,而是被大气层吸收了,从而加热了大气层,正如我们在第 2 章中讨论的那样。因此,捕获红外辐射提高了地球的表面温度。地球大气层引起的温室效应就这样提高了地球的表面温度。结果表明,温室效应大致补偿了地球的反射效应,所以我们的计算结果还是很好的。

由 $T_E = T_S\sqrt{r_s/(2\text{AU})}$ 可知,对于一颗给定的恒星,给定行星(具有特定的反射率和温室效应)的温度将与它到主恒星的距离的平方根成正比。这个方程让我们能计算对该行星来说宜居带的内、外边缘,分别称之为 $r_{\min}$ 和 $r_{\max}$。在该宜居带的内边缘,行星表面的水快要沸腾了。如果它有像地球一样的大气压,水将在 100 摄氏度时沸腾。在宜居带的内边缘,行星表面的温度是 373 开。水结冰的温度为 0 摄氏度,这种情况发生在宜居带的外边缘。因此,位于宜居带内边缘的行星表面的温度与它位于宜居带外边缘时的比例为 373/273。$r_{\max}/r_{\min}$ 的值将为 $\sqrt{373/273}$,也就是约 1.87。所以,对一颗特定的行星来说,它在宜居带外边缘时的表面温度比内边缘高 87%。这是一个很狭窄的范围。

开普勒卫星数据告诉我们,大约 10% 的类太阳(G 型和 K 型)恒星有一个地球大小的行星(其半径为地球半径的 1 ~ 2 倍),它们接收到的恒星辐射通量是地球的 1/4 到 4 倍。因此,大约 10% 的类太阳恒星在 0.5 ~ 2AU 的距离上会有一颗地球大小的行星。那是因为恒星的辐射随距离的平方而降低。位于 1AU 处的行星接收到的辐射相当于地球表面的 1/4,位于 0.5AU 处的行星接收到的辐射相当于地球表面的 4 倍。开普勒卫星数据表明,地球大小的行星与主恒星的距离按指数规律均匀分布。这是什么意思?在距离主恒星 0.5 ~ 2AU 的行星中,我们预计一半将位于 0.5 ~ 1AU 处,另一半位于 1 ~ 2AU 处。如果距离类太阳恒星 0.5AU 处的行星具有高反射率和较弱的温室效应，它就可能是宜居的。但是如果你把地球放在那里，它上面的海洋就会沸腾。同样，如果你把地球在 2AU 的距离上，它就会完全冻结。然而，如果你把一个具有低反射率和强温室效应的行星放在 2AU 的距离上，它就可以保持足够的温度，从而支持生命存在。

如果银河系中 20% 的恒星是合适的——属于 G 型和 K 型，这些类太阳恒星中的大约 10% 拥有地球大小的行星，行星接收到的恒星辐射是地球上的 1/4 到 4 倍，而且约 45% 的行星处于宜居半径范围里（它们的表面有液态水，取决于它们的反射率和温室效应），那么这个比例 f_{HP} = 0.2 × 0.1 × 0.45 = 0.009。

这个练习既令人筋疲力尽，但也很有启发性。根据我们所知道的，我们就能使用数学和天体物理学知识来筛选出来恒星周围存在生命的范围。

但对于一颗行星来说，要成为候选者，还必须满足其他标准。它必须有一个合理的大气层。如果这颗行星像月球一样小，它的引力就会很弱，其大气层中的分子在 278 开的温度下会逃逸到太空中，从而失去大气层。这就是月球几乎没有大气的原因。我们已经讨论过半径为地球半径 1 ~ 2 倍的行星，它们应该能保持大气层。行星轨道的偏心率也不能太大。如果它的轨道是开普勒椭圆，偏心率为 e，那么它与其恒星的最大距离 r_{max} 和最小距离 r_{min} 之比是 $r_{max}/r_{min} = (1 + e) / (1-e)$。等价地，你可以说 $e = (r_{max}/r_{min}-1) / (r_{max}/r_{min} + 1)$。这个公式表明，如果行星的轨道是一个完美的圆，则 $e = 0$。如果它非常扁长，则 e 接近 1。（对于许多彗星来说就是这样。）你可能看明白了这是怎么回事：行星轨道不能具有 $r_{max}/r_{min}>1.87$ 的值，否则海洋会反复沸腾和冻结。这意味着行星

轨道的偏心率 e 必须小于 0.30，这样它就不会跑出适宜带，以免其上珍贵的液态水冻结成冰或沸腾。遇到一个外星人时，你可以说："我敢打赌，你的行星家园的偏心率一定小于 0.30。"他，更有可能是它，将会对你印象深刻。

地球轨道的偏心率 e 仅为 0.017，这不是偶然的——它让我们有了适宜的气候，没有剧烈的温度波动。或者更准确地说，我们在一颗具有小偏心率轨道的行星上演化出来不是偶然的。幸运的是，在寻找生命的时候，开普勒卫星发现的大多数类地行星都具有很小的偏心率。它们通常出现在多行星系统中，在这些系统中，行星之间的轨道相互作用，往往随着时间推移，它们的轨道会变圆。这些行星在远离彼此的轨道上安定下来。在多行星系统中，开普勒卫星发现，关于相邻行星的轨道周期，通常离恒星较远的那一颗比离恒星较近的那一颗平均大 2 倍。利用开普勒第三定律（$P^2=a^3$），这意味着对相邻行星来说，后一颗的轨道半径平均要比前一颗大至少 $2^{2/3}$，也就是 1.6 倍。这个因子接近 1.87，也就是特定行星宜居带的宽度（r_{max}/r_{min}）。如果你足够幸运，你就可能发现有两颗行星的轨道间距比这个比值小，或者近处的那颗行星具有高反射率、弱温室效应，远处的那颗行星具有低反射率、强温室效应。但平均来说，我们可望在每个恒星系统中找到一颗宜居行星。

人们曾经认为双星系统不会拥有行星。由于银河系中一半以上的恒星都是双星，所以这将把我们的候选者的比例压低一半。但是开普勒卫星已经在双星系统中发现了行星。如果你有两颗类太阳恒星，它们彼此相距 0.1AU，而你到它们的距离是 $\sqrt{2}$ AU（约 1.414AU），那么这对你来说宜居性是没有问题的。你得到的光照就会像我们在地球上得到的一样多。只是在你的天空上会有两个太阳。这两颗恒星凑成非常紧密的一对，它们不会干扰你的动力学。

但是，如果你有两颗相距 1AU 的类太阳恒星，那么就很难找到一个能维持稳定的行星轨道的宜居之地了，因为你的引力主宰将不断地从一颗恒星变换为另一颗恒星。然而，如果两颗类太阳恒星绕转轨道的距离大于 10AU，那就又好了，因为你可以只在离一颗恒星 1AU 的轨道上运行，与另一颗恒星保持足够远的距离。在这么远的距离上，另一颗恒星不会让你的轨道不稳定，也不会让你感到太热。当然，你不想处于至少有一颗大质量恒星的系统里，因为它会发展成为一颗红巨星，在你有时间来发展智慧之前它就会死亡。

附加的这三项因素（大气层、偏心率和双星问题）中的每一项都会降低恒星在可居住区域中拥有行星的概率，但这三项结合起来，它们可能不会把 f_{HP} 降低一半。因此，我只会稍微调低一点儿，把 $f_{HP} \approx 0.009$ 变成 $f_{HP} \approx 0.006$。

当弗兰克·德雷克在 20 世纪 60 年代首次写下他的方程时，我们还没有发现任何一颗环绕着其他恒星的行星。所以，当时对于 f_{HP} 来说，这只是任意猜测。但现在我们有了数据来细化我们的估计，这就是为什么这个方程被认为有效。它鼓励我们获取数据并找出这些因子。

结果，f_{HP} 被赋值为 0.006。让我们看看能从中得到什么。最近的恒星距离我们 4 光年，再向外走出 9 倍远，到 40 光年处。半径为 40 光年的球的体积是半径为 4 光年的球的体积的 1000 倍。在这个球体内，你会发现大约 1000 颗恒星。根据 $f_{HP} \approx 0.006$，你可以预计，平均来说，在这个半径内可以找到至少 6 颗宜居行星。是的，在距离太阳 40 光年的范围，我们可望找到环绕其他恒星的宜居行星！这意味着《星际迷航》第一季的电视节目信号（以光速向远处传播）可能已经冲过另一颗表面有液态水的宜居星球了。

在 20 世纪 70 年代，英国星际航行学会进行了一项研究（称为"代达罗斯计划"），探讨制造星际航天器的可能性。该计划设想了一个 190 米高的两级航天器，由核聚变驱动，使用 5 万吨氘和氦 -3。它相当于我们曾经用来发送宇航员到月球去的"土星 5 号"火箭的两倍高和 16 倍重。这种巨大的核聚变动力火箭的速度可以达到光速的 12%。它将带上 500 吨的科学研究有效载荷，包括两台口径为 5 米的光学望远镜以及两台口径为 20 米的射电望远镜。这艘飞船需要 333 年才能飞行 40 光年。根据我们现在所知道的知识，这艘飞船在 333 年内就能到达一颗宜居星球。飞越那颗星球的遥测信号再用 40 年时间到达地球，因此 373 年后，我们能听到它的回音。

更好的是，采取同样大小的火箭，只是用物质和反物质燃料来取代核聚变燃料。这将是一个具有相当难度的工程挑战—— 保持物质和反物质安全分开，直到让它们在发动机内结合。根据爱因斯坦的方程式 $E=mc^2$，这些燃料将会完全转化为能量。这比氘和氦 -3 核聚变的效率更高，后者会产生氦 -4 和氢，只能将燃料质量的 0.5% 转化为能量。利用物质和反物质燃料，同样大小的火箭可以搭载 10 名宇航员，并让他们在 40 光年以外的宜居行星上着陆。他们将以 1g 的加速度（9.8 米 / 秒 ^{2}，也就是地球表面的重力加速度）开始加速，使用物质和反物质燃料的时间为 4.93 年。这对宇航员来说是很舒适的，他们可以像在地球上一样在船舱里行走。飞船的速度将会达到光速的 98%。在其后的 32.65 年内，飞船将以光速的 98% 航行，最后将火箭的头尾颠倒过来，以 1g 的加速度减速 4.93 年。宇航员们在火箭发射 42.5 年后会放慢脚步停下来，到达某颗行星。根据爱因斯坦的相对论（在第 17 章和第 18 章里，戈特教授将会讲到更多内容），通过如此接近光速的旅行，宇航员在旅行中只会变老 11.1 年，而地球已经到了 42.5 年后的未来。（在核动力火箭发射之后）即使多花了两个世纪的时间来开发这种物质和反物质技术，由物质和反物质燃料驱动的飞船仍能完胜核动力火箭。

要让这一切计算有实际意义，你必须首先找到一颗可居住的行星。40 光年是 12 秒差距。40 光年外的行星离它的恒星 1AU，在天上看来它与恒星的距离是 1/12 角秒。哈勃太空望远镜的口径为 2.4 米，分辨率已经达到了 0.1 角秒。一台 12 米口径的太空望远镜将拥有 1/50 角秒的分辨率。为了尽量减少散射星光的溢出效应，可用一个特制的遮掩盘挡住明亮的恒星图像。原则上，这种太空望远镜可以发现距离恒星仅 1/12 角秒的行星。现在正在建设并计划在几年后发射的詹姆斯·韦伯太空望远镜拥有口径为 6.5 米的拼接镜面。下一代太空望远镜也许能够找到并拍摄距离在 40 光年之外、位于宜居带内的类地行星的照片。它可能是绿色的——可能有植被，也可能是蓝色的——可能有海洋。我们可以拍摄它的光谱，确定它的大气层中是否有氧气——一种生物标志物，也是光合作用和其他化学反应的一种副产品，从而可以揭示生命的存在。

如果用 f_{HP}（0.006）乘以银河系内的恒星数目（3000 亿），你就会得到一个漂亮的数字，宜居带内行星的数量为 18 亿。这太大了！但不是它们全部都算数。对于宜居带内的那些行星，我们正在寻找那些可能有任何生命的行星的比例 f_l。但是，不仅是生命，而且是智慧生命。那些拥有智慧生命的行星的比例是多少？我很快就会回到这个等式的各项。

我们现在做什么？到目前为止，我们拥有了在长寿命恒星周围的宜居带上运行并拥有智慧生命的行星的比例 f_l，还有了那些会发展出星际通信技术的智慧生命的比例 f_c。

德雷克方程中的最后一个因数是这些文明中我们在观察它们的同时可以预知通信的比例。这是在银河系如今的年龄，它们正在"线上"的比例。如果随机地观察整个银河系，我们将随机看到一些刚刚诞生的行星、一些正处于中年时期的行星和一些处于老年时期的行星。在银河系生命周期的某一随机时刻，行星处于通信阶段的概率等于发射无线电信号的文明的平均寿命除以银河系的年龄。这也是一个比例。将所有这些比例相乘，再乘以我们原来的恒星数，就得了 N_c，即在银河系中我们可以接到通信讯息的文明数量——就是现在。

这就是德雷克方程的来源和概要，其中一些比例我们很清楚了。例如，通过对赫罗图主序的理解，我们知道什么是长寿命恒星。我们环顾四周，现在已经发现了许多行星。到目前为止，一切都好。这些行星有多大比例是像地球那样大且位于宜居带内的呢？我们现在只是用来自开普勒卫星的统计数据估计了一下，事情进展得很顺利。

我们还发现了关于宜居带的争论中的漏洞。木卫二欧罗巴上有 80 千米深的液态水海洋，上面覆盖着 10 千米厚的冰盖。正如已经提到的那样，木卫二上广阔的海洋中包含的水比地球上所有海洋中的水都多。然而，木卫二远在太阳的宜居带之外。它是怎么变暖的？它与木星的其他三大卫星一起围绕木星运行。根据牛顿定律，其他卫星会扰乱它的轨道，驱使它有时靠近木星，有时远离木星。当木卫二离木星更近的时候，木星的潮汐引力会将这颗可怜的卫星挤压成更扁长的形状。当木卫二离木星较远时，它会松弛成更接近球形的形状。这种稳定发生的揉捏作用加热了木卫二，融化它上面的冰，从而得以维持液态海洋的存在。需要有人花经费发射探测器到木卫二上，钻透冰层进入其下面的海洋，并尝试伸出手来一次冰上垂钓。（这可以用钚加热的小型探测器来完成，它可以通过融冰的方式进入海洋。）看看他们能抓到什么。如果在那里找到了生命形式，我们就得叫他们"欧洲人"！[1] 土卫二恩克拉多斯在其冰层之下也有一个海洋。因此，如果只通过计算被其主恒星合理加热的行星来估计比例 f_{HP} 的话，我们就必须以某种合理的方式提高估计值，把像木卫二这类位于宜居带之外、但由于潮汐加热而能维持液态水存在的卫星考虑进来。我们必须拓宽对于宜居带的理解。

那些宜居星球上存在生命的比例是多少？也就是说 f_L 是多少？我们对此唯一的估计（我们唯一的数据）来自地球。生物学家总是吹嘘地球上生命的多样性。但我怀疑，如果我们能找到一个外星人，那么这个外星人与地球生命的区别将会比地球上的任何两个物种之间的区别大得多。

我们地球上的生命有多么不同？把地球上的生命排个队——就当地球是一个动物园。这里是个微小的细菌，那边是更小的病毒，还有一只水母（人家告诉我现在应称之为"海水母"）、一只龙虾和一头北极熊。这里还有一个例子。假设你从来没有去过地球，有人访问过地球之后来找你。他欣喜若狂地说："我刚刚看到了一种外星球上的生命形式。它通过探测红外线来感知猎物，它没有胳膊和腿，但它是一个致命的捕食者，能够偷偷地接近它的猎物。你知道还有什么吗？它可以吃比它的头大5倍的生物。"你立刻说："别撒谎了。"但我刚才描述的是什么？蛇。蛇没有胳膊，没有腿，生活得也很自在。蛇张大嘴巴，能吃下比它的头更大的东西。

还有什么？橡树和人。我的重点是，所有这些多样性生物共享同一颗行星。我们都有共同的 DNA，不管你喜欢与否。地球上任何生命都

---

[1] 欧罗巴是欧洲大陆的名字，也是木卫二的名字。——译注

与其他生命形式共享一定比例的 DNA。在化学和生物学上，我们相互之间都有关联。

地球现在大约 46 亿岁了。早期的太阳系形成时遗留下来的残骸对行星表面造成了巨大的破坏，大块岩石和冰球磅礴而下，累积了大量的能量。动能被转化为热能，熔化了岩石行星的表面，从而使其表面一片荒芜。那个过程持续了约 6 亿年。当你想为地球生命计时的时候，从 46 亿年前开始是不公平的，因为那时地球表面对生命极其不友好。如果你想知道生命形成的速度是何等之快，就不要从那里开始；相反，应从大约 40 亿年前开始，这时地球表面已变得足够凉爽，得以维持液态水的存在，使复杂的分子能够形成。那就是你应该按下秒表开始计时的时候。

在过去运动会上使用的计时秒表上有一个按钮，你按一下按钮，秒表就会开始计时，那些被称为指针的东西会一直旋转，直到你再次按下按钮，秒表才会停止。这就是一个秒表，明白了吧？如果你在星期日晚上观看 CBS 的新闻节目《60 分钟》，就会发现在节目的开始和结束时，他们仍然使用这种机械博物馆里才有的时钟。这是唯一一个使用音乐以外的东西作为开场主题的电视节目，只有秒表的嘀嗒声。

在 40 亿年前按下你的秒表。2 亿年后，你会看到地球生命的第一个证据。38 亿年前，我们有蓝藻存在的证据。位于长寿命恒星周围的宜居带内的行星上可能演化出生命的比例看起来相当高，因为我们的星球在所有可用时间中只用了很短一段时间就产生了生命。我们仍然不知道这个过程是如何发生的——它仍然是一个生物学研究中的前沿问题，但我向你保证，最优秀的人都在努力解决它。我们知道，这个过程只用了 40 亿年里大约 2 亿的时间就完成了。如果自然界形成生命的过程既长久又艰难，那么生命就会花上 10 亿年或者几十亿年才能在地球上形成。但是没有，它只花了上亿年的时间，这让我们相信德雷克方程中的这个比例可能是相当高的，也许接近1。

当然，我们只能局限在自己所知道的生命形式上。在一些圈子里，这个说明用缩略语 LAWKI（即 life as we know it）表示。否则，我们就不知道怎么还有信心去思考这个问题。我们可以写那些我们还不知道的生命形式，但那可能需要许多本书来涵盖。也许它们有七条腿、三只眼睛和两个嘴巴，而且是用钚做的。也许外星生命的样子根本就不像我们已知的那样，但是我们无法想象如何提出正确的问题。这是一个实际的麻烦，而不是一个哲学问题。我们有一个我们已知的生命的例子，这是我们——这仅仅是一个例子，但它构成了存在的一个证据。你试图证明有那样的东西存在，你在你的自拍屏幕上就能找到一个例子，他正在盯着你。证据已经存在了。所以，让我们从这里开始，并从这时开始我们的工作。我们也知道，我们是由在宇宙中相当普遍的原子构成的。

在电视剧《星际迷航》的某一集里，"企业号"的船员们遇到了一种基于硅元素而非碳元素的生命形式。我们是碳基生命，但硅元素在宇宙中也相当普遍。在这一集里，硅基生物基本上是一堆矮矮的活着的岩石，它们在移动时摇摇摆摆。在讲故事方面，这是一个创造性的飞跃。《星际迷航》的制片方试图拓宽宇航员在银河系中会发现什么生命的模式。实际上，在元素周期表上，硅就在碳的正下方。你可能还记得，老师在化学课上讲过，位于同一列中的元素都有类似的外部电子轨道结构。如果它们有类似的轨道结构，它们与其他元素之间就可能存在大致相似的化学键。如果你已经知道碳基生命存在，为什么不去想象硅基生命呢？原则上没有什么能阻止你。

但实际上，碳在宇宙中的丰度要比硅大10倍。此外，硅分子倾向于紧密地约束在一起，它们不情愿参与生命这个实验化学世界的游戏。二氧化碳是一种气体，而二氧化硅是一种固体（沙子）。我们甚至在星际空间中发现了复杂的长链碳分子，例如 H—C ≡ C—C ≡ C—C ≡ C ≡ N（有交替出现的单键和三键）。我们还发现了丙酮 [（CH_3）$_2$CO]、苯（C_6H_6）、醋酸（CH_3COOH），还有许多其他的碳元素飘浮在星际空间中。气体云自己就锻造出了这些分子。洛夫乔伊彗星甚至被发现喷出了酒精分子。硅不会形成如此复杂的分子，因此其化学行为要比碳无趣得多。所以，如果你想把生命建立在某种化学基础上，碳就是你要找的元素。这是毫无疑问的。无论银河系里居住着什么样的生命形式，即使它们看起来并不像生命，你也最好打赌它们在化学方面是相似的，这只是因为碳在整个宇宙里的丰度和它的成键性质。

地球是太阳系中形成生命的一个例子，所以我对估计的数字感到满意：$f_L \approx 0.5$。这个比例介于 0 和 1 之间，不是一个肯定的事情——一半对一半的机会。下一个呢？在宜居带内围绕长寿命恒星转动且演化出智慧生命的行星的比例是多少？这看起来可不太好。

在地球上，无论你设计什么方案来测量智力水平，人类都处于顶端。大脑袋似乎很重要，因为我们有个大脑袋。但是大象和鲸的大脑更大，所以也许不仅要求脑袋大，而且大脑质量相对于身体质量的比例也要大。也许这才是真正决定智力的因素。人类的大脑与身体的比例和动物王国中的任何动物相比都是最大的。所以，我们得以把自己放在第一位。但是，也许我们的傲慢会阻止我们以其他方式进行思考。我们先断言我们是聪明的，因而我们定义智慧为（例如）一个物种做代数题的能力。如果智慧是按照我们所拥有的特征进行定义的，那么我们就是地球上唯一的智慧物种。海豚没有在水下做代数题。不管它们的行为看上去多么复杂和体贴，它们都不做代数题。除了我们之外，世界历史上没有其他物种曾经做过代数题，所以我们是有智慧的。因为我们正在谈话，让我们用这种方式来定义智慧。假设我们在寻找能与之对话的生命，那时我们没法用英语，但是我们假定的某些语言是宇宙通用的：那将是科学的语言，数学的语言。

如果智力对物种生存来说是重要的，你不认为这一特征会在化石记录中会更经常地出现吗？没有。我们拥有较高的智力，但并没有使它成为对生存来说至关重要的因素。你知道，在下一次发生全球性灾难之后，蟑螂可能还会存在，还有老鼠，我们却会灭绝，尽管我们的大脑会做好多好多事。

如今，也许我们的智慧给了我们改变这种命运的机会。这样一来，我们可能不必重蹈恐龙的覆辙。《纽约客》杂志刊登了弗兰克·科瑟姆的一幅漫画，画中有两头笨重的恐龙在一起闲逛，其中一头恐龙对另一头说："我的意思是现在应该发展技术偏转小行星的轨道了。"我们知道，在那个时代，一颗小行星冲它们飞来，将会令它们消亡——永远消失。也许，我们可以利用我们的智慧来延长我们这个物种的自然预期寿命，在小行星摧毁我们之前前往外太空，攻击小行星，改变它们的轨道。但是，这不是唯一的威胁，还有突发疾病的威胁。看看美国的榆树发生了什么事。在新英格兰地区，一种榆小蠹携带的真菌杀死了大多数榆树。试想一下，如果像这样的某种东西要攻击我们，一种新型流感病毒可能就会把我们全都消灭了。

智慧不是生存的保证，然而视力似乎是相当重要的。在许多不同种类的动物身上，视觉器官的演化是共同的自然选择。人类的眼睛在结构上与苍蝇的眼睛没有任何共同之处，苍蝇的眼睛在结构上与海扇贝的眼睛也没有任何共同之处。虽然似乎眼睛的产生只有一个原始的基因，但这些不同类型的眼睛是从不同的路径演化出来的。视力对生存来说一定很重要。那么移动——以某种方式四处走动呢？枫树没有腿走路，但它们有长着小翅膀的种子，可以在风的协助下传播到很远的地方。运动似乎是重要的，因为我们可以看到各种移动方式，如蛇靠滑行，龙虾会走路，水母通过喷水推进，细菌使用鞭毛。大多数昆虫和绝大多数鸟类会飞行。人们不仅可以步行、跑步、游泳，而且可以乘坐汽车、火车、轮船、飞机和火箭，所以我们真的可以到处走动。虽然我们是地球上唯一一会做代数题的物种，但这并不能让我有很大的信心认为智慧是生命之树不可避免的结果。进化生物学家斯蒂芬·杰伊·古尔德也表达了类似的观点。这一切表明，f_i 可能很小。为了表示这一点，设定 $f_i < 0.1$，因为我认识到它可能更小。与我的一些同事相比，这是一个不一样的观点，他们中的有些人在 SETI 研究所工作。他们要求这个比例相当高——否则，他们在寻找什么呢？他们知道他们不会和细菌对话。

一旦演化出智慧，也许技术的出现就不可避免了。我甚至可以假设：$f_c \approx 1$。你可以做代数题，你有一个好奇的大脑，你想让生活更轻松，你想休假，等等。有了这样的动机，创造技术的智慧生命出现的比例就可能会很高。毕竟，我们所知道的唯一能够做代数题的物种确实发展出来了跨越星际距离进行通信的技术。但是如果技术包含了自我毁灭的种子（例如，通过发明更加聪明的方法来杀死彼此并摧毁我们的星球），那么我很抱歉，你的有技术、能通信的文化存续的时间可能只占星系年龄的很小比例。戈特有一个观点是基于哥白尼原则的（也就是说，你在发射无线电信号的文明的诸物种里的位置不太可能是特殊的），他将在这本书的最后一章中进行讨论，表明发射无线电信号的文明的平均寿命可能不到 1.2 万年。如果你用它除以银河系的年龄，那将是一个极小的数。

重点是你把最好的数字代入德雷克方程中，最后找出你对可通信文明的估计数值。为了分析这个等式里的各项，人们已经写了很多本书。这就是我们整理出来的我们关于寻找地外生命的想法。

德雷克方程在 1997 年上映的电影《超时空接触》里露了一下脸，这部电视是基于卡尔·萨根和他的妻子写的一部小说拍摄的。（我最近跟她以及从 1980 年开始播出的卡尔·萨根的系列电视科教片《宇宙》的共同作者史蒂芬·索特一起主办了新版《宇宙》。）《超时空接触》的拍摄当时足够聪明地回避了实际描绘外星人，他们会是什么样子呢？我们根本不知道。在 20 世纪 50 年代的二流电影里，总有一些演员穿着西装扮演外星人，所有来自其他星球的外星人都长着一个头、两条胳膊和两条腿，还可以直立行走。在 1982 年的电影《E.T.》中，外星人是一种聪明可爱的生物，但仍然有两只眼睛、两个鼻孔、牙齿、手臂、脖子、腿、膝盖、脚和手指。与水母相比，《E.T.》中的外星人和人类是一样的。好莱坞的想象力太差了。正如前面已经指出的，如果你要想象出一种新的生命形式，它与地球上任何生命之间的差别比地球上的任何两种生命形式之间的差别要大。1979 年的太空惊悚片《外星人》里面有一种不太一样的生物，这显然加入了一些创造性的想法，但它仍然有头和牙齿。

让我们回来说《超时空接触》。我第一次出席全球首映式时观看的电影就是这一部。我是被邀请去的，因为我跟卡尔·萨根是多年的好朋友。我遇到了两个尴尬的时刻，因为我不怎么去好莱坞。你走过红地毯，两边站的都是摄影师。一旦进入电影院，你就会发现到处都是电影海报和其他主题装饰。当然，展台上还有爆米花和汽水。所以，我伸手去拿一盒爆米花,问柜台后面的那个家伙:"多少钱?"他回答说:"50美元。"我被吓坏了。让我绝望了一会儿之后,他说:"当然是免费的。"经过5秒的理性分析,我对自己说,它当然是免费的,它必须是免费的。在全球首映式上,他们为什么要向你收爆米花的钱?我请他原谅,并承认我是从东海岸来的粗人。在放映结束后有一个招待会,每一个鸡尾酒桌上都有一架小望远镜或其他古朴的天文仪器。我想这挺有品位的,并好奇他们是从哪里找到这些餐桌装饰品的。一些业余天文学小组一定借给了他们这些望远镜。我不会弄错,因为我肯定只有非常活跃的天文学组织才拥有这么多的硬件。于是,我去找活动的组织者,问他:"你们从哪里弄到这些望远镜?"他看我的方式就是他下一句话的前半部分("你这个白痴"),但他肯定没有说出来。他说:"我们是从道具屋里拿来的。"这是当晚我的第二个愚蠢的东海岸问题。好了,道具屋里有一切,显然也包括望远镜。

在那部电影中,主演朱迪·福斯特有一个场景。在那一幕中,她和一起出演的马修·麦康纳坐在那里,他们头顶上方是星空,这时朱迪向麦康纳指认那些恒星和行星。然后镜头拉近了一点,她开始背诵德雷克方程的缩写版本。她从银河系的4000亿颗恒星开始。这很接近了。我跟你们说的是3000亿颗,但那是我们正在讨论的一种观点,不重要。她接下来说(顺便说一句,她扮演的角色是一位科学家,正在寻找宇宙中的智慧生命):"在那里有4000亿颗恒星,而且仅仅是在我们的银河系里;如果其中只有百万分之一的恒星拥有行星,又仅有百万分之一的行星拥有生命,其中又仅有百万分之一的生命拥有智慧,那么就会有数以百万计的文明存在。"

第一个百万分之一把4000亿减少到了40万。第二个百万分之一做了什么？它把 40 万减少到 0.4。第三个百万分之一呢？朱迪，对不起，按你的说法，银河系里仅有 0.0000004 个文明，而不是数以百万计。那次是全球首映式，猜猜谁正好坐在那里？在电影院里，坐在我前面一排的人是弗兰克·德雷克本尊。我对这个计算错误愤怒得快昏过去了，而弗兰克泰然自若。也许他已经陷入了那浪漫的一幕。

很明显，朱迪·福斯特后来被告知了这个错误，但已经太晚了，没法挽救。她很慌张，因为她对那句台词进行了非常刻苦的研究，并且琢磨怎样在准确地说出它的同时还能保持节奏感和浪漫情调。但是，谁来为这个错误负责呢？原来朱迪·福斯特正确地背诵了剧本。你回去责怪编剧吗？也许吧。怪剧本指导吗？可能吧。你还能责怪一年前就去世的卡尔·萨根吗？当然不是。但确实有人犯了个错误[1]。

总的来说，我认为这是一部精彩的电影。它很聪明地游走在宗教和科学的边缘（麦康纳饰演的角色是一位宗教哲学家），认识到很多人对这些事情有不同的看法。它还准确地捕捉到包括疯子在内的流行文化对外星人智慧的发现做出何等程度的反应。通常即使我们没有发现东西，疯子们也会庸人自扰。我有一箱子邮件，都是一些人寄给我的他们的最新宇宙理论。我有一张明信片，它的上面写着："当我晚上凝视月亮的时候，它会使我的啤酒尝起来比它本来的味道更好。我该怎么办？"

让我们把前面已经讨论的数字代入德雷克方程并完善计算，这样做

---

[1] 也许有一套说辞可以为编剧免责。在开始的时候，朱迪说，我们的银河系中有 4000 亿颗恒星，但最后她说那里有数以百万计的文明。这是否意味着"在银河系中"这个表述就像任何人都可能想到的那样，其实本意是"在宇宙中"？让我们试试看。在可见的宇宙里有 1300 亿个星系（朱迪在寻找外星人，所以你最多只能在可见宇宙里找）。在这种情况下，你必须将 0.0000004 乘以 1300 亿，在可见的宇宙中就得到 5.2 万个文明，也不是数以百万计。所以，即使这样也说不通。

只是为了好玩，并意识到它们的不确定性。

$$N_c = N_s \times f_{HP} \times f_L \times f_i \times f_c \times (L_c/L)$$

$$N_c = 3000\ \text{亿}\ \times\ 0.006\ \times\ 0.5\ \times\ (<0.1)\ \times\ 1\ \times\ (<12000\ \text{年}\ /100\ \text{亿年})$$

$$N_c < 108$$

根据对方程中每一项的最新估计，我们可能会在银河系中找到多达100个现在能用无线电信号进行通信的文明。我们最大的射电望远镜可以探测到它们。所以，我们是有机会的。我们才刚刚开始搜索。

此外，在距离我们 25 亿光年的范围内，还有大约 5000 万个类似于银河系的星系。将前面的数字乘以 5000 万，可能有多达 50 亿个能进行无线电通信的河外星系文明。在我们看到它们时，这些星系都已经有数十亿年的历史了，因而有足够的时间在其中发展出智慧生命。这些河外星系文明中最遥远的（25 亿光年之外）大约是我们在银河系中所能找到的最遥远（62500 光年之外）的 4 万倍。平方反比定律告诉我们，一个典型的河外星系文明的无线电信号的亮度将只有我们银河系文明的十六亿分之一。这就是为什么人们通常只考虑在我们的银河系内寻找外星文明。

寻找河外星系文明并不像它刚被提出来时那样毫无希望。智慧文明可以把它们的信号向整个天空发送，也可以把同样的能量聚焦成更强烈的信号对准天上的一片微小区域进行发送。一个文明可以把它的全部能量向着 1/10 的天空发射，这样它看起来要明亮 10 倍。一个文明也可以只向五千万分之一的天空发射信号，这样让它看起来要亮 5000 万倍。大多数观察者会错过它的信号，但是对于在它的光束范围之内的少数人来说，在很远的距离都可以看见它。事实上，弗兰克·德雷克本人在 1974 年就采用了这个策略，当时他动用了 305 米口径的阿雷西博射电望远镜，向球状星团 M13 发送一束窄波束的无线电信号。（实际上，他们没有把信号发送到当信号到达那个距离时 M13 将位于的地方。这个星团在围绕银河系运动，当光束到达时，它已经离开了光束所在的范围。因此，那个信号将完全错过球状星团 M13，但这个细节在这里并不重要。）

如果文明采用各种不同的发射模式，有的向各个方向发射，有的以窄波束发射，这自然就会导致视亮度出现非常宽的分布，称之为齐夫定律，即具有最高视亮度的信号的亮度是第 N 亮信号的 N 倍。这意味着，对于 5000 万个星系，最高视亮度的文明将表现为我们银河系中无线电发射者中最高视亮度的大约 5000 万倍。因为有高达 5000 万倍的可能性，我们可能会幸运地落入某个文明极其明亮的窄波束中。因此，最明亮的河外星系文明的视亮度可能是我们在银河系中看到的最明亮的文明的视亮度的 1/32。基于这个推理，我们也应该对河外星系文明进行搜索。

最后，介绍德雷克方程的一些附加说明。宜居带甚至比我们此前估计的还要窄。如果地球比它现在的位置更远，它将会更冷，在两极形成更多的冰。此时，地球表面的反射率会增大，吸收的太阳热量会减少，地球还会变得更冷。你可以触发一个失控的冰河时代。如果你让地球靠近太阳，冰就会融化，反射率会减小，地球也会变得更热，被困在泥炭中的甲烷将被释放，进一步增强温室效应。

太阳演化了几十亿年之后也会变得越来越热。为了抵消这种变化，地球将不得不减弱温室效应或不得不增大反射率，以保持所有文明赖以存在的温度范围。如果一颗恒星的亮度在几十亿年的时间里发生了变化，宜居带将向外移动，而一个行星需要在宜居带内停留足够长的时间才能演化出智慧生命。如前所述，我们认为一颗行星必须在几十亿年里一直适合生存，生命才能有足够长的时间来演化出智慧。

有趣的是，生命本身也会影响平衡。如果一颗恒星是 M 型主序星，并且在 100 亿年里变化不大，那么行星在开始的时候就可能适合简单生命生存。但是，当那种生命把行星富含二氧化碳的大气层变成富含氧气的大气层时，温室效应将减弱，也许会进入一个永久的冰河时代。这是 M 型主序星可能不是形成智慧生命的理想之地的又一个理由。

生命可以其他方式影响宜居带。大气中的二氧化碳能够以海洋动物贝壳中的碳酸钙的形式被捕获，然后在生物死亡时沉积在沉积岩（石灰石）里，从而减弱温室效应。火山活动可以将二氧化碳喷入大气层，增强温室效应。当然，像人类这样的生命形式可以挖掘出诸如石油和煤炭这样的来自远古有机物的化石燃料，燃烧它们，向大气层中注入更多的二氧化碳。因此，对某一特定行星的宜居带的估计与它的地质学、气象学和生物学状态密切相关。

第 2 部分

星　系

第 11 章　星际介质

迈克尔·A. 施特劳斯

现在让我们离开单个恒星和行星的研究，将目光转向更广阔的领域，看一看恒星在银河系中的位置以及恒星之间的相互作用，了解一下我们所称的星际介质。到目前为止，我们讨论恒星之间的空间时实际上假设它是空的，但是在本章中我想说服你，恒星之间的巨大空间实际上含有大量物质，它们只是散布得很稀薄。顾名思义，"星际"的意思是"恒星之间"，而"介质"的意思是"东西"。因此，"星际介质"就是"恒星与恒星之间的那些东西"。

让我们看一下产生出许多美丽的天文学图片的星际介质。

图 11.1 是一幅根据银河系的各种图像拼接而成的合成图。它描绘了天空的全貌，并以一种巧妙的方式投影到平面上。有时我们看见夜空中有一条横亘天穹的光带，称之为银河。实际上，它是封闭的，围着天球绕了一整圈，划出一道我们所谓的"银河赤道"。我们的银河系是一个包含很多星星的圆盘，我们身处这个圆盘之中，因此向外看时，我们会看到一条横贯天空的白色光带。银河最亮的部分（指向银河系中心，就是这张照片的中心）在北半球中纬度地区看不清。如果你打算去南半球，那么在一个远离城市灯光的晴朗无月的夜晚，尤其是从 3 月到 7 月，抬头就能看见极为壮观的南半球银河系景色，比我们在北半球看到的要明亮得多。

186

由于我们处在距离银河系中心比较远的位置，所以这张图是我们从银河系边缘从外向内看的效果。你立即会注意到的一件事是银河系并不平坦，它的内部似乎有黑色道道或点点。如果使用望远镜，你就会看到银河系的漫射光实际上是由无数颗恒星发出的光的组合，这正是伽利略所看到的，但是在某些区域（那些黑色道道）看不到明显的恒星。100年前，天文学家们争论这些黑道道应该怎么解释。他们考虑的一种可能性是恒星的分布实质上是不平滑的，那些区域之所以黑暗仅仅是因为那里的恒星很少。另一种想法（这才是正确的想法）是恒星的分布其实很均匀，只是一些"东西"挡住了我们的视线。的确，那些东西正是星际介质。

星际介质是不透明的。这种东西很稀薄，但占据的空间很大。在地球大气中，即使非常稀薄的雾霾或少量的烟雾也可能遮挡住远处的物体。星际介质中有微小的尘埃颗粒，正如烟雾一样。的确，天文学家正是用"尘埃"这个词语来指代这些粒子的，但也许"烟尘"是更合适的词语。这种物质非常非常稀薄，但由于跨越巨大的空间距离，它们可以吸收背后的星光。从某些方向看，尘埃的累积效应非常明显，可以完全遮挡住背景星光。比如，由于尘埃，银河系的核心部分被可见光完全遮蔽。

后来，人们发现，比起波长比较长的光线，尘埃更能遮挡波长比较短的光。对于波长更长的红外线，尘埃引起的吸收效果远小于可见光，因此人们在红外波段可以看到基本上没有遮蔽的银河系的大部分。图11.2是银河系核心的一张特写照片，是用两微米全天巡天（Two Micron All-Sky Survey，2MASS）望远镜拍摄的。顾名思义，2MASS望远镜使用波长约为2微米的红外线，其波长比可见光的波长（0.4~0.7微米）长得多。在该图中，你可以看到光是从一颗颗恒星发出的，尘埃效应仍很明显，但远不及可见光那么严重。这种巡天倾向于抑制蓝光，因此物

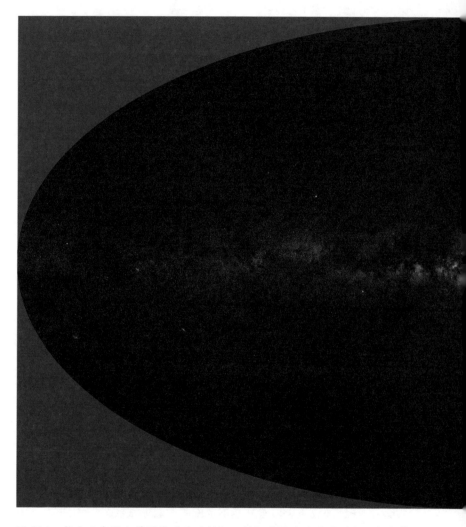

图 11.1 整个天空的全景图展现出了银河。银河系远处的星星形成一条光带，沿着银河赤道穿过整个天空，在此图中映射成为一条穿过中心的水平线。银河系的核心就是这张图的中心。注意沿银河分布的黑色道道和斑点，其背后的恒星被星际尘埃所遮掩。

图片来源: 改编自 J. 理查德·戈特和罗伯特·J. 范德贝（《微缩宇宙》，《国家地理》杂志，2011 年）基于主序星软件的数据。

体看起来比正常颜色红。当我们穿过尘埃看恒星时，恒星相对于正常颜色显得"更红"一些。透过尘埃仔细看，图 11.2 中左上角有一个最亮的红色小团块，那正是银河系的核心，那里是一群致密的恒星，其中隐藏着一个 400 万倍太阳质量的黑洞。

图 11.2　银河系的核心。 银河系中的尘埃遮蔽了波长较短的光，从而使尘埃后面的恒星发红。这张图中大约有 1000 万颗恒星，跨越大约 4000 光年的距离。左上方密度最大的红色斑点正是银河系的核心区域。

图片来源: Atlas 图片来自 2MASS 项目，由 NASA 和 NSF 资助。

图 11.3 显示一个名为"煤袋星云"的黑暗区域，这是一片巨大的尘埃云，完全遮掩了它后面的恒星，在天空中留下一个黑斑，肉眼明显可

见。4 万年前，澳洲原住民已经认识煤袋星云。

图 11.3　煤袋星云，银河中的一片黑暗区域，这里的恒星被稠密的尘埃云完全遮挡住。

图片来源：维克·温特和珍·温特。

　　因此，星际介质远不是均匀分布的，而是包含许多特别稠密的团块或云团。除尘埃外，星际介质还包含由氢、氧和其他元素构成的气体。我们称天空中各种模糊的、像云一样的天体（不像点状的恒星）为星云（nebulae，来源于拉丁语"*nebula*"，意为"烟"或者"雾"）。这些气体云的作用并不只是让我们看不见恒星。图 11.4 显示了肉眼可见的猎户星云，它位于猎户的腰带和剑尖的下部。即使用双筒望远镜观察，它也显得非常模糊，不像恒星那样清晰。来自炽热恒星的紫外线可以激发星际介质中的气体。星云里的年轻恒星炽热明亮，光子可以将气体中的原子激发到高能态。我们在第 4 章中看到，如果电子下降到较低的能级，原子就会发射一定波长的光，从而产生我们看到的色彩绚丽的云雾状荧光。这种彩色荧光与霓虹灯（氖灯）内部发生的过程相同，而且氖的确是星际介质中存在的一种元素。

图 11.4　猎户星云。这片形成恒星的区域色彩艳丽，气体在内嵌的年轻明亮的恒星的照射下熠熠生辉，一缕缕发光的丝状尘埃清晰可见。

图片来源: T. 梅吉思（多伦多大学）和 M. 罗伯特（STScI）。

　　猎户星云是一种发射星云，也就是说它的光谱主要由原子里各种电子跃迁对应的发射线组成。我们可以通过其发射线的波长识别星云里有哪些特定元素。图像中的红色源于氢原子内的电子从较高的能级（$n=3$）跃迁到较低的能级（$n=2$）时发射的光子（$H\alpha$，一种巴耳末线，第 6 章描述过）。绿色源于氧，其余的光源于其他元素。深色区域是由与气体混合的少量尘埃导致的。

　　图 11.5 中的天体称为三叶星云，尘埃带把这个星云分成三部分，故得此名。如果没有这些尘埃带的遮挡，星云看起来应该是均匀的。和前

面的那个例子一样，内嵌的炽热的恒星使气体发光，红光源于 Hα 发射。右边的蓝色发射源于尘埃反射恒星发出的蓝光，尘埃的作用类似于镜子。我们称这部分为反射星云。请记住蓝光穿过尘埃时被吸收了，这就是为什么恒星穿过尘埃云后看起来偏红。而蓝光必须到达某个地方，它要么被吸收了，要么被反射到另一个方向。因此，反射星云往往呈蓝色。

图 11.5　三叶星云。红光是 Hα 辐射中气体发射荧光所致，而蓝光则主要由大量尘埃颗粒反射恒星发出的蓝光所致。

图片来源: 亚当·布洛克、莱蒙山天空中心、亚利桑那大学。

　　昴星团是一个年轻的星团，用肉眼很容易看见。在用大口径望远镜拍摄的照片（见图7.2）中，可以看见它内部的恒星照亮了尘埃，形成了一个蓝色的反射星云。每一颗蓝色恒星都被一片蓝色的模糊区域所环绕。

　　第8章曾提到，星际介质是制造恒星的原始材料。银河系大部分区域中的星际介质非常稀薄，但在某些区域（例如发射星云和暗星云）中，星际介质相对稠密。这些区域就是形成恒星的地方。引力将尘埃和气体云聚在一起形成一个小云核。小云核坍缩，温度升高，引力势能转换为动能，最终非常高的温度和极大的密度引发热核反应，一颗新的恒星就诞生了。三叶星云的核心区域充满了巨大而炽热的蓝色恒星。这些恒星迅速进行演变，寿命短暂。所以，这些恒星一定是最近才诞生的。

这件事发生的尺度是巨大的。在猎户星云中，我们观测到大约700颗恒星正在形成，其中许多恒星的周围存在由气体尘埃组成的星云盘，最终有可能形成行星。正如猎户星云和三叶星云一样，恒星往往形成一个个大族群，而不是孤立存在的。随着时间推移，年轻恒星的辐射和恒星风蒸发和吹走了其周围的尘埃，逐渐使恒星的真实面目显露出来。年轻恒星通常还会散发恒星风，恒星风由恒星表面散发的热气组成，类似于太阳风，但比太阳风强烈。这些恒星风在所到之处"雕塑"着周围的气体和尘埃，使某些星云看上去像被风扫过的样子。

关于恒星形成的完整细节，我们知之甚少。这是天文学中最重要的未解问题之一。并非所有星际介质稠密的区域都会发生坍缩形成恒星。我们并不完全知道为什么银河系中的某些区域能够形成恒星而另一些区域则不能，但我们确实知道第一批恒星形成时产生的恒星风作用的区域，它们周围的气体和尘埃往往都被吹走了，没有气体和尘埃物质形成新的恒星。像太阳这样的恒星相对于邻近的恒星存在大约20千米/秒的随机运动。太阳已经有46亿岁了，它早已流浪出走，离开了它诞生时的恒星育婴房（真的，天文学家用的正是"育婴房"这个词）。因此，我们不可能确定哪些恒星是与太阳一起出生的同胞兄弟。过了数亿年，一个个恒星团消散分布在银河系的各个角落。银河系圆盘中大多数年龄较老的恒星要么孑然一身（如太阳），要么成双成对，要么三五成群。

我们描述了恒星诞生及其生命周期的大致过程。恒星是由星际介质形成的。质量最小的恒星仍在非常"节俭"地燃烧着自己最初储存的氢，而质量如太阳或更大一些的恒星将变成红巨星，最终将把自己的一些物质以行星状星云的形式变成星际介质。有些恒星的核心质量超过太阳质量的两倍（主序列中总质量超过太阳质量8倍的那些恒星），它们将以超新星爆发的方式急剧爆炸，将自己创造的较重的元素送入星际介质，然后这些较重的元素可能被融入下一代恒星中。通过这个过程，星际介质中的元素越来越丰富，增添了许多比氢和氦更重的元素。我们周围的世界大部分由这些比较重的元素构成。例如，地球主要由铁、氧、硅和镁元素组成，而我们的身体主要由氢、碳、氧、氮以及少量其他重元素组成。铁和比铁轻的重元素是通过即将终结生命的恒星内部的核聚变产生的。铁和铀之间的重元素是通过重核捕获中子的过程产生的。这个过程要么发生在红超巨星的核心，要么发生在即将爆炸形成超新星的恒星壳层中，要么发生在一对相距很近的中子星碰撞时。这些过程的细节目前仍不是很清楚，是当前的一个研究课题。

银河系就像一个生态系统，有的恒星正在活着，有的将死去。每一代恒星都为星际介质贡献物质，这些物质被融入下一代恒星的生命中。重元素是构成行星的原始材料，这些行星是生命可能存在的地方。想一想人体内以及我们周围的大部分物质，它们都是通过恒星的热核反应过程产生的。这不禁让人心生敬畏。

前面提到过制造比铁重的元素的一种方法，即一对中子星在紧密互绕的轨道上发生碰撞。我们的确知道存在这样紧密的双中子星。罗素·赫尔斯和约瑟夫·泰勒发现了两颗中子星，每颗的质量相当于1.4倍太阳质量，每7.75小时绕彼此旋转一圈。它们的轨道直径约为3光秒，略小于太阳直径。这两颗中子星由于引力波的辐射而正在慢慢互相旋近，这是爱因斯坦广义相对论预言的效应。的确，他们的测量结果与广义相对论的预言高度吻合。泰勒和赫尔斯因为这个发现而获得 1993 年度诺贝尔物理学奖。这两颗双中子星将继续绕彼此旋近，直至最终发生碰撞与并合。这个过程从现在起需要 3 亿年时间。加州大学圣克鲁斯分校的恩里科·拉米雷斯–鲁伊斯估计，一次这样的中子星碰撞可能会产生木星那么大质量的金子。想一想我手上的婚戒，其上的一个金原子可能产生于几十亿年前两颗中子星发生的碰撞！

第 12 章　我们的银河系

迈克尔·A. 施特劳斯

大多数用肉眼可以看见的恒星都在数十光年、数百光年或数千光年以外。直到望远镜出现以后，我们才有可能通过望远镜观察更远的天体，才有可能了解已知宇宙的全部面目。整个天文学的历史就是一个越来越深入地认识到宇宙的规模是多么宏大的渐近过程。

回到哥白尼时代，那时我们了解的宇宙只有太阳系以及太阳系外的一些星星，但我们不怎么了解那些星星是什么。第一个将望远镜指向天空的人是伽利略·伽利雷，他发现银河的光是由一颗颗恒星发出的，其数量多达数十亿。天文学家很快就明白了我们关于宇宙的观念需要更新，宇宙远比以前人们想象的大。

1785 年，威廉·赫歇尔（发现天王星的也是他）将他的望远镜对准不同的方向，对可分辨的恒星逐一数数，绘制出了一幅银河系星图。他认为在任一方向看到的恒星的数量反映了银河系在那个方向的深度。根据观察，他得出结论，认为银河系的形状像一个扁平的凸透镜，我们的地球靠近凸透镜的中心。1922 年，荷兰天文学家雅各布斯·卡普坦绘制了一幅更全面的银河系星图。令人称奇的是，荷兰这个以多云天气

197

闻名的国家竟然产生了如此众多的杰出天文学家！像赫歇尔一样，卡普坦也对天空中不同方向的恒星进行了精确计数，只是使用了更加灵敏的天文照相技术。

当然，这件事比较棘手。请记住，恒星的亮度 B 与它到地球的距离 d 成平方反比关系，与光度 L 成正比关系，即 $B = L/(4\pi d^2)$。当看到一颗恒星很亮时，我们并不能先验地知道它是一颗遥远的很明亮的恒星还是一颗较近的不那么明亮的恒星。卡普坦做了大量工作，然后赫茨普龙和罗素证明了人们可以根据主序星的颜色来推测其光度（参见第 7 章）。卡普坦尽了最大努力，经过多年仔细测量，为已知宇宙建立了一个类似于赫歇尔模型的模型。它的形状像直径为 40000 光年的透镜，而太阳距离宇宙中心只有 2000 光年。

在哥白尼之前，人们认为地球是宇宙的中心。在哥白尼之后，太阳成为已知宇宙的新中心。在随后的几百年里，天文学家开始认识到太阳只是一颗恒星，就如夜间看到的其他恒星一样，但卡普坦仍然把太阳或多或少地置于恒星分布的中心。但是，正当卡普坦做这项工作之时，科学家已经开始认识到星际介质对恒星表观亮度的影响（参见第 11 章）。如果不适当考虑尘埃的遮掩效应，人们对恒星分布的认识就可能失真。在天空中的某些区域，尘埃会使恒星昏暗，从而使可以看到的恒星较少。如果尘埃浓重，以致恒星完全看不见，那么你就可能误认为恒星的分布有一个洞。天文学家开始意识到尘埃在银河系中的分布是如此广泛，他们意识到卡普坦对宇宙的描绘是不准确的。

哈佛大学教授哈洛·沙普利利用的是另一种方法。银河系周围星星点点地散布着约 150 个球状星团，每个星团中簇集着上百万颗恒星。球状星团是美丽的天体，如图 7.3 所示的 M13。1918 年，沙普利估计出了球状星团的距离，从而能够绘制它们的三维分布图。考虑到这些星团是银河系的组成部分，你可能猜测它们应该大致以卡普坦试图绘制的恒星分布图为中心分布，也就是说应该大致围绕太阳对称分布。可事实相反，沙普利的发现彻底改变了我们对宇宙的认识，他发现球状星团的分布中心距离太阳约 25000 光年（现代值）。太阳肯定离这个中心远得多。 沙普利的球状星团表明太阳远远不在已知宇宙（沙普利称之为银河系）的中心，而是在它的外围，银河系的整个范围比卡普坦意识到的大好几倍。卡普坦被那些尘埃严重误导了。事实上，星际尘埃主要集中在银河系中心的扁平盘内，也就是银盘内，而球状星团则大多位于银盘上方或下方。由于球状星团不在银盘内，因此尘埃对沙普利分析的影响比卡普坦分析的影响小得多。沙普利实际上就是新时代的哥白尼，他指出太阳不在银河系的中心，也就是说太阳不在我们可观察到的宇宙的中心。

这就是沙普利在大约 100 年前知道的已知宇宙的范围：一个扁平结构（银河），也许横跨 100000 光年，宇宙的中心距离太阳 25000 光年。这尺度足够大，一光年是 10 万亿千米，所以 100000 光年似乎大得难以想象。但正如第 13 章所讨论的那样，20 世纪 20 年代的重大发现清楚地表明，可见宇宙甚至比我们的银河系还要大好几个数量级。

让我们试着想象一下银河系到底有多大。最近的恒星距离我们大约 4 光年，即 4×10^{13} 千米，将这个数除以太阳的直径 140 万千米，得到的数字就是在我们和最近的恒星之间可以一字排开摆放多少个太阳。答案是约 3000 万个。可见，这个距离的确十分巨大。太阳的直径大约是地球直径的 100 倍。换句话说，到最近恒星的距离是地球直径的 30 亿倍。

与恒星之间的巨大距离相比，恒星只是一些小点点。在电影《星际迷航》中，"企业号"飞船的机组成员每次转身时总能碰巧经过一个

"M 级星球"。剧本的作者似乎忘记了恒星之间的巨大间距。也许这就是为什么他们必须严重依赖曲率引擎！（更离奇的是，电影里的外星人总说得一口完美的美式英语，即使在"三角洲象限"那么遥远的星系！）

事实上，人们发现 4 光年是银河系中恒星之间的典型距离。现在我们知道，我们的银河系是一个非常扁平的结构——一个圆盘，直径大约为 100000 光年，而厚度只有 1000 光年左右。1000 光年按照人类标准来说是很大的距离，但相对于银河系的整个范围来讲，实际上相当小。银河系中的大部分尘埃和星际介质在银盘内。银河系的整个范围大约是恒星之间典型距离的 25000 倍，也就是地球直径的 75 万亿倍。

人马座位于银河系中心方向。星际介质集中在银盘内部，银河系中心被尘埃笼罩着，很难让人看清。在银河系照片中，我们发现银盘中的一些区域很少有恒星，这表明那块区域内的尘埃特别稠密，挡住了背后的恒星。太阳位于银盘内部，但如果我们朝背离银盘的方向看，则几乎没有尘埃遮掩，我们对银河系以外的宇宙看得比较清楚。

地球和太阳靠近银河系的扁平盘。由于银河系中的恒星大多集中在扁平盘内，所以我们看到恒星的分布高度集中在一条带子上，这条带子绕天球一整圈。在某一给定时刻，我们只能看到银河的一部分，即地平线上方的那部分，其余部分在我们的脚下，被地球挡住了。从北半球看银河，远离银河系中心的那部分看得最清楚。因为地球和太阳位于远离银河系中心的位置，所以，银河系中那个方向上的恒星相对较少，因此我们看见的恒星比较稀疏。如果从南半球看银河，我们就可以直视银河系的核心区域，景色非常壮观。如果你在 5 月来到智利，找一个晴朗无月的夜晚，远离城市灯光，那夜色简直令人叹为观止！我生命中最美好的回忆是在智利塞罗・托洛洛天文台（见图 12.1）的几个夜晚，陪伴在我身边的人后来成为了我的妻子。我们抬头仰望天空，银河在我们的头顶大幅度铺展开。

图 12.1　银河高悬在塞罗・托洛洛天文台上方。 这是在智利安第斯山脉上的塞罗・托洛洛天文台看到的夜空。图片中央有一个大型穹顶建筑，内装有直径为 4 米的维克多・布兰科望远镜。银核出现在图片右边。在图片左边，可以明显看出大、小麦哲伦云，它距银河约 15 万光年。

图片来源: 罗杰・史密斯、AURA、NOAO、NSF。

如果在红外线下观察银河系，那景色更加美妙。 前面已经介绍过尘埃对红光的遮掩比蓝光弱，而对红外线的遮掩则更弱（参见第 11 章）。图 12.2 为用 2MASS 望远镜拍摄的整个天空的红外图。银河系薄薄的圆盘在画面中非常突出，中心隆起的银核显而易见。

这种红外天图类似于用可见光拍摄的图 11.1。这个投影中间有一条水平"赤道"，那就是银河平面（大多数恒星所在的平面）。银盘在天空中是一个封闭的圆圈，在图中显示为一条水平直线。尽管图 12.2 基于红外数据，但仍可以看出银河系尘埃的遮掩效果，沿银盘看到的斑点是由尘埃引起的。最后请注意银河系核心部分的隆起，它略显肿胀的外观暗示着它形似土豆，而不是人们最初认为的球形。在银河平面的右下方可以看到大、小麦哲伦云——银河系的卫星星云（或称伴星系）。

图 12.2　红外线下的银河系。图中显示的是整个天空中恒星的分布，由 2MASS 项目测得。在这种波长下，尘埃引起的遮蔽效应最小。银河平面沿银河赤道水平延伸并穿过该图的中心。它的下方是大、小麦哲伦云。

图片来源: 2MASS 项目，由 NASA 和 NSF 资助。

　　哈洛·沙普利意识到，要想了解银河系的三维结构，就需要将视线移出银河平面（尘埃遮蔽效应实在令人无法忍受）。银河系中的球状星团并不集中在这个银河平面上，因此整个天空都可见。沙普利想绘制球状星团分布的三维图，因此他需要测量它们之间的距离。原则上，测量距离的方法很直截了当,利用亮度与光度和距离的关系 $B = L/(4\pi d^2)$ 就可以做到。

因此,如果我们测出球状星团里任一恒星的亮度(这很简单),并且知道恒星的固有光度(这是难点),就可以确定距离 d 了。由于尘埃遮蔽效应而需要的校准量相对较小,因为我们研究的是远离银河平面的球状星团。

给定恒星,我们如何确定它的固有光度?主序星显示恒星的颜色与其光度之间存在一定的关系(见图7.1)。假设我们的观测技术足够灵敏,可以识别出球状星团中的主序星,那么我们就可以根据主序星的颜色推断出它的光度,将得到的光度与亮度测量值相结合,就可以计算出球状星团的距离。

可惜,事情没这么简单。一个球状星团中最容易测定的恒星当然是最亮的那几颗。那个星团中的所有恒星与我们的距离大致相等,因此我们看到的最亮的恒星也是这个星团中光度最大的恒星。但这些恒星不是主序星,而是红巨星,红巨星在给定颜色下的光度变化差异很大(因为在给定颜色下它们的大小差异很大)。有了现代望远镜,我们可以观测到球状星团中暗得多的主序星,但是沙普利使用的望远镜和仪器达不到这种水平。他采用的是另一种方法,利用一种称为天琴座RR型变星的恒星。这种恒星的亮度是太阳的 50 倍,并且它的亮度会发生周期性变化。

变星是指那些光度(因此也是观察到的亮度)不恒定的恒星。天琴座 RR 型变星的亮度在不到一天的时间尺度内变化了 2 倍。它们在脉动,半径有规律地时而变大时而缩小。它们是在球状星团中发现的典型变星。

我们知道恒星处于两种作用的平衡状态,引力把恒星聚集为一体，而恒星内部的压力把物质向外推。然而变成红巨星之后，一些恒星更蓝，迅速在赫罗图上移动。在这个过程中，恒星将经历这样一个阶段：氦在恒星的核心燃烧，氢在恒星的外壳中燃烧，恒星的平衡状态受到内部产生的能量试图向外逃逸的影响。这会引起内部压力发生振荡，恒星的大小相应地发生变化，光度（以及亮度）也相应地发生变化。

尽管天文学家喜欢给他们研究的天体起简单的名字，比如红巨星、白矮星等，但变星是个例外。当天文学家在 19 世纪初开始对变星进行编目时，他们以变星所在星座的拉丁名进行命名。第一颗变星是在天琴座中发现的，所以称为天琴座 R 变星。字母 A~Q 被用来命名其他类型的恒星。在天琴座中发现的第二颗变星自然得名天琴座 S 变星，然后是天琴座 T 变星，依此类推。这时，天文学家们意识到字母快用完了，因此在天琴座 Z 变星之后，下一颗变星叫天琴座 RR 星（变星的命名方式就像变星本身一样是可变的），然后是天琴座 RS 变星，依此类推，一直到天琴座 ZZ 变星。这么多名字还不够用，他们就转回用天琴座 AA 变星、天琴座 AB 变星等，到天琴座 QZ 变星停下来（出于某种原因而跳过了字母 J）。这样你就有了 334 种组合，但变星的数量比这还多！在天琴座中发现的下一颗变星称为天琴座 V335 变星。截至撰写本书时，天文学家已经找到了天琴座 V826 变星。已知变星有多种类型，为它们定名确实可能变得复杂起来。猎犬座 AM 型变星、猎户座 FU 型变星、蝎虎座 BL 型天体（后来发现实际上是一个星系核可变的奇异星系）、脉动白矮星变星等，每一种类型的变星都是以发现的第一颗变星为原型进行命名的。造父变星将是我们在第 13 章中研究遥远星系的关键，它的原型是 17 世纪末发现的造父一星。

为了测定球状星团的距离，沙普利使用天琴座 RR 型变星作为标准烛光，利用所有天琴座 RR 型变星的光度（在对其各种变化值做了平均之后）大致相同的事实。测定了一个球状星团内部天琴座 RR 型变星的（平均）亮度，知道了它的光度之后，沙普利就可以推算出它的距离，也就知道了它所在的球状星团的距离。生成了球状星团三维图之后，他就可以确定这个星团的中心在哪里。结果，他发现太阳系离银河系核心很远。

由于尘埃遮蔽效应，使用标准烛光的方法绘制银河平面恒星分布图的难度大大增加。经过数十年的努力，我们现在对银河系的整体结构有了一个比较完整的了解。大多数恒星都位于非常扁平的银盘内，银盘的直径约为 10 万光年，没有明确的边缘，但越往外，恒星的密度越低。银盘中心隆起，略呈土豆状，长约 2 万光年。我们称之为银河系的核球或银核。银盘中的恒星沿一条条旋臂排列，从银核开始向外呈辐射状展开。大多数肉眼可见的恒星距离太阳不过几千光年，并与太阳位于同一条旋臂上。

尽管银河系是一个棒旋星系，但仰望天空时，我们无法看到它的风车结构，原因是我们自身就位于银盘之内。仅当我们测得了银河系内每单颗恒星的距离，获得了银河系结构的三维视图之后，风车结构才会变得明显。假设我们设法站在数十万光年以外的有利位置以某种角度观看银河系，就可以从正面看到银河系的真实面目，如图 12.3 所示（那是艺术家的构想）。我们的太阳位于一条旋臂的中部，在银核的正下方，即图 12.3 中 6 点钟方向。我们的银河系是一个棒旋星系，中间凸起的部分呈短棒状，旋臂始于短棒的末端。

结婚后不久，我妻子不允许我再穿大学时的书呆子 T 恤。我最怀念的是一件印着银河系的 T 恤，上面有旋臂和所有天体，还有一个箭头指向一条旋臂上的一点，上面写着"你就在这儿"。

图 12.3 银河系仿真视图，从上面往下看。

图片来源: NASA 的"钱德拉号"卫星。

并不是所有恒星都分布在银河系的旋臂和核球上。我们已经看到球状星团多多少少呈球形分布在银盘的上方和下方。此外还有一些零星的恒星，比银盘上的恒星稀疏得多，它们也呈球形分布于由银核向外延伸约 50000 光年的球面上。我们称其为银河系的晕圈或银晕。我们曾经以为这个银晕上恒星的分布相当均匀，密度从银河系的中心逐渐降低，但随着天文学家为暗淡恒星绘制出了更加精确的分布图，我们发现银晕中恒星的分布一点儿都不光滑，其中既有团块又有星流。人们认为这是较小的伴星系的残余部分坠入银河系并被引力的巨大潮汐作用向两个方向撕裂的结果。

核球里的恒星，尤其是银晕里的恒星，往往是数十亿年前形成的古老恒星。在这里肯定找不到最炽热的 O 型和 B 型主序星，因为这两种主序星的寿命只有几百万年。数十亿年来，银晕内根本没有恒星形成。年轻的炽热恒星几乎都是在旋臂上被发现的，而且此时此刻正在那里形成。

银盘的这种旋涡结构或风车结构表明整个系统都在旋转。的确如此，这是眼前正在发生的事情。整个银盘正在绕着银河的核心轴旋转。具体地说，太阳正以大约 220 千米/秒的速度在大致呈圆形的轨道上运动。正如太阳的引力吸引地球每年公转一圈，银河系的引力（至少是太阳轨道半径以内的那部分银河系的引力）也吸引太阳和它的行星绕银心做轨道运动。假设太阳的公转速度为 220 千米/秒，并且轨道半径长达 25000 光年，则可以直接计算出太阳每 2.5 亿年绕银河系转一圈。因此，太阳在自形成以来的大约 46 亿（地球）年里已经绕银河系转了差不多 18 圈。

在计算银河系对太阳的引力时，我们可以将银河系的质量视为集中在它的银心（距离我们 25000 光年远的地方），正如计算地球引力时假设地球的所有质量都集中在地心（我们脚下大约 6400 千米深的地方）一样。银河系的质量只算从银心到太阳轨道半径内的那部分。太阳轨道半径以外的引力（由于作用力的方向和距离各异）大致相互抵消。

这样得出一种计算方法。根据牛顿运动定律和引力定律，我们在第3章中发现太阳的质量 $M_日$、地球绕太阳运动的速度 v_E 以及地球绕太阳运动的轨道半径 r_E 之间存在以下关系：

$$GM_日 / r_E^2 = v_E^2 / r_E$$

其中，G 是万有引力常数。在等式两边乘以 r_E^2，得到：

$$GM_日 = v_E^2 r_E$$

类似地，我们可以用以下方程表示银河系的质量 $M_银$、太阳的速度 v_S 以及太阳绕银心运动的轨道半径 R_S 之间的关系。

$$GM_银 = v_S^2 R_S$$

用第二个方程除以第一个方程，G 值被约掉，则有

$$M_银 / M_日 = (v_S / v_E)^2 (R_S / r_E)$$

太阳和地球的速度之比为 v_S / v_E =（220 千米 / 秒）/（30 千米 / 秒），大约为 7；距离之比为 R_S / r_E = 25000 光年 / 1 AU，一光年大约等于 60000AU，所以这个比率为 25000 × 60000 = $1.5 × 10^9$。因此，可得：

$M_银 / M_日 ≈ 7^2 × 1.5 × 10^9 ≈ 7.35 × 10^{10}$，取 10^{11}

因此，银河系（在太阳轨道半径以内的部分）的质量大约为太阳质量的 1000 亿倍。

银河系由恒星组成，如果粗略认为所有恒星的平均质量与太阳质量大致相同，那么我们可以说银河系大约包含 1000 亿颗恒星。实际上，银河系中典型恒星的质量略小于太阳质量，而且我们没有考虑那些比太阳离银心更远的恒星，因此更好的估计是银河系中大约有 3000 亿颗恒星。卡尔·萨根在他的经典电视片《宇宙》中经常以独特的声音说"亿亿万万颗恒星"。萨根并没有夸张，银河系中确实有亿亿万万颗（约3000 亿颗）恒星。我们在德雷克方程中用过这个数字。

银盘中的恒星都近似运行在圆形轨道上。恒星就像环形赛道上的赛车，内侧赛道上的赛车会超过外侧赛道上的。我们看到的螺旋形图案是由恒星绕圈转动时交通拥堵所导致的。如果你在高速公路上遇到交通拥堵，所有车辆的行驶速度都比平常慢，那么你就会减速。最终当你驶过交通拥堵地段后，就可以与周围的汽车一起加速。交通拥堵代表汽车分布的"密度波"。在交通拥堵情况下，这些汽车的密度最高，尽管个别汽车可以在拥堵车辆中穿行并驶出拥堵地段。同理，银河系的螺旋密度波代表恒星的万有引力堵塞，此处的引力将更多的恒星拉向这里。此外，随着恒星聚拢在一起，星际气体被额外的引力吸引到一起，导致气体云在引力作用下坍塌并形成新的恒星。因此，旋臂是形成恒星的活跃区域。新形成的恒星中有质量巨大的发蓝光的恒星，它们的寿命比从旋臂拥堵区域漂移出去所需的时间短。因此，银行系的旋臂被新生的巨大蓝色恒星照得通亮。恒星并不是在旋臂上运动，旋臂明亮发光是由恒星绕银心公转所致。

我们刚刚估计银河系的质量为 1000 亿倍太阳质量，这仅代表太阳绕银心公转轨道以内的那部分质量，轨道以外的部分对我们的作用力来自相反方向。位于太阳轨道外我们这一侧的物质将我们向外拉，而位于太阳轨道外但又位于银河系中心那一侧的物质将我们向内拉。这两种力的大小相等，方向相反，彼此抵消，对太阳的轨道不产生任何净效应。太阳轨道内部的物质（例如地球）就好像位于中心一样。因此，如果我们可以测定到银心不同距离的轨道上的恒星运动速度，就可以描绘出银河系的质量分布。

我们期望发现什么？太阳大约位于从银心到银河系边缘的中点，太阳以外离银心越远，恒星的密度就越低。如果你数一数恒星的个数，就会发现银河系的大部分质量都应该在太阳轨道以内。因此，我们可以应用刚刚使用过的方程：

$$G_{M_{(<R)}} = v^2 R$$

其中，$M_{(<R)}$ 表示轨道半径 R 以内的质量。如果太阳轨道半径以外没有多少质量，则 $M_{(<R)}$ 为常数；在太阳轨道以外，我们期望 $v^2 R$ 近似恒定，而 v^2 与 $1/R$ 成正比。因此，太阳轨道外的轨道速度 v 应该以 $1/\sqrt{R}$ 的比率下降。在太阳系中可以找到这种行为。外层行星受到的太阳引力相对较弱，因此，它们在轨道上运行的速度比内层行星慢。我们期待看见恒星的轨道速度也是这样，在太阳轨道以外，恒星的速度降下来。

在银河系内部做这些测量很困难，直到 20 世纪 80 年代天文学家才确定了到银河系中心一定距离内的恒星和气体云的轨道速度。令他们感到非常惊讶的是，他们发现外银河系的轨道速度并没有降低，而是一直保持恒定，直到可以测量的最远地方。

那么我们的推理在哪里出了问题？当将目光投向背离银心的方向时，我们发现那里黑乎乎的，几乎看不到星光，因此，我们推理说那些地方基本上没有什么质量。这一推论需要质疑。我们已经利用太阳轨道推测出银河系在太阳轨道以内的质量。同样，我们可以利用银河系更远轨道上的恒星速度来测量较大轨道以内的质量。利用方程 $GM_{(<R)} = v^2 R$，我们看到，如果速度 v 保持恒定，那么轨道半径 R 以内的质量随 R 线性增大，越往外，质量越大。银河系在太阳轨道以外的区域内有相当大的质量根本无法以恒星的形式被我们看见。我们称之为暗物质。我们仅仅通过暗物质对恒星轨道的引力效应就推断出了暗物质的存在。

银河系中究竟包含多少暗物质？答案取决于我们认为银河系延伸至多远。恒星大多离银心约 40000 光年，但在更远的轨道上运动的稀有恒星和气体云的速度大致与太阳相同，为 220 千米 / 秒。根据现代最好的估计方法，银河系里恒星和星际介质的总质量仅占银河系总质量的很小一部分，也许是 10%。银河系总质量的绝大部分都以暗物质的形式存在，大约是太阳质量的 1 万亿倍，自银心向外绵延大约 25 万光年的距离。同样，利用牛顿的万有引力定律，我们可以通过计算银河系与其伴星系仙女星系的共有轨道，推算出同样的质量。这两个星系曾因宇宙膨胀而彼此分开，现在正以大约 100 千米 / 秒的速度做相对运动，估计从现在起 40 亿年后将发生碰撞。

最早发现暗物质的是加州理工学院的天文学家弗里茨·兹威基，那是在 1933 年。当时，他正在测定后发座星系团的总质量。他使用公式 $GM = v^2R$ 的一个复杂版本，利用了后发座星系团的半径和一个个星系在该星团的整个引力场中的移动速度。他得到的结论是，星系团的质量很大，比我们所能看见的构成一个个星系的恒星和气体的质量总和要大得多。他用他的母语德语将那些看不见的物质称为 "*dunkle Materie*"，也就是 "暗物质"。正如我们将在第 15 章中描述的那样，几乎可以肯定地说这种暗物质不是由普通原子组成的，而是由我们尚未发现的某种基本粒子组成的。

另一种非常有意思的不发光的物质恰好就在银河系的正中心。对银河系中心进行的红外观测可以穿透稠密的尘埃。我们看见位于银河系正中心的恒星在绕开普勒椭圆形轨道运动，其半长轴小至 1000 AU（1 光年的 1/60），周期约为 20 年。所有这些恒星围绕一个看不见的物体运动，但牛顿运动定律允许我们能够确定它的质量：为太阳质量的 400 万倍。它很小（肯定小于围绕它运动的恒星的轨道），因此密度非常大且不可见。这就是黑洞，宇宙中最令人着迷的天体，我们将在第 16 章

和第 20 章中进行详细讨论。这样，我们对银河系的研究引导我们进入
物理学的前沿，从遍布于银河系外围的基本粒子到潜伏在银心的巨大
黑洞。

第 13 章　布满星系的宇宙

迈克尔·A. 施特劳斯

一个世纪以前，当沙普利测定银河系的大小以及我们在银河系中的位置时，天文学家对宇宙的共同认识仅局限于银河系那么大。确实如此，当沙普利证明银河系的大小达几万光年时，他坚信这个巨大的数字证明他实际上已经绘制了整个宇宙的"地图"。但长期以来，天文学家对他们在望远镜中看到的星云很着迷，望远镜中的恒星是一个光点，而星云则是模糊一片。在本书中，我们已经遇到了各种各样的星云。比如，我们知道行星状星云是红巨星抛出外壳后形成的；我们知道在猎户星云（一个形成新生恒星的区域）中，年轻恒星发出的炽热的光照亮了周边的气体，发出夺目的光彩；我们还知道暗星云，即遮挡背景恒星的光芒的尘埃云。然而还有一类星云（因其形状而被称为旋涡星云）看起来与我们现在了解的银河系非常相似。银河系本身看起来也是模糊一片。然而，银盘的旋涡结构在 100 年前还不为人所知。身在银盘内部的我们很难了解它的立体结构，因此很难发现它与更大一类的天体相似。请记住，仅靠观察天文图片，我们是无法探知深度的；仅凭观察某个星云的照片，我们不能先验地识别它到底是远方（如几百光年）的一个较小的天体结构，还是距离我们几百万光年的一个特别巨大的天体结构。图 13.1 为典型旋涡星云 M101 的正视图。你可以清楚地看到它的旋臂像一个小风车，因此天文学家也称之为风车星系。

图 13.1　M101，又称风车星系。

图片来源: NASA / HST。

在 20 世纪第一个十年中，天文学家面临的首要问题是旋涡星云的物理本质是什么，它离我们多远，它有多大。德国哲学家康德早在 1755 年就推测出旋涡星云是其他宇宙岛，即与整个已知宇宙（也就是银河系）同样大小的天体结构。考虑到沙普利测定的银河系的大小以及看起来角尺度很小的旋涡星云，如果这是真的，那么这就意味着这种星云必须离我们非常非常遥远，达几百万光年甚至几千万光年之遥。

沙普利本人认为这种想法完全行不通。1920 年，他与加州里克天文台的天文学家希伯·柯蒂斯就旋涡星云的本质进行了一场公开辩论。柯蒂斯坚持认为旋涡星云就是银河系这样的星系的假说是正确的，而沙普利认为不可能，因为那意味着旋涡星云的距离远得令人难以置信。科学上的此类争论通常只有随着更好的新数据的获得才能解决，辩论本身无法定论。最终，加利福尼亚州威尔逊山天文台的天文学家埃德温·哈勃做了一些观测，终于把这个问题解决了。他使用变星法（在第 12 章中讨论过的一种技术）测定仙女座星云（天空中最亮的旋涡星云）的距离（见图 13.2）。

图 13.2　斯隆数字巡天项目拍摄的仙女星系。仙女星系呈近乎侧向的旋涡形，伴有两个小的椭圆星系（M32 在下方，NGC205 在上方）。

图片来源: 斯隆数字巡天项目和道格·芬克比纳。

仙女座星云肉眼可见，在理想条件下（远离城市灯光的晴朗无月的夜晚）肉眼可见。古代人都知道这个星云。

威尔逊山天文台坐落在圣加布里埃尔山脉上，俯瞰洛杉矶盆地。那里有一架当时世界上最大的望远镜，它的主镜的直径为 2.5 米。哈勃用这架望远镜拍摄仙女座星云的照片时，发现星云模糊的光斑被分解成了单颗恒星，正如伽利略 300 年前将自制望远镜对准银河时发现的一样。这一观察结果已经告诉哈勃仙女座星云一定相当遥远，但是要获得真实数字，他还有很多工作要做。根据对仙女座星云的反复观察，哈勃能够识别出其中的几颗恒星会周期性地变亮和变暗。他认为这些恒星是造父变星，它们的光度比天琴座 RR 型变星的光度更大，脉动周期从几天到几个月不等。1912 年，在哈佛大学工作的亨丽爱塔·勒维特（参见第 7 章）发现了造父变星的可变周期与其光度之间的关系（见图 13.3）。哈勃测量了它们的周期，使用莱维特发现的关系来推测它们的光度，并通过测量它们的亮度得到它们的距离。结论是惊人的：仙女座星云离我们有 100 万光年之遥，这么远的距离在当时难以想象，远远超出了已知的银河系范围。

图 13.3　亨丽爱塔·勒维特发现了造父变星的周期与光度之间的关系，这是测定附近星系距离的关键。

图片来源：美国物理研究所的埃米利奥·赛格雷视觉档案馆。

在图 13.2 中，仙女座星云（一直到外缘）的角直径为 2°。圆的周长为其半径的 2π（略大于 6）倍。因此，半径略小于 100 万光年的大圆圈的周长约为 600 万光年。2° 覆盖整个 360° 圆圈的 1/180。哈勃可以从中推断出仙女座星云的直径一定大约为 600 万光年的 1/180，即大约为 30000 光年。这样，哈勃得到了两个令人信服的结论：（1）仙女座星云几乎与银河系本身一样大；（2）仙女星系远远位于银河系边界之外。

此外，天空中还布满了其他旋涡星云，它们看上去比仙女座星云的角直径小得多，也暗淡得多。如果与仙女座星云类似，则它们一定更远。此时此刻，我们对宇宙历史的认识到了一个关键的转折点。哈勃发现，仙女座星云以及其他旋涡星云是大小与整个银河系大致相当的星系，并且到我们的距离远得不可思议，也就是说康德关于旋涡星云是与银河系一样大的宇宙岛的假说被证明是正确的。已知宇宙的边界发生了一次巨大飞跃。

20 年后，天文学家意识到天上不止一种造父变星。当一切都理顺了之后，人们发现哈勃实际上大大低估了仙女座星云的距离。据现代估计，仙女座星云距离我们 250 万光年。此外，使用望远镜上的数码相机（而不是胶卷）拍摄的现代照片显示仙女座星云外缘较暗淡的区域延伸到了天空中大约 3° 的角直径。有了这些较大的值，我们可以推断出仙女星系的直径约为 130000 光年，比银河系还大一些。的确，我们现在称它为星系，而不是星云。尽管如此，哈勃的估计仍在正确的起点上，而且他认为仙女星系与银河系一样是另一个星系的结论是正确的。即使这么粗略的估计也足以回答沙普利 – 柯蒂斯大辩论提出的重大问题。沙普利错了，柯蒂斯是对的。

仙女星系只是离我们最近的一个大星系。哈勃在威尔逊山天文台用望远镜拍摄的图像显示天空中布满了星系。仙女星系确实呈旋涡形，但是它的旋臂很模糊，难以追踪，部分原因是我们看到的是它的圆盘的侧面。但是，其他星系可以看出更明显且连贯的旋臂。

对于前面提到的风车星系（见图 13.1），我们几乎是在正面直视它，故其旋臂清晰可见。可以看出，这个星系具有与银河系相同的基本特征，中央有一个隆起的核球（比银河系的核球小一些），从中心甩出三条旋臂。风车星系的旋臂是蓝色的，说明内部有很多炽热的、质量巨大的年轻恒星。这告诉我们，风车星系与银河系一样，恒星的生成正在它的旋臂中进行。沿旋臂还可以看见一些细小的深色的"静脉"，这就是尘埃云，它们被限制在星盘和旋臂中，就像银河系一样。中央隆起的核球呈淡黄色，表明那里的恒星的平均温度低于旋臂上的恒星。在旋臂上看见的炽热年轻的恒星在核球中根本找不到。这是大多数旋涡星系中普遍存在的现象，包括银河系和仙女星系，活跃的年轻恒星在星盘中和旋臂上形成，老年恒星位于隆起的核球中。

整个风车星系的照片中星光点点地布满了恒星，这些恒星不属于风车星系，如果它们距离我们 2000 万光年，就不可能这么亮。这些恒星其实属于银河系，距离我们可能只有几千光年，刚好显示在我们的视野内，就像雨滴落在汽车挡风玻璃上一样。这再次提醒我们，当向天空望去时，我们看到的景色就像两维的投影图像，没有深度。我们无法知道哪些天体在近处，哪些在远处。确实如此，这张照片外围的一些暗淡天体其实不是恒星，而是背景中的其他星系，它们的距离不是几百万光年，而是几十亿光年。在天空中，风车星系的角直径大约为 0.5°，距离我们 2000 万光年，直径约为 170000 光年，大约是银河系的两倍。

图 13.4 中的星系称为草帽星系，也称阔边帽星系。巨大的中心隆起（比银河系的大得多）完全主导了草帽星系。这个星系的取向几乎完全是侧向的，清楚地显示星盘的厚度很小，但旋涡结构看不清。从它的边缘能够看见尘埃遮蔽效应。尘埃云位于星系平面内部，形成美丽的黑色尘带（帽檐的"边缘"）。这与我们在银河系中看到的完全一样。

图 13.4　草帽星系。草帽星系呈旋涡形，中央有一个巨大的隆起，从侧面看得很清楚。

图片来源: NASA 和哈勃太空望远镜，ACS STScI-03-28。

并非所有的星系都有圆盘，有些只有隆起，以老年恒星为主，几乎没有气体和尘埃。哈勃称这些星系为椭圆星系。

图 13.5 所示为英仙座星系团，有数百个椭圆星系聚集在大约 100 万光年的区域中。实际上，这张图片中的几乎每一个星系都是椭圆星系。此外，我们看见前景中有许多恒星，那是因为英仙座星系团正好坐落在银河系中密集的恒星后面。

图 13.5 斯隆数字巡天项目拍摄的英仙座星系团的中心。

图片来源: 斯隆数字巡天项目和罗伯特·拉普敦。

　　大多数发光星系要么是椭圆星系，要么是旋涡星系，但是有些星系除外，我们称它们为不规则星系，因为它们的形状不规则。大麦哲伦云属于此类，它是一个小型卫星星系（直径为 14000 光年），绕着银河系运转，距离我们约 16 万光年。在图 12.1 中，它出现在最左边，靠近天文台的穹顶。实际上，它离我们很近，肉眼很容易看见。

　　银河系和仙女星系之间的距离（250 万光年）大约是这两个星系自身大小的 25 倍。星系之间的距离远大于星系的直径，这意味着宇宙的大部分空间是"星系际"空间，即星系与星系之间的空间。但是，我们在第 12 章中发现，从太阳到最近的恒星的距离约为 3000 万倍太阳直径，但到下一个大星系的距离只有 25 倍银河系直径。即使你搞明白了单个恒星的大小，也很难理解恒星之间的距离。考虑到星系之间的距离相对于星系来说很近，因此它们经常相互碰撞毫不奇怪。

蝌蚪星系（见图 13.6）距离地球约 4 亿光年，它是一个大旋涡星系和一个小旋涡星系碰撞的结果，大旋涡出现在左上角，小旋涡出现在大旋涡的旋臂中，扭曲得很厉害。两者的引力作用将大星系的一条旋臂拉成一条长长的尾巴，长约 30 万光年，其上布满炽热的蓝色恒星。大旋

图 13.6　哈勃太空望远镜拍摄的蝌蚪星系。这实际上是两个已经并合的星系，它们正在抛出一条长尾巴。从图中还可以看到许多暗淡且遥远得多的星系。

图片来源：NASA 的 ACS 科学与工程团队。

涡星系中心有稠密的尘埃，可以看见一条条黑暗的尘埃带。目前，银河系和仙女星系在它们的引力作用下正向彼此靠近。当它们碰撞时（大约40亿年后），引力潮汐作用有可能将恒星流从星系中拉出来，正如在蝌蚪星系中看到的那样。

几十年来，天文学家一直在争论这类星系并合的后果。星系在并合之后几亿年安定下来，它们会变成椭圆星系吗？的确，这引出了一个基本问题，即星系最初是如何形成的？椭圆星系中的恒星往往比旋涡星系中的恒星更老，这表明椭圆星系是在宇宙历史中较早的时候形成的。旋涡星系的核球与椭圆星系的性质相似，表明它们的形成方式也可能相似。椭圆星系形成后，后来落入的气体可能来不及形成恒星就冷却下来。冷却导致气体损失能量，但不损失角动量。这可以使其形成薄薄的旋转盘。这个过程可能会形成一个带有椭圆形核球的旋涡星系。这个过程的细节仍然不很清楚，仍在激烈争论之中。

蝌蚪星系的这张照片还有更多有意思的事情。如果你仔细观察，就会发现相片中点缀着许多较小的星系。这些是全尺寸星系，只是距离更远（因此显得更暗更小）。有些距离在数十亿光年以外，也就是说它们的光需要经过数十亿年才能到达我们这里，我们并不是在看这些星系今天的样子，而是在看这些星系在宇宙更年轻时的样子。望远镜是时间机器，它们向我们展示遥远的过去，使我们能够研究星系在宇宙长河中的漫长演化过程。当然，对于任何给定的星系，我们只能看见其生命周期的一个纪元，但是如果我们比较遥远星系与其邻近星系的性质，就可以思考银河系里的恒星数量在数十亿年中是如何发生变化的，着手研究这些星系是在什么时候形成的，探索为什么有些星系是旋涡星系而有些星系是椭圆星系。

如果在用哈勃太空望远镜拍摄时长时间曝光，就可以看到天空中仅几弧度的区域内就有成千上万个暗淡而遥远的星系（见图7.7）。因此，在可观测宇宙中有大约1000亿个星系。每一个几乎难以分辨的光点都是一个完整的星系，它们与银河系一样大，包含1000多亿颗恒星。每个星系中都有1000多亿颗恒星。我们推测可观察宇宙包含约10^{22}颗恒星，这个数字的确大得令人头晕。当我们说"可观测宇宙"时到底指的是什么意思？这些星系是如何形成的？为了回答这样的问题，我们需要了解宇宙本身是如何演化的。下一章我们就探讨这个话题。

第 14 章 宇宙膨胀

迈克尔·A. 施特劳斯

在天文学中，我们研究天体的性质时有两种基本策略：一种是为它们拍照，测量它们的大小和亮度；另一种是测量它们的光谱。我们在前面讲过，可以利用恒星的光谱推测恒星的表面温度和化学元素组成。利用这个策略以及我们对赫罗图的理解，我们已经能够确定恒星的大小、质量和演化状态。

关于星系的物理性质，星系的光谱能告诉我们什么？天文学家在100 多年前（即 1915 年左右）就开始测量星系（星云）的光谱了。星系很暗淡，当时的望远镜比较小，远不如现在灵敏。因此，测量星系的光谱需要长时间曝光，长达几小时。但这些早期的光谱显示的吸收线很像恒星的（特别是 G 型和 K 型恒星），这告诉天文学家星系是由恒星组成的。10 年后，埃德温·哈勃从仙女座星云的摄影图像中分辨出一颗颗恒星之后，得出了相同的结论（如第 13 章所述）。对于习惯研究恒星光谱的天文学家来说，星系光谱让他们感觉似曾相识。但是，他们很快就注意到一个显著的差异。钙、镁和钠这类元素的吸收线的位置与在恒星光谱中看到的明显不同。来自同一个星系的所有光谱整体向红端偏移。我们称这种现象为红移。

我们可以这样理解红移：假设你正站在街道的拐角处，注意听疾驶而来的摩托车的声音。当摩托车从远处驶来时，你听见声调越来越高，非常刺耳；而当摩托车从你的身边飞驶，离你而去时，声调明显降了下来。整个过程听起来就像"吱……呦呦呦呦……唔……唔"。

摩托车传来的声音是一种波，即空气的压力波，它像光波一样有一定的波长和频率。频率越高（波长越短），耳朵听到的声调就越高。驶来的摩托车发出层层叠叠的波峰，当摩托车越来越近的时候，波峰挤在一起，声调更高。当摩托车远离你时，抵达你的声波被远去的摩托车拉长，声调变低。这种效应是由奥地利的克里斯蒂安·多普勒于 1842 年首先描述的，光波和声波均有这种效应。遥远恒星和星系的运动在光谱特征中表现为波长的系统性偏移。这样，我们把星系红移现象解释为多普勒效应的结果：星系正在远离我们。以一定速度运动的物体发出的波的波长的变化率等于该物体的速度除以声速（如果谈论的是声波）或光速（如果我们在测定来自某个天体的光）。地球上空气中的声速约为1200 千米 / 小时，摩托车的速度可以轻松达到 120 千米 / 小时。摩托车经过你的身边时，声调变化的幅度约为 20%（驶来时是声速的 10%，离去时也是声速的 10%），听上去相当明显，相当于一个小三度的音程。

光的波长与它的颜色有关。一个正在远离我们的天体发出的光波被拉长，因此这个天体的光谱的颜色偏红。这种效应仅当天体的运动速度相当大（相对于光速不可忽略）时才可见（至少对肉眼来说）。摩托车的速度比光速小得多，这就是为什么摩托车疾驶而过时，你注意不到它的颜色从蓝色变为红色。我们不可能观察到恒星和星系从我们眼前呼啸而过，但它们有特定的光谱特征，就是有对应于它们的元素构成的吸收线。在地球上的实验室里，我们可以准确测量吸收线的波长。给定一个恒星或星系，我们同样可以测量它的特征波长。这些元素的波长在地球上测定的值与恒星或星系的相应值存在差异，被解释为多普勒频移。这个差异可以告诉我们恒星或星系相对于我们的移动速度有多快。

1915 年，洛威尔天文台（后来冥王星在那里被发现）的维斯托·斯莱弗已经测定了 15 个星系的多普勒频移。仙女星系和另外两个星系发生的是蓝移，说明这些星系正在向我们移动，但其余所有的星系发生的都是红移，说明这些星系正在远离我们。我们将红移量定义为 $(z = \lambda_{观测值} - \lambda_{实验室}) / \lambda_{实验室}$，其中 $\lambda_{实验室}$ 是某种元素在地球上的实验室中测得的发射线或吸收线的波长，而 $\lambda_{观测值}$ 是某种元素在其所在星系中观察到的发射线或吸收线的波长。一个邻近星系的红移量 z 与它的远离速度 v 有关，计算公式是 $z \approx v / c$。因此，如果一个星系远离时的速度为光速的 1%，那么它的红移量则为 0.01，并且它的所有光谱线的波长将被拉长 1%。天文学界现已测定了 200 多万个星系的光谱，除了仙女星系等少数几个星系外，所有星系都显示出红移。因此，我们得出的结论是宇宙中的所有星系基本上都在远离银河系。我曾经看过一部很搞笑的动画片，一个疯狂的科学家站在望远镜前，他举起双手绝望地在空中挥舞着说："所有星系都在逃走，因为所有星系都恨我们！"这样的解释可不对，但这件事的确非同小可，因为它似乎暗示我们人类处于一个特殊地位，是所有星系运动的中心。这到底是怎么回事？哈勃在 20 世纪 20 年代末和 30 年代初进行了几个重要测定，再一次把我们对这些红移的认识提高到了现代层次。

哈勃利用造父变星测定了仙女星系的距离之后，继续用这种方法测定其他星系。他使用各种各样的办法估计它们的距离，但这件事对更遥远的星系来说变得越来越困难。因为星系越远，我们就越难以把一颗颗恒星区分开。他的测定方法按照现代标准来说很粗糙，但到了 20 世纪 20 年代后期，他已经对许多星系的距离进行了粗略测定，为此还测量了光谱，也推算了红移以及速度。然后他画了一幅简图，比较了星系的距离和它们的速度。他所见到的是一种趋势：星系越远，它们逃离的速度越快。尽管测量误差相当大，但他仍然可以得出结论，看起来速度 v 和距离 d 成正比。

$$v = H_0 d$$

速度和距离之间的这种比例关系现在称为哈勃定律。为了纪念哈勃，比例常数 H_0 现在称为哈勃常数。对于给定时间，哈勃常数的确在整个宇宙中是常数，但是正如我们稍后将看到的，它确实会随着宇宙历史的进程而改变。H_0 的值指当前哈勃常数的值。

今天回想起来，哈勃能推断出红移和距离之间的比例关系是很了不起的，因为哈勃当时所拥有的数据质量相当差（他测定的仙女星系的距离小了 60%）。1929 年以来，望远镜及其他关键技术已经大大进步。的确，用哈勃太空望远镜开展的一个关键项目是利用造父变星测量技术，对星系的距离进行精确测定，正如哈勃所做的事一样。测量结果表明哈勃是对的，星系的红移和距离之间的确存在精确的正比关系。事情往往就是这样，开创性的发现是根据当时技术前沿领域可能获得的简陋数据做出的。哈勃绘制的第一幅图只包含速度约为 1000 千米 / 秒的星系，而现代距离可达 5000 万光年。到了 1931 年，哈勃和他的同事米尔顿·休马森已经将这幅图扩展到包含以 20000 千米 / 秒的速度后退的星系。这对他们来说易如反掌。

难道银河系真的在宇宙中占有特殊地位吗？也就是说所有其他星系

都以银河系为起始点向外运动吗？这种观念违背了我们多次遇到的一条基本法则（有时称为哥白尼原则）：地球在宇宙中没有占据特殊位置。托勒密和古人把地球放在宇宙的中心，但是哥白尼证明地球绕太阳转。后来我们知道太阳只是一颗普通的主序星，尽管卡普坦开始以为太阳位于离银河系中心不远的特殊地方，但沙普利更准确的研究表明太阳离银河系的中心很远，它位于银河系中心到边缘的中点。而红移的测定乍一看似乎把银河系放在了相对于其他星系而言的特殊位置，即宇宙膨胀的中心，但事实并非如此。

考虑四个星系沿着一条直线等距排列，最左边的是星系 1，在右边距离 1 亿光年的地方是银河系，再向右 1 亿光年的地方是星系 3，继续向右 1 亿光年的地方（距离星系 1 约 3 亿光年）是星系 4。哈勃定律指出，站在星系 1 的角度看，银河系正在以约 2000 千米 / 秒的速度后退（见图 14.1 中的第一组箭头）。星系 3 后退的速度两倍于它，为 4000 千米 / 秒，而星系 4 后退的速度三倍于它，为 6000 千米 / 秒。我们这些站在银河系中的人怎么看这件事？如第二组箭头所示，我们正在以 2000 千米 / 秒的速度与星系 1 分离，我们测量的星系运动是相对于我们的参考系来说的，因此，我们看到星系 1 以 2000 千米 / 秒的速度向左运动，星系 3 以 2000 千米 / 秒的速度向右运动。这两个星系与我们的距离相等，以相等的速度远离我们。星系 4 以 4000 千米 / 秒的相对速度远离我们。它距离我们两倍远，并且以两倍的速度远离我们。我们看到所有星系都在逃离我们，距离越远，逃离速度越快。我们的观测结果也符合哈勃定律。

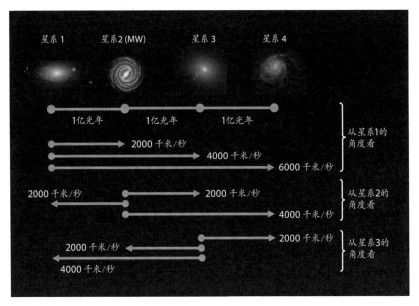

图 14.1 位于同一条膨胀线上的星系，说明正在膨胀的宇宙中没有星系位于它的中心。图的顶部显示了四个星系，第二个星系代表银河系。四个星系依次间隔 1 亿光年。根据哈勃定律，随着膨胀线被拉长，它们彼此分离。第一组中的三个箭头表示从星系 1 的角度看时其他星系的相对速度。（下一组箭头）由于运动是相对的，一位银河系的天文学家认为自己处于静止状态，而其他三个星系正以与距离成正比的速度远离他。从星系 3 的角度来看，也是如此。三位观察者分别得出结论：自己处于静止状态，其他星系都在远离自己，速度遵循哈勃定律。

图片来源: 银河系，迈克尔·A. 施特劳斯，来自 NASA 的示意性艺术构想; 其他星系图像，斯隆数字巡天项目和罗伯特·拉普敦。

假设星系 3 中的一颗行星上有一个外星人，现在我们从他的角度看一看。多普勒频移的有关计算都针对星系的相对速度。从外星人的角度，他看见银河系（距离他 1 亿光年）正以 2000 千米 / 秒的速度退行（向左移动）。星系 4（距离他 1 亿光年）在向另一个方向以 2000 千米 / 秒的相对速度退行。最终，星系 1 以 4000 千米 / 秒的相对速度离他而去。那个外星人看到所有星系都远离他，并得出结论说他位于运动的中心。

外星人以为他处于静止状态，所有星系都在远离他，就像我们这些在银河系中的人说我们处于静止状态且所有星系都在远离我们一样。我们和外星人得出相同的结论，即速度与距离成正比关系，而且银河系和星系3都不处于特殊位置。

哈勃定律其实告诉了我们两件事。首先，任何两个星系之间的距离都在增加，即所有星系都在彼此分开。哈勃发现宇宙正在膨胀！其次，没有任何一个星系位于膨胀中心。身处任何一个星系，我们得出的结论是一样的，即所有其他星系都在远离我们。星系就像绑在橡皮筋上的小珠子一样，拉伸皮筋时，所有小珠子都在远离彼此。要想完全得出宇宙膨胀没有中心的结论，我们的确需要另一个要素，即相信星系的分布没有边缘。在第22章中，当我们把爱因斯坦的广义相对论应用到宇宙学中时，将回到这一话题上，讨论所有细节。

银河系的直径约为10万光年，但银河系只是可观测宇宙的1000亿个星系中的一个，每个星系包含数千亿颗恒星。最近的大星系——仙女星系距离银河系250万光年，大多数星系的距离更远。

埃德温·哈勃发现，星系之间彼此渐行渐远的速度与它们的距离成正比。对于遥远的星系来说，这一速度可能相当大，能跟光速比较。我们可以由此得出结论：宇宙作为一个整体在膨胀。这确实是20世纪最伟大的科学发现之一，堪比发现DNA分子的结构，揭示DNA分子在传递遗传密码时的作用以及爱因斯坦创立相对论。

哈勃定律为我们提供了一种测定星系距离的简易办法。给定一个星系的红移量和距离之间的比例关系，只要测定了星系的红移量（如果你能测量它的谱线，就很容易获得这个量），你就可以直接算出它的距离（否则星系的距离很难测定）。用这种办法测定星系的距离时，你只要知道两者之间的关系和比例常数 H_0 就可以了。但要确定 H_0，你必须首先以独立的方式准确测量样本星系的距离。

如前所述，了解天体的重要一步是测量天体的距离。知道了距离，我们才可能确定它的许多关键物理量，包括它的光度和大小。因此，天文学的故事大部分围绕着介绍科学家如何用各种巧妙的手段测量天体的距离而展开。日地距离（地球与太阳之间的距离）的测量是 18 世纪和 19 世纪最突出的科学难题之一。后来，人们在地球上的多个地理位置观测掠过太阳表面的金星（金星凌日）以及经过遥远恒星旁边的火星，这个难题才最终得到恰当解决（参见第 2 章）。这种视差效应使我们能够利用三角测量法确定金星的距离和火星的距离，从而确定日地距离。日地距离确定下来之后，整个太阳系的距离尺度也就确定下来了，并允许我们利用地球绕太阳公转引起的视差来确定附近恒星的距离。对于那些太遥远而无法获得可测视差的恒星（几百光年以外），我们利用平方反比定律建立恒星的固有光度与观察到的亮度之间的关系。对于一个光度已知的天体，它的亮度越低，距离就越远。

棘手的问题是怎样知道天体的光度。前面讨论过造父变星，这是一种典型的标准烛光，它的真实光度可以确定，因此可以利用平方反比定律推算出距离。一个好的标准烛光必须符合下列要求。

（1）发出的光足够强，我们从很远的地方也可以看到。

（2）容易识别，可与其他天体区分开。

（3）附近有可供比较的其他标准烛光，使其绝对光度值可以得到校准（如通过视差效应或其他方法）。

造父变星满足这三个要求中的前两个，它们发出的光很强，并且可变性使得它们在密集星场中很容易识别。但几乎没有彼此靠得足够近的造父变星，因此我们很难精确测量视差。这使得它们的真实光度常常存在争议。的确，莱维特一次错误地校准了造父变星的距离，使得其他人在识别附近的变星时产生了错误，导致哈勃低估了仙女星系的距离。天空中离我们最近的造父变星是北极星，它距离我们约 400 光年。

我们已经看到，主序带中的恒星显示出温度和光度之间存在直接关系。如果我们可以测得一颗恒星的温度（比如根据光谱进行计算），那么我们就可以很好地估计它的光度，然后利用它的视亮度[1] 测定它的距离。这一标准烛光已经根据邻近恒星的测量通过视差法进行了相当好的校准，并且可以用于测定距离远得视差无法测量的恒星。距离很远的时候，只有最明亮的恒星才能看得到，但这些非常明亮的恒星很少见，因此几乎没有足够近的恒星能够测量视差。

利用这种用主序星来定义标准烛光的方法，我们可以一次测定一整组恒星的距离，而不是一次只测一颗恒星。例如，球状星团里的所有恒星都可以认为处于相同的距离。因此，如果我们对今天球状星团中的主序星与邻近的主序星（校准后的）进行比较，就可以直接确定该星团的距离。这样，即使没有足够接近这些恒星的其他恒星用来测量视差，我们也可以得到星团里相对稀有的恒星的距离。

星系光度的差异很大，有的很强，有的很暗，正如恒星一样。旋涡星系存在与主序星大致类似的问题，也就是说它的旋转速度（可利用多普勒效应，根据其光谱进行测定）与它的光度之间存在相关性。我们可以为邻近的旋涡星系校准这种旋转速度和光度的关系，然后可以利用更遥远的旋涡星系的旋转速度来估计其固有光度。因此，如果我们还有其亮度测量值，就可以确定它们的距离。

---

[1] 视亮度：即视星等，指的是从地球上观察的星体亮度。——译注

　　根据一类天体距离的测定推断另一类更亮但更罕见的天体的距离，进而测定更遥远的天体的距离，这种方法被称为宇宙距离阶梯。乍听起来，这个阶梯也许有点儿摇摇晃晃。确实如此，随着我们测定更远的距离，不确定性会成倍增加。因此，关于如何确定哈勃常数 H_0 这个表示红移和星系距离的关系的常数，一直有相当大的争议。

　　哈勃定律 $v = H_0 d$ 意味着哈勃常数 H_0 的单位是速度的单位除以距离的单位，速度 v 是天体离我们而去的速度（通常以千米 / 秒为单位），距离 d 的单位是兆秒差距。哈勃估计哈勃常数约为 500 千米 /（秒·兆秒差距）（这个估计值太大了，如我们所知，由于造父变星的校准问题，他低估了仙女星系的距离）。哈勃于 1953 年去世，那时坐落于圣地亚哥附近的帕洛玛山上的直径为 5 米的大型望远镜刚刚建成不久。他的前助手艾伦·桑德奇接管了他确定星系距离的工作。

　　在接下来的几十年中，桑德奇和他的合作者使用这架望远镜以及世界各地的其他望远镜，使我们对星系的了解有了长足的进步。20 世纪 70 年代初，在确定星系距离（也就是确定哈勃常数）方面，桑德奇实际上只剩下一个重要的竞争对手了，那就是得克萨斯大学的天文学家杰拉德·德·沃柯勒斯。20 世纪 70 年代，桑德奇领导的小组和沃柯勒斯领导的小组各自撰写了一系列具有里程碑意义的论文，概述了他们计算哈勃常数的步骤。桑德奇的估计值是 50 千米 /（秒·兆秒差距）（是哈勃最初的估计值的 1/10），而沃柯勒斯的估计值是 100 千米 /（秒·兆秒差距）。他俩关于宇宙距离阶梯计算的每个细节和步骤都不一样。天文学界的所有人都对这个常数的计算结果感兴趣，因为哈勃常数的值决定了我们宇宙的大小。根据一个星系的光谱可以直接测量出它的红移量，如果我们还知道哈勃常数，我们就可以将红移量转换为距离。

　　20 世纪 80 年代初，许多年轻的天文学家大胆闯入这个领域，带来了新型的标准烛光和改进了的观测技术。哈勃太空望远镜的设计目标之一是解决这个问题。免受大气干扰和卓越的分辨能力使哈勃太空望远镜能识别和准确测量距离我们 3000 万 ~ 4000 万光年的星系中的造父变星。由温迪·弗里德曼领导的团队利用哈勃太空望远镜进行了广泛的观测，弗里德曼曾多年在桑德奇所在的卡内基天文台担任主任一职。他们在 2001 年发表了他们的结果，发现 H_0 =（72 ± 8）千米 /（秒·兆秒差距）。这个值几乎是桑德奇和沃柯勒斯的结果的中间值。有趣的是，戈特和他的同事在 2001 年对哈勃常数做了一次估计，方法是对到那时为止已发表的所有文献中的哈勃常数估计值（使用各种方法测量出来的结果）取中值（中位数），结果为 67 千米 /（秒·兆秒差距）。出乎意料的是，中位数往往是一个非常好的估计值，误差小于直接取平均值。10 多年后的今天，我们使用普朗克卫星测出的最佳估计值为（67±1）千米 /（秒·兆秒差距）。正如我们将在第 23 章中讨论的那样，负责斯隆数字巡天项目的团队将超新星、星团和 CMB 的测量结果结合起来，确定这个值为（67.3±1.1）千米 /（秒·兆秒差距），再一次证实了这个估计值。

　　艾伦·桑德奇于 2010 年去世，享年 84 岁，他是这个领域的巨人之一。他在 2007 年发表的关于这个主题的最后一篇论文中写道，哈勃常数可能在 53~70 千米 /（秒·兆秒差距）的范围内。

　　在确定了哈勃常数的值之后，我们可以回过头来探讨哈勃定律的后果和宇宙膨胀。

　　假想宇宙是一个正在烤箱里烘烤的大葡萄干面包，越烤越膨胀，而星系就是葡萄干，星系之间的空间就是面团。随着面包越烤越大（也就是面团膨胀），每颗葡萄干与其他葡萄干之间的距离越来越远，因此，从每颗葡萄干的角度来看，所有其他葡萄干都在逐渐远离自己而去。所以，每颗葡萄干（星系）都可以（错误地）得出结论，自己位于葡萄干面包（宇宙）的中心。如果一颗葡萄干距离第一颗葡萄干两倍远，那么它将以两倍的速度向后退去，因为它们之间有两倍的膨胀面团。葡萄干面包宇宙遵循哈勃定律。

这个比喻并不完美。葡萄干面包有一个定义良好的中心，我们可以找到它的中心，因为它有外缘。而真实的宇宙（据我们的测量）似乎是无限的，没有外缘可以定义中心。我们将在第22章中讲解有关宇宙的形状或宇宙的几何问题。

哈勃定律告诉我们，星系总体上正在远离彼此，从而得出结论——宇宙正在膨胀。这是否意味着各个星系也正在膨胀？星系里的恒星也正在彼此分离吗？太阳系正在膨胀吗？太阳正在膨胀吗？我们自己的身体也在膨胀吗？我们这些正在减肥的人可能对最后一个问题说"是"。但实际上，哈勃的宇宙膨胀仅局限于星系之间的距离。星系像葡萄干一样，本身并不会扩大，而是葡萄干之间的空间在扩大。天体由引力或其他力绑定在一起，单个星系、单颗恒星、单颗行星甚至我们自己的身体都没有膨胀。实际上，银河系和仙女星系正在万有引力的作用下相互吸引，彼此靠近，而不是分开。因此，仙女星系和其他少数星系表现出了蓝移。

前面提到过，银河系和仙女星系将在大约40亿年后相遇，那时我们的太阳还没有耗尽自己内核里的氢成为红巨星。然而星系内部恒星之间的距离比恒星本身大得多，以至于这两个星系将穿行彼此，恒星之间基本上不会碰撞。因此，好莱坞不太可能拍出一部灾难大片《星系大碰撞》，实际上他们已经不是第一次在拍电影时为了获得戏剧性效果而不顾科学事实！

如果宇宙正在膨胀，并且星系之间的距离随着时间而增大，那么过去各星系彼此离得更近一些。考虑一个到我们的距离为 d 的星系。根据哈勃定律，它正以大小为 H_0d 的速度远离我们。粗略假设这一速度随时间的推移保持恒定，那么我们可以问，这个星系需要多长时间才可以行进距离 d？那个星系在多长时间之前离我们近得就像悬在我们的头顶？如果一个城市在 800 千米之外，有人从那个城市开车来探访我，速度是 80 千米/小时，那么他穿越这段距离所需的时间就是距离除以速度，结果为 10 小时。我们想知道多久以前这个星系就悬在我们的头顶。时间 t 等于星系行进的距离 d 除以它的速度 v（根据哈勃定律，v 等于 H_0d ）。

$$t = d/v = d/(H_0d) = 1/H_0$$

这个结论似乎很简单，确实如此。但它告诉了我们很多事情。请注意，时间 t 不取决于星系的距离 d 。这样，我们将发现过去曾经存在一个时刻 t ，那时所有星系都近在咫尺，好像过去某个时刻所有星系都簇拥在一起似的。在进一步探讨这一想法之前，让我们记住这并不意味着我们处于宇宙膨胀的中心。我们本可以任何其他星系为中心进行计算，经历完全相同的论证过程而得到同样的结论。我们的结论是，在宇宙的演变过程中曾经有一个时刻，那时所有物质被压缩在一点。所有的"葡萄干"都被紧紧地压缩在一起。我们知道那是什么时候！是在 $1/H_0$ 之前。这就是为什么人们那么关注哈勃常数的值。因为哈勃常数告诉了我们宇宙的年龄。

好，现在让我们算一算。普朗克卫星团队目前对哈勃常数的最佳估计值为 67 千米/（秒·兆秒差距），因此它的倒数 $1/H_0$ 为 1/67（秒·兆秒差距）/ 千米。1 兆秒差距等于 3.086×10^{19} 千米，因此，我们发现 $1/H_0$ 的值为 4.6×10^{17} 秒。将单位"秒"转换为"年"，就得到了所有星系彼此拥挤在一起的时间，大约是 146 亿年前。

我们称这个时间点为发生"大爆炸"的时刻，这个词是由弗雷德·霍伊尔在 20 世纪 40 年代后期杜撰出来的。尽管霍伊尔终其一生是大爆炸模型的反对者，并坚信大爆炸是错误的，但这个词从此永远留存下来了。1994 年，卡尔·萨根、科学记者蒂莫西·费里斯和电视广播员休·唐斯觉得大爆炸这个概念太重要了，是我们理解现代宇宙学的核心。他们举办了一个国际比赛，请人们集思广益提出其他名字。他们收到了 13000 多条提议，在考虑了所有名字以后，最后认为还是"大爆炸"足够好。

从哈勃定律引申出来的结论是，在大约 146 亿年前的某个时刻，整个宇宙挤压在一起，它从那时起就一直在膨胀。我们对大爆炸发生时间的估计是很粗略的，因为我们有一个预设：每个星系以恒定速度运动。现代基于更复杂的算法的计算结果与这个数字很接近，约为 138 亿年。宇宙年龄的这个估计值有意义吗？我们真正关心的是宇宙的年龄。我们知道太阳系的年龄大约是 46 亿年，这主要是通过对月球岩石和陨石中的放射性元素的测量而得出来的。这与宇宙膨胀的时间处于同一数量级。太阳和太阳系富含早期超新星爆发时形成的重元素，因此我们不指望太阳属于最早形成的一批恒星。我们还描述了如何使用球状星团的赫罗图中主序列的转折点来确定它们的年龄，最老的球状星团的年龄在 120 亿年至 130 亿年之间。

这三种不同的、完全独立的估计宇宙年龄的方法（也就是估计宇宙中最古老的天体年龄的方法）得出的结果竟然如此一致，这简直太令人惊讶了！ 这三个估计值之间相差不到三倍，我们应该对这件事赞叹不已。 这说明我们关于宇宙是如何组织起来的基本想法是正确的，这是我们的巨大胜利。它们全都处在同一个数量级上（而且我们已知的宇宙中最古老的天体的年龄小于大爆炸以来的时间），这使我们真正相信我们的基本物理观念是正确的。

现在让我们想象一下宇宙过去的样子。因为宇宙在膨胀，所以它的密度随时间推移而降低。对于给定的质量，时间越往后，它所占据的空间越大。因此，宇宙在早年间的密度更大一些。正如恒星一样，密度越大，往往越热，所以宇宙过去比现在热得多。（在第15章中，我们将讨论宇宙的温度是什么意思。事实证明温度的定义非常好。）的确，使用最简单的外推法时发现似乎存在一个时刻，大约在138亿年前，整个可观测宇宙应该是无限热和无限稠密的。从那时起到现在，它一直在膨胀和冷却。138亿年以前是什么情况，我们无法知道，因为那是我们定义宇宙诞生的时候。宇宙的膨胀始于大爆炸，直到今天仍可以通过哈勃定律的形式观察到。

在大爆炸之时，宇宙的密度似乎是无限大，温度是无限高，那么它也无限小吗？事情到了这里开始难说起来。答案为：不是的，并不是通常我们所说的"小"的意思。让我们假设今天的宇宙无限大。"等等！"你可能抗议道，"在整本书中，你一直在告诉我们可观测宇宙是有限的，它的半径是几百亿光年！"确实。我们应该把"整个宇宙"与"可观测宇宙"两个概念区分开来，可观测宇宙是今天我们可以看见的部分，它的大小是有限的。宇宙在膨胀，因此密度在减小，但是如果今天它的大小是无限的，那么在过去它仍然是无限的，这件事一直回到大爆炸都是对的。这使得宇宙在初始时刻的范围是无限大，密度是无限大，并且温度是无限高。没有中心，当然也没有任何边缘，我们不可能从外面观看整个宇宙。

这话听起来似乎存在语义问题，但这是现在我们认识早期宇宙最简单的方法。我们这里所做的其实是求解爱因斯坦的广义相对论方程组后，把结果用自然语言说出来。在后面的章节中，我们将探讨爱因斯坦的广义相对论。大爆炸并不是一次爆炸，有时有人会这样错误地将大爆炸描绘成一个很小很致密的东西迅速膨胀到空旷的空间中。它不像炸弹。因为宇宙没有边缘，所以没有"外面"的空的空间可以扩展，而是空间本身正在扩大。

既然宇宙没有什么边缘可言，那么我们可以问大爆炸之前存在什么吗？不幸的是，我们的方程组不允许我们提出这样的问题。是的，这个问题是合理的，但广义相对论无法回答这个问题。广义相对论方程组预言大爆炸那一刻宇宙的密度无限大。在科学中，当你的方程组生成一个无穷大的结果时，你就知道你的理论是不完备的，还有很多物理上发生了的事情是方程组所无法描述的。

因此，广义相对论方程组在大爆炸之时就"崩溃"了，这就是为什么我们不能将它们外推到大爆炸之前。"大爆炸之前到底发生了什么？"宇宙学家一直被追问这个问题。不幸的是，他们经常回答说："这是一个毫无意义的问题。"这暗示提问者很愚蠢。提出问题并不愚蠢，方程组在大爆炸时崩溃是一个信号，说明这个理论（广义相对论）有毛病，而不是提出的问题有毛病！在第22章和第23章中，我们将回到这些问题上，那时我们将提出诸如宇宙作为一个整体的几何形状是什么以及大爆炸的起因可能是什么这类问题。

不管怎么说，由于宇宙学家不知道大爆炸以前发生了什么，他们认为时间是从大爆炸开始的。这个"迷思"是我们人类自己创造的，但正如我们所看见的，它是根据我们对宇宙的直接观察以及我们对物理学的认识得出的。宇宙看似在范围上无边无际，但它们年龄有限。有限的年龄和有限的光速意味着我们只能观察到宇宙有限的一小部分。例如，考虑一下我们今天的处境。我们坐在银河系中，仅仅在大爆炸 138 亿年之后。宇宙在我们周围展开，无边无际，但我们无法看到它的全貌，因为光是以有限速度传播的。我们现在能看见的最遥远的物体发出的光在此之前已行进了 138 亿年才抵达我们这里，并且仅仅穿越了 138 亿光年的距离，同时这个物体与我们之间的空间还在不断膨胀。但我们现在看见的是它过去的样子，它曾经的样子。它现在在哪儿？宇宙膨胀已经使这个物体（现在已形成星系）远离我们 450 亿光年的距离。这代表了当今可观测宇宙的边界。那些星系之外还有其他更遥远的星系，我们从未从那些星系接收过光子。在以后的章节中，我们将看到这些星系和我们之间的空间正在迅速扩大，快得它们发出的光来不及穿越广阔的空间到达我们这里。因此，如果我们相信我们目前对可观测宇宙几何形状的测定，相信我们的宇宙模型，那么在可观测宇宙范围以外，一定还有多得多的宇宙，实际上是无限多的。你也许认为这是科学上最大的"外插法"：我们在自己的有限的可观测宇宙内进行观测，目前它的半径"仅仅"为 450 亿光年，然后将其"外插"到无限宇宙中！

第 15 章　早期宇宙

迈克尔·A. 施特劳斯

　　大爆炸刚发生后不久，宇宙的温度和密度都非常高，但它正在膨胀和冷却。我们的方程组允许我们详细计算早期宇宙中物质的平均状态。对物理学家来说，这是一片沃土，因为它涉及分析温度极高和密度极大的物质的性质。此外，根据今天宇宙中化学元素的丰度，我们可以得到早期宇宙的核反应的蛛丝马迹。我们将看到大爆炸物理学对这些轻元素丰度的预言与观察结果吻合得非常好，这使我们相信我们对大爆炸最初时刻发生的事情的理解是对的。让我们的叙事从大爆炸大约 1 秒之后开始讲起。那时宇宙的温度非常非常高，大约为 10^{10} 开，密度也太大了，按人类标准的话，是水的密度的 450000 倍。星系、恒星和行星尚不存在。的确，在这个温度下，任何原子、分子甚至原子核都不可能形成。在这一刻，宇宙中的常见物质形式有电子、正电子、质子、中子以及中微子，当然还有大量黑体辐射（即光子）。正如目前认为的一样，如果暗物质由尚未发现的基本粒子组成，那么我们认为这些基本粒子也存在于此时此刻的宇宙中。

　　但两分半钟之后，宇宙的温度降到"仅"10 亿开。此时，光子在伽马射线处有一个黑体谱峰。10亿开的温度已经"冷"得足以进行核聚变反应，让中子和质子结合在一起。在太阳里，我们发现在高温和高密度下，质子和质子能够融合成氦核（见第7章）。在恒星（比如太阳）中心，将10%的氢转化为氦需要数十亿年的时间才能完成。早期宇宙中发生的核反应要快得多，因为存在自由的中子和自由的质子。质子和质子碰撞需要高能量，因为两个带正电的质子彼此排斥，所以真正的碰撞很少发生。中子呈电中性（因此不会被质子排斥），因此中子与质子的碰撞经常发生。通过给质子添加中子生成氘就可以发生聚变。这样，可以跳过太阳聚变过程中涉及质子和质子碰撞的前几步。

质子和中子可以发生嬗变——彼此转化。一个中子加上一个正电子，可以生成一个质子和一个反电子中微子，反之亦然。一个中子加上一个电子中微子，可以生成一个质子和一个电子，反之亦然。中子可以通过放射出一个电子和一个反电子中微子衰变成质子。在100亿开的温度下（宇宙的年龄为1秒时），这些过程处于平衡状态。中子的质量比质子略大，这意味着制造一个中子需要稍微多一点儿的能量，因此大爆炸1秒后，中子的个数比质子的个数要略微少一些。宇宙继续膨胀，冷却至10亿开时，这种平衡发生了变化，更多的中子转化为略轻一些的质子，每个中子对应7个质子。在10亿开的温度下，热能量不够用来补充质子和中子的质量差异（$E = mc^2$），因此中子相对于质子变得稀少。此时，宇宙已经冷却到足以使中子和质子碰撞并粘在一起形成一个氘核（氘的原子核）。此时的氘核与下一个粒子碰撞时不会立即分裂。然后，氘核可以参与再加上一个中子和一个质子形成氦核的核反应。氦核包括两个中子和两个质子。仅仅经过几分钟的核反应，基本上每个中子都被纳入氦核中。到此为止，宇宙已经冷却下来并渐渐稀薄起来，足以使这些核反应停下来。

让我们计算一下产生了多少个氦核。每个氦核有两个中子，以 1 个中子对 7 个质子的比率，两个中子与 14 个质子配对。这 14 个质子中的两个也进入氦核，还剩下 12 个质子。这预示着每 12 个质子（就是 12 个氢核）对应一个氦核。最初几分钟之后，宇宙变得太冷太稀薄，无法进行下一步的核反应。因此，大爆炸产生了大量氦核，还有少许氘核以及痕量的锂核和铍核（铍核衰变成锂核），没有更重的元素。

这个计算首先是由乔治·伽莫夫（George Gamow）和他的学生拉尔夫·阿尔弗（Ralph Alpher）在 20 世纪 40 年代完成的。在那篇描述了他们的研究结果的著名论文中，伽莫夫忍不住把汉斯·贝特（Hans Bethe）的名字加进来，因此论文的署名为 "Alpher-Bethe-Gamow"（α - β - γ）。每 12 个氢核对一个氦核，这个比例与计算结果非常吻合。追溯到塞西莉亚·佩恩－加波施金的工作，恒星由大约 90% 的氢和 8% 的氦组成（见第 6 章）。这样，我们对宇宙在大爆炸发生后几分钟内的状态的预言基本上解释了为什么氢和氦是宇宙中含量最丰富的两种元素，以及为什么这两种元素的比例与我们发现的实际情况吻合。这是大爆炸模型的惊人成功，并且强有力地证明我们可以将宇宙膨胀外插到大爆炸后几分钟的时间，温度在 10 亿开以上。

伽莫夫和阿尔弗起初希望用大爆炸理论解释宇宙中所有元素的起源，但他们的计算结果证明核反应仅在最轻的几个元素间进行。所有的重元素（包括我们体内的碳、氮和氧，以及对地球构成有贡献的镍、铁和硅）都是后来在恒星核心发生的核反应过程创造的。我们已经在第 7 章和第 8 章中描述过这个过程。弗雷德·霍伊尔是伽莫夫的竞争对手，他希望证明实际情况正好相反：重元素和轻元素都可以通过恒星核心的氢燃烧而创造出来，无须提及宇宙早期温度极高的阶段。他在一生的大部分时间里都在试图证明这件事。我们现在认识到很多重元素是在恒星中形成的，这些认识大部分是霍伊尔的贡献。但是恒星中产生的氦远远不够，不能解释我们观察到的氦的数量。

今天我们在宇宙中看到一些氘，这件事告诉我们宇宙有一个大爆炸的起源。氘核内有一个质子一个中子，它比较脆弱，容易在恒星核心发生聚合反应变成氦核而被破坏掉。星核中制造不出氘核。恒星不可能产生氘核，那么氘核是如何制造出来的？唯一的方法是在大爆炸过程中制造出来。经过计算大爆炸后最初几分钟内产生的氘核的量，我们发现计算结果（每 40000 个普通氢核中有一个氘核）与观测值非常吻合。大爆炸之后，当宇宙足够稀薄时，核反应突然停下来，剩下少量尚未融入氦核的氘核。解释今天残留的少量氘核的关键在于认识到因早期宇宙变化非常剧烈而引起的燃烧不平衡的本质。伽莫夫意识到了这一点。对于伽莫夫来说，在宇宙中观测到丰富的氘核含量是不容置疑的大爆炸发生过的证据。

随着宇宙的膨胀，空间伸展，穿过宇宙的光子的波长也被拉长。这正是我们讨论过的红移现象。如果我们在空间膨胀的时候观察一个遥远的星系，那么将看到它发出的光子发生红移，因为它正在远离我们。我们可以将这种效应解释为多普勒频移。但我们也可以将其解释为空间本身的拉长，即我们与遥远星系之间的距离在拉长，以及光子从这个星系向我们传播时的波长在拉长。在较粗的橡皮筋上画一个波形，然后拉伸橡皮筋，我们发现波长将变长。以下这两种对红移的解释是等价的：我们既可以将红移解释为空间膨胀导致遥远的天体正在远离的多普勒频移，也可以解释为由于空间本身的伸展而导致波长正在被拉长。来自早期宇宙的光子保留了其黑体（普朗克）频谱，但是由于空间扩展，它们的波长被拉长，光子的温度会下降。伽莫夫和他的学生阿尔弗与赫尔曼设想宇宙从炽热的大爆炸开始，然后一边膨胀一边冷却下来。

爱因斯坦大约在 1917 年思考宇宙的整体图像时提出了一个假设，即我们现在所称的宇宙学原理：在大尺度上，给定任何时刻，宇宙从任何角度看大致都是一样的。如果我们后退一步，看足够大的尺度，那么宇宙中物质的分布应该是均匀的。我们已经看到爱因斯坦假说的一个侧面——从任何给定星系的角度看，宇宙的膨胀都是一样的，因此我们推断宇宙没有中心。同理，一个无限大的平面没有可以标记为中心的点，一个球体的弯曲表面也没有可以标记为中心的点，因为球面上的所有点都是等价的。

今天我们环顾宇宙，它看起来一点儿也不光滑！太阳系的质量集中在行星和太阳上。恒星之间的距离相对于恒星本身的大小而言大得多。恒星聚簇成星系，星系之间相隔数百万光年的距离，星系又形成星系团。爱因斯坦的宇宙学原理告诉我们，我们应该继续向后退，看看成千上万个星系。我们将看到宇宙大致是均匀的。哈勃的观测表明，不同方向上暗淡的星系的数量差不多。宇宙确实在最大尺度上看起来是均匀分布的。

弗雷德·霍伊尔把这个想法向前推进一步，他声称宇宙不仅在空间上是均匀的（各向同性），无论往哪个方向看都一样，而且在时间上也是均匀的。霍伊尔认为，如果你回到过去，就会发现宇宙看起来应与今天差不多。如果物理定律不会随着时间而改变，那么宇宙为什么要改变？如果从字面上理解这个概念，那么宇宙就可能没有起点，也没有大爆炸，宇宙将永恒存在。霍伊尔称这个想法为"完美宇宙学原理"。考虑到宇宙在膨胀，星系之间的距离随着时间推移被拉大，霍伊尔不得不假设星系之间的空间正在生成新的物质，而这些物质最终形成新的星系。这个想法很疯狂，但他认为让宇宙从无限大的密度和无限高的温度（标志着时间的开始）开始形成的想法要疯狂得多。

这两种关于宇宙的想法中哪一个是正确的？随着我们继续探索大爆炸模型的预言，并将它的预言与我们观察到的结果进行比较，我们将看到支持大爆炸理论的经验证据确实非常强大，即它的预言与我们的观测数据相当吻合。

大爆炸模型做出的第一个预言是宇宙应该正在膨胀。的确，这正是我们观察到的。这个模型还预言宇宙的年龄是 138 亿年，而我们发现宇宙中最古老的恒星的年龄比这个值略微小一点。这一点也很一致。这是大爆炸模型无可置疑的成功。如果我们发现一颗恒星有 1 万亿年的历史，那么我们将被迫得出结论说大爆炸模型不可能是正确的。确实，我们过去曾经历过这样的危机：哈勃关于哈勃常数的第一个估计值是 $H_0 = 500$ 千米 /（秒 · 兆秒差距），相当于自大爆炸以来的时间仅为 20 亿年（$1/H_0$）。但从 20 世纪 30 年代的岩石放射性测量中，我们可以明显看出地球的年龄比宇宙还大。这个值与大爆炸模型不一致：地球不可能比宇宙还古老！这种矛盾是霍伊尔宇宙模型的一个论据，因为在他的模型中，宇宙的年龄无限大，而且它一直在膨胀，新星系一直在星系际空间中不停地形成。到了 20 世纪 50 年代和 60 年代，星系距离的测量技术有了很大的改进，哈勃常数的值大大变小了，它与最古老的恒星的年龄保持一致，这个问题得到了解决。

我们还看到大爆炸模型预言宇宙中每个氦核应该对应 12 个氢核，每个氘核应该对应 40000 个氢核。这与我们的观察惊人地一致。事情本来不必是这样的。在光谱学还不成熟之时，塞西莉亚·佩恩－加波施金等人已经确定太阳的组成元素主要是氢，那时人们对宇宙中元素的相对丰度几乎一无所知。

让我们来盘点一下大爆炸几分钟后都有了哪些元素。那时基本上所有自由中子都被融入了氦核，核反应停止了。到此阶段，宇宙已经太冷，密度太低，无法再进行进一步的核反应。除了这些氦核以及少量的氘核和痕量的锂核外，我们还有质子、电子、中微子和光子。更早时出现的正电子已与电子互相湮灭而生成更多的光子，仅留下了足够平衡所有质子电荷的电子。宇宙非常热。我们知道，热的东西会发射光子，因此还有很多光子。随着宇宙继续冷却和密度继续降低，它的构成在约38万年中没有变化。

到此为止，宇宙的物质形式是等离子体（正如恒星内部一样），原子核尚未和电子结合，而是彼此独立运动。宇宙中存在许多高能光子，如果一个电子暂时被一个质子截获而形成一个中性氢原子，那么这个原子将迅速被一个光子击中，使电子挣脱质子的束缚重返自由。此外，由于光子与自由电子（那些未被原子俘获的电子）的相互作用非常强烈，因此，光子走不了很远就会与另一个电子碰撞而转变方向（技术术语是"散射"）。这也就是说那时的宇宙是不透明的，有点儿像浓雾，看不到很远。这类似于恒星内部。我们发现恒星内部是不透明的，恒星内部以光子形式生成能量需要非常长的时间，长达几十万年才能漫射到恒星的外表面。

这件事到了大爆炸之后约38万年才发生了急剧的变化，那时温度已降到3000开。此时，光子不再有足够的能量使氢离子化，并且电子和质子开始配对形成中性的氢原子。中性的氢原子几乎不像单个自由电子那样散射光子。突然间，宇宙变得透明起来，浓雾被驱散了。现在光子可以沿直线运动了。

这暗示我们应该能够在当今的宇宙中看见这些光子。自从大爆炸 38 万年之后宇宙变得透明那一刻起，这些光子一直自由地奔向我们。如果宇宙没有边缘，我们就应该能够从天空的各个方向接收到这些光子。也就是说，无论你朝哪个方向看，在适当的距离上都应该存在发光物质，它们在大爆炸 38 万年后发出的光子刚好抵达我们。

这些光子是由温度为 3000 开的气体发出的，因此应该有一种那个温度的黑体辐射频谱。这样的黑体辐射频谱在波长约为 1 微米处达到峰值，然而我们还必须考虑另一件重要的事：宇宙正在膨胀！因此，这个 3000 开的黑体辐射发生了红移。从大爆炸 38 万年后到今天，宇宙已经膨胀了约 1000 倍。随着空间膨胀，辐射的波长将以相同的倍数被拉长。因此，热辐射的峰值波长现在是 1 毫米而不是 1 微米。如果峰值波长增加了 1000 倍，则温度会降低到原来的 1/1000。这意味着今天我们应该能够观测到天空中各个方向传来的温度约为 3 开的热辐射。这种辐射来自宇宙的年龄只有 38 万年的时候，仅相当于其现在年龄的 0.003%。

1948 年，阿尔弗和伽莫夫的另一位学生赫尔曼曾预言，今天的宇宙应仍充满大爆炸遗留下来的热辐射，并计算出它的温度到今天应降至约 5 开，接近正确值。

但是到了 20 世纪 60 年代，赫尔曼和阿尔弗的预言基本上被遗忘了，普林斯顿大学物理系的鲍勃·迪克、吉姆·皮布尔斯、戴夫·威尔金森 和彼得·罗尔用类似的推导过程得出了同样的结论。但他们的工作更进一步，他们意识到峰值为 1 毫米的黑体辐射实际上是可以用迪克开发的射电望远镜和传感器探测到的。（这意味着他们需要寻找微波，就像微波炉里的那种短波无线电波。）他们在普林斯顿大学的一栋教学楼的屋顶上搭建起一架微波望远镜，以查看是否可以探测到这种黑体辐射。如果大爆炸模型是对的，那么早期宇宙中就必须存在这种黑体辐射。

结果，他们的想法被人"窃取"了。那是在1964年，太空时代的早期，贝尔实验室开始考虑使用卫星进行长距离通信的可能性。贝尔实验室的两位科学家——阿尔诺·彭齐亚斯和罗伯特·威尔逊正在研究微波是否可以用来进行卫星通信，并试图确定在天空中接收到的这种微波辐射的性质。他们在新泽西州霍姆德尔市的贝尔实验室中使用一架大型射电望远镜进行研究。令他们感到惊讶的是，他们发现无论把望远镜指向天空中的哪个方向都能发现微波辐射。普林斯顿大学的家伙们听说这个消息后，意识到彭齐亚斯和威尔逊已经发现了他们预言的宇宙微波背景辐射。于是，两篇论文（一篇是普林斯顿大学预言宇宙微波背景辐射存在的论文，另一篇是彭齐亚斯和威尔逊发现宇宙微波背景辐射的论文）一起发表在1965年5月的《天体物理学》杂志上。

有了这个结果，大爆炸模型的另一个基本预言也得到了观测的证实。宇宙微波背景辐射在宇宙年龄为38万年时弥漫在整个宇宙中，因此我们应该可以从各个方向以相同的强度观测到宇宙微波背景辐射。这正是我们观测到的。这个观测提醒我们，大爆炸发生在所有地方，没有明确定义的中心，因此大爆炸的残余热辐射从各个方向以同等强度传到我们这里。1967年，彭齐亚斯和威尔逊公布了一个数字，将天空中弥漫的这种辐射的强度变化范围限制在几个百分点。随着技术的进步，测量手段越来越先进。正如下面将看到的，这种辐射实际上惊人地均匀，差异约为 1/100000。

阿尔弗和赫尔曼在 1948 年的原始论文中预测宇宙微波背景辐射的温度大约为 5 开。彭齐亚斯和威尔逊在他们的原始论文中提到这个温度为 3.5 开（后来精确到 2.725 开）。这与阿尔弗和赫尔曼的原始估计惊人地接近。宇宙微波背景辐射的发现终于使天文学界相信大爆炸模型是正确的。其他模型（例如弗雷德·霍伊尔主张的稳恒态宇宙模型）不能自然地解释宇宙微波背景辐射，而宇宙微波背景辐射是大爆炸模型的必然和直接结论。科学就是这样发展起来的，不断的检验使科学家对他们的想法越来越有信心。彭齐亚斯和威尔逊因宇宙微波背景辐射的发现而在 1978 年被授予诺贝尔物理学奖。

皮布尔斯和威尔金森于 1965 年才开始他们的科学生涯。宇宙微波背景辐射的发现使他们决定毕生致力于宇宙学研究，也就是将宇宙作为一个整体来研究。皮布尔斯成为该领域最重要的理论学家之一。威尔金森对宇宙微波背景辐射进行了更为精确的测量，开始在地球上使用射电望远镜，最终发射卫星从太空中获取数据。这里我应该提一下威尔金森是我的师祖。我的博士学位论文导师是马克·戴维斯，而戴维斯的博士学位论文是在威尔金森的指导下完成的。

威尔金森首先想解决的问题是宇宙微波背景辐射是不是一个黑体。威尔金森是宇宙背景探测器（Cosmic Background Explorer，COBE）项目的科学领袖之一。COBE 的设计旨在高精度地测量宇宙微波背景辐射的频谱，它取得了惊人的成功。COBE 测得宇宙微波背景辐射的频谱在（非常小的）误差范围内完全遵循黑体公式。这一实验被称为自然界最精确的黑体测量（见图 15.1）。

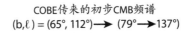

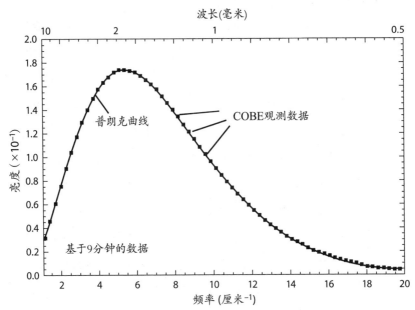

图 15.1 首次公开的宇宙微波背景辐射的频谱（来自 COBE）。威尔金森于 1990
年在普林斯顿大学的一次演讲中展示了 COBE 探测到的频谱，当场赢得观众的
阵阵掌声。COBE 传来的频谱与热辐射理论中的普朗克黑体曲线吻合得非常完
美。图中，普朗克黑体曲线用实线表示，黑色小方块表示测量误差。第 4 章和
第 5 章显示普朗克黑体频谱时采用对数坐标系，而本图采用线性坐标系，因此
二者看起来有些不同。

图片来源：改编自 J. 理查德·戈特的收藏。

威尔金森想解决的下一个大问题是宇宙微波背景辐射到底有多么均
匀。也就是说，它在各个方向上都有相同的强度（亦即温度相同）吗？

宇宙学原理假设宇宙在非常大的尺度上是平滑的，预言宇宙微波背景辐射应该极其均匀。彭齐亚斯和威尔逊的最初测量只能对它的平滑程度界定一个粗略的范围（几个百分点），但到 20 世纪 70 年代末期，威尔金森和其他人发现宇宙微波背景辐射的温度在各个方向上并不完全相同，而是跨越天空平滑变化，从天空的一侧到另一侧变化幅度约为 0.006 开。人们很快就明白了是什么导致这种变化的。除了因整个宇宙膨胀而造成的星系相对运动之外，星系还可以由于它们相互之间的引力而各自运动。此外，太阳正在绕着银河系的中心做圆周运动。这些运动的共同作用给了太阳一个相对于生成宇宙中的大部分物质的速度，约为 300 千米 / 秒。这导致宇宙微波背景辐射的多普勒频移约为 1/1000（因为 300 千米 / 秒是光速的 1/1000）。正如我们观察到的那样，宇宙微波背景辐射在顺着我们的运动方向上存在轻微的蓝移，而在逆着我们的运动方向上存在轻微的红移，并在这两者之间平滑变化。

我们现在应该暂停一下，需要重申尽管我们感觉自己静止不动，但实际上我们一直在运动。地球绕地轴自转，以北美洲的纬度而言，自转速度约为 270 米 / 秒。地球绕太阳公转，速度为 30 千米 / 秒。太阳以 220 千米 / 秒的速度绕银河系的中心运转，而银河系和仙女星系则以约 100 千米 / 秒的速度相互逼近。最后，这两个星系相对于可观测宇宙中的所有物质以近 600 千米 / 秒的速度运动。将所有这些不同方向的不同运动叠加起来，可以得出太阳相对于宇宙微波背景辐射以 300 千米 / 秒的速度运动。想想这一切就会令人头晕目眩。这个想法在爱因斯坦的相对论中得到了详细陈述，即一切运动都是"相对"的。如果没有精确的天文测量，我们就只会认为自己静止不动。

我们相对于宇宙微波背景辐射运动而引起的多普勒频移导致了

1/1000 的平滑偏差。这一偏差现在已经被非常精确地观察到了。因此，应减去这一效果。威尔金森想问的问题是，宇宙微波背景辐射是否存在任何内在的涟漪不是我们相对运动的结果。如果我们对大爆炸的理解是正确的，那么回答就一定是肯定的。早期宇宙不可能是完全平滑的，不可能那么均匀而没有任何偏差。完全均匀的宇宙将均匀膨胀，不会形成任何结构，即没有星系，没有恒星，没有行星，没有人抬头仰望天空好奇这一切是怎么回事。我们生活在一个有结构的宇宙中，的的确确与完全均匀存在偏差。也就是说，一个有人存在的宇宙告诉我们早期的宇宙不可能是完全平滑的，因此，宇宙微波背景辐射也不可能是完全平滑的。

宇宙中的结构是如何形成的？考虑早期宇宙的一个区域，假设它的物质密度略微高于邻近的区域。这个区域的质量也稍大一些，因此它的引力比周围的物质略大一些。一个随机运动的氢原子或暗物质粒子会被吸引到那个区域，从而以牺牲其周围区域的密度为代价来增大那个区域的密度。物质落入这个区域后，质量增加了。在这场万有引力的拔河比赛中，这个区域更有效地把更多的物质拉向自己。随着时间流逝，这个过程将导致物质密度的细微波动随时间越来越大，原则上足以形成我们今天在我们周围发现的结构。皮布尔斯在描述这个引力不稳定过程时说过一句干脆的话："引力捣鬼！"他喜欢这么说。

根据我们今天观察到的宇宙中的这么多结构，再根据万有引力，那么早期宇宙的涨落应该有多强？也就是说，在宇宙微波背景辐射中观察到的涨落应该有多强？这是一个棘手的计算：这件事比较复杂，因为宇宙在膨胀，同时物质在引力作用下相互结合。你还必须知道物质的所有组成成分，包括暗物质和由原子构成的普通物质。我们前面提到过，尽管宇宙（在大爆炸 38 万年后）仍然处于完全电离状态，但光子不断散射宇宙中的自由电子。这些光子的压力使普通物质（电子和质子）分布的波动不因引力作用而增大。假如整件事到此为止，那么只有当宇宙变为电中性时，涨落才可能由于引力而愈演愈烈。

然而，正如皮布尔斯在 20 世纪 80 年代意识到的，引入暗物质就可以解释这一差异。暗物质是"暗"的，这意味着它不与光子相互作用，因此暗物质的涨落会在引力作用下增强，对光压力无感。宇宙变成电中性后，普通物质会掉入已经生长了一段时间的暗物质团块中。因此，如果假设存在暗物质，我们就可以从宇宙微波背景辐射涨落比较小的初始条件出发，但如果仅存在普通物质（没有暗物质），那么宇宙微波背景辐射的涨落就必须比较大。到了 20 世纪 80 年代，宇宙微波背景辐射的涨落得到了极其严格的限制，以至那些不涉及暗物质的理论模型都被排除掉了。

我们从星系的旋转推导出暗物质的存在，而暗物质的存在也有助于理解宇宙微波背景辐射。暗物质是由什么构成的？如果我们将氢元素的丰度尤其是氘的丰度与关于早期宇宙发生过程的预言进行详细比较，就知道普通物质（即由质子、中子和电子构成的物质）的平均密度仅为 4×10^{-31} 克／厘米 ^{3}，相当于每 4 立方米只有一个质子！我们想起星系里恒星和恒星之间以及星系和星系之间的空间非常大（几乎是空的）。但是测量了星系的运动轨迹以及宇宙微波背景辐射的波动（下面将描述）以后，我们知道宇宙中物质的总密度大约是它的 6 倍。造成这个差异的就是暗物质，但我们的结论是暗物质不可能由普通质子、中子和电子构成。我们怀疑暗物质是由尚未发现的看不见的基本粒子构成的，大概是在早期宇宙极高的温度和压力下形成的，正如质子、中子和电子一样。关于这些基本粒子可能是什么已经有了许多猜测。有一个理论叫超对称理论，它预言我们观察到的每一个粒子应该有一个巨大的超对称伴侣，如光子有超光子，电子有超电子，引力子有引力微子，等等。搜索此类粒子的工作正在大型强子对撞机上进行。如果其中的一种粒子被发现，超对称理论就得到了证明。1982 年，皮布尔斯提出暗物质是由弱相互作用大质量粒子（Weakly Interacting Massive Particles，WIMPs）组成的（天文学家就是这么称呼这些粒子的），它的质量比质子质量大得多。已知粒子最轻的超对称伴侣可能刚好满足你的需要。乔治·布卢门撒尔、海因茨·佩克斯和乔尔·普里马克于 1982 年提出引力微子为候选粒子。它必须是最轻的，因为如果再重一点儿，根据这个理论，这个粒子就不稳定，会衰减为更轻的粒子，因此它不会驻留很久。

另一个猜测称暗物质可能由称为轴子的基本粒子构成。位于瑞士与法国边境的大型强子对撞机是世界上最强大的粒子物理实验装置，也可能是最有希望找到和识别出这些候选粒子的装置。但如果银河系的质量主要是暗物质，我们猜自己的身边就应该有暗物质粒子。暗物质粒子现在应该正在穿过你的身体，只是它们看不见。这意味着它们不大与普通物质相互作用（引力除外）。然而根据暗物质的超对称模型或轴子模型，在极其罕见的情形下，暗物质粒子可能与原子核发生相互作用并引起某种我们可能观察到的反应。目前实验正在进行中，目的是寻找这种反应。这件事很难：一个这样的实验需要用掉 100 千克液态氙，目的是寻找那一下闪光。如果一个暗物质粒子与一个氙核发生散射，就应该出现一下闪光。这些实验装置被放置在深深的矿井中，以尽量减少正常粒子相互作用所造成的干扰。这些实验目前尚未找到令人信服的暗物质存在的证据，但暗物质性质的实验界限正在逼近粒子物理模型所预言的范围。寻找暗物质粒子将我们带到粒子物理学的最前沿。

引入了暗物质，有人预测宇宙微波背景辐射应该是平滑的，波动幅度为十万分之一。COBE 上的仪器的灵敏度可以达到这一要求。我记得 1992 年曾听过威尔金森为普林斯顿天文爱好者做的一次演讲，他介绍了 COBE 的测量数据。宇宙微波背景辐射应有的波动（根据我们对炽热的大爆炸宇宙结构生长的理解）终于被 COBE 探测到了，波动幅度为十万分之一，正是皮布尔斯等人预言的。

当有了精度更高的测量宇宙微波背景辐射波动（专业术语是"各向异性"）的仪器后，威尔金森就已经在考虑下一代卫星了。威尔金森组建了一个团队（其中包括许多来自 COBE 项目的退役工作人员）制造微波各向异性探测器（Microwave Anisotropy Probe，MAP）。MAP 于 2001 年发射，用于描绘天空，时间长达 9 年。

不幸的是，威尔金森在此期间一直患有癌症。威尔金森于 2002 年 9 月去世，他在去世前曾看到 MAP 传来的早期结果。2003 年 2 月，研究小组发表了第一年的数据结果。美国国家航空航天局决定以威尔金森的名字重新命名这个探测器，此后它被称为威尔金森微波各向异性探测器，也就是 WMAP。

图 15.2 显示了 WMAP 经过 9 年数据采集（在 2010 年）发现的宇宙微波背景辐射的温度波动。椭圆形图像映射了整个天空的范围。银河系的北极在顶部，南极在底部。银河系的赤道就是银河平面横穿地图中间的那条线。由银河系中星际介质的辐射以及我们与宇宙微波背景辐射的相对运动所导致的千分之一的偏差已经被减去。

这张照片确实是宇宙的婴儿照，是我们直接观察到的非常年幼的宇宙的照片。在漫长的 138 亿年的岁月里，这些光子从宇宙的年龄为 38 万岁时开始就一直在向我们传播。这张图已经把对比度调高，因此最深的红色和最深的蓝色对应于几倍于 ±0.001% 的波动，更典型的值为 ±0.001%（即十万分之一）。

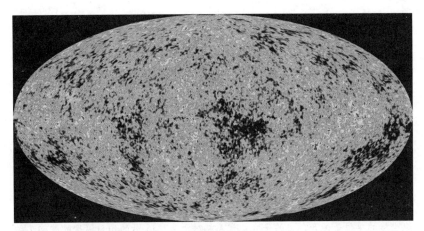

图 15.2 宇宙微波背景辐射的温度波动，基于 9 年的数据采集绘制而成。这是整个天空的地图，投影角度与图 11.1 和图 12.2 相同。银河系本身的微波辐射已被减去，由地球相对于宇宙微波背景辐射的运动所引起的多普勒频移也被减去。红色表示略高于平均温度，蓝色表示略低于平均温度，绿色表示中间温度。

图片来源: WMAP。

图 15.3 显示了以这些波动的强度作为角尺度（请注意下面的横坐标的刻度）的函数关系。这些测量来自欧洲航天局后继发射的一颗卫星（称为普朗克卫星）以及地面上的其他各种望远镜。

在角尺度为 1° 的地方有一个峰，对应于 WMAP 图像上典型"隆起"部分的大小。这幅图告诉我们，从一个 18° 宽的扇面到另一个 18° 宽的扇面的变化比从一个 1° 宽的扇面到另一个 1° 宽的扇面的变化要小。在误差线小得看不出来的地方，观测误差小于红点自身的大小。

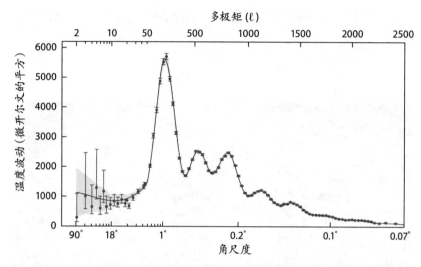

图 15.3　红点表示以宇宙微波背景辐射的波动强度为角尺度的函数，绿色曲线是普朗克卫星小组于 2013 年计算出来的理论值，本图对二者进行了比较。纵向画出了以宇宙微波背景辐射的温度变化强度（功率）为波动幅度（度数）的函数。纵坐标的单位是微开尔文的平方，代表相对于 2.7325 开的均匀温度的波动（约十万分之一）。曲线中的振荡是由声波在整个宇宙中传播直至重组所引起的。穿过数据点的实线是大爆炸模型的预期曲线，包括暗物质、暗能量和宇宙膨胀的效应（将在第 23 章中进一步讲解）。它与观测结果基本上一致，令人震惊地证实了大爆炸模型。人们根据早些时候从 WMAP 传来的数据得出了大致相同的结论。

图片来源：欧洲航天局。

　　穿过这些点的平滑的绿色曲线就是基于大爆炸理论进行的理论计算的结果，包括暗物质、暗能量和宇宙膨胀效应（在第 23 章中会有更多的介绍）。在大角尺度内，绿线被加宽，以涵盖理论预测的预期散点。我们可以看出二者惊人地一致：观测值沿着绿色的理论曲线落入观测到的误差之内。大爆炸模型收获了另一个成功：它详细预言了在宇宙微波背景辐射中观察到的极为细微的波动的性质。

　　物质经过重组之后开始凝聚，变为越来越致密的物质团块，第一批恒星和星系形成了。但考虑到我们在宇宙微波背景辐射中看到的结构的角直径的大小，我们预测宇宙中应该存在比星系更大的结构，因为星系的跨度只有10万光年。也就是说，星系在空间中不应该是随机分布的，而应该被组织在更大的结构中。为了绘制这些结构，我们回到哈勃定律。记住，当看一幅天文图像时，我们看到的物体与画在二维穹顶上的一样。我们根本没有深度感知，也不一定能区分哪些星系离我们近，哪些离我们远。但是哈勃定律为我们提供了一种方法，让我们能够探知三维空间：通过测量每一个星系的红移量，我们可以确定它们的距离，并看看星系在空间中是怎样分布的。

从20世纪70年代后期开始，天文学家开始认真地测量成千上万个星系的红移，并绘制星系的三维分布图。他们立即注意到这些星系在太空中的分布根本不是随机的。他们发现了含有数千个星系的星系团（跨度达300万光年）以及几乎完全不包含星系的空的区域（跨度达3亿光年）。这些早期宇宙分布图使人们开始怀疑宇宙学原理。从这些图来看，宇宙有如此明显的结构，因此，人们怀疑是否真的存在一个使宇宙看起来平坦的尺度。如果对更大的区域进行测绘，是否会呈现出更大的结构？斯隆数字巡天项目的设计目的之一就是要回答这个问题。该项目使用一架专门用来绘制天空的望远镜，已经测量了200多万个星系的红移。图15.4展示这些星系的一小部分，它们位于地球赤道面上4°宽的扇面中。如果我们在一幅图中向你展示所有数据，图中点的密度将会很高，以至于看起来漆黑一片，你无法看出任何结构。

图15.4中的点超过50000个，每一个点代表一个包含1000亿颗恒星的星系。这是一个庞大的数字，因此，多花一些时间欣赏一下这幅图是值得的。

我们在这幅图中可以看到两大块比萨，银河系位于中心。这个巡天项目未能覆盖左侧和右侧的空白区域，因为它们被银河系的尘埃遮蔽住了，我们很难看见遥远的星系。

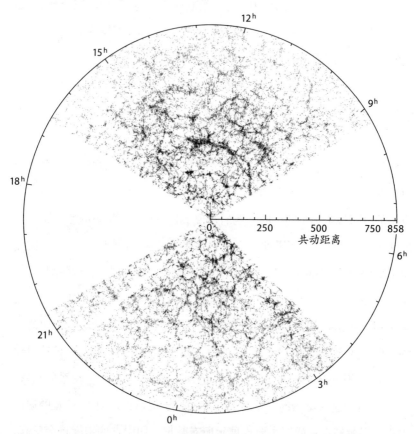

图 15.4　赤道层的星系分布。银河系处于中心，每个点代表一个星系。巡天图中星系分布在两个扇面上，两个空白区域是巡天未覆盖的区域。该图所示区域的半径约为 28 亿光年。

图片来源：J. 理查德·戈特和 M. 尤里奇等，《天体物理学》杂志，2005 年，624: 463~484。

这幅图的半径是 860 兆秒差距，差不多为 30 亿光年。在这张照片中，星系团也显得很小。大多数星系似乎都沿着一条条纤维结构排列，星系串联起来长达数亿光年。有一条纤维结构特别突出，被称为斯隆长城，出现在图像中心的上方。它的长度为 13.7 亿光年。但两块比萨没有一个结构贯穿整个宽度，表明在最大尺度上爱因斯坦的宇宙学原理是成立的。

星系的密度在图的外缘附近急剧下降。这并不是证明宇宙学原理是错误的，它只是反映了以下事实：这些区域中的星系距离我们最遥远，因它们最暗淡，它们中只有一小部分的光度高到能够被斯隆数字巡天仪测定光谱。

将这幅图与 WMAP 的宇宙微波背景辐射图像进行比较，考虑到我们今天看到的星系分布，仅仅十万分之一的波动有没有可能演化成今天如此令人难以置信的宇宙结构？这并不明显，即使存在引力不稳定性过程。根据引力不稳定方程组（基于牛顿的万有引力定律，加上宇宙膨胀的复杂性），可以求得近似解，并且知道这些数字大致上是对的，但要想使计算得当并理解宇宙中每一块物质对任何其他物质团块都有引力作用，则需要一台大型计算机。我们需要从宇宙微波背景辐射图像中测得的物质分布的细微波动这个初始条件出发，然后让万有引力接管，加上宇宙膨胀的因素，让计算机模拟 138 亿年来宇宙结构的演化。结果显示，计算机模拟的结构类型与我们在星系图像中看到的有些相同，如星团、空隙和纤维结构的大小和明暗对比刚好可以匹配我们的观察结果。

当然，我们并不指望计算机模拟能够生成与当今宇宙完全一样的结构，只是希望结构具有相同的统计性质。请记住，我们在宇宙微波背景辐射中看到的那部分宇宙离我们很远，我们没看到这种物质演变成我们附近的星系。但我们确实假设那些产生宇宙微波背景辐射的物质的一般性质（包括它的波动）与产生我们周围的星系的物质具有统计意义上的相似性。总体而言，基于大爆炸模型的大型计算机模拟已经成功地复制了我们观察到的丝状网状结构。

这样，大爆炸模型最终大获全胜。我们探索了这一模型的预言，并想尽办法对它们与观察结果进行了比较。我们推断，宇宙诞生于138亿年前，这与最古老的恒星的年龄高度吻合（即宇宙的年龄稍大）。我们得出的结论是氢核和氦核是在大爆炸后的最初几分钟内形成的，二者的比率是12：1。这正是我们观察到的，并且我们能够预言生成的氘的量。这也与观察结果一致。我们预言了宇宙微波背景辐射的存在以及它的各种性质，如频谱、温度以及令人难以置信的平坦性。所有这些都与观察结果完美一致。也许最令人印象深刻的是，我们预言宇宙微波背景辐射不应该完全平坦，而应该显示十万分之一的波动，并且预言了取决于角尺度的波动变化范围所遵循的复杂曲线。WMAP和普朗克卫星的测量结果也证实了这一预言。最后，关于这种波动在引力不稳定时如何增长，我们的计算机模型预言出了今天高度结构化的宇宙，正如斯隆数字巡天项目绘制的天图所揭示的那样，在数亿光年长的纤维结构上排列着点点星系。大爆炸模型"远远不只是一个理论"：它有大量证据支持，有经验证据，有定量证据。它经受住了我们对它的一次又一次检验，以优异成绩通过考试。

第 16 章　类星体与超大质量黑洞

迈克尔·A. 施特劳斯

　　射电天文学（研究的天体发射的电磁辐射波长超过 1 厘米）在 20 世纪 50 年代仍处于幼年时期。当时的射电望远镜正在绘制天空的第一幅射电天图。要想确定所看到的射电发射源到底是由哪些天体发射出的可不容易，因为射电望远镜的分辨率不足以准确定位天空中的射电发射源。也就是说，它们只能确定某个发射源最接近某个位置的程度，而天空的那个区域里有数千个恒星和星系，到底是哪个在发射射电波，一点儿也不明显。

　　当时最好的射电天图是由英格兰的射电望远镜绘制的，负责这项天空测绘项目的剑桥大学天文学家出版了根据这些天图发现的射电发射源的几本分类目录。我们的故事就从第三本目录的第 273 个条目（简称 3C 273）开始讲起。月球在天空中行进的路径偶尔穿过 3C 273，如果精确知道这个射电发射源何时消失在月球后面，天文学家就能更精准地定位这个发射源的位置。然后天文学家在可见光下拍摄那一天区的图像，看到底是哪一个发射源发射了那个射电辐射。令他们感到惊讶的是，3C 273 看起来恰好像一颗恒星，它太微弱，以至肉眼无法看到，但它足够明亮，用当时世界上最大的可见光光学望远镜——帕洛玛山天文台的 5 米口径的望远镜很容易研究。加州理工学院的年轻教授马丁·施密特知道，要想了解它是哪种恒星，需要测量其光谱。他在 1963 年使用 5 米口径的望远镜获得了光谱，但是当他第一次查看数据时，简直无法解释自己所看见的东西。

他看见一系列非常宽的发射线，其波长不与他以前见过的任何原子对应。他的第一个想法是这可能是某种非常不同寻常的白矮星，但后来在一个"啊哈"的瞬间，他突然间意识到这种发射线只不过是人们所熟悉的氢的巴耳末系。关于这种巴耳末线系形成的一种规则模式，研究恒星的人都很熟悉。但这些谱线不在他们熟悉的波长处，而是整体向红色一端移动了 16%。这可是个惊人的数字（见图 16.1）。也就是说，这种光谱的特征波长比地球上的实验室观测到的巴耳末跃迁的波长长 16%。

这有没有可能是由于宇宙膨胀而产生的红移？一个高红移对应大约 20 亿光年的距离（使用现代的哈勃常数值计算得到）。当时已知星系中只有少数有这样的高红移，但用当时的望远镜观察时，它们在目力可及范围内看起来非常暗淡。然而 3C 273 的亮度比这些暗淡模糊的星系高好几百倍，而且它看起来像一颗恒星，就是一个光点，没有星系那么大。这只有两种解释：第一，也许这个天体距离我们比较近，远比 20 亿光年近得多，甚至可能就在我们自己的银河系里，而且它的红移与宇宙膨胀毫无关系；第二，这颗恒星的光度非常高。反比平方定律告诉我们，如果像 3C 273 这么亮的恒星真的位于 20 亿光年的距离，则其光度必须比一个含有 1000 亿 颗恒星的整个星系还要亮数百倍！

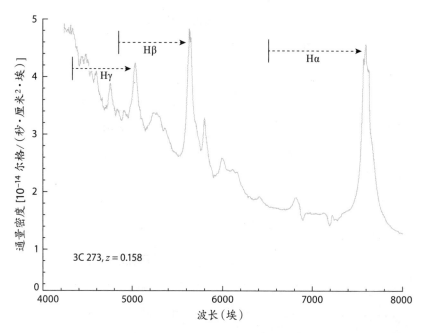

图 16.1 类星体 3C 273 的光谱，最强的发射线是氢的巴耳末线系。对于每种情况，箭头都是从静止波长指向观察到的波长，都向红色一端移动了 16%。光谱中其他明显可见的发射线是氧、氦、铁等其他元素的。

图片来源：迈克尔·A. 施特劳斯，摘自智利拉西拉的新技术望远镜观测的数据；M. 图勒等，《天文学和天体物理学学报》，2006 年，451：L1~L4。

施密特向他的同事杰西·格林斯坦讲述了他的发现。刚好格林斯坦曾经测量过另一个射电发射源 3C 48 的频谱。格林斯坦立即意识到这两个天体一定是相似的，3C 48 的红移量甚至更高，为 0.37（或 37%）。施密特想，一定有很多这样的天体有待发现，他最好赶快找到它们。随着他和其他人发现了越来越多的这种天体（具有类似恒星的射电发射源，而且红移量越来越高），他们需要为这种天体命名。他们使用的第一个术语是"准星体射电发射源"，但这个名字说起来实在太啰唆，很快就被简化为"类星体"。虽然第一批类星体都是根据其射电辐射而被发现的，但（以测定哈勃常数闻名的）艾伦·桑德奇很快就发现这种很像恒星而又没有相关射电辐射的天体在高红移区也有，实际上大多数类星体在频谱的射电波段都比较微弱。

在第 12 章中，我们提到过弗里茨·兹威基，他是施密特和格林斯坦在加州理工学院的同事，是 20 世纪天文学界最杰出、最古怪的人物之一（见图 16.2）。他做出的一系列发现远远走在时代的前面，其他人要花几十年时间才能追上他。我们已经看到兹威基是第一个根据星系在星团中的运动推断暗物质存在的人。直到 20 世纪 70 年代莫顿·罗伯茨和维拉·鲁宾等开始测量星系外围的旋转，而耶利米·P. 奥斯特里克、吉姆·皮布尔斯和阿莫斯·耶希尔开始利用稳定性理论论证星系中的确存在大量暗物质，这个想法才在天文学界站住脚。 1934 年，兹威基和

图 16.2 弗里茨·兹威基在他的星系目录旁打着手势。

图片来源：加州理工学院档案馆。

他的同事沃尔特·巴德提出一个（正确的）假设：中子星可以在超新星爆发中形成。仅仅 30 年后，这个想法由于脉冲星的发现而得到证实。实际上"超新星"这个词正是由兹威基和巴德发明的。兹威基还正确预言爱因斯坦的广义相对论中的光线弯曲效应可能使远处的星系看起来有一种引力透镜效应，这种效应放大了其后面更远星系的光。这一预言的提出比观测到这一现象早了几十

年。另外，他声称自己才是第一个发现类星体的人。

兹威基知道自己聪明，如果他认为别人误解了他的观点，他就会直言不讳。由于兹威基无法使用帕洛玛山天文台的 5 米口径的望远镜，他的大部分工作是利用帕洛玛山天文台的一台口径为 46 厘米的小型测绘望远镜完成的。他用这台望远镜发现了超新星（他在一生中发现了 100 多颗超新星）并制作了星系目录。他注意到他的列表里有一些非常小的星系，它们看起来几乎像恒星。但是由于他不能用 5 米口径的望远镜进行观察，他无法测量这些星系的光谱并确定它们的物理性质。他注意到一些小一点儿的星系后来被证明是施密特和桑德奇发现的类星体，他说这些类星体的发现权应归他。他这么说有一定的道理。

加州理工学院的研究生非常喜欢兹威基。兹威基于 1974 年去世，我的同事吉姆·冈恩（20 世纪 60 年代，他在加州理工学院读研究生）和 理查德·戈特（1973—1974，在那里做博士后研究）深切怀念他。

兹威基的基本洞察是正确的。有一些星系看起来很小，星系中心似乎有无法分开的点状光源，光度高得令人难以置信，让星系周边黯然失色，使星系本身看起来几乎呈点状，就像一颗恒星。

通过哈勃太空望远镜拍摄的类星体照片可以清楚地看到这种现象，图像边缘清晰，可以区分类星体所发出的光和它所在星系周围暗淡的光。这些照片是由我的妻子索菲亚·基尔哈科斯与她的同事约翰·巴赫卡尔和唐·施耐德合作拍摄的，所以我特别高兴在这里展示这些图像（见图 16.3）。每幅图像中心都有一个非常明亮的光点，那就是类星体本身，它被一个星系所环绕，其中一种情况似乎是一对星系即将发生碰撞，可以看见旋臂。此类图像平息了长期关于类星体距离的争议：类星体的确处于它的红移所暗示的范围内（它们并不是银河系里奇怪类型的恒星），因此它们的发光能力大得令人难以置信。

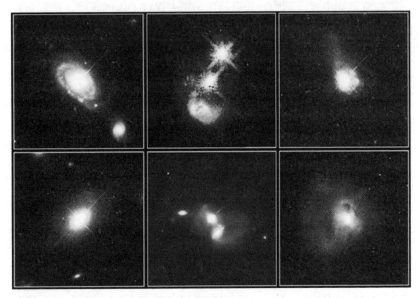

图 16.3　类星体位于它的星系里，用哈勃太空望远镜拍摄。

图片来源: 美国国家航空航天局的 J. 巴赫卡尔和 M. 迪士尼。

　　要想理解类星体到底是怎么回事，让我们回到 3C 273 的光谱上。这种发射线很宽，波长范围的跨度较大。我们在第 6 章中了解到原子跃迁对应某个确切的能态，也就是特定的波长。我们知道这是多普勒频移的一种表现：类星体内部有气体在运动，其运动速度在一定范围内有快有慢。类星体作为整体正在以光速的 16% 远离我们，但类星体内部的某些气体相对于整体正在朝我们运动（相对于发射线平均值的蓝移），而一些气体正在远离我们（一部分发射线的红移更厉害），从而扩大了发射线的宽度范围。考虑这种围绕一个质心做圆周运动的气体的辐射：沿着圆形轨道的每个点都有气体，每个点的运动沿视线的分量都不同，因此多普勒频移也不相同。 较宽的发射线对应多普勒频移较宽的范围。

我们可以更进一步。发射线的宽度告诉我们气体运动的速度有多快。类星体运动速度的典型值为 6000 千米 / 秒。 存在某种因素导致气体以如此巨大的速度运动。我们假设这种运动是由引力引起的，即气体正在围绕某个核心物体在轨道上运动，我们想认识这件事的本质是什么。

那么，这个轨道的半径是多少? 如果我们可以确定这个数值，那么就可以利用牛顿定律和我们对速度的了解计算这个中心物体的质量必须有多大。我们已经看到类星体看起来像一个点，看起来像恒星，因此它们小于我们的望远镜能分辨的尺度。当人们发现类星体是可变的时，才找到测定它的真实大小的线索。类星体的亮度在一个月左右的时间尺度内发生显著变化。

想象一下类星体发出的光来自一个直径为 1 光年的区域，从它的正面发出的光（如我们所看见的）比从它的背面发出的光早一年到达我们这里。即使整个结构的亮度瞬间增大两倍，我们检测到的亮度也会在一年的时间内逐渐增大，因为首先到达我们这里的是类星体的正面发出的光，然后是它的背面发出的光。但我们看到类星体以一个月为时间尺度改变自己的亮度，这件事告诉我们它们的大小不可能超过 1 光月（光在一个月内传播的距离）。 这个尺度小得惊人。请记住，银河系里恒星间的距离为好几光年，而这个直径为 1 光月的物体（甚至更小）所发射的能量相当于好几百个普通星系发出的能量的总和。

现在我们知道了气体在类星体内的移动速度，也知道了它与引起它做引力运动的物体之间的大致距离。我们曾经在第 12 章中根据太阳绕银河系运动的轨道计算银河系的质量，现在我们可以仿效这一方法计算一下类星体的质量（质量正比于速度的平方乘以半径）。当我们用这种计算方法对类星体进行计算时，发现质量大得惊人，是太阳质量的 2 亿倍。

让我们来总结一下：类星体位于星系的中心，其直径小于 1 光月，光度比整个星系还高出数百倍，质量是太阳质量的数亿倍。质量巨大而体积微小，这是什么？可能是黑洞吗？ 可黑洞应该是黑的，光线无法逃逸出去，而类星体是宇宙中最亮的天体之一。此外，我们知道形成黑洞的唯一方法是使一颗巨大的恒星坍塌。我们知道质量最大的恒星的质量也许是太阳质量的 100 倍，这种方法不可能制造出相当于 2 亿倍太阳质量的黑洞。这到底是怎么回事？

黑洞的质量可以增长，因为气体可以掉入黑洞。如果气体径直进入黑洞，它就会被黑洞吞没，消失得无影无踪，除了使黑洞的质量增加之外没有其他效应。但更可能的情况是，气体进入黑洞时相对于黑洞有一点儿侧向运动或角动量，也就是说气体不是径直落入，而是绕着黑洞转。正如恒星在银河系中沿一定轨道运行一样，黑洞周围的气体也位于一个扁平的转盘上。黑洞的引力很强大。离黑洞最近的气体运动得最快，快得相对于光速不可忽略。离黑洞较近的气体的运动较快，它们会与稍微远一点儿的气体发生摩擦。摩擦使气体的温度大大升高，高达数亿摄氏度。热的东西辐射出巨大的能量，正如我们一次又一次看到的那样。

因此，尽管黑洞本身不可见，但黑洞周围的气体在完全落入黑洞之前可能发出非常强烈的光。类星体是一个超大质量黑洞，周围环绕着一个充满炽热气态物质的扁平圆盘，它发出的光可以照亮整个星系。的确，在此过程中落入的物质可能导致一个质量相对较小的黑洞（可能是一颗大质量恒星死去而诞生了一颗超新星）成长。随着物质的落入，转盘中的物质像类星体一样发光，不断向黑洞里添加质量。随着气体以螺旋式坠入黑洞，引力井越来越深，驱动类星体的引力能量转化为动能。当气体最终完全进入黑洞时，黑洞的质量得到增加。这种积聚过程经过数亿年之后，可能导致黑洞的质量达到数百万倍甚至数十亿倍太阳质量。

靠近黑洞的转盘的能量极大，能发射高能粒子。这些粒子被转盘本身阻挡，因此它们必须作为一股喷流垂直于转盘射出，部分被强磁场挟持。在图 16.4 中的 5 点钟方向，可以看见一条细长的喷流像一根微弱的线。这就是哈勃太空望远镜拍摄的 3C 273 的照片（图中类星体本身发出的那几条又直又长的线是望远镜光学器件的伪像）。

这类喷流是物质掉入黑洞的标志。椭圆星系 M87 是我们附近质量最大的黑洞之一，它的质量是太阳质量的 30 亿倍。它喷射出一条喷流，其长度约为 5000 光年。

人们往往把黑洞想象成宇宙真空吸尘器，它们会吞噬周围的一切。然而想象一下，假想明天太阳突然魔幻般地变成了一个（质量相同的）黑洞。这个消息对我们来说当然太可怕了，因为我们不能再从太阳那里接收热量和光了，地球将成为一个大冰球。但地球的轨道不会改变。地球绕太阳公转的角动量将使我们继续在原来的轨道上运转，与过

图 16.4 类星体 3C 273 和它的喷流。
图片来源：哈勃太空望远镜。

去的 46 亿年一样。同理，绕位于银河系核心的黑洞公转的恒星也不会那么快被黑洞吞噬。这个黑洞可能在遥远的过去曾经经历过一场类星体阶段，然后才演化到今天 400 万倍太阳质量这么大。通过绘制每个恒星围绕它运行的轨道，我们可以测定它今天的质量。然而现在没有物质落入这个黑洞，所以无法形成吸积盘，因此目前这个黑洞是"静态"黑洞，不像类星体那样发光。

在我们附近的宇宙空间中，类星体很罕见。实际上，距我们 20 亿光年的 3C 273 是最近的发光类星体之一。类星体在早期宇宙中更为常见。大多数类星体都有很大的红移量，因此距离我们很遥远。这些遥远的类星体发出的光传播了数十亿年才到达我们这里，因此我们今天看见的是它们在宇宙年轻得多的时候的样子。宇宙中类星体的数量随时间发生了变化，这个事实是"演化的宇宙"的直接证据，与霍伊尔的完美宇宙学原理（见第 15 章）相矛盾。霍伊尔的原理支持永恒不变的宇宙。

根据在早期宇宙中看到的类星体的数量，我们预言当今宇宙中一定到处都有超大质量黑洞。黑洞只会成长，一旦形成就不会消失。（我们将在第 20 章中看到，黑洞最终会由于量子效应而蒸发，但是对于超大质量黑洞来说，这个过程很漫长，并且这里讨论的是数十亿年的时间，所以这个蒸发过程可以忽略不计。）但今天我们并没有在附近的星系中看见像类星体一样闪烁的黑洞，这只是告诉我们它们目前处于静态，没有气体坠入。银河系中心有一个超大质量黑洞，通过观察它附近的恒星的运动，我们可以推断出它的存在。

在其他星系的中心寻找黑洞很不容易。如果黑洞没有吸入吸积盘的气体，我们就看不到类星体的发射。但是，我们可以利用星系中心附近的恒星的多普勒频移来推断是否存在质量巨大的受引力作用的物体。对于离我们较近的星系，这一点最容易做到，我们可以分辨出这些中心区域。如果这里有黑洞，那么它的引力就将控制恒星的运动模式。

现在，天文学家已经对约 100 个星系进行了详细搜索，看看是否有黑洞存在。在每一种情况下，他们以足够高的灵敏度检测黑洞，也确实找到了星系中心存在超大质量黑洞的证据。据我们所知，基本上每个具有明显核球的大型星系（即椭圆星系和大多数旋涡星系）的中心都存在一个黑洞。银河系核心的黑洞的质量只有太阳质量的 400 万倍，相对来说是个侏儒。在我们附近的星系中，质量最大的黑洞的质量是太阳质量的数十亿倍（如我们在 M87 中看到的黑洞）。此外，椭圆星系的跨度越大（或旋涡星系的核球越大），黑洞的质量就越大。典型的黑洞质量约为星系核球中所有恒星总质量的 1/500。

类星体发出的光使它看起来比星系明亮得多。因此，一个遥远的类星体看起来比起一个同样遥远的星系要亮得多，也就更容易被看见。在宇宙中，我们能看见的最遥远的类星体是哪一个？由于光速有限，我们看见的来自如此遥远的类星体的光早就出发了，那时的宇宙比今天年轻得多。在天文学里，当我们观察距离非常遥远的天体时，我们实际上正在考察它的过去，我们的望远镜就是时间机器。

在第 15 章中，我曾介绍过斯隆数字巡天项目。这个项目已经为 200 万个星系拍摄了图片，并且测量了它们的红移。它还获得了 40 多万个类星体的光谱。从这些采集来的样本中，我们知道类星体在大爆炸之后的 20 亿~30 亿年最常见。今天发现的大星系里超大质量黑洞的大部分质量正是在那个时候积累起来的。大爆炸之后 20 亿年，也就是距今大约 120 亿年前，对应的红移为 3。也就是说，类星体的光谱线看起来波长为 4（即红移 +1）乘以假如没有宇宙膨胀时它们的波长。在这种情况下，红移不是一个细微现象，而是一种很大的效应！

埃德温·哈勃发现了红移与星系距离之间的线性关系。在红移非常大的情况下，这种关系更加复杂。事实证明，红移为 3 的类星体距地球约 200 亿光年。如果宇宙的年龄只有 138 亿年，那怎么可能呢？请记住，自从光离开类星体到现在抵达我们这里，宇宙已经膨胀了 4 倍（再说一遍，红移 +1），膨胀的宇宙带着类星体走得更远了。这 200 亿光年的距离就是今天这个类星体所在的位置（我们称之为共动距离）。

图 16.5 显示了我和我的同事在斯隆数字巡天项目中发现的最遥远的类星体的频谱。波长为 9000 埃（0.9 微米）的非常强的发射线对应于氢原子从第二能级跃迁到基态时的发射线——莱曼阿尔法线。该发射线朝蓝色方向移动（即波长较短处），谱线下降至零。这刚好是分布于类星体和我们之间的那部分空间中的氢气的吸收效果。光谱显示近红外波段有发射，而更短的波段基本上没有任何发射。这使该物体看起来非常红。

这样，寻找红移最大的类星体的工作就变得非常简单，即在斯隆数字巡天图像中尽可能寻找最红的物体。这并不像听起来那么容易。这个巡天项目勘测的结果包括大约 5 亿个天体的图像，并且我们必须确保任何看起来呈红色的物体不是由某种罕见的处理故障引起的。

这里还有一个难题。根据我们对恒星的研究，恒星越冷时看起来越红。 1998 年我们获得了第一批斯隆数字巡天图像后，我的学生樊晓辉和我启动了一个根据数据搜索最红物体的光谱的程序，以确认它们是不是类星体并确定它们的红移。我们使用的是阿帕奇·波因特望远镜（属于新墨西哥州太阳黑子天文台，刚好是斯隆数字巡天望远镜所在的同一个天文台）。这台望远镜可通过互联网远程操作。我们不必飞到新墨西哥州，只需在家里早一点儿吃晚餐，然后开车去办公室，在办公室中向

3200 千米以外的望远镜发送指令进行观测。

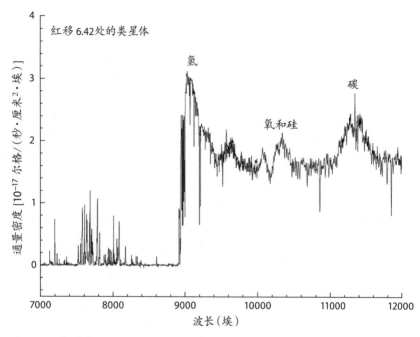

图 16.5 类星体 SDSS J1148 + 5251 在红移 6.42 处的频谱。 该类星体是由迈克尔·A. 施特劳斯、樊晓辉及其同事于 2001 年发现的，这是从发现之日起到 2011 年已知红移最大的类星体。我们看到的这个类星体发出的光是它在宇宙年龄小于 9 亿年时发出的。该类星体发射线上最强的峰氢原子发射（从第二能级跃迁到基态，见图 6.2）所致，它的波长已经发生了大幅红移，从静止波长 1216 埃拉长到 9000 埃。 9000 埃以下的光谱急剧下降是类星体和我们之间的氢气吸收所致。

图片来源: 迈克尔·A. 施特劳斯。数据来源: R. L. 怀特等,《天体物理学杂志》, 2003, 126: 1; A.J. 巴特等,《天体物理学杂志快报》, 2003, 594: L95。

当我们开始测量这些非常红的物体的光谱时，我们几乎立即获得了有价值的发现，但方向出乎意料。我们偶然发现混杂在各种高红移类星体之中的一些已知最"冷"（因此质量最小）的恒星就在我们自己的银河系里。它们的质量太小，以致核内无法燃烧氢。这些恒星的温度为

1000 开甚至更低。我们刚开始发现这些天体时，它们的光谱看起来非常陌生。我们一边测定光谱一边努力理解它们。我记得我曾在凌晨 3 点挣扎着爬起来努力查找描述如此"冷"的恒星的很少几篇论文。在一天夜里，我们同时获取了已知光度最低的亚星体（距离仅 30 光年）和远得快到可观测宇宙边缘且光度极高的类星体的光谱。这个极端事件充分说明，单凭天文图像，我们无法获得深度感知。距离我们非常近（在天文学意义下）和非常遥远的天体在我们的数据中都显示为非常微弱的小红点，需要更细致的光谱分析来区分。

随着去除图像毛刺技术的不断改进，我们继续向越来越红的物体推进。我们一次又一次打破了现有类星体的红移纪录（开始工作时红移为4.9）。每一次打破纪录时，我们都会给我们的同事吉姆·冈恩（斯隆数字巡天项目的科学家，他是类星体研究的先驱）打电话，将他从沉睡中唤醒（毕竟通常是在凌晨 3 点左右）。我们会说："吉姆，我们又打破了纪录！""干得好，孩子们！"他回答道，"我最喜欢被这个消息吵醒！"然后，他就回去睡觉。

图 16.5 所示的最遥远物体的光谱的莱曼阿尔法氢谱线通常出现在波长为 1216 埃处，它已经发生了很大的红移，一直到谱线的近红外处（9000 埃）。红移量为（9000 埃 – 1216 埃）/ 1216 埃，即 6.42，对应于280 亿光年的距离。这是 2001 年我们发现时已知红移最大的类星体。也许最让人印象深刻的不是它的距离如此遥远，而是我们看到这个物体发出的光是在大约 130 亿年前发出的，那时宇宙的年龄只有 8.5 亿年。如果宇宙微波背景辐射来自宇宙的"婴儿期"，那么我们现在正在研究处于蹒跚学步期的宇宙的样子。

这带来了另一个宇宙之谜。如前文所述，我们可以利用类星体的频谱来估计为其提供动力的黑洞的质量。最遥远的类星体的典型质量约为 40 亿倍太阳质量,大约相当于我们今天所知道的最大的黑洞的质量。但请记住,宇宙微波背景辐射的平坦度告诉我们,很早的宇宙几乎是完全均匀的。这样一个几乎完全没有结构的宇宙必须在短短 8.5 亿年的时间内形成超大质量黑洞。为了制造这样一个黑洞,宇宙必须形成自己的第一代恒星,然后使它们变成超新星,留下相当于恒星质量的黑洞。然后,这些黑洞必须以极高的速度积聚物质才能获得如此巨大质量。理论模型表明,在理想条件下,这几乎是不可能的。这意味着这种高红移类星体应该很少见。确实如此。经过 10 多年的搜索,我们发现只有几十个类星体具有这么大的红移。

搜索最遥远的类星体的工作仍在继续推进。2011 年,我们的纪录以惊人的方式被打破,因为在红移 7.08 处发现了一个类星体。这次采用的巡天技术比斯隆数字巡天项目所采用的技术对更长的波敏感。自从这个类星体发出光到今天,宇宙已经膨胀了 8.08 倍。其他团队正在使用哈勃太空望远镜、夏威夷的昴星团望远镜以及其他望远镜寻找红移更大的星系。如果红移纪录继续被打破,那么尚不清楚现在的星系形成和黑洞生长模型是否能够解释这些发现以及未来的发现。未来应该有很有意思的瞬间!

天文学的奇妙之处在于,每当我们换一种方式观察天空时,我们都会有崭新的令人惊喜的重大发现。本章和第 15 章提到的斯隆数字巡天项目的发现就是一个很好的例子。我目前正在参与它的后继项目——大型综合巡天望远镜的规划工作。目前正在智利安第斯山脉的山顶上建造这台望远镜,它的聚光能力比斯隆望远镜强得多。在 10 年巡天期间,它将用于研究更暗淡的星系和类星体的性质,根据暗物质引起的星系形状的变化来描述暗物质的分布，发现成千上万颗超新星和其他瞬态现象。这台望远镜将完成整个天空的四分之一区域的扫描，拍摄 860 幅全景图像。这将要求我们每天处理 30TB 新数据。这个巡天项目应该能发现成千上万个柯伊伯带天体，并且能够发现任何正在接近地球的小行星，但最激动人心的发现可能是我们都想不到的事情，正如唐纳德·拉姆斯菲尔德的一句名言里所说的——那些"未知的未知"。

第 3 部分

爱因斯坦和宇宙

第 17 章　通往相对论的爱因斯坦之路

J. 理查德·戈特

　　爱因斯坦的名字是天才的代名词。人们常说"嘿，爱因斯坦，过来"（意思是"嘿，天才，过来"）或"他不是爱因斯坦"（意思是"他不是天才"）。爱因斯坦因其天才而闻名于世。牛顿也是个天才，但是在世界各地和整个世界历史上也有其他天才。谁是英国文学史上的杰出人物？莎士比亚！莎士比亚经常被誉为具有最大写作词汇量的世界历史人物，他的作品包含 31534 个不同的单词。布拉德利·埃夫隆和罗纳德·提斯特德对其作品的统计分析表明，他实际上已经知道至少 66000 个独立单词。莎士比亚会在 SAT（学术能力评估测试，相当于美国的高考）的语文部分超过牛顿！但我怀疑牛顿会在 SAT 的数学部分击败莎士比亚。牛顿经常超越爱因斯坦。除了在引力和光学方面的工作，他在数学方面也做出了重要贡献，发明了微积分。不过牛顿确实很幸运，占尽天时地利，生逢其时。他出生在欧洲，恰逢人们谈论这些问题的时代。牛顿在剑桥大学读书时的导师和另一位教授艾萨克·巴罗对计算桶的体积和其他此类物体的数量感兴趣——这是一个微积分将要解决的问题。显然，发明微积分的时机已经成熟。实际上，哲学家和数学家戈特弗里德·威廉·莱布尼茨也独立发明了微积分。如果你看一张世界地图，就会发现牛顿和莱布尼茨的居住地仅相距几百千米，他们生活在同一时代。这不仅仅是巧合，当时的欧洲正在谈论这些想法。

17世纪后期的世界为一个伟大的发现者做好了准备，因为开普勒已经量化了600页关于行星位置的观测记录，如第谷·布拉赫所记录的那样，并将它们转化为3个简单的、可以进行数学分析的行星运动定律。正如施特劳斯在第3章中所讨论的那样，牛顿利用开普勒第三定律推导出引力的平方反比定律。以类似的方式，在20世纪，关于氢巴耳末线系的实验数据给出了描述氢原子能级的公式的线索，并为玻尔和薛定谔对原子的量子解释铺平了道路。

《时代》杂志将爱因斯坦评选为20世纪最具影响力的人物——"世纪人物"。古腾堡、伊丽莎白一世女王、杰斐逊和爱迪生也是几个世纪以来被历史评判为最重要的人物。莎士比亚不幸错过了，因为《时代》杂志评选艾萨克·牛顿作为"17世纪人物"。

在剑桥大学的三一学院，有一尊非常漂亮的真人大小的牛顿雕像。威廉·华兹华斯写了一首关于这尊雕像的诗：

"大理石把永恒的智慧镌刻于此，

在奇异的思想之海中

独自航行。"

雕像上有一句拉丁语铭文："*Newton Qui genus humanum ingenio superavit*"。其中一种翻译是："牛顿，他的天才超越了人类。"对于像尼尔这样认为牛顿是世界上最聪明的人的人士来说，这里有一些支持大理石上的铭文的真实证据。在美国国家科学院前面，有一尊比真人更大的爱因斯坦雕像。虽然这是他的坐像，但还是有3.7米高。孩子们会爬到他的膝盖上玩耍。

现在让我更多地比较一下爱因斯坦和牛顿。我不会质疑尼尔的论点，即牛顿是有史以来最伟大的科学家。但我要说的是，爱因斯坦是应该与牛顿争夺这个冠军的人。

牛顿最著名的方程是什么？

$F = ma$。

爱因斯坦最著名的方程是什么？

$E = mc^2$。

这两个方程中哪一个更有名？我们在第 3 章中详细讨论过，牛顿方程表明质量更大的物体更难加速。这个式子对力学来说很重要，但非常简单。让钢琴移动比让口琴移动更困难。爱因斯坦方程表明，一小部分质量可以转化为巨大的能量。这是原子弹背后的秘密，它也告诉我们太阳是如何发光的。哪个方程对你来说更重要？

牛顿有另一个著名的方程：$F = GmM / r^2$，用于表示两个质量分别为 m 和 M 的物体之间的引力。这是非常重要的。爱因斯坦也有另一个方程：$E = h\nu$。他发现光来自称为光子的能量粒子，其能量等于普朗克常数 h 乘以其频率 ν。牛顿认为光是由粒子组成的，但你可能会说爱因斯坦证明了这一点。光具有粒子性和波动性，这对于量子力学来说至关重要。

这两个人都做出了重大贡献。牛顿发明了反射式望远镜。所有大型望远镜现在都是反射式望远镜，如哈勃太空望远镜和凯克天文望远镜。爱因斯坦发现了激光背后的原理。每次播放 CD 或 DVD 时，你都在利用爱因斯坦的发现。两人都做了一些政府工作。牛顿成为皇家造币厂的负责人，他发明了我们今天仍在使用的硬币边缘上的边齿。这可以防止小偷从银币的边缘刮下银（这种行为会使硬币的价值降低）。你能判断硬币的边齿是否被刮掉了。每次拿到一枚 25 美分硬币，你都可以看到牛顿的影响力。爱因斯坦在世界事务中的决定性作用是众所周知的。他给富兰克林·罗斯福总统写了一封重要信件，促成了曼哈顿计划，制造了结束第二次世界大战的原子弹。爱因斯坦所做的事情非常重要，我们今天仍在受它们的影响。

众人对爱因斯坦的逸闻趣事津津乐道。有一个故事（也许是杜撰的）是这样的：爱因斯坦正在与普林斯顿高等研究院的一个男人交谈。那个男人立刻把手伸进大衣口袋里，然后拿出一个小笔记本，潦草地写了些什么。爱因斯坦问："那是什么？""哦，这是我的笔记本，"那个男人说，"我随身携带它。如果我有一个好主意，就可以将其写下来。这样，我就不会忘记了。""我从不需要这样的笔记本。"爱因斯坦回答道，"我只有三个好主意。"那么，这些好主意是什么？爱因斯坦是如何得到它们的呢？

第一个是狭义相对论，由此推导出了 $E = mc^2$。第二个是光电效应，即 $E = h\nu$，爱因斯坦因此获得了 1921 年的诺贝尔物理学奖。第三个是广义相对论，爱因斯坦用弯曲时空理论来解释引力。在得到相关方程之后，爱因斯坦预言光会发生偏折，在太阳附近的弯曲时空中行进。他还预测了光线偏折的幅度。相对于几个月前太阳不在那些恒星附近时拍摄的照片，日食期间在太阳附近看到的恒星应该出现在稍微偏离原来位置的地方。根据他的理论，爱因斯坦预测的偏折量（对于太阳附近的恒星来说为 1.75 角秒）是牛顿预测的以光速行进的粒子的两倍。亚瑟·爱丁顿爵士率领一支英国探险队测量了这一数值，爱因斯坦的预言被证明是正确的，而牛顿的预言被证明是错误的。今天我们相信爱因斯坦的理论，而不是牛顿的理论。让我们花一点儿时间来欣赏它！

在20世纪末期，我看到了体育运动史上的一个伟大时刻[1]：杰西·欧文斯在1936年的柏林奥运会上赢得了100米冠军；"秘书处"（一匹赛马的名字）以31个身长赢得贝蒙锦标赛冠军，蝉联三届冠军；穆罕默德·阿里在扎伊尔淘汰了乔治·福尔曼，重新获得了重量级拳击比赛世界冠军。20世纪科学界最伟大的发现是什么？想象一下牛顿和爱因斯坦在篮球场上的表现。

牛顿得到了球，他正在球场上运球。这里说的不是真实的球，而是他的引力理论——他做过的最值得骄傲的事情！爱因斯坦来了，投球，然后，唰的一下子，球进了！这是20世纪科学界最杰出的表现。

我想解释一下爱因斯坦是如何得到他的伟大想法的。爱因斯坦在学校里的表现很好，他在科学方面取得了很好的成绩。你可能听说过爱因斯坦在学校里所有课程的成绩都不好，忘了这些故事吧！他在5岁时就接触科学了。那时，他的父亲向他展示了指南针。爱因斯坦完全被它迷住了，这也促使他后来从事科学事业。大约12岁时，爱因斯坦自学了微积分。真是个聪明的家伙！16岁时，他开始思考他所在时代最激动人心的物理理论——麦克斯韦的电磁理论。麦克斯韦把电和磁的各种定律综合在了一起。

电荷既可以是负的，也可以是正的。异性电荷相互吸引，同性电荷相互排斥，其间作用力的大小与距离的平方成反比。两个正电荷相互排斥，两个负电荷也相互排斥，但正电荷和负电荷相互吸引。这是库仑定律。电荷产生电场并充满周围的空间，如果你是电荷，电场就会使你加速。电场会在冬天导致衣物产生静电。但是运动电荷会产生磁场，如果

---

[1] 作者可能在20世纪末期观察以前的纪录片。——译注

你是移动电荷，磁场就会影响你。如果电荷没有移动，则其受到的磁力为零；但如果电荷正在移动且存在磁场，则电荷将受到磁力作用。这些想法已经在几个物理定律中得到了体现。安培定律告诉你运动电荷（例如导线中的电流）如何产生电场。如果你知道给定点的磁场和电场，则可以计算位于那个位置的运动电荷所受的电场力和磁力。法拉第定律描述了变化的磁场如何产生电场。众所周知，没有"磁单极子"。也就是说，人们永远不会发现一个孤立的北磁极或南磁极，也不会发现磁场从磁单极处散开。电荷守恒定律表明，电荷的总数（正电荷数减去负电荷数）保持不变。如果一个区域有 10 个正电荷和 9 个负电荷，则总电荷为 +1。正、负电荷可以相互组合。比如，一个正电荷与一个负电荷相互结合，留下 9 个正电荷和 8 个负电荷，但总电荷数仍为 +1。

麦克斯韦研究了已知的电磁定律，并证明它们不符合电荷守恒定律。为了解决这个问题，他表明需要增加一种新的效应：变化的电场会产生磁场。他用一个包含 4 个方程的方程组——麦克斯韦方程组来描述这些效应。（你有时会看到物理系学生穿着印有这个方程组的 T 恤！）

麦克斯韦方程组包括一个常数 c，它与电场力和磁力的强度之比有关。如果一大堆电荷以速度 v 移动，则它们产生的磁力与电场力之比的量级为 v^2/c^2，其中 c 是一个速度量。然后，他在实验室中进行实验，比较了磁力和电场力，以确定常数 c 是多少。他得到了一个很大的值，估计常数 c 为 310740 千米 / 秒。麦克斯韦还发现了他自己的方程组的一个非常有趣的解，这个解是一个电磁波，它以速度 c 穿过空旷的空间。

磁场和电场垂直于电磁波的传播方向。这种电磁波是正弦波，当正弦波通过某一位置时，电场和磁场在该位置振荡。因此，电场和磁场都在变化。变化的电场产生了磁场，变化的磁场产生了电场，它们与正弦波一起以大小为 310740 千米 / 秒的速度向前穿过空旷的空间。

我发现了！麦克斯韦认识到这个速度等于光速！光必须是电磁波！这是科学史上的重要时刻之一。麦克斯韦怎么知道光速？这是因为天文学家——我想在这里为天文学家说话——测量了光速！ 1676 年，丹麦天文学家奥勒·罗默注意到，当地球接近木星时，木星的卫星木卫一伊娥对木星掩食的时间间隔更短，但是当地球远离木星时，掩食的时间间隔更长。看着那些绕着木星运行的卫星，就像看着一个巨大的钟面。当我们接近木星时，我们观察到时钟的运转加快，而当我们离开木星时，我们观察到时钟的运转变慢。罗默正确地将其归因于光速的有限性。当我们接近木星时，我们到木星的距离正在缩短，连续不断的木星掩食所发出的光到达我们的距离也越来越短，看起来似乎木星掩食所发出的光被加速了。这种效果就像多普勒频移，来自连续掩食的光束聚集在一起。他推断，光必须用大概 11 分钟才能穿过地球轨道的半径。实际上需要大约 8 分钟，罗默的估计相当准确。当地球离木星最近时，木星时钟快 8 分钟左右；当地球离木星最远时，木星时钟慢大约 8 分钟。正如第 8 章所讨论的，乔瓦尼·卡西尼在 1672 年测量了火星的视差距离，这使得人们可以推断出地球轨道的半径。利用罗默的数据和地球轨道的近似半径，克里斯蒂安·惠更斯估计光速为 220000 千米 / 秒（相对于实际值 299792 千米 / 秒只小了约 27%）。

1728 年，另一位天文学家詹姆斯·布拉德利用另一种方法测量光速。想象一下你头顶上的一颗恒星，它的光线像雨点一样直接落在你的身上。你在开车时，落在车窗上的雨就是倾斜的，因为你正在移动。地球在公转轨道上以 30 千米 / 秒的速度运动，就像行驶的汽车一样。如果你将望远镜直接指向上方，那么光子就会落到望远镜的一侧，而不是到达底部的目镜，因为你正在运动。要看到这颗恒星，你必须倾斜你的望远镜，以匹配地球的运动。要倾斜多少？大约 20 角秒。当你在 6 个月后观察同一颗恒星时，它就会在另一个方向上移动 20 角秒。布拉德利能够测量这种效应，称之为光行差。这种光子雨倾斜的角度是 $v_{地球}/v_{光}$，布拉德利发现倾斜度约为万分之一。因此，他可以推断出这一点的光速比地球的轨道速度 30 千米 / 秒快 1 万倍，即 300000 千米 / 秒。因此，1865 年麦克斯韦预测电磁波穿过空旷的空间时应该具有大约 310740 千米 / 秒的速度。他认为这对应于天文学家已经测量过的光速（300000 千米 / 秒）。考虑到他预测的合理误差（源于电场力和磁力测量误差）和天文观测误差，这两个数字是一致的。光是电磁波。麦克斯韦认识到电磁波的波长可以比可见光的波长短得多或长得多。我们知道紫外线、X射线和伽马射线的波长较短，而红外线、微波和无线电波的波长较长。1886 年，海因里希·赫兹通过在房间内发射和接收无线电波证明了电磁波的存在。麦克斯韦的理论是爱因斯坦所生活的时代最激动人心的科学理论之一，爱因斯坦对此也非常激动。

爱因斯坦在 1896 年做了以下思想实验，当时他只有 17 岁。他想象着自己以光速远离小镇的时钟。当他回头看时钟时，它似乎在正午时刻被冻结了，因为时钟上显示正午时刻的光正随着他一起旅行。以光速旅行时，时间会不会停止？在爱因斯坦的思想实验中，他会看到静止的电磁波像田野里的犁沟，它们没有相对于他而运动。他与电磁波以相同的速度运动，所以电磁波相对于他来说是静止的。但麦克斯韦的场方程不允许空的空间中存在这种由静止的电场和磁场组成的波状结构。在他想象中的宇宙飞船的窗户上看到东西似乎是不可能的。爱因斯坦认为这里有一个悖论——某些理论一定是错误的。他花了 9 年的时间才弄清楚如何解决这个问题。

爱因斯坦的做法极具创造性。1905 年，他决定采用以下两个假设。

（1）运动是相对的。对于每一个匀速运动（速度的大小和方向保持不变）的观察者来说，物理定律是一致的。

（2）真空中的光速是恒定的。真空中的光速对于每个匀速运动的观察者来说是一致的。

这两个假设是爱因斯坦狭义相对论的基础。之所以称之为相对论是因为"运动是相对的"（第一个假设），之所以称之为狭义是因为运动是匀速的。你可以自己检验第一个假设。你有没有乘坐过喷气式飞机以800 千米 / 小时的速度运动（沿直线运动而不转弯）？这时，将窗帘拉下，你会看到什么？你看起来就像坐在地上一样。在移动的飞机上，你看起来就像静止时一样。现在我们正在以30 千米 / 秒的速度绕太阳运行，但我们看上去处于静止状态。第一个假设是相对性原理：只有相对运动是重要的，并且无法确定一个绝对的静止标准。牛顿的引力定律遵循这个假设。它说两个粒子的加速度（速度的变化率）取决于它们之间的距离，而与它们的速度无关。太阳系也是如此。如太阳是静止的，行星围绕它运转，或者整个系统以100000 千米 / 秒的速度运动。对于牛顿来说，无论哪种情况都没关系。你无法通过太阳系中的任何引力实验来判断整个太阳系是否在运动。实际上，它正以大约220 千米 / 秒的速度绕着银河系的中心移动。牛顿的理论遵循了第一个假设，爱因斯坦认为麦克斯韦方程组也应该遵循这个假设。所有物理定律都应该遵循这个假设。

第二个假设是特殊的。这意味着如果我看到光束通过我的身边向前传播，我就一定会测得它的速度为300000 千米 / 秒。但是，如果另一个人以100000 千米 / 秒的速度经过我的身边向前运动并看到相同的光束，他就不应该像你想象的那样测到光速以 200000 千米 / 秒的速度经过他的身边。就像我一样，他看到光速必须达到 300000 千米 / 秒。这太疯狂了！

这从常理上根本说不通，两个速度应该叠加。事实上，唯一可行的解释是，他的时钟以不同于我的速度运转，并且他的距离测量值也与我的不同。值得注意的是，爱因斯坦所做的就是相信这两个假设并将常识抛到窗外！如果这是在下国际象棋，我们将称之为"天才的一招"。爱因斯坦假定这两个假设是正确的，证明基于假设的思想实验得出的定理，并看看他得到了什么。如果那些定理随后用观察结果进行检验并证明是正确的，那么这就证明假设是正确的。这太棒了。以前从来没有人像那样做过任何事情。爱因斯坦的假设是可证伪的。[1] 如果爱因斯坦的定理给出了与观测相矛盾的答案，那么他的理论就会被证明是错误的。如果定理与观测结果一致，虽然它不能证明自己的假设是正确的，但它肯定会提供支持它的证据。

为什么爱因斯坦相信第二个假设？这是因为光速在麦克斯韦方程组中是一个常数，与你在实验室中可以测量的磁力与电场力之比有关。麦克斯韦计算出光波以约 300000 千米 / 秒的速度穿过空旷的空间。如果你看到光束以任何其他速度（例如 200000 千米 / 秒）从你的身边通过，你就可以推断出自己正以 100000 千米 / 秒的速度移动——你可以推断出你正在移动。这将违背第一个假设。1887 年，阿尔伯特·迈克耳孙和爱德华·莫雷在一个著名的实验中，试图通过从镜子上反射光束来测量地球绕太阳运动的速度。他们有效地测量到了平行和垂直于地球速度的两条光束相对于实验室的差异（即干涉条纹）。他们所用实验装置的

---

[1] 根据哲学家卡尔·波普尔建立的标准，科学假设非常重要的一点是可证伪性。

灵敏度足够高，足够精确，在理论上能够测出地球绕太阳运转时大小为30千米/秒的速度。令人惊讶的是，他们得到了地球运转速度为零的结果，好像地球是静止的，并且所有方向上的光束都以相对于实验室相同的速度传播。但我们知道地球在运动——我们看到了光行差。这真令人费解，但他们的结果正是爱因斯坦的第二个假设所预言的。无论地球是否运动，你总是可以测量光速是否相同。因此，如果你相信第二个假设，就会预测迈克耳孙和莫雷应该得到零结果。

因此，爱因斯坦相信他的两个假设并会证明基于这两个假设的几条定理。有一个结论是，你不能建造一艘比光速更快的飞船。这是为什么呢？假设我向客厅的墙壁发射一束激光，它碰到了墙壁。我被允许认为自己处于静止状态。但是如果你制造的飞船的速度比光速快，并且在飞船上尝试做相同的实验，你就会得到不同的结果。如果你坐在这艘飞船中并向前发射激光束，它将永远不会到达飞船的前端。任何运动员都可以告诉你，你不能抓住比你快且领先于你的人。来自激光器的激光无法到达飞船的前端，因为飞船的前端运动得更快（比光速更快），并且先于激光出发。很明显，如果你在飞船上做过这个实验，那么激光永远不会到达飞船的前端。你知道你在运动（实际上比光速更快）。但等等，第一个假设不允许这样做。既然你在没有转弯的情况下以恒定的速度运动，你就一定无法证明你在运动。你一定会得到与我在客厅里得到的相同的结果。由此可见，你一定无法建造一艘比光速更快的飞船。这是一个奇怪的结论，但如果你相信这两个假设，你就必须相信这个结论。如果你的速度比光速慢，激光最终会到达飞船的前端。但如果你的时钟走得很慢的话，这就可能需要很长的时间。比光速慢的旅行是可以的，但你不能建造一艘比光速更快的飞船。我们已经在我们的粒子加速器中对此进行了测试。在这些粒子加速器中，我们使像电子和质子这样的粒子运动得越来越快，使它们更接近光速，但从未完全达到光速。

再看另一个结果。想象一个光钟，其中光束在两个平行的镜子之间垂直反射。比如，一个镜子在天花板上，另一个镜子在地板上。每次反弹代表时钟的刻度。光以 300000 千米 / 秒的速度传播。如果我们将两个镜子平行分开仅 0.9 米，那么时钟将每 3 纳秒嘀嗒一次（见图 17.1）。

这是一个走时非常快的时钟。光束将在两个镜子之间反射。它每 3 纳秒就会碰到镜子一次。这是我的时钟。现在想象有一个宇航员，他以光速的 80% 从左向右互动，手里拿着一个类似的光钟（见图 17.1）。这个速度比光速慢，所以他可以做到这一点。从宇航员的角度来看，他看到的光钟正常，光束上下移动，每 3 纳秒嘀嗒一次。透过他的飞船的窗户，我将看到光束沿对角线行进。光束从底部的镜子开始移动，当它向上移动 0.9 米时，上部的镜子从左向右移动了 1.2 米。光束在 1.5 米长的对角线路径上传播。我们有一个 3 条边长分别为 0.9 米、1.2 米和 1.5 米的直角三角形，它满足勾股定理（$0.9^2 + 1.2^2 = 1.5^2$）。相对于我而言，光束从左下角向右上角移动 1.5 米，宇航员从左向右移动 1.2 米。他相对于我以光速的 80% 行进。因为我必须观察光束以 0.3 米 / 纳秒的速度行进（根据第二个假设），所以，我必须说的是，我观察到光从左下角沿对角线跑到右上角，走过了 1.5 米，用了 5 纳秒。我肯定看到光用了另外 5 纳秒沿对角方向回落，到达它出发地点右边 2.4 米处。因此，我必须说他的时钟每 5 纳秒嘀嗒一次，而不是每 3 纳秒嘀嗒一次。我必须看到他的时钟在慢慢地走（以我的速度的 3/5）。

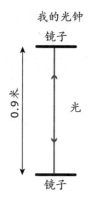

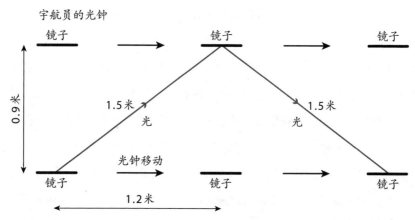

图 17.1 光钟。我的光钟每 3 纳秒嘀嗒一次。宇航员携带一个类似的光钟，其相对于我以光速的 80% 运动。光以 0.3 米 / 纳秒的恒定速度移动。我看到宇航员光钟中的光束在 1.5 长的对角线上传播，因此，我看到宇航员的光钟每 5 纳秒嘀嗒一次。

图片来源：改编自 J. 理查德·戈特的《爱因斯坦宇宙中的时间旅行》，霍顿·米夫林出版社，2001 年。

现在介绍有趣的部分。我必须观察到宇航员的心脏在慢慢地跳动（以我的心脏跳动速度的 3/5），或者他会注意到他的光钟相对于他的心脏在慢慢地转动，他可以推断出他正在移动。这是第一个假设不允许的。

他的飞船上的任何时钟也必须以我的速度的 3/5 缓慢地转动，否则他就能分辨出他在移动。如果他的 μ 子（一种比电子重的、不稳定的基本粒子）正在衰变，则它必须以更慢的速度衰变。他必须衰老得更慢，他吃晚饭时必须吃得更慢。飞船上的每一个过程都进展缓慢。

速度变慢的幅度取决于宇航员的速度 v。如果我的年龄增加 10 岁，使用光钟[1] 的类似计算显示宇航员的年龄增加了 10 岁的 $\sqrt{1-v^2/c^2}$ 倍。对于相对于光速较小的速度（例如我们在日常生活中遇到的速度），这个因子将近似为 1。如果 v/c 比 1 小得多，那么 v^2/c^2 相对于 1 来说更小。从 1 中减去这一项后仍然大约等于 1，1 的平方根为 1，这意味着这个因素并没有明显改变宇航员的衰老速度。也就是说，宇航员的年龄也会增加 10 岁，我也不会注意到他的衰老与我的差距。这就是为什么我们通常不会注意到移动的时钟的嘀嗒声变慢了。然而，如果宇航员以接近光速的速度移动，比如说速度为光速的 99.995%，那么 $v/c = 0.99995$，$\sqrt{1-v^2/c^2}$ 仅为 0.01。你可以在计算器上进行检验。当我的年龄增加 10 岁时，我观察到宇航员的年龄只增加了 0.1 岁。在接近光速的情况下，飞船上的时间变慢的现象可能非常显著。

我们相信这个公式，因为我们已经通过实验检验了它。物理学家把原子钟放在飞机上向东进行环球旅行，使飞机获得了额外的地球自转速度。他们观察到这些原子钟开始变慢（大约慢 59 纳秒）。这是相对于那

---

[1]　我观察图 17.1 所示的宇航员的光钟。在通常情况下，宇航员以速度 v 经过我。当宇航员的光钟从左向右经过我的时候，我观察到了它。当光沿对角线移动 0.3 米时，火箭从左向右移动的距离为 v/c。在这个时间段内，光在垂直方向上移动了 $\sqrt{1-v^2/c^2}$。根据勾股定理，如果直角三角形的斜边为 1，水平边为 v/c，那么垂直边为 $\sqrt{1-v^2/c^2}$。$\sqrt{1-v^2/c^2}$ 的平方正好是 $1-v^2/c^2$，加上 v^2/c^2 后等于 1。在这段时间里，我的光钟的光束向上移动了 0.3 米，我看到宇航员的光束仅仅向上移动了 $\sqrt{1-v^2/c^2}$。如果我老了 10 岁，那么宇航员就老了 10 岁的 $\sqrt{1-v^2/c^2}$ 倍。

些留在跑道上的原子钟而言的，正如爱因斯坦所预测的那样。在实验室中，μ子的半衰期为 2.2 微秒，这意味着它们中的一半在 2.2 微秒内发生了衰变。但是，根据爱因斯坦的方程，以接近光速的速度向地球前进的 μ 子衰变得更慢。我们相信这个方程是正确的，因为我们已经多次检验过它。这是一个有趣的宇宙，它以惊人的方式运作。但爱因斯坦的两个假设似乎是正确的。我们将在下一章中看到这些假设也导出了 $E = mc^2$ 的结论，并在原子弹的制造中得到了验证。这是一些非常令人惊讶的成果。成果是令人惊讶的，因为假设也是令人惊讶的。对这些定理的检验越多，我们就越相信假设是正确的。

第 18 章　狭义相对论的暗示

J. 理查德·戈特

　　爱因斯坦的狭义相对论彻底改变了我们的时空观念。它暗示着时间可以看作第四个维度，是空间的三个维度的补充。有趣的是，爱因斯坦的老师赫尔曼·闵可夫斯基利用爱因斯坦的狭义相对论发展了这种时空的几何图景，并于 1907 年发表了他的研究结果。爱因斯坦立即采纳了这种观点。我们生活在一个四维的宇宙中。这是什么意思呢？我们说地球表面是二维的，在地球表面定位一个点时需要两个坐标，即纬度和经度。如果你知道纬度和经度，你就知道自己在地球表面的位置。但是宇宙是四维的，这意味着需要 4 个坐标来描述你的位置。如果我邀请你参加聚会，我就必须告诉你聚会场所的经度和纬度。我还必须告诉你海拔。如果聚会在十二楼，你一定不想在四楼出现！同时，我必须告诉你什么时候到达。如果你在错误的时间到来，你肯定会错过聚会，效果就像你走错了楼层一样。每个事件都需要 4 个坐标来定位，其中两个描述它在地球表面的位置坐标，另外两个分别为高度和时间坐标。因此，我们知道自己生活在一个四维宇宙中。

　　我们可以利用这个想法来绘制时空图。你一定在书中看过绕太阳公转的地球的照片。太阳是居于中央的一个大白点，地球的轨道被画成围绕它的虚线圆圈（因为地球的椭圆轨道几乎呈圆形）。地球可以被表示为位于轨道的 12 点方向的一个小蓝点，这代表地球在 1 月 1 日的位置。如果我们想显示地球绕太阳旋转，我们就可以得到一系列图片，其中地球沿逆时针方向旋转。到了 2 月 1 日，地球已经到达轨道的 11 点方向；到了 3 月 1 日，它将达到 10 点方向，依此类推。你可以将序列中的每张图片制作成电影的一帧。在连续播放时，你会看到地球绕着太阳转。

现在想象一下，拿起那串胶片，将其切成单独的帧，然后将这些帧堆叠在一起，形成垂直叠放的一堆。每一帧代表一个时刻，而堆栈中靠上面的帧代表较晚的时间。这样，你就可以制作出一幅时空图，描绘地球如何绕太阳运行。时间是堆栈的垂直维度，未来在顶部，而过去在底部。两个水平方向代表了空间的两个维度（就像你在绕着太阳的地球轨道的二维图像中看到的那样）。太阳没有移动，它始终位于中心。因此，太阳的这些图像形成了一根白色的杆，垂直向上延伸到顶部。但是，在每一帧中，地球都移动到了新的位置，因为它一直在围绕太阳的轨道上沿逆时针方向前进。这使得堆栈中的地球看起来像是缠绕在白色的杆上的蓝色螺旋。蓝色螺旋的半径为 8 光分，即地球轨道的半径。在垂直方向上，螺旋线每年绕太阳旋转一圈。围绕白色的杆的蓝色螺旋线表示一幅时空图。我们可以通过为水星、金星和火星添加类似的螺旋线来增加水星、金星和火星的轨道。该图是三维的，我忽略了一个空间维度，以便你能看到这张图。如果该图是四维的，则无法直观显示，你只能看到三个维度。在本书中，我们将以三维形式显示该图（见图 18.1）。你可以从稍微不同的角度将其作为两张三维模型的照片来欣赏，也可以按照说明（见图 4.2 的注释），用两只眼睛看到其完整的三维景象。

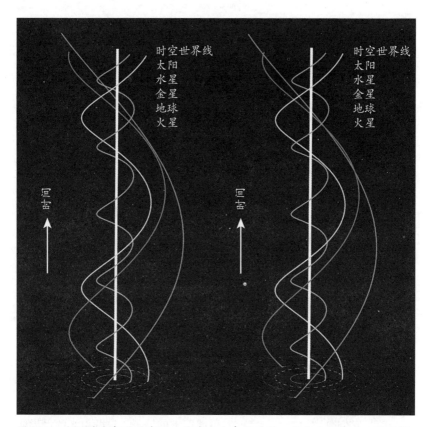

图 18.1 太阳系内部的时空图。垂直方向表示时间，水平方向显示二维空间。这是一幅三维图像，所以我们制作了一幅双眼交叉立体图。请遵照与图 4.2 一样的立体图观看说明。中间的白色直线是太阳的世界线。沿逆时针方向旋转的地球开始时位于太阳的前面，然后绕到太阳的后面（图中的绕行方向为向上）。水星、金星、地球和火星依次排列在后面，它们具有较大的轨道周期，所以相应的螺旋也较疏松。

图片来源: 罗伯特·J. 范德贝和 J. 理查德·戈特。

    你也有世界线。它从你出生的那一刻开始，伴随你生命中所有的事件，直到你死亡。你的世界线大约为 0.3 米长，0.6 米宽，1.8 米高。如果幸运的话，它大概可以持续 80 年。这些是时空图，其中静止不动的世界线缠绕在静态的四维时空雕塑中。

我们可以画出爱因斯坦在同时性概念上提出的一些思想实验的时空图，如图 18.2 所示。假设我坐在宽度为 30 英尺（1 英尺≈0.3 米）的实验室的中心。我是个地球人，我的实验室相对于地球静止不动，而我静止在实验室的中心。在时空图中，水平坐标表示空间，垂直坐标表示时间。因为我在时间上前进，但不在空间内移动（从左到右，或从右到左），所以我的世界线垂直向上。实验室前面的部分没有动，它也有一条垂直的世界线。实验室后面的部分也是一样。实验室后面的部分、我（一个地球人）和实验室前面的部分的世界线是三条平行的垂线。未来在顶部，过去在底部。实验室前面的部分是右侧的垂线，实验室后面的部分是左侧的垂线。对于水平和竖直方向，我将使用英尺和纳秒作为单位。光以 1 英尺 / 纳秒的速度穿过真空。在图 18.2 中，光束将是与垂线成 45° 角的斜线。

假设在 $t = 0$ 的时刻（美国东部时间，简写为 ET，由我的世界线上的小时钟显示，其指针指向竖直方向），我分别向左侧和右侧发射一束激光束，它们分别撞击实验室前、后墙壁上的镜子。这两束光的世界线是倾斜 45° 的对角线。它们在 15 纳秒（ET）时同时到达实验室的前面和后面（移动相等的距离，即 15 英尺）。在两束光与实验室的前墙和后墙相交的地方，两个小时钟的读数均为 15 纳秒（ET）。地球人的世界线上还有一个小时钟，它的读数为 15 纳秒（ET）。水平虚线连接这三个小时钟，读数为 15 纳秒。对于我来说，那条水平线将同时发生的事件联系起来。激光束从实验室前面和后面的镜子反射回来后，它们又回到了我的身边。它们都在启动后 30 纳秒同时返回。当激光束回到我的身边时，我的时钟的读数为 30 纳秒，因为以光速传播的激光束已经向外传播了 15 英尺，向后传播了 15 英尺，在 30 纳秒内总共传播了 30 英尺。
到现在为止，一切顺利。

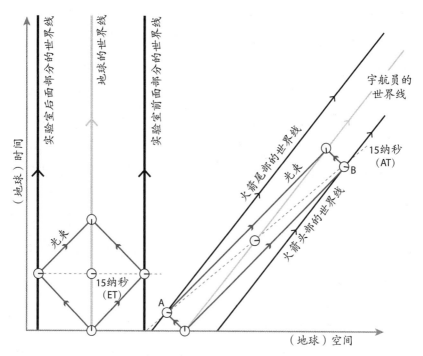

图 18.2　我的实验室和宇航员的飞船的时空图。

图片来源：改编自 J. 理查德·戈特的《爱因斯坦宇宙中的时间旅行》。

　　但随后我们引出爱因斯坦的论点，考虑一位宇航员在一艘火箭飞
船内（从左到右）以光速的 80% 行驶，因此宇航员的世界线必须倾斜。
他每向右移动 4 英尺，时间就会向上移动 5 纳秒。他以光速的 80% 行
进。飞船的头部与尾部以相同的速度移动，并且具有相同的倾斜度。飞
船尾部的世界线、宇航员的世界线和飞船头部的世界线平行。它们没有
发生相对移动。就像我在实验室里所做的那样，现在坐在飞船中心的宇

299

航员向飞船的头尾发射激光束。假设飞船的长度为 18 英尺。关于这个
假设的细节，我稍后再介绍。他向左发射的、距离飞船尾部 9 英尺（相
当于 18 英尺的一半）的激光束击中了飞船的尾部。我正在通过飞船的
窗户观看该实验。我看到飞船的尾部在 5 纳秒内向右移动 4 英尺，而激
光束在同样的 5 纳秒内向左移动 5 英尺。现在 4 英尺加 5 英尺等于 9 英
尺，所以宇航员的激光束要花 5 纳秒的时间才能击中飞船的尾部，从而
使原来的 9 英尺的距离缩小了。据我看来，宇航员的激光束在地球时
间（ET）5 纳秒处击中了飞船的尾部。对于我来说（从我的角度来看），
向左发射的激光束与向右发射的激光束相互靠近，它们迅速碰撞在
一起。

　　从我的角度来看，宇航员向右发射的激光束必须赶上正在飞离的飞
船头部，因此追赶并与它相遇需要更长的时间。激光束在 45 纳秒内传
播 45 英尺（ET；根据爱因斯坦的第二个假设，光以 1 英尺 / 纳秒的恒
定速度传播），而飞船的头部仅运动 36 英尺（45 英尺的 4/5）。在 45 纳
秒内，激光束的传播距离为 45 英尺，而飞船行进的距离为 36 英尺（少
了 9 英尺），但是飞船的头部有 9 英尺的起步距离。因此，宇航员的激
光束在 45 纳秒（ET）之后撞上了飞船的头部。这意味着我先观察到射
向飞船尾部的激光束击中飞船的尾部，后观察到另一束射向飞船头部的
激光束击中飞船的头部。从我的角度来看，激光束撞击飞船的头部和尾
部的事件不是同时发生的。

　　宇航员看到什么？宇航员以恒定的速度沿恒定的方向行驶。根据爱
因斯坦的第一个假设，宇航员有权认为自己处于静止状态。他确实认为
自己处于静止状态。他坐在飞船的中心，飞船也相对于他静止不动。他
向着飞船的前、后方分别发射一束激光。由于他坐在飞船的中间，并且

飞船没有移动，因此他必须认为以光速行进的两束激光必须花相同的时间才能到达飞船的头部和尾部。从他的角度来看，他必须看到两个同时发生的事件，其中一束激光击中飞船的尾部，另一束激光击中飞船的头部。我（一个地球人）不认为它们是同时发生的事件：我看到激光击中飞船的事件是有顺序的，飞船的尾部先被击中，然后是头部。我不认为这是同时发生的事件。这与常识背道而驰，但这是狭义相对论假设的直接结果。

有趣的是，当爱因斯坦提出这一思想实验时，他不是利用在头尾都装有镜子的飞船中的宇航员，而仅仅利用前后均装有镜子的火车上的一个人。1905 年，我们拥有的速度最快的车辆是火车，其速度大约为 190 千米／小时！

我对时空的切割与宇航员不同。可以将四维时空视为一条面包，我像切美式面包一样将面包切成薄片。将一条美式面包放在其末端，这样各个切片都是水平的。这些水平片段显示了地球时间（ET）的各个瞬间，从我的角度来看，每片面包都包含同时发生的事件。宇航员对时空的切割方式不同。让我们称他为雅克（他是法国人）。他像切一条法式面包一样，将一块时空切成薄片。他的斜切片可测量宇航员的时间（AT）的瞬间。雅克和我在同时发生的事件上有分歧，也就是说我们对哪些事件在同一片面包中有分歧。我们将面包切成不同的切片，但是看到的是同一块面包。根据爱因斯坦的说法，真实的事物与观察者无关。作为单独实体的空间和时间不是真实的。我说现在是水平的美国面包切片，但雅克说现在是倾斜的法国面包切片。尽管他带着尊重向我移动过来，但我们无法赞同现状。因此，我们在过去和将来发生的事件上不能达成一致。但是，我们可以在时空面包上达成共识。真正的是整个四维时空。

现在，让我们回到对雅克飞船的看法上。从我的角度来看，在雅克的激光束从飞船前面的镜子反射回来之后，只需要 5 纳秒就可以回到他的身上。我看到激光束和宇航员互相接近。激光束向后移动 5 英尺仅需 5 纳秒，而飞船向前移动 4 英尺，这样可减小原来 9 英尺的距离。 根据我的说法，向前的激光束总共要花费 50 纳秒（45 纳秒 + 5 纳秒）才能出射和返回。向后的激光束需要 45 纳秒才能赶上宇航员。从我的角度来看，出射和返回花去了 50 纳秒（5 纳秒 +45 纳秒）的地球时间（ET）。因此，我看到两束激光同时返回到宇航员那里。

我看到从他发射激光束到激光束返回之间经过了 50 纳秒。 我看到他以光速的 80%（$v/c = 0.8$）移动，因此我必须看到他的时钟以我的时钟速度的 60%（或 $\sqrt{1 - v^2/c^2}$）转动。 如果我看到过了 50 纳秒，那么我必须看到宇航员的年龄的增加只有 30 纳秒。 当宇航员看到他的激光束返回时，他必须说该事件发生在宇航员时间为 30 纳秒时，因为当他返回时，他的年龄要大 30 纳秒。 激光束必须在宇航员时间 15 纳秒时同时击中飞船的头部和尾部。 请注意标有"15 纳秒 AT"的法式面包斜切片。这将对于宇航员来说同时发生的事件联系起来。 宇航员认为他处于静止状态，这种情况对他来说就像我在地球上的实验室中看到的一样。从他的角度来看，由于激光束会在 30 纳秒内发射出去并返回，因此他一定推断出他的飞船长 30 英尺。

宇航员发射两束激光击中飞船的头部和尾部的事件，在我看来在空间上相隔 50 英尺，在时间上相隔 40 纳秒。用光速（1 英尺 / 纳秒）对空间距离与时间距离进行比较，我看到这两个遥远事件在空间上的间隔比在时间上的间隔要大。如果所看到的两个事件在空间上的间隔比在时间上的间隔要大，我们就称之为类空间隔。总会有一些宇航员以高速（但低于光速）行进，他们会同时看到这两个事件。他们将看到这些事件在空间上是分离的，但在时间上没有分离。爱因斯坦表明，两个观察者可以达成一致的是两个事件在空间上的间隔的平方减去两个事件在时间上的间隔的平方的差一样。我们将这个量称为 ds^2。以光速为 1（即 1 英尺／纳秒）作为单位，我发现两个事件在空间上的间隔为 50，在时间上的间隔为 40，因此我计算出 ds^2 是 $50^2 - 40^2 = 2500 - 1600 = 900$。但是，宇航员雅克发现两个事件之间的时间差为 0，两个事件之间的空间间隔为 30（请记住，他认为自己的火箭长 30 英尺）。但是，当他计算 ds^2 时，就像我一样，他得到 $30^2 - 0^2$，即 900。我们可能在距离和时间上都存在分歧，但是令人惊讶的是，我们仍然会在一些重要的事情上达成共识。

现在考虑宇航员发出光信号与其到达飞船尾部的间隔。我测得这两个事件在空间上的间隔为 5 英尺，而这两个事件在时间上的间隔为 5 纳秒。因此，我计算出 $ds^2 =$（空间间隔）^{2} −（时间间隔）$^2 = 5^2 - 5^2 = 0$。宇航员测得这两个事件的空间间隔是 15 英尺，时间间隔为 15 纳秒，所以他像我一样计算出 $ds^2 = 15^2 - 15^2 = 0$。如任何观察者所见，由光线连接的事件（称为零间隔）始终为 $ds^2 = 0$。爱因斯坦的第二个假设是，所有观察者一定会观察到光在这种单位制下的速度为常数 1。因此，空间间隔必须等于时间间隔，并且 ds^2 必须为零。实际上，ds^2 的表达式中与时间差项相连的减号旨在确保始终遵守第二个假设。

勾股定理告诉我们，在一个笛卡儿坐标平面上，如果两个点之间的距离为 dx 和 dy，则它们的空间间隔的平方等于 $dx^2 + dy^2$。直角三角形的斜边的平方等于其他两边的平方之和。在用笛卡儿坐标表示的三维空间中，勾股定理推广为（空间间隔）$^2 = dx^2 + dy^2 + dz^2$。那是我们在高中学习的欧几里得实体几何。但是，爱因斯坦说 $ds^2 =$（空间间隔）^{2} −（时间间隔）^{2}。我们发现 $ds^2 = dx^2 + dy^2 + dz^2 -$（时间间隔）^{2}。但是时间上的分隔仅仅是 d$t$。因此，我们用以下公式进行代替：d$s^2$ = dx^2 + dy^2 + dz^2 – dt^2。这就是时间 t 的维度与空间的三个维度（x、y 和 z）中的任何一个之间的差别：dt^2 前面有一个负号。正是这个小小的负号使一切变得不同。减号使我们知道的时间不同于普通的空间维度，而所有这些只是为了使光速保持恒定。

这里有很多数学运算，但它使我们了解了时间和空间尺度之间的差异。这一点是很重要的。

记住，我开始时注意到我测得宇航员的飞船有 18 英尺长。所以，我说他的飞船比他想象的（30 英尺）要短。我认为飞船的长度只有他认为的 $\sqrt{1-v^2/c^2}$ 倍。我们的钟表走时不同，我们的尺子也不一致——再一次确保我们观察到的光速总是 1（1 英尺 / 纳秒）。为什么我们关于他的飞船的世界线的宽度的看法有所不同？这是由于我们对它进行了不同的"切分"。我在地球时间的某个特定时刻（ET）测量它的宽度，他在宇航员时间的某个特定时刻测量它的宽度。我从他的飞船的世界线上取一块水平的美式面包片，他从他的飞船的世界线上取一块倾斜的法式面包片。用一个不同的比喻来说，这就好比我从一根树干的水平方向看过去，然后说"树干有 6 英寸宽"。如果有人斜着锯它，他就可能会认为它有 10 英寸宽，但树干本身是一样的，我们只是得到了不同的截面。宇航员和我只是在飞船的世界线上进行不同的切割。

为什么这很重要？举一个极端的例子：一个宇航员在地球上以光速的 99.995% 从我的身边经过，然后神奇的因子 $\sqrt{1-v^2/c^2}$ 等于 1/100。我看到宇航员飞向 500 光年外的参宿四。我将看到他用大约 500 年的时间到达那里。毕竟，他的速度接近光速，而参宿四距离地球 500 光年，所以他需要大约 500 年的时间（ET）才能到达那里。我观察到他的年龄只增长了（$1/100 \times 500$）岁，即 5 岁。在旅途中。我看到他的时钟走得很慢，因为他走得太快了。他做的每件事在我看来都很慢——我看到他要花 100 小时才能吃完早餐！当他到达参宿四时，他实际上只变老了 5 岁。

他觉得这次旅行怎么样？他认为自己是静止的，他看到地球和参宿四以光速的 99.995% 从他的身边飞过。首先他看到地球从他的身边经过，5 年后他看到参宿四从他的身边经过。地球和参宿四基本上是相对静止的，处于平行的世界线上。在他看来，地球＋参宿四系统就像一艘长飞船，地球在飞船的头部，参宿四在飞船的尾部。由于这艘飞船以接近光速的速度从他的身边经过，而且要经过 5 年，他一定推断出地球＋参宿四系统的长度是 5 光年。因此，他必须推断出地球和参宿四之间的距离只有 5 光年。所以，他判断地球和参宿四之间的距离是我所看到的距离的 1/100。他看到我的长度被压缩了：他看到的两个天体之间的距离只有我看到的 1/100。他观察到的长度压缩因子 $\sqrt{1 - v^2/c^2}$ 一定与我看到他变老的速度更慢的因子相同。这当然是狭义相对论最引人注目的结果之一，因为它的对称性和逻辑性十分完美。

不同的观察者对同时性有不同的看法，这一事实解释了一个悖论。假设最初以光速的 80% 飞行的宇航员雅克现在是一名撑杆跳高运动员，他拿着一根 30 英尺长的杆子，指着他要去的方向。我将看到他的竿子只有 18 英尺长，只要它经过我。假设我有一个 30 英尺宽的谷仓。它的前门开着，后门关着。雅克从敞开的前门进来。当他在谷仓中间时，我可以关上前门，18 英尺长的杆子就会被困在我 30 英尺宽的谷仓里。然后我打开后门，让他从后门出去。但雅克怎么看呢？他拿着一根 30 英尺长的杆子，一定以为自己处于静止状态。他看到我的谷仓以光速的

80% 向他移动，他一定认为它只有 18 英尺宽。当他在我的谷仓中间的时候，他一定会看到他的 30 英尺长的杆子从我的 18 英尺宽的谷仓的前端和后端伸出来。杆子周围的两扇门不能同时关上，从而把杆子困在谷仓里面。这看起来像一个悖论，但答案就在这里。我同时关上了围绕杆子的两扇门——从我的角度来看是同时关上。但这些事件并不是同时发生在雅克身上的。他以一种不同的角度来分割时空。从他的角度来看，他看到我在不同的时间关上了那两扇门，一个接一个地关上。因为他从来没看到谷仓的两扇门同时关上过，所以当他穿过谷仓的时候，他能看到他的杆子从两头伸出来，两扇门都开着。

爱因斯坦的过人之处在于，他能够正确地进行所有的思想实验。没有人尝试像爱因斯坦那样基于假设进行思想实验。这是他的工作最具有原创性的特征之一。

现在我们来看看另一个明显的悖论，即著名的孪生佯谬。在这个佯谬中，我们的第一个双胞胎（我们称她为地球女）留在地球上，而她的双胞胎姐姐太空女则以光速的 80% 航行到 4 光年远的半人马座阿尔法星，然后转身以光速的 80% 回来。地球女看到太空女的行进速度是光速的 4/5，因此她看到太空女花费 5 个地球年才能到达半人马座阿尔法星，再花费 5 个地球年才能返回。当太空女回来时，太空女比她大 10 岁。因为地球女看到太空女以光速的 80% 移动，所以根据我们的公式 $\sqrt{1-v^2/c^2}$，地球女一定看到太空女老得慢一些，其速度为地球女的 60%。当太空女回来时，地球女预计太空女的年龄只增长了 6 岁。到现在为止，一切还挺好。但是太空女看到了什么？由于运动是相对的，为什么太空女不认为地球女已经消失并以光速的 80% 返回？她为什么不期望地球女回来时会更年轻？答案是太空女在旅途中加快了速度。她在半人马座阿尔法星那里踩了刹车，然后停下来重新出发。她所有的东西都会撞到飞船的前挡风玻璃上。她改变了自己的速度，已经改变了方向。她不再遵循第一位的要求，即观察者必须沿同一方向匀速运动而不要转弯（见图 18.3 ）。

在旅行的前半段，太空女正在远离地球旅行，太空女时间（AT）切片像法国面包片一样倾斜。当她到达半人马座阿尔法星时，她的钟表显示 3 年（AT），告诉她已经老了 3 岁。但是同时发生的事件"3 AT"的世界线倾斜了，因此它在开始后仅 1.8 年就与地球相交。到达半人马座阿尔法星时，太空女认为地球女老了 1.8 岁。太空女说，在地球女的年龄增长 1.8 岁的时候，她变老了 3 岁。现在 1.8 年是 3 年的 60%。因此，太空女看到地球女衰老得很慢，因为太空女想到自己处于静止状态，并且看到地球女以光速的 80% 远离她。可是，等等！现在，太空女猛踩刹车停下来，然后倒转。此时，太空女的世界线已经弯曲。她改变了速度，因此她的同时性概念也发生了根本变化。就在她离开半人马座阿尔法星时，她的时钟仍然显示" 3 AT"。但是现在，由于她朝相反的方向移动，标有同时发生事件的" 3 AT"向相反的方向倾斜并与地球在开始后 8.2 年的世界线相交。一旦回到途中，太空女认为她从半人马座阿尔法星离开时老了 8.2 岁。在回程中，太空女以为地球的时间增加了 1.8 年，而她的年龄又增长了 3 岁。这使得地球女一共变老了 10 岁（8.2 岁 + 1.8 岁 ），而太空女变老了 6 岁（3 岁 +3 岁）。因此，太空女同意地球女（她必须如此）的观点，即当她们再次见面时，太空女比地球女年轻。地球女沿直的世界线行进，而太空女的世界线是弯曲的。这是对孪生佯谬的解释。同时性的思想在这里非常重要。

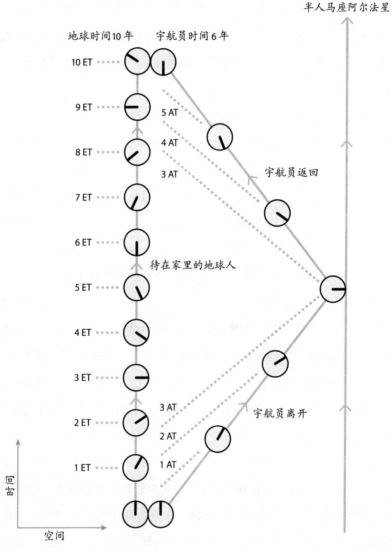

图 18.3　孪生佯谬中地球女（地球人）和太空女（宇航员）的时空图。地球人待在家里，她的世界线是直的。宇航员飞向半人马座阿尔法星，然后返回，她的世界线是弯曲的。时钟用显示了那些年她们彼此所测量的时间，虚线显示了地球女的时间（ET）和太空女的时间（AT）。

图片来源：J. 理查德·戈特。

孪生佯谬使你可以访问未来。如果你想从现在开始访问 1000 年后的地球,你所要做的事情就是乘坐火箭飞船以光速的 99.995% 到达 500 光年远的参宿四。你的时钟的走时速度是地球上的 1/100。根据地球上的时钟,你需要 500 年才能到达那里。但是,你的年龄只增长了 5 岁。以光速的 99.995% 返回,你将在返回的途中再老 5 岁。但是当你回来时,你会发现地球变老了 1000 岁。你将有时间旅行到未来。这样旅行的费用要比目前美国国家航空航天局的预算多得多。当然,目前还没有建造这种快速航天器的技术,但是我们知道在物理定律下这是可行的。我们可以在质子加速器中发射速度更快的质子,因此我们知道这样的速度是可能的。这只是经济和工程问题。美国国家航空航天局,请记下来。

你或许还在担心转向时那极高的加速度会置你于死地,但你也可以地球上习以为常的重力加速度完成这样的旅行。火箭向上加速时,你将感到有东西将你往地面压,就像重力将你束缚在地面上一样。以这样的方式旅行会更舒适,但也更费时,你将在飞船上待足 6 年零 3 个星期,直到加速至光速的 99.9992%。此时,你已经飞行了去参宿四旅途的一半里程。完成加速返回地球也是同样的情况。当你回到地球上时,地球已经过了 1000 年。你只需要多花费一点儿时间即可舒适地完成这段旅途。马可·波罗花了 24 年完成了去往中国并返回欧洲的壮举,这是他的成名之旅。你只需要相同的时间就可以完成类似的壮举。不仅如此,你还能够参观 1000 年后的地球。

俄罗斯宇航员根纳迪·帕达尔卡是时间旅行最久的人,他在去"和平号"空间站和国际空间站驻扎时,比坐在家里看电视省下了 1/44 秒的时间(因为他在高空,因此也算入了广义相对论效应)。他回到地球上时，发现地球的样貌比他脑海里想象的向前进了 1/44 秒。你或许对这 1/44 秒的时间旅行不以为然。美国公用无线电台曾经采访过我，问我为什么时间旅行比空间旅行更难。我回答说，我们在空间中其实并没有走多远！爱因斯坦向我们说明，在比较空间和时间的尺度时，应该选择光速作为衡量单位。因此，天文学家会说离我们最近的比邻星有 4 光年远，因为光走了 4 年才到我们这儿，但人类最远只到达了月球，只有 1.3 光秒。人类在空间内行进了 1.3 光秒，这和在时间中旅行了 1/44 秒也算是相差不远。

现在我们恰好有一对双胞胎宇航员可以演绎孪生佯谬，马克·凯利在地球低轨道上待了 54 天，他的双胞兄弟斯科特·凯利在地球低轨道上待了 519 天，后者比前者年轻了 1/87 秒。

我提到过，如果人类能将宇航员送上水星驻扎 30 年，他就会比在家里好好待着年轻 22 秒。水星上的时钟比在地球上的时钟走得慢，因为水星绕太阳轨道运转得更快（狭义相对论效应），而且水星位于太阳引力势阱的更深处（广义相对论效应）。

1895 年，H. G. 威尔斯出版了新书《时间机器》。10 年后的 1905 年，爱因斯坦就证明了时间旅行的可能性。在牛顿的物理理论框架下，没有人否定"现在"是什么，也没有人认为时间旅行是可行的。但爱因斯坦向世人证明，观测者不一定看到"现在"正在发生什么，时间很调皮，在空间上跑得越快的东西在时间上就会走得越慢。爱因斯坦画出了一幅全新的宇宙图像，这个宇宙不仅包含了笛卡儿的三维坐标，而且包含了时间。

现在我开始简要证明爱因斯坦最有名的等式 $E = mc^2$。假设你的实验室中有一个粒子从左往右慢慢运动，其速度 v 远小于光速，这时可以应用牛顿的运动定律。如果粒子的质量为 m，则粒子就有着自左向右的、大小为 mv 的动量 p。当粒子释放出方向为一左一右的两个能量为 $E=hv_0$（h 是普朗克常数，v_0 是由粒子决定的光子频率）的光子时，用爱因斯坦著名的方程解释光子能量，有粒子失去了大小为 $\Delta E=2hv_0$ 的能量。爱因斯坦说光子不仅具有能量，而且具有动量，它的动量等于其能量除以光速。对于粒子上的观测者来说，两个光子往相反方向带走相同的动量，使得粒子的动量不变。粒子认为自身是静止的（根据第一个假设），它自己向不同的方向放出了同样（指能量和动量的数值，下同）的光子。作为对照，一个静止的粒子向不同方向释放出相同的光子时保持静止，光子动量的反推作用相互抵消，粒子的视界线保持平直，速度不变（见图 18.4）。

现在考虑一下对于两个光子来说会发生什么。其中一个将会猛烈地撞击右边的墙壁，墙壁会向右移动一段较小的距离。爱因斯坦证明了光子的动量等于其能量除以光速，墙壁吸收光子的动量并向右移动，这便是辐射压的直观解释。在右边墙壁上的观测者会看到光子的频率比预想的高，因为粒子向墙壁行进时会产生多普勒效应（这是前面章节提到过的）。相反，在左边墙壁上的观测者看到的光子的频率比预想的低，因为粒子在远离左边的墙壁。高频（蓝移）的光子比低频（红移）的光子具有更大的动量，所以右边墙壁的位移比左边的大。也就是说，两个光子的动量并没有抵消，但实验室获得了向右的动量。动量不会凭空产生（否则人类就会制造出功能各异的反物理装置），也就是说一定要有一个动量的提供者，这个提供者就是粒子本身。

现在的粒子速度 v 远小于光速 c，所以粒子的动量应该由牛顿的公式给出：$p = mv$。因为实验室得到了动量，所以粒子必须失去一部分动量。但粒子的视界线是平直的，而不是弯曲的（见图 18.4），它本身的速度不发生变化，mv 减小，v 不变，m 一定会减小。粒子以光子的形式

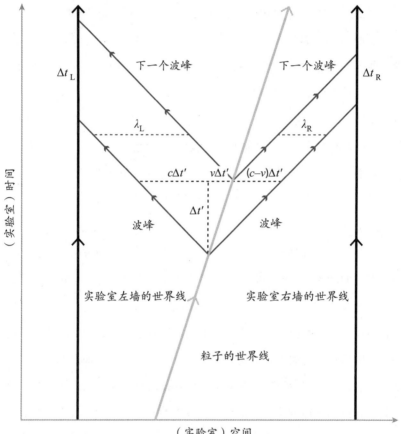

图 18.4　$E=mc^2$ 的思想实验时空图。实验室中静止墙壁的世界线是竖直的，粒子以速度 v 从左向右移动，它的世界线是倾斜的。它向左发射光子（光子的波峰以 45° 角往左上方移动），同时对等的光子向右发射（它的波峰以 45° 角往右上方移动）。粒子发射的两个光子的波峰之间的实验室时间间隔是 $\Delta t'$，用竖直的虚线表示。在那个时段，第一个往左的波峰移动的距离为 $c\Delta t'$，而此时粒子向右移动的距离为 $v\Delta t'$，如图所示。向左移动的光子的波长（两个波峰之间的距离）为：$\lambda_L = (c+v)\,\Delta t'$。由于多普勒频移，向右移动的光子的波长较短：$\lambda_R = (c-v)\,\Delta t'$。

图片来源：J. 理查德·戈特。

312

释放了一部分能量，它的质量也有一定的损失，这部分质量转化为了能量！哇！这的确是一个大胆的结论，但它损失的能量与损失的质量之间存在什么联系呢？这只需要计算一下两个光子的多普勒频移，实验室的墙壁吸收的向右的总动量为 $2hv_0$（v/c^2）。关于其中详细的计算，我会将其列入附录1。粒子以光子形式释放的总能量为 $\Delta E=2hv_0$，所以实验室的墙壁吸收的总动量为 ΔE（v/c^2），v/c^2 这个因式来自多普勒频移的 v/c 以及光子能量 – 动量转换中的 $1/c$。实验室墙壁吸收的向右的总动量等于粒子损失的动量，所以 ΔE（v/c^2）=（Δm）v。两边同时除以 v（粒子的速度对等式无影响），就能得到 $\Delta E/c^2=\Delta m$。两边再同时乘以 c^2，得到 $\Delta E=\Delta mc^2$。去掉 Δ，答案就是 $E=mc^2$。

　　回顾一下刚才的实验，粒子失去一部分能量，释放两个光子，换来的是质量的亏损。失去质量的粒子会释放能量，能量和质量的关系可以用等式 $E=mc^2$ 计算，这是一种简单而又有效的方法。等式中出现 c^2 是因为多普勒效应和光子动量的计算都与光有关，c 就是光速。

　　正如你所知，c 是一个非常大的数（300000 千米 / 秒），因此极其微小的质量会转变为极为可观的能量。牛顿定律告诉我们卡车的动能是 $\frac{1}{2}mv^2$，m 是卡车的质量，v 是它的速度。因为 v 远小于 c，这一计算是非常精确的。如果两个速度大小相等的卡车向相反的方向行进并发生了碰撞，所有的动能（mv^2）会在剧烈碰撞中释放，卡车的碎片散落一地。考虑一下一种新的情况，一辆由正常物质组成的卡车和一辆由反物质组成的卡车对撞，它们会相互湮灭，所有的质量会转变为能量。剧烈的爆炸释放出的能量为 $2mc^2$，远大于正常卡车相撞时释放的能量（mv^2）。这究竟有多大，前者的能量大约是后者的 89 万亿倍，即 2/（0.00000015）^{2} 倍。

我们平常使用的普通物质中蕴藏着极为巨大的能量。

这就是原子弹的奥秘所在，铀原子和钚原子裂变时会产生比原来的质量稍小一点儿的裂变产物，这些质量的损失也伴随着巨大的能量释放。在太阳的核心处，4 个氢核聚变为一个比原来质量小一点儿的氦核。这就是使太阳在以前的 46 亿年里一直发光的原因。化学家们精确地测量了不同元素的质量，其中显示了不同的原子核中核子平均质量的微小差别，因此，人们就可以计算轻元素聚变和重元素裂变会释放多少核能。铁是核子平均质量最小的元素，没有人可以从中汲取核能，这一点我们在第 7 章中讨论过。

爱因斯坦意识到，在其他物理学家的帮助下，他的方程意味着可以制造通过原子裂变产生巨大能量的原子弹。因此，1939 年 8 月 2 日，他写信给时任总统富兰克林·罗斯福，催促他在希特勒制造出原子弹之前先发制人。曼哈顿计划就此诞生，美国的物理学家和欧洲前来避难的物理学家开始制造原子弹。美国人后来才发现，正如爱因斯坦所担心的那样，德国也有制造原子弹计划，但他们失败了。在美国在新墨西哥州试爆第一颗原子弹之前，德国就已经投降了。最终，还是有两颗原子弹被投放到了日本，日本没多久就投降了，宣告了第二次世界大战的结束。原子弹造成的毁坏效果十分惊人，将近 200000 人在原子弹爆炸和后续影响（包括核辐射）中丧生。对于第一次原子弹实战测试，领导曼哈顿计划的罗伯特·奥本海默后来回忆道："我想起了博伽梵歌的一句话：现在我成为了毁灭世界的杀人狂。"杜鲁门是决定投放原子弹的全责者，他认为这是结束战争的最快方式，但他说："我意识到了原子弹带来的悲剧。"多年之后，人们发现杜鲁门书房中的一本讲原子弹的书上有着杜鲁门勾画的、霍拉旭在《哈姆雷特》中最后的讲话："让我向那懵无所知的世人报告这些事情的发生经过，你们可以听到奸淫残杀、反常悖理的行为、冥冥中的判决、意外的屠戮、借刀杀人的狡计，以及陷入自害的结局。"在战争结束后，爱因斯坦致力于达成裁减核武器的协定。

从思考以光速运动，爱因斯坦发现了足以改变历史进程的规律，他那奇迹般的 1905 年使他被列入了第一流科学家的行列，像玛丽·居里、马克斯·普朗克那样，但他最伟大的成就还没有到来。

第 19 章　爱因斯坦的广义相对论

J. 理查德·戈特

广义相对论是爱因斯坦最伟大的科学成就。他的弯曲时空理论解释了引力的作用机制，并取代了牛顿的引力理论。

同时抛下一个较重的球和一个较轻的球，它们会同时落到地板上。伽利略知道这一点，而牛顿会怎么说？他会说球与地球之间的引力为 $F = Gm_球 M_地 / r_地^2$。他还会说 $F = m_球 a_球$，因此，球的加速度 $a_球$ 等于作用在球上的力 F 除以球的质量 $m_球$。合并这两个方程，我们得到 $a_球 = GM_地 / r_地^2$。球的质量被抵消了。球的加速度与其质量无关，这意味着重球和轻球必须以相同的速率坠落。牛顿会说重球受到更大的引力将其拉向地球，但是他会说重球更难加速，因为 $F = ma$。这个公式补偿给重球的力更大一些，最终导致两个球的加速度完全相同。这是一个巧合，说明我们在引力公式中使用的质量（引力质量）与在 $F = ma$ 这个公式中使用的质量（惯性质量）是完全一致的。

爱因斯坦对这个问题有不同的看法。他考虑了在没有重力的星际空间中加速飞行的宇宙飞船里会发生什么。（就像在第 10 章中讨论的加速运行的物质和反物质驱动力星际飞船一样。）如果你扔出两个球，它们会因失重而飘浮在空中。当飞船在火箭的推动下向上加速时，船舱内的地板会加速向上，从而撞上飘浮在空中的两个球。这两个球会同时撞到地板。它们只是恰巧飘浮在那里，是地板升上来并撞到它们。这是一件很简单的事，但两个球同时撞到地板就不是什么巧合。想象一下，将两个球再次扔到地球上。这次试着想象它们只是一起飘浮在空中，当地板往上升起时就可以碰到它们了。人们知道，在加速飞行的宇宙飞船中，你就像回到了地球上的家里。但是爱因斯坦说，如果加速飞行的宇宙飞船上的实验看起来像重力作用的效果，那么它一定就是重力。他说此为等效原理。他说这是他最幸福的想法。1907 年，这个想法出现了。如果两个不同的现象看上去完全一样，则它们必须相同。这个想法非常大胆。

爱因斯坦以前曾用过这种推理方法。经过磁铁的电荷被磁场加速，但是当一块磁铁经过一个静止的电荷时，该电荷也将经历相同的加速过程。在第二种情况下，根据麦克斯韦方程组，加速度是由不断变化的磁场产生的电场所导致的。爱因斯坦说这两种现象必须相同，并且只有相对运动才是重要的。这意味着作为一个单独实体的电场和磁场的概念需要被替换为电磁场的概念。以同样的方式，爱因斯坦发现我们关于空间和时间分离的看法应该用四维时空的思想代替。当有人意识到两个不同的事物实际上是相同的时候，科学上的重大突破通常就会发生了。牛顿意识到使苹果落下的力与使月球保持在它的轨道上的力是同一种力。亚里士多德知道重力让苹果掉到了地球上，但是他认为天体的情况有所不同，某种天体的作用使月球处于它的轨道上。牛顿意识到这两种现象是一样的。

爱因斯坦对他的等效原理充满信心。如果你抛出一个重球和一个轻球，它们就会以自由落体的方式一起飘浮在空中，并且地球表面会加速，同时撞上它们。唯一的麻烦是，这似乎没有什么意义。如何使地球的各个部分都向上加速而不让地球变大？如果地球像气球一样膨胀，它就可能吞没我们扔出的球。但是地球并没有变大，所以这个想法似乎没有任何意义。只有在欧几里得几何不再适用的弯曲时空中，这才有意义。

我们来讨论曲率。图 19.1 显示了地球仪，它的表面是弯曲的，因此欧几里得平面几何定律不适用于它的表面。欧几里得告诉我们，在一个平面上，三角形的内角和为 180°。在球面上，你可以绘制的"最直"的线是一条大圆弧——这是两点之间的最短距离。大圆位于球面上，其圆心与球心重合。地球的赤道就是一个大圆，子午圈也是一个大圆。从纽约到北极点的最短距离是连接纽约和北极点的经线的长度。在地球上，我们可以制作一个三角形，将北极与赤道上两个经度相差 90° 的点连接起来，然后我们将得到一个具有三个 90° 角的三角形（由大圆弧组成），其内角和是 270°。

如果从北极点向南走，则到达赤道上的第一个点时，你必须转 90°，才能沿赤道向西行驶。当到达赤道上的第二个点时，你必须再次转 90° 向北行驶，才能返回北极点。到达北极点时，你会看到三角形的两条边在北极点相交，形成 90° 角，因为它们是两条相隔 90° 的子午圈。你已经绘制了一个具有 3 个直角的三角形，这在欧几里得平面几何中是不可能的。球体的表面是弯曲的，其几何规则和平坦的欧几里得平面不同。

想象一下，在地球上以北极点为中心画一个圆，使沿地球表面测得的圆的半径等于从北极点到赤道的距离（即地球周长的 1/4）。这个圆的圆周（以北极点为中心）就是赤道。赤道的长度等于地球的周长，因此所绘制的圆的半径必须为周长的 1/4。在这种情况下，圆的周长是其半径的 4 倍，或者小于你期望根据欧几里得几何学得出的半径的 2π 倍。

图 19.1 球面上有三个直角的三角形。

图片来源：J.理查德·戈特。

同样，我们发现球体的曲面不服从欧几里得平面几何定律。

爱因斯坦想到了一张正在旋转的留声机唱片。如果一只蚂蚁站在这张唱片上，它就必须紧紧抓住唱片才能站住。它需要产生一个向心加速度（靠紧紧抓住唱片），并且会感觉到一个力将其向外拉。某些嘉年华游乐设施可以为你带来这种效果。在旋转的锡罐中，您会感觉到有一个力将你推向锡罐的内壁。你甚至可以把脚抬起来离开地板。在旋转的唱片上和旋转的游乐设施中，加速圆周运动都在模仿重力，就像加速的太空飞船一样。我们希望唱片是平的，但是爱因斯坦知道，由于唱片的外缘正在快速转动，在测量放置在唱片上的测杆的长度时，坐在唱片外缘的观察者的测量结果将与在圆心处静止不动的人的测量结果不同。观察者在旋转的唱片上测量的唱片周长应与我们根据欧几里得几何学计算的值（即半径的 2π 倍）不同。爱因斯坦精确地推论出，旋转的唱片的几何形状将是非欧几里得的（它有曲率）。精确地说，这因为它在旋转，并且引力会被模拟出来。如果这种模拟出的力是引力（根据爱因斯坦的等效原理），那么弯曲的时空本身能创造引力。

如果我想从纽约去东京，那么我应该走大圆弧，这是最短的路径。我可以在地球仪上的这两个城市之间拉一条绳子，它将穿过阿拉斯加北部（见图 19.2）。你可以拿出地球仪，自己试试。这就是飞机飞行的路线，这也是两个城市之间可能存在的最直的路线。你可以拿一辆玩具车，让它在地球仪上的这两个城市之间行驶，以此证实这一点。如果玩具车在前往东京的路上沿着正确的方向前行，则它可以轻易地沿着大圆弧一直向前行驶，经过阿拉斯加北部，然后到达目的地。我们将这条最直的路径称为测地线。让玩具车在赤道上向西行驶，一直笔直地向前行驶，你将给出整个赤道的轨迹。从任何方向出发，如果你一直直行而不改变方向，你就将得到一条测地线。当你查看墨卡托平面地图时，我就发现连接纽约和东京的测地线看起来是弯曲的。由于这两个城市的纬度均为 $40°$，因此从墨卡托平面地图来看，到达东京的最佳方法是沿着纬线向西走。但实际上这条路在球面上更长，它也不是直的。这个纬线圈是地球上的一个小圆，它的周长小于赤道的周长，并且其圆心（在地球内部）位于地球球心的北部。这不是一个大圆。美国与加拿大接壤的西部边界（穿过五大湖）是这个小圆的一部分。如果你驾驶卡车沿着这条边界向东行驶，那么你必须将方向盘稍微向左打，才能始终沿着那个小圆行驶。在平面地图上，一条测地线最终看起来可能是弯曲的。

图 19.2 地球仪上连接纽约和东京的大圆路径。

图片来源：J. 理查德·戈特。

把篮球投进篮筐内时，它会先弯曲向上，然后向下进入篮筐。篮球似乎走了一条弯曲的轨迹——抛物线。它的路径就像在墨卡托地图上从纽约到东京的测地线一样被弯曲了。爱因斯坦的想法是，自由下落的物体会像篮球那样沿着弯曲时空的测地线运动，它们会沿着最直的轨迹运动，只要它们不受任何其他力，（比如电磁力）的作用。粒子的行进顺序很简单——向前直行。粒子并没有像牛顿力学所指出的那样受到来自不同质量、指向不同方向的一束合力，它们只是向前直飞。时空是弯曲的，这种曲率创造了引力。回想一下图 18.1 中的时空图，其中太阳的世界线是一根垂直杆，地球的世界线是一条绕着垂直杆的螺旋线。它实际上是一条很高的螺旋线，螺旋半径为 8 光分，每转一圈上升 1 光年的高度。爱因斯坦的想法是，太阳的质量会略微改变其周围的时空，因此地球的螺旋世界线实际上正沿着最笔直的、可能的轨道穿越弯曲时空，就像卡车直接驶向东京一样。地球的世界线可能在图 18.1 的坐标系中看起来是弯曲的，但实际上它是弯曲时空中最直的、可能的测地线路径。如果你知道该曲率看起来是什么样子，就可以计算出地球绕着太阳转的测地线路径。

爱因斯坦就是这样解释引力的。牛顿会说，如果你将两个物体放置在星际空间中，它们将由于引力吸引而开始朝着对方加速，最终会相互碰撞。牛顿会说，这是因为它们在一定距离上相互施加了力，并且这些力将它们拉在一起。爱因斯坦说，这两个物体的质量导致它们周围的时空发生弯曲。在这种弯曲的几何形状中，两个粒子简单地沿着最直的、可能的轨道运行，最终它们将聚在一起。

假设在赤道上有两辆卡车相隔一段距离，它们都头朝北（图 19.3 在底部）。它们沿着平行轨道出发，从一开始就既不相互靠近也不彼此分开，但是它们无法保持在平行轨道上，因为地球表面是弯曲的。让这两辆卡车都沿着所在经度的子午圈笔直地向北行驶（即测地线轨道）。最初，它们平行运行，都头朝北，但是由于它们保持头朝北，沿着所在经度的子午线笔直地向前行驶，它们会发现自己正在向对方漂移。最终，它们会在北极点相撞。

爱因斯坦说，粒子的质量会引起时空的弯曲，就像地球的弯曲一样。方向"北"代表着指向未来的时间方向。它们运动时所沿的经线代表两个粒子的世界线。由于时空弯曲，两个粒子的这些最直的、可能的世界线被绘制在一起。注意，如果在平面上，在两条平行路径上驾驶两辆

卡车，它们就将一直彼此平行
行驶，并且它们的测地线将保
持同样的距离。在爱因斯坦的
理论中，引力吸引是由时空弯
曲引起的。

质量和能量导致时空弯
曲，但这是如何发生的？爱
因斯坦开始致力于解决这个
问题。他问他的一位数学家
朋友："我需要了解黎曼曲率
张量吗？"这位朋友说："是
的，恐怕您需要了解。"伯恩
哈德·黎曼推导出了多维曲
率理论。在卡尔·弗里德里
希·高斯的指导下，黎曼开始
类似于写作博士学位论文的
工作。高斯是一位伟大的数学
家，他曾研究过二维曲面（例
如地球表面）的曲率理论（高
斯曲率）。高斯向黎曼推荐了
三个论文主题，黎曼最喜欢
的第三个主题是高维度的曲

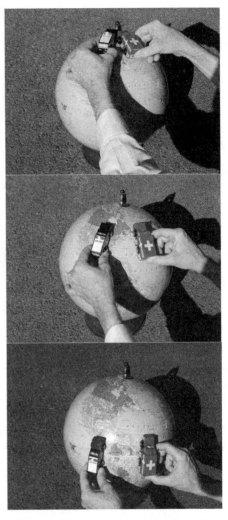

图 19.3　在地球仪的曲面上，两辆卡车向
北行驶，最后在北极点相遇。

图片来源: J. 理查德·戈特。

率。高斯说："就研究这个主题吧。"黎曼完成了这项工作，那是一项杰
作。黎曼揭示了要了解多维曲率，就需要一个现在称为黎曼曲率张量的

东西：$R^{\alpha}_{\beta\gamma\delta}$。在四维中，这是一个包含 256 个分量的数学怪物。很幸运，这些分量中的大部分都是相同的，这就有效地减少到只有 20 个独立分量，但这依然很多。这是爱因斯坦必须掌握的数学怪物。爱因斯坦想提出引力场的场方程，该场方程与麦克斯韦的电场和磁场场方程精确地相似。能量和质量是如何使时空弯曲的？什么样的几何学是可能的？他希望理论能够回答这些基本的问题，但是这个理论还必须与牛顿关于低速和小曲率的理论一致，因为牛顿的理论在这些条件下工作得很出色。

从 1907 年到 1915 年，爱因斯坦致力于解决这个问题。他需要掌握非常难的数学知识，有许多失败的尝试，但是他从未放弃。最终，在 1915 年末，他得出了正确的场方程。这里（采用适当的单位后，把牛顿常数 G 和光速 c 设为 1），场方程看起来是这个样子：$R_{\mu\nu} - \frac{1}{2} g_{\mu\nu} R = 8\pi T_{\mu\nu}$。方程的右侧表示时空中某个位置的"物质"（质量、辐射等），方程的左侧告诉我们时空是如何在该位置发生弯曲的。宇宙中的物质揭示了时空如何弯曲，爱因斯坦摆脱了牛顿神秘的超距作用。某个位置的宇宙物质（质量、辐射等）导致时空在该位置以某种特定的方式发生弯曲。粒子和行星也在本地获得了出征的命令，它们在弯曲的时空中笔直地向前行进。推导这些方程是非常困难的。起初，爱因斯坦认为正确的方程为 $R_{\mu\nu} = 8\pi T_{\mu\nu}$。他漏掉了一项。有趣的是，这些方程对于真空是正确的。爱因斯坦推断，真空里没有东西，因此在真空中，$T_{\mu\nu} = 0$。爱因斯坦由此推导出对于真空，$R_{\mu\nu} = 0$。但是，如果对于真空，$R_{\mu\nu} = 0$，则 R（由 $R_{\mu\nu}$ 的分量计算得出）也将为零，并且可以满足 1915 年提出的正确的场方程，它带附加项 $-\frac{1}{2} g_{\mu\nu} R$。如果是真空，则附加项也为零。尽管爱因斯坦起初给出了错误的场方程，但幸运的是，它们对于真空是正确的。一周后，他发现自己需要增加这一额外项 $-\frac{1}{2}g_{\mu\nu}R$，以确保局域能量守恒。局域能量守恒要求房间中总的质能上升的唯一途径是有东西进入房门。对方程来说，这是一个非常好的性质，就像麦克斯韦发现他必须在方程中添加一项以保证电荷守恒一样。在麦克斯韦的例子中，额外增加的这一项直接导致了非常著名的结论：光是电磁波。

爱因斯坦用他的场方程做了一些计算，他计算了太阳附近空间的预期曲率。这样，他就可以计算出测地线，测地线由行星的螺旋世界线来表征。他发现，一般而言，弯曲时空中的行星运动并不遵循开普勒所预测的简单椭圆轨道，而是进动（即缓慢旋转）的椭圆轨道。它们并没有一遍又一遍地在同一个椭圆上不断来回运动。相反，每颗行星的椭圆轨道在慢慢地旋转。对于大多数远离太阳的行星来说，影响很小，但是对于水星来说，它的轨道最接近太阳，曲率最大，这种效应是可测量的。爱因斯坦计算出，水星的椭圆形轨道每个世纪进动或旋转43角秒。找到了！这与水星轨道上无法解释的进动数值相等（天文学家早已测得），爱因斯坦知道这一点，而牛顿无法解释。

爱因斯坦非常兴奋地进行着这个计算，以至于这个计算让他感到心悸！他的方程式给出了正确答案——每个世纪43角秒。大自然说话了。他在1915年11月18日完成这一计算。当时，他使用了不正确的场方程 $R_{\mu\nu}=8\pi T_{\mu\nu}$，但是幸运的是，在太阳周围特定的真空状况下，这个方程实际上表现得很好。

在同一天，他计算了经过太阳附近的光束的弯曲程度。他计算了光在太阳附近的弯曲真空中所经过的测地线路径。他得到的答案是，来自遥远恒星的一束光在向地球传播的途中，经过太阳的侧翼时会偏转1.75

角秒。如果牛顿认为光由质量很小的粒子组成并以 300000 千米 / 秒的速度飞行，这个结果就是牛顿理论计算结果的两倍。牛顿会计算出偏转角为 0.875 角秒。但是，也许光不是由有质量的粒子组成的。因此，在牛顿理论中，光也可能根本没有发生偏转。然而，爱因斯坦别无选择：光必须在测地线上传播，并且必须偏转 1.75 角秒。这种偏转是可以观察到的。你如何观察太阳附近的恒星？你不得不等待日食发生，即月球恰好阻挡了太阳表面发出的光。你可以测量在日食期间拍摄的底片上的恒星位置，6 个月后再次进行测量，比较两张照片上恒星位置的差异。此时，地球位于太阳的另一侧，而太阳距离这些恒星很远。根据爱因斯坦的方程，靠近太阳边缘的恒星应该偏移 1.75 角秒。爱因斯坦提出将其作为日食期间的一项测试。

爱因斯坦在这方面很幸运。早些时候，在获得场方程之前，他已经使用遵循等价原理的加速飞船模型进行了定性论证。在加速的太空飞船中，星际空间中直的水平光束看起来会弯曲。因为当太空飞船向上加速撞击光束时，一束直的水平传播的光最终会与地板相撞。通过这种类比，他认为光的传播路径应该由于引力而弯曲。这个讨论正确地在时间上阐明了存在曲率的原因，但是遗留了整个场方程在空间上的曲率问题。因此，爱因斯坦只得到了一半正确答案。正如牛顿所做的那样，他得到了 0.875 角秒的偏移量。爱因斯坦发表了这篇文章，并建议人们在 1914 年的日食中观测一下。但是第一次世界大战爆发了，探险队没有进行观测。爱因斯坦很幸运。1915 年，对于弯曲时空问题，他有了 1.75 角秒的正确答案，这与牛顿的预测不同。如果观测到的偏移量为 1.75 角秒，爱因斯坦就是对的，牛顿则被证明是错的。如果观测到的偏移量为 0.875 角秒，则牛顿会获胜，而爱因斯坦是错的。如果没有观测到偏移，那么爱因斯坦将是错的，但牛顿可能仍然是正确的。因为牛顿可能会说质量吸引质量，但质量不会吸引光。在那种情况下，牛顿理论还将有用。这是一项决定性的观测。爱因斯坦对水星进动的计算是一种事后验证。它解释了一个已知的实验事实，但牛顿无法解释它。但是在这件事上，他正在做一个预测——非常具有戏剧性。

两支英国探险队出发去观测 1919 年 5 月 29 日的日食。一支探险队在巴西的索布拉尔进行观测，另一支探险队在非洲海岸的王子岛进行观测。1919 年 11 月 6 日，亚瑟·爱丁顿爵士在伦敦举行的皇家学会和皇家天文学会联合会议上报告了观测结果。在索布拉尔观测到的偏移量为（1.98 ± 0.30）角秒，而在王子岛观测到的偏移量为（1.61 ± 0.30）角秒。在 ±0.30 角秒的观测误差范围内，两项结果均符合爱因斯坦的预测值 1.75 角秒，并且都不符合牛顿理论的计算结果。诺贝尔奖获得者、电子的发现者汤普森作为大会主席，他宣布："这是自牛顿时代以来，在与引力理论相关的领域中所获得的最重要的成果……这个成果 [是] 人类思想的最高成就之一。"

第二天，爱因斯坦登上了《伦敦时报》的头条，报道的题目为《科学革命》。两天后，他登上了《纽约时报》。这一时刻，爱因斯坦从当时最伟大的科学家之一上升为你所知道的举世名人。这一时刻，他与艾萨克·牛顿为伴。

观测了 1922 年澳大利亚的一次日食后，坎贝尔和特朗普勒很快就以更高的精度独立确认了爱丁顿的光线弯曲结果。他们发现偏移量为（1.82 ± 0.20）角秒，再次与爱因斯坦预测的 1.75 角秒一致。

爱因斯坦谈到了自己的努力付出。从 1907 年至 1915 年，他为自己的理论研究而奋斗。他说："但是，在黑暗中追寻真理时，能感受到无法表达的常年焦虑和强烈的渴望。信心与疑虑不停地交替出现，直到最终成功地阐述清楚并完全理解。只有经历过的人才能理解它们。"

第 20 章　黑洞

J. 理查德·戈特

　　这一章的内容主要讲述宇宙中最神秘的物体——黑洞。爱因斯坦的广义相对论方程最早得到的精确解之一就与黑洞有关。该精确解应是一个在几何结构上的任意点都有曲率且在任意点都能局部解出方程的时空。特别有趣的是关于一个质点周围真空空间的几何结构的解。由于它们适用于真空空间，所以又被称为真空场方程的解。这正是爱因斯坦在计算水星轨道与太阳周围的真空区域中光的弯曲时所试图解出的方程的解，但是这个解真的很难找到。人们不知道这个解的几何结构，所以爱因斯坦只选择了一个近似解。在他的近似解中，时空近似是平的，就像狭义相对论中所说的那样，但是有小的扰动（偏离平直）。小扰动的方程更容易求解，因为我们知道以平面几何为起点，经过小的修正的方程更容易求解。由于绕太阳旋转的物体的速度相对于光速来说很小，所以太阳周围空间的几何形状只发生了轻微的弯曲。因此，爱因斯坦的近似解是相当正确的，就像他关于水星轨道和太阳附近光线弯曲的数值一样。也许爱因斯坦认为精确地解这些方程太难了。总之，他满足于得到一个近似解。

　　德国天文学家卡尔·史瓦西是第一个找到爱因斯坦真空场方程精确

解的人。他发现的是黑洞的方程解，即真空中的一个质量点源的解。当爱因斯坦发表他关于广义相对论的著作时，他估计世界上只有 12 个人能理解它。卡尔·史瓦西就是这 12 个人之一。1900 年，史瓦西写了一篇关于空间曲率的猜想的论文。这篇论文甚至发表在狭义相对论之前。他推断空间可能是正弯曲的，就像球体的表面；也可能是负弯曲的，就像马鞍的表面形状。根据当时的天文观测，他想知道曲率半径应该有多大。他是那种愿意去考虑空间曲率的人。当爱因斯坦的论文发表时，史瓦西能够接受这篇论文：他能够理解，同时他能够处理涉及黎曼曲率张量的数学问题。史瓦西有足够的能力在这方面做一些新的和原创性的工作。史瓦西能够解决这个问题，因为他提出了一种巧妙的坐标系来解这些复杂的方程。这种方法利用了一个事实，即这一问题具有球面对称性，并且在时间上是不变的。这个爱因斯坦真空场方程的精确解是关于一个质量点源周围的真空空间的，其结果映射出了一个黑洞的外部。

在第一次世界大战期间服役的过程中，卡尔·史瓦西患上了一种罕见的皮肤病，这种病最终被证明是致命的。1916 年，他因病被遣送回家。正是在那时，他读到了爱因斯坦的论文，并找到了解决办法。他把解答结果寄给爱因斯坦并写道，在战争中期，他很高兴"在你的思想花园里花些时间"。几个月后，史瓦西去世。

找到真空场方程的精确全局解就像做一件百衲衣。在时空的每一点上，你都在缝合碎片。局部有不同的曲率项，其和为零。这些方程告诉你把这些碎片拼接在一起的规则，你只需要不断地缝补和添加补丁。但最终，你必须想出一个全局性的解决方案——一件百衲衣，在任何一点上都能与规则相符。这是相当困难的。关于质点周围的弯曲空间，卡尔·史瓦西是第一个成功地做到这一点的人。

卡尔·史瓦西的儿子马丁·史瓦西与我们在普林斯顿大学长期共事（见图8.3）。他也是一位天文学家，做出了许多重要贡献。他曾指出像太阳这样的恒星最终会变成一颗红巨星。他明显继承了他父亲的衣钵，但马丁其实从未真正了解过他的父亲。马丁的父亲在他4岁时就去世了。有趣的是，卡尔·史瓦西在第一次世界大战中站在德国一边，而他的儿子马丁在希特勒上台后逃离了德国，在第二次世界大战中站在美国一边对抗德国。

为了理解黑洞，我们首先回到牛顿引力上来。如果把一个球扔到空中，那么会发生什么？它会上升，然后下降。有一句谚语是这样说的："上升的东西必然下降。"这句话唯一的问题是它是错误的。如果忽略空气阻力，你以足够快的速度向上扔一个球，速度超过地球的逃逸速度（4万千米/小时），它就会逃离地球的引力场，再也不会回来。"阿波罗号"宇宙飞船的宇航员必须以接近这个速度的速度航行才能到达月球。牛顿理论中有一个逃逸速度公式：$v_{es}^2 = 2GM/r$，其中 G 为万有引力常数，M 为地球的质量，r 为地球的半径。现在在假设我有一个巨大的压缩机，把地球压缩成更小的尺寸。像把一张纸揉成一团一样，我把地球压缩至更小的半径。此时，逃逸速度会发生怎样的变化？地球的质量将是一样的，但它的半径更小，所以逃逸速度会变大。如果我把地球压缩得足够小，逃逸速度就会等于光速 c。这需要把地球压缩到多小呢？我可以令 $v_{es}^2 = c^2 = 2GM/r$，然后解出 r，得到 $r = 2GM/c^2$。为了纪念卡尔·史瓦西，我们称这个半径为史瓦西半径。对于地球的质量，史瓦西半径是8.88毫米。如果你把地球压缩得比这个尺寸还小，那么逃逸速度将大于光速，任何东西甚至光都无法逃逸。爱因斯坦证明了没有任何速度能比光速更快。如果你把地球的半径压缩到比史瓦西半径还小，光就永远不会再出来，地球变成了一个黑洞。我们称它为"黑洞"是因为它里面的光永远出不来。质量将继续坍缩到更小的尺寸，在那里引力将更有力地把物质拉在一起，从而进一步增大逃逸速度。在史瓦西半径内，引力战胜了所有其他的力，质量坍缩到一个点，一个中心曲率无穷大的奇点。广义相对论会说这个点的大小为零，但我们相信量子效应最终会把这个点保持在大概 1.6×10^{-33} 厘米，这被称为普朗克长度（我们将在第 24 章中看到这个数字的来源）。这个长度比原子核的尺寸要小得多。我们只剩下一个质点在中心，其大小基本上为零，并且被真空的弯曲时空包围。

如果你冒险进入了史瓦西半径以内，那么你还能回到外面吗？不能。如果要做到这一点，你就必须比光速还快，但爱因斯坦已经证明了这是不可能的。

黑洞的史瓦西半径与其质量成正比。质量越大，史瓦西半径就越大。事实上，要把地球压缩到史瓦西半径之内是非常困难的。但在耗尽核燃料后，大质量恒星的致密内核有落入史瓦西半径的危险。当太阳死亡时，它会变成一颗红巨星，然后褪去它的外壳，留下一个地球大小的白矮星内核。如果一颗濒死恒星的核心质量大于太阳质量的 1.4 倍，但小于太阳质量的 2 倍，那么这颗白矮星就会坍缩，形成一个半径约为 12 千米的中子星。中子星只比它的史瓦西半径大 2 ~ 3 倍，因此接近危险的界限。如果你试图制造一颗质量大于太阳质量 2 倍的中子星，那么它将是不稳定的。它会坍缩到史瓦西半径以内，在那里引力完全占据主导地位，形成一个黑洞。一个 10 倍太阳质量的黑洞的史瓦西半径为 30 千米，就像一个非常大的恒星在生命结束时坍缩后可能形成的那样。一个 400 万倍太阳质量的超大质量黑洞，就像我们在银河系中心发现的那样，其史瓦西半径为 1200 万千米（略小于 0.1AU）。我们所发现的最大的黑洞之一位于巨型椭圆星系 M87 的中心。它的质量为太阳质量的 30 亿倍，因此半径为 90 亿千米。这是太阳系中海王星轨道半径的两倍。

让我们想象一下，在一个 30 亿倍太阳质量的史瓦西黑洞中进行一次旅行。假设有一个教授和一个研究生，教授想知道黑洞里发生了什么，所以他派研究生去调查。教授待在黑洞外，他通过发射火箭使自己停留在一个固定大小的半径上，比如说 1.25 倍史瓦西半径。教授感觉到了一个由他的火箭引起的加速度，该加速度使火箭保持在那个固定的半径上而不掉进去。只要教授待在黑洞外面，坏事就不会发生在他的身上。而为了研究黑洞，这位勇敢的研究生以自由落体的方式进入黑洞。当研究生自由下落时，他向外发送无线电信号，告诉教授事情的进展。他的信息的第一部分写道："事情。"无线电信号以光速向外传播。

研究生继续下落，无线电信号传到教授那里。教授收到信息的第一部分"事情"。与此同时，研究生仍在继续下落。他发送了信息的第二部分"正"。这部分正好是在史瓦西半径之外送出的，它以光速向外传播，但要到达教授那里需要花很长很长的时间。教授必须点燃火箭才能保持在原位，避免掉落下去，所以他实际上是在加速远离地平线。所以，信号"正"需要很长时间才能赶上他。

与此同时，研究生穿过史瓦西半径。这个研究生还会回来和教授会合吗？很遗憾，不会。当他穿过这个没有回头路的地方时，那里并没有特别的路标，没有发生什么特别的事情。这个研究生不知道发生了什么不好的事情，在他看来一切都很正常。事实上，你可能在读这篇文章的时候穿越某个巨大黑洞的史瓦西半径，但是你甚至没有意识到。从局部看来，一小块时空看起来几乎是平的，因此你无法从局部测量中得知全局解是什么样子。就在研究生穿越史瓦西半径时，他发出了信息的第三部分"进展得"。此时，信息的第二部分"正"还在传向教授的途中。到目前为止，教授只收到了"事情"。现在研究生已经下落到史瓦西半径以内，写着"进展得"的信息正在以光速继续向外传播。但这就像一个孩子在下行的自动扶梯上往上奔跑一样，毫无进展。在史瓦西半径上，逃逸速度等于光速。以光速向外传播的无线电信号只能停留在史瓦西半径上，没有任何进展。写着"正"的信号继续向外传播。

当研究生进入史瓦西半径时，某些事情开始发生了。首先，这个研究生倒过来了，他的脚比他的头离黑洞的中心更近。因为引力与 $1/r^2$ 成正比，黑洞中心的质量对他的脚的拉力比对他的头的拉力更大，而他的腹部受到的力是中等大小。他的头和脚被这股潮汐力拉开了，就像在拷问台上被拉扯一样。此外，这个研究生的左肩呈放射状向内拉伸，右肩也呈放射状向内拉伸。他的两肩挤在一起，并被指向黑洞中心的力拉得越来越近。这时，他发出了信息的最后一部分"很糟糕"。整条信息合起来是"事情正进展得很糟糕"。

当他靠近黑洞中心时，拉力变得越来越大。他身体的两侧被碾碎，头和脚受到拉伸，就好像变成了一束意大利面条。这叫作意大利面条化。这确实是天文学家用来描述这个过程的专业术语！最终，研究生被撕得粉碎并沉积在中心点。中心点的质量现在比 30 亿倍太阳质量再大一点点！史瓦西半径向外移动了一点点。信号的第二部分"正"仍然在向教授传递，信号的第三部分"进展得"依旧在史瓦西半径处，而信号的第四部分"很糟糕"是以光速向外传播的，但这就像一个小孩在一个下行的自动扶梯上往上跑一样，白费力气。自动扶梯的速度比他跑得还快。虽然孩子在持续向上跑，但他被向下拉。信号的第四部分"很糟糕"虽然向外运行，但被吸回中心，在那里被粉碎并沉积在奇点上。

最后，过了很长时间，教授终于收到了信号的第二部分"正"。至此，教授已经收到的信息是"事情……正……"。他将永远无法收到后面的"进展得很糟糕"，因为"进展得"仍然停留在史瓦西半径上，而"很糟糕"已经和研究生一起被吸进了黑洞中心类似奇点的地方。这里的"很糟糕"形容的是发生在史瓦西半径内的事件。这个信号永远不会到达教授那里，教授也永远不会知道史瓦西半径内发生了什么。教授从来没有看到史瓦西半径内发生的任何事件，这就是为什么史瓦西半径被称为事件视界（包含教授能看到的所有事件的区域的边界）。教授根本看不到事件视界之内的东西。同理，在地球上，当往外看时，你看不到地平线以外的东西，事件视界标志着你所能看到的极限。任何站在事件视界之外的观察者都无法看到事件视界内发生的任何事件。

当教授想知道这个可怜的研究生出了什么事时，他可以关掉让他一直在黑洞外徘徊的火箭发动机，然后他就可以自由下落了。当他穿过事件视界时，他会收到信号的第三部分"进展得"，它仍然停留在那里。当他乘着"自动扶梯"下落时，他会看到信号"进展得"以光速从他的身边掠过。光总是以 30 万千米 / 秒的速度超过他。但是接下来教授也会掉到黑洞的中心，也会被杀死。

对于一个 30 亿倍太阳质量的史瓦西黑洞，这个研究生在掉落到其中心并被杀死之前，他的手表记录下了 5.5 小时的自由落体时间。对他来说，幸运的是，从潮汐力开始伤害他，直到他完全被撕裂、杀死，这个"意大利面条化"的过程只占他旅行的最后 0.09 秒。所以，这至少是一个快速的结束。

我们也想知道黑洞外部的曲线几何是什么样子。我曾被邀请参加《麦克尼尔 / 莱勒新闻 1 小时》节目，因为使用哈勃太空望远镜的天文学家刚刚发现 M87 中存在大质量黑洞的证据，他们想让基普·索恩和我向观众解释这一点。我做了一个简单的示范。如果从黑洞的中心切开一个平面，你可能就会认为这个平面是一个二维平面，像一个篮球场，而史瓦西半径是一个圆，像罚球区，奇点就是它的中心。但这是错误的，因为这个穿过黑洞的二维切面实际上是弯曲的，它看起来像一个开口朝上的漏斗（见图 20.1）。这里的三维图像只是为了方便我们展示二维漏斗曲面

图 20.1　黑洞漏斗。黑洞周围的几何结构不是像篮球场一样平坦，而是像漏斗一样弯曲。漏斗在史瓦西半径处变成垂直状态，图中用红色带子表示其周长，即 2π 乘以史瓦西半径。宇航员模型可以直接掉进去。当它通过史瓦西半径（红色带子）时，那是一个无法返回的点。忽略支撑漏斗的底部，也忽略漏斗的内部和外部，只有漏斗形状本身才是真实的。

的曲率，并不是真实的。请忘掉漏斗上面和下面的空间，唯一真实的是漏斗形状本身。在很远的地方，漏斗的喇叭口变平了，所以它看起来就像一个篮球场。离漏斗中的洞很远的地方，曲率很小。当靠近洞的时候，扩张型的喇叭口会戏剧性地向下倾斜。斜率在史瓦西半径处为 90°。史瓦西半径标记喇叭口最窄处的周长。这就是为什么我们叫它黑洞，因为它真的是一个洞。事实上，在卡尔·史瓦西发明的坐标系中，坐标 r 被称为圆周半径，因为 $2\pi r$ 是那个地方的周长。这个圆周位于漏斗的表面。你可以

把漏斗想象成一系列越来越小的圆，直至到达底部的最小圆（周长等于 2π 乘以史瓦西半径）。史瓦西半径是漏斗底部的那个洞的半径。（忽略图 20.1 中的底座，它只是支撑着漏斗的模型。）

在电视演示中，我使用了一个喇叭状的漏斗。我设置它的顶部是钟形的边缘，底部是漏斗最窄部分的圆周（见图 20.1）。天文学家在 M87 中发现了绕黑洞高速旋转的气体。我用以下步骤来说明这一点：我把玻璃球斜扔进漏斗里，让它们慢慢地向下旋转，然后消失在漏斗底部的洞里。同样，气体也绕着黑洞旋转，气体的轨道越远，速度越快，气体之间就会产生摩擦。摩擦加热气体，使其发光。我们可以看到这种辐射，因为它是在事件视界之外发出的。与此同时，这种能量的产生导致气体失去能量并以螺旋方式进入洞中。这就是类星体的能量来源：气体盘旋着进入超大质量黑洞。当热气体向事件视界内螺旋运动时，我们可以看到它，但当它穿过事件视界时，我们就看不到它了。我的演示展示了所有这些。我觉得很不错，准备好去拍新闻了。然后我把它给我 7 岁的女儿看，她问道，为什么不把宇航员放进来呢？她走进自己的房间，拿着一个可爱的 2.5 厘米高的阿波罗宇航员模型回来。它穿着宇航服，手里拿着一面很小的美国国旗。我不知道她有这个玩具。如果你像弹珠一样绕着黑洞旋转，那么当你慢慢地降落到黑洞中时，你就会绕着黑洞内部旋转，你会像那个研究生一样掉进去。我把宇航员模型放在漏斗的边缘，让它笔直地滑进去，消失在底部的洞里，太完美了。黑洞是一个你可以入住而不可以退房的旅馆。宇航员模型直线下降的路径是一条弯曲的辐射线，一直向下进入漏斗底部的洞中（这是一条测地线）。当我放开宇航员模型时，它沿着模型中的这条线直线下降，所以这是一个很好的说明。当一个电视摄制组来拍摄你的时候，他们通常要花几小时的时间，拍摄很多镜头，但是对于国家电视新闻来说，这通常会被剪辑成一小段。在拍摄完我精心制作的展示之后，你觉得他们最后选择展示什么？当然是那个宇航员模型直接掉进去的情形！现在你知道了黑洞外部的几何形状：它看起来像一个漏斗，在底部有一个洞。

卡尔·史瓦西在 1916 年发现的史瓦西解显示了这个漏斗的形状。尽管史瓦西的坐标系很巧妙，但在史瓦西半径处出故障了。他的解显示了史瓦西半径外的几何结构，但没有显示里面发生了什么。这就像拥有一张只显示北半球的世界地图，而赤道以南什么也没有。人们认为外在的解决方案就是一切。最后，在 20 世纪 60 年代中期，我的同事、普林斯顿大学应用数学系的马丁·克鲁斯卡尔和新南威尔士大学的乔治·斯泽克尔斯各自找到了一种方法，将坐标扩展到黑洞的解的所有内部。我们可以查看这种解决方案的时空图，现在称之为克鲁斯卡尔图（见图 20.2）。

这个二维图水平地显示了一维空间，垂直地显示了时间—— 未来在图的顶部。该图具有光束沿 45° 倾斜的直线运动的特性。光速是恒定的，斜率为 45°。让我们回到教授和他不幸的研究生那里来阐释坐标。首先，我们用黑色画出教授的世界线（见图 20.2）。它不是直的，因为教授在加速，启动他的火箭，使自己始终保持在距离黑洞 1.25 倍史瓦西半径的地方。教授待在黑洞外面，他的世界线在半空中垂直，然后向右弯曲。在平坦时空中，这是一条表示粒子在中点静止并向右加速的世界线。教授的整个世界线是一条双曲线，它会弯曲，所以在遥远的将来，当它接近光速时，它会以 45° 向上运动。请记住等效原理。在这个原理中，一个在平坦时空中加速的观察者就像一个在引力场中静止的观察者（即教授）一样。教授的世界线就像克鲁斯卡尔图中的双曲线一样弯曲。

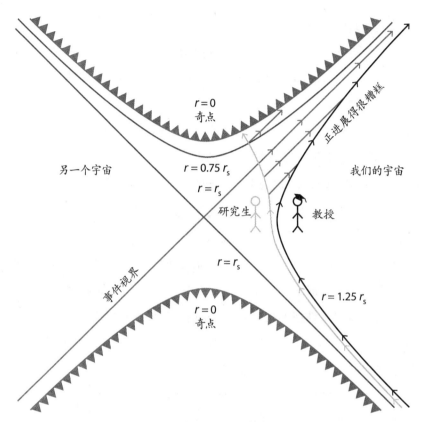

图20.2　克鲁斯卡尔图。这是一幅时空图，显示了史瓦西（非旋转）黑洞内外的几何形状，未来是朝向顶部的。图中表示的是一个点质量周围弯曲的、空的空间，这个点质量一直存在。我们的宇宙在右边。教授和研究生的世界线同样被表现出来了。教授安全地待在黑洞外面，他位于1.25倍史瓦西半径（1.25 r_s）处。研究生掉入黑洞，在 $r = 0$ 处到达奇点。事件视界沿着半径等于史瓦西半径的直线运行。

图片来源：J. 理查德·戈特。

　　一条水平线从两条45°线交叉处向右延伸，代表一条径向线。这条径向线从漏斗底部的洞中一直延伸到漏斗外。这条径向线在某一瞬间的样子被以快照的方式描画在了图20.2中。（漏斗的另一个维度，即圆周方向，不在图中。）

研究生的世界线用绿色表示。在早期，接近图的底部时，他和教授一起旅行，两条世界线互相跟踪，直到研究生在教授的世界线的垂直中点离开教授。研究生自由下落，他的世界线掉进了黑洞中，而教授则向右加速。事件视界（$r = r_S$，即半径等于史瓦西半径）是一条 45° 倾斜的线，这条线在遥远的将来渐近教授的世界线，但它从未触及教授的世界线。它是 45° 倾斜的，因为带有"进展得"的信号的光束（在这种情况下是无线电波）可以沿着它传递。正当研究生的世界线穿过倾斜的事件视界时，他发出光子信号"进展得"，但教授永远不会收到这个信号了。教授的世界线标记了图上 r 等于 1.25 倍史瓦西半径的一组点。光（无线电）信号的第一部分"事情"和第二部分"正"是两条 45° 倾斜的线，在研究生穿过事件视界之前发出。这两个信号确实与教授的世界线相交，教授可以接收到这些信号。现在你明白为什么"正"这个信号要花这么长时间才能到达教授那里。

0.75 倍史瓦西半径上的点在哪里？它们被扭曲成一条双曲线，看起来像一个微笑符号悬停在倾斜的事件视界上。在最右边，它从上方接近倾斜的事件视界，但是从来没有接触它。$r = 0$ 处的奇点也是一个"微笑的"双曲线，位于 0.75 倍史瓦西半径的上方。研究生的世界线碰到了这个"微笑的"视界。我们在这个笑容中添加一些牙齿，因为下颚将会咬住这个研究生。时空如此扭曲，以至于奇点（你可能以为它是最左边的一条垂线）一直被扭曲，直到它出现在未来。事实上，一旦研究生跨过事件视界，这条双曲线就会在研究生的未来出现。他无法避免，就像你无法避免下周二的到来一样。无论研究生怎样启动他的火箭，他的速度都不能超过光速，并且他必须以超过 45° 的角度向上飞。一旦他通过了事件视界，代表奇点的双曲线就会在他的上方出现，跨度超过 $\pm 45°$，而他的世界线势必与之相交。他注定要失败。同样，当他穿过事件视界后以45°向右发出的光信号"很糟糕"也会在 $r=0$ 处击中奇点的"下颚"（双曲线）。

我们可以通过完成克鲁斯卡尔图来得到完整的点质量解。这代表了一个质点，在一个原本空无一物的宇宙中，它开始于无限的过去，将一直持续到无限的未来。倾斜的事件视界与另一条沿另一个方向的对角线相交，在图的中心形成一个巨大的 X。这个 X 把时空分成 4 个区域。教授所生活的黑洞的外部位于 X 的右边，那是我们的宇宙。黑洞的内部在 X 的上方，奇点将在未来出现在顶部。初始奇点位于 X 的下方，被标记为 $r=0$，看起来像过去在底部皱眉。左边是另一个和我们一样的宇宙，它通过中间的虫洞与我们的宇宙相连。如果我们要在中间的时空中做一个水平切片，我们就会得到一个给定时刻的切片。它的几何形状就像两个漏斗在最窄的地方会合。从最右边开始，漏斗有一个大的圆周，代表着远离洞的大半径。在左边，漏斗变得越来越窄，直到它的周长在 X 交叉处的事件视界上到达 $2\pi r_S$。然后它再次像打开扇子一般扩大半径，使 X 的左边形成了另一个宇宙。两个漏斗组合形成了一个虫洞。在离虫洞很远的地方，漏斗呈扁平状，看起来像篮球场，它们一直延伸到无穷远处。想象一下，在一栋建筑的二楼有一个篮球场，它有一个弯曲的漏斗，向下通向位于球场中心的一个洞（就像高尔夫球场上的洞）。在地板上，这个漏斗开始再次打开，像扇子一样在地板上展开成一个相当平坦的天花板。这个篮球场代表我们巨大的宇宙，而下面一层的天花板则代表另一个大宇宙，它通过一个小洞连接着我们的大宇宙。这个小洞把球场表面和它下面的天花板平滑地连接起来。这两个大的宇宙在图中以水平线表示的瞬间通过虫洞连接起来。但是你不能用这个虫洞从一个宇宙旅行到另一个宇宙，这是因为 X 的倾斜角度恰好是 45°。要从 X 右侧的区域（我们的宇宙）跨越到 X 左侧的区域（另一个宇宙），必须有一条斜率大于 45° 的世界线。这就意味着你的速度超过了光速，而这是不可能的。但是原则上，你可以在象限上部（未来）的黑洞内遇到来自其他宇宙的外星人。你甚至可以跟他们握手。当你们在未来撞上那个"微笑的"奇点时，你们可能会在死之前对彼此说："兄弟，我们有麻烦了吗？"你们将会在最后的时刻撞上那个奇点。

位于底部的过去的奇点很像宇宙开始时的大爆炸奇点。这一部分的谜底叫作白洞。它是一个黑洞的时间反转版本——就像一部把黑洞倒着运行的电影。粒子可以在底部的白洞奇点中产生，它的世界线从白洞中出来，进入我们的宇宙。如果一个粒子能掉进黑洞，它就能从一个白洞里出来。

我们现在能遇到的黑洞并不会永久存在。在现实情况下，黑洞可能是由恒星坍缩形成的。在克鲁斯卡尔图的时空中，想象一下坍缩恒星的表面就在研究生的脚下：当研究生和教授在一起的时候就在他的脚下，当研究生掉下去的时候也正在他的脚下。这代表了一种情况，即恒星表面长时间保持 1.25 倍史瓦西半径，然后就在研究生的脚下同时向下和向内自由下落。因此，恒星表面的世界线平行于研究生的世界线，且就在它的左边。在下落的研究生下面是恒星的内部，在它的表面之下，物质的密度大于零，不适用克鲁斯卡尔图中的真空解决方案。忽略研究生的世界线左边的图——没有虫洞，没有其他宇宙，底部没有白洞奇点。这些不是恒星坍缩形成黑洞时形成的。但是研究生的世界线右边的图位于真空区，它准确地描述了正在发生的事情。当这个研究生的世界线在

$r = 0$ 处到达奇点时，他确实被压碎了。如果你住在恒星内部（在一个有空调的小房间里），当恒星的体积缩小到零而密度变化到无穷大时，你会发现自己被压扁了。曲率奇点也在未来等待着你的世界线：当你的恒星的大小坍缩到零时，你撞上 $r = 0$。

这里有一些建议：只要待在史瓦西半径之外，你就会没事。你可以在黑洞视界外快乐地盘旋。如果太阳坍缩成黑洞，地球将保持在它目前的轨道之外。你可以看到黑洞，天空中会出现一个黑色圆盘。它将被它后面的恒星的引力透镜图像所包围（见图 20.3）。

1963 年，罗伊·克尔发现了一个关于旋转黑洞（角动量黑洞）的爱因斯坦场方程的精确解。它的事件视界内有一个更复杂的几何结构，我们将在第 21 章中讨论它。但是它的事件视界标志着没有返回点，就像史瓦西黑洞一样。2015 年 9 月 14 日，激光干涉仪引力波天文台（LIGO）的天文学家们目睹了一个由 29 倍太阳质量的黑洞和 36 倍太阳质量的黑洞碰撞而成的 62 倍太阳质量的旋转的克尔黑洞的形成，这证明了克尔的黑洞理论是正确的。这两个黑洞形成了紧密的二元结构，并向内螺旋运动，由于引力辐射的释放而失去能量。通过研究时空几何中的引力波，天文学家能够推断出这两个黑洞的质量。由于这两个黑洞在相互环绕时都有轨道角动量，所以能在中心形成一个旋转的黑洞就不足为奇了。这个黑洞最终形成并稳定下来，它形成的强有力的振铃振荡与克尔黑洞扰动衰变的预期完全吻合。天文学家甚至可以确定克尔黑洞的最大角动量约为这个质量的一个黑洞所允许的最大角动量的 67%。整个碰撞过程，包括引力波的发射，都可以在一台超级计算机上模拟出来。这台超级计算机可以通过解出爱因斯坦方程来计算时空的几何形态。计算机模拟结果与观测到的引力波一致，表明即使时空高度弯曲，爱因斯坦方程仍然成立。这是一个非常重要的结论。

图 20.3 史瓦西黑洞的模拟视图。它看起来像天空中的一个黑色圆盘，背景恒星的引力透镜图像环绕在它的周围。你可以看到两个银道面的图像，它们的光在到达你的眼睛的途中分别向黑洞的两侧弯曲。

图片来源: 安德鲁·汉密尔顿（使用阿克塞尔·梅林格改编的银河系背景图片）。

1974 年，斯蒂芬·霍金有了一个惊人的发现：黑洞实际上会发射热辐射，即能量能够且确实会从黑洞中逃逸。这个发现是怎么得到的呢？普林斯顿大学的研究生雅各布·贝肯斯坦和他的博士论文导师约翰·阿奇博尔德·惠勒有过一次谈话。惠勒是创造"黑洞"这个名字的人。这是个好名字！黑洞真的是一个洞，而且它是黑色的——它不发光。正如尼尔所说，天文学家喜欢给事物取简单的名字——"它是黑色的，并且是一个洞，所以为什么不直接叫它'黑洞'呢？"惠勒是黑洞研究的"教父"，他在20世纪60年代重新激发了人们对于广义相对论的兴趣。他让人们对研究这一课题产生了兴趣。惠勒与查尔斯·W.米斯纳以及基普·索恩合著了一本颇具影响力的教科书。当克鲁斯卡尔发现克鲁斯卡尔图（见图20.2）后，他把研究结果寄给惠勒征求意见，然后就去度假了。惠勒看了这篇论文，觉得它太重要了，于是他抄了一份下来，并立即把它寄给了《物理评论》杂志。当然，上面只署着克鲁斯卡尔的名字！当克鲁斯卡尔度假回来时，他发现他的论文已经被杂志刊登了。

惠勒邀请他的学生贝肯斯坦来做报告。他拿出一杯热茶，又倒了些凉水进去。惠勒说："我刚刚犯了一个罪：我增加了这个宇宙中的熵（无序性），我不能把它收回来，因为我无法把混在一起的茶和水分开。"贝肯斯坦知道宇宙中的熵总是随着时间的推移而增加。如果你打破了一个花瓶，宇宙的无序性就会增加。我们不能看到碎片从地上弹起并自行组装成一个花瓶。事实上，在看一部倒放的电影时，你会大笑，因为你知道这不太可能发生。这样的事情发生的可能性虽然是存在的，但是可能性很小。从统计学上讲，我们希望看到宇宙中的无序性随时间的推移而增加。这一原理称为热力学第二定律。人们喜欢秩序。把一个漂亮的花瓶打碎是一件憾事。按照这个逻辑，任何熵的增加（比如茶和水的混合）都可以被认为是犯罪。惠勒接着说："但现在我可以通过把温热的茶和水的混合物扔进一个黑洞里来掩盖我犯罪的证据。它会增加黑洞的质量，现在黑洞会有自己以前的质量，再加上茶和水的质量，但不会比我把茶和水分开扔进黑洞的质量大多少。如果一开始就没有把茶和水混在一起，我就会得到我本来的结果，这似乎违反了热力学第二定律。想想吧！"

贝肯斯坦认真地考虑了惠勒的想法。他最终的论文给我留下了特别深刻的印象。贝肯斯坦指出，霍金证明了一个定理，即如果宇宙中各处的质量密度都是非负的（这似乎是合理的），那么宇宙中所有事件视界的总面积总是随着时间的推移而增大。当质量增加到黑洞那么大时，黑洞的质量开始增加，它的史瓦西半径增大。事件视界的表面积（即 $4\pi r_s^2$），也会增大。如果两个黑洞相撞，就像 LIGO 所发现的那样，它们就会形成一个黑洞，其事件视界的总面积大于两个初始黑洞事件视界的总面积之和。例如，在 LIGO 的发现中，计算表明最终的旋转着的 62 倍太阳质量的克尔黑洞的事件视界面积至少比一开始的那两个质量分别为 29 倍和 36 倍太阳质量的黑洞的事件视界面积之和大 1.5 倍。在贝肯斯坦看来，事件视界的总面积就像熵一样随着时间的推移而增大。

贝肯斯坦做了一个思想实验：他把弦上的一个粒子尽可能轻柔地（几乎是可逆地）放入史瓦西黑洞，并计算出黑洞的面积增加了多少。他指出，这相当于丢失了一个单位的信息（关于该粒子是否存在的信息）。因为在他的思想实验中，信息的损失等于熵的特定增加，所以他能够计算出损失的信息量与黑洞的事件视界面积增大之间的关系。他发现，1 比特的信息损失相当于面积上的一个很小的增加，其中的规则是 $(1.6 \times 10^{-33}$ 厘米 $)^2 = hG/(2\pi c^3)$（这些物理量都是我们的老朋友，即普朗克常数 h、牛顿的万有引力常数 G 和光速 c）。我们会在第 24 章中看到这个大小为 1.6×10^{-33} 厘米的距离，它叫作普朗克长度。由于海森堡的不确定性原理，时空的几何性质在这个尺度上变得不确定。当惠勒把一杯茶和水倒入黑洞时，他扩大和增加了黑洞的事件视界面积和熵。

宇宙中的熵仍然在适当地增加，因为黑洞的熵随着装有混合物的杯子的下落而增加。贝肯斯坦总结道，黑洞的熵很大，但是也是有限的。

有趣的是，贝肯斯坦的工作限制了直径为 15 厘米的硬盘可以存储的信息量——10^{68} 位，即 1.16×10^{58} 吉字节。如果你试图在该硬盘中包含更多的信息，它将变得非常巨大，以至于坍缩并形成一个黑洞。（要详细理解推理过程，请参见附录 2。）贝肯斯坦的观点也将限制信息的位数——可以填满有限的可观测宇宙的半径的信息的位数。因此，他的观点也将限制像我们所在宇宙这样大小的不同的可见宇宙的数量，以及一个人可以拥有的能源的量，即 10^（10^24）。这个巨大的数字在第 1 章中介绍过。所以，贝肯斯坦的论文有很多应用。

但与我不同的是，霍金认为贝肯斯坦的论文是错误的。如果你给一个黑洞添加有限的能量，它的熵增加了有限的量，这就意味着一个简单的热力学论证，它的温度是有限的。霍金认为这一定是不正确的。黑洞不像温度有限的物体那样发光。黑洞是黑色的——它们的温度为零。

罗杰·彭罗斯展示了在旋转的黑洞这种特殊的情况下，一个粒子可以在黑洞的事件视界外的区域衰变成两个粒子，其中一个粒子可能会以反向旋转的方式掉入事件视界，从而降低了黑洞的角动量，而另一个粒子则带着比初始粒子的总能量还要多的能量继续前行。在一个旋转的黑洞中，黑洞的部分质量与它的旋转能量有关。最后，黑洞的旋转速度变慢了，所以它的总质量比以前小了。黑洞的旋转能量为第二个衰变粒子的高能逃逸提供能量驱动。在这个过程中，旋转黑洞的事件视界的面积会稍微增大。惠勒的另一名学生德米特里奥斯·赫里斯托杜卢研究了这些问题，对旋转黑洞能提取出的能量加以限制。在苏联，亚科夫·泽尔多维奇把这个想法应用到电磁波上。他提出了一个启发性的观点，即撞击旋转黑洞附近区域的电磁波可以被放大，从而获得更多的能量，就像彭罗斯逃逸粒子一样。这看起来像是爱因斯坦发现的受激辐射，即激光效应。按照这个逻辑，旋转黑洞也应该有一些自发辐射，通过发射电磁波慢慢地失去旋转能量。阿列克谢·斯塔罗宾斯基计算了旋转的克尔黑洞的波的这些效应。

正如他的学生唐·佩奇所述，霍金想把这些想法建立在更坚实的基础上。霍金着手将量子力学应用于弯曲时空——通过计算弯曲史瓦西时空中粒子的产生和湮灭，发现非旋转黑洞是否真的发出了辐射。令霍金十分惊讶的是，他发现粒子被创造出来——黑洞发出了热辐射。黑洞的温度是有限的。霍金利用了这样一个事实：在真空空间中，粒子对总是被创造出来，重新组合在一起，然后再次湮灭。这些粒子对称为虚拟对，它们总是忽然出现，又忽然消失。海森堡的不确定原理表明，一个系统的能量在足够短的时间内是显著不确定的。因此，创造电子和正电子所需的能量（两者都需要，总电荷仍然需要守恒）可以在一小段时间内从真空"借来"。因此，电子–正电子对可以在真空中相互靠近而产生，并可以在短时间（3×10^{-22} 秒）内再次湮灭。但在黑洞的例子中，电子可以在事件视界偏内的区域产生，正电子可以在事件视界偏外的区域产生。在事件视界内产生的电子无法回到事件视界外与外面的正电子重新结合。电子落入黑洞，正电子逃逸。在事件视界内产生的电子具有负的重力势能，其大小大于从 $E = mc^2$ 中得到的静止质能。因此，它的总能量小于零，当它掉进去的时候，它会夺走黑洞的一些能量，因此也就夺走了黑洞的一些质量。这就补偿了被发射出去的正电子的质量和能量。在微负能量密度的黑洞周围存在一个量子真空状态（现在被称为哈特尔–霍金真空），这违反了霍金面积增加定理所基于的正能量假设。在这种情况下，当正电子逃逸时，事件视界的面积略有减小；或者它可以是一个电子，在正电子掉进去的时候逃逸。同样的效应也能产生光子对，其中一个正好在事件视界内产生的光子落入黑洞，另一个正好在事件视界外产生的光子逃逸。霍金发现黑洞会发出热辐射（现在被称为霍金辐射）。这导致黑洞收缩，最终蒸发。这个热辐射的特征波长（λ_{max}）约为黑洞的史瓦西半径的 2.5 倍。对于一个 10 倍太阳质量的黑洞来说，这意味着它发出的 75 千米长的无线电波根本无法被探测到。这种热辐射具有非常低的温度—— 6×10^{-9} 开（其中正电子和电子很少）。这就是为什么斯蒂芬·霍金没有获得诺贝尔奖。如果辐射强度大到现在能被探测到，他现在肯定已经去了斯德哥尔摩。我想，没有人怀疑霍金辐射的存在，但估计辐射会非常微弱。恒星质量或更大质量的黑洞从宇宙微波背景中吸收的辐射实际上比它们所释放的还要多。只有在遥远的将来，微波背景才会发生红移并冷却到足以让蒸发过程继续进行。

黑洞需要很长时间才能蒸发。像 M87 中这样一个 30 亿倍太阳质量的黑洞目前应该会释放出 2×10^{-17} 开左右的热辐射，主要以光子和引力子的形式进行。根据唐·佩奇的计算，一个 30 亿倍太阳质量的黑洞需要 3×10^{95} 年才能蒸发。目前，它从宇宙微波背景中吸收的辐射比它在热辐射中释放的还要多。在宇宙微波背景辐射的温度降到 2×10^{-17} 开以下之前，它的质量损失不会真正开始。质量损失应该发生在 7000 亿年后。由于蒸发，它最终会缩小到 10^{-33} 厘米，然后在超高能量伽马射线的火焰中消失。人们认为，黑洞形成时丢失的信息最终会以霍金辐射的形式泄露出去。霍金辐射在蒸发时发出，但形式是混乱的。

关于这种蒸发如何影响黑洞内部的细节仍在激烈争论中。一些物理学家认为，事件视界内的反粒子（或粒子）与被发射到事件视界外的霍金粒子（或反粒子）可以配对形成一道防火墙，一道由热光子组成的墙。这堵墙就在事件视界内，任何坠入其中的宇航员都会丧命。只有当黑洞蒸发了一半以上的质量后，这种效应才会变得重要，而这只有在遥远的将来才会发生，具体细节取决于黑洞周围形成的量子真空状态。

詹姆斯·哈特尔和霍金发现了一种量子真空状态，它不会在事件视界上爆炸。在这种状态下，一名正在坠落的宇航员在进入黑洞内部时不会被灼伤。当一个粒子和一个反粒子（如正电子和电子）被从真空中创造出来时，它们的量子态是纠缠的。这两个粒子的角动量和旋转相反。如果你测量一个粒子相对于特定方向的旋转情况，你马上就知道另一个粒子相对于同一方向的旋转是相反的。即使两个粒子离得很远，这一点仍然成立。这种效应让爱因斯坦感到困惑，他称之为幽灵般的超距作用。这是量子力学困扰他的问题之一。在最近发表的一篇论文中，该领域的两位专家胡安·马尔达西那和莱昂纳特·萨斯坎德一致认为，被发射出去的粒子和留在事件视界内的配对粒子之间的量子纠缠可以让宇航员在坠落时保持凉爽的温度，正如哈特尔和霍金所预期的那样。他们认为这个粒子和它的反粒子是由一个微小的虫洞连接起来的。它们在本质上通过虫洞互相接触，但在规则的空间中相隔很远。虫洞就像餐厅桌面上的一个洞，可以让蚂蚁从桌子的上表面爬到下表面。然而，如果它必须沿着桌子的表面爬行，那么这两个虫洞的开口（或者说嘴巴）就会被隔开很远。蚂蚁必须爬很长的一段路才能从虫洞的上口爬到虫洞的下口。首先，它要沿着桌子的上表面爬到桌子的边沿，然后它必须爬到桌子的下表面，接着沿着桌子的下表面到达虫洞的下口。一只像这样跋涉了很久的蚂蚁会说虫洞的上口和下口是分开的，而一只快速穿过虫洞的蚂蚁则会意识到它们实际上非常接近。这可以解决爱因斯坦的幽灵般的超距作用问题。通过虫洞，粒子和反粒子总是很接近。有趣的是，惠勒已经评论过，聚集在虫洞口的电场线可能看起来像一个电子（在桌子的下表面），但当它们出现并在桌子的上表面呈扇形散开时，它们看起来就像一个正电子。因此，他认为粒子和反粒子可以通过黑洞中的虫洞连接起来，就像我们在连接两个宇宙的克鲁斯卡尔图中遇到的那样（在那个例子中称为爱因斯坦－罗森桥）。爱因斯坦与内森·罗森、鲍里斯·波多斯基合写了关于幽灵般的超距作用的论文。因此，马尔达塞纳和萨斯坎德认为爱因斯坦、罗森和波多斯基提出的幽灵般的超距作用的悖论可以用微观的爱因斯坦－罗森桥来解释！令人惊讶的是，爱因斯坦和罗森（以及其他所有人）错过了这种联系！正如霍金最初设想的那样，如果克鲁斯卡尔图是正确的，那么研究生穿过事件视界看起来就是安全的。这个例子指出了霍金的工作所揭示的一些深层联系。

我清楚地记得霍金来到加州理工学院告诉我们他发现黑洞会蒸发时的激动心情。世界上研究黑洞的专家之一基普·索恩介绍了他。诺贝尔奖得主穆雷·盖尔曼也坐在观众席上。索恩向我们保证这项研究具有革命性的重要意义。我同意，因为这是自爱因斯坦时代以来广义相对论中最重要的成果。这就是他成名的原因，所有人都听说过斯蒂芬·霍金。2014年上映的电影《万物理论》讲述了其中一些令人兴奋的事件，埃迪·雷德梅尼凭借对霍金引人注目而又准确的刻画获得了奥斯卡奖。

第 21 章　宇宙之弦、虫洞与
　　　　　时间旅行

J. 理查德·戈特

　　自从我开始研究广义相对论中的时间旅行以来，邻居的孩子们就认为我的车库里有一台时间机器。有一次，我在加州参加一个宇宙学会议，碰巧穿了一件蓝绿色运动外套。我的一个同事罗伯特·科什纳（他当时是哈佛大学天文系主任）走过来对我说："里奇（戈特的昵称），你一定是从未来购买了这件外套，然后把它带回来了，因为人们现在还没有发明这种颜色！"从那时起，这件衣服就以"未来的外套"为人所知，我发表关于时间旅行的演讲时就穿了这件衣服。

　　我像往常一样穿着这件蓝绿色运动外套提着一个棕色公文包走进来，开始了关于时间旅行的演讲。我把公文包藏在一个储物柜里，然后就匆匆离去了。过了一会儿，我穿着一件 T 恤回来了。我向观众解释说，我还有一个会议要参加，我已经安排了一位特邀演讲者替我作演讲，然后我又离开了。我第二次回来时穿着那件蓝绿色运动外套，告诉大家这是"未来的外套"。我解释说，我不能给大家作演讲，因为我要同时参加另一个会议。但是因为我有一台时间机器，我可以在会议结束后轻松地去到未来，买一件"未来的外套"，然后及时回来，以过去的我的身份发表演讲！

这时我注意到，我忘记带关于时间旅行的演讲稿了。我该怎么办呢？因为我有一台时间机器，我意识到我可以在第二天（演讲结束后）拿到演讲稿，然后准时回来，提前把装着演讲稿的公文包放在教室中的某个地方。我环顾四周，但没有看到我的演讲稿。所以，我一定把它藏起来了。这附近有什么地方可以把演讲稿藏起来呢？也许在储物柜里。我打开储物柜，找到公文包，然后打开它。是的！我的演讲稿就在里面。

让我们通过追踪时空图上的世界线来看看发生了什么（见图21.1）。图中水平方向代表空间，垂直方向代表时间，纵轴上方代表未来。我演讲的教室是这幅图中间的一条垂直的条带，下面是我的世界线的样子。

在时空图中，我穿着一件白色T恤站在房间外面。我短暂地走进房间，告诉大家我不能作演讲，因为我要去开会。接着我离开了，去参加另一个会议。然后我进入未来，买了那件"未来的外套"。现在我的世界线变成了蓝绿色。我从未来及时赶回来，重新进入我将要发表演讲的房间。在演讲结束后，我必须回到演讲之前，把关于时间旅行的演讲稿带到房间里。我会走进房间，然后在那个穿T恤的我进来之前迅速离开。此后，我将继续在未来度过我的余生。我的世界线可以说非常复杂了。

那么，公文包的世界线是怎样的呢？我在储物柜里找到公文包后就把它拿在手里了。如果我只是拿着它，我就可以把它带在身边，回到过去，提前把它送到房间里，直到我在储物柜里找到它。公文包的世界线是一个环形（橙色部分）。这条世界线很奇怪，因为它没有起点和终点。

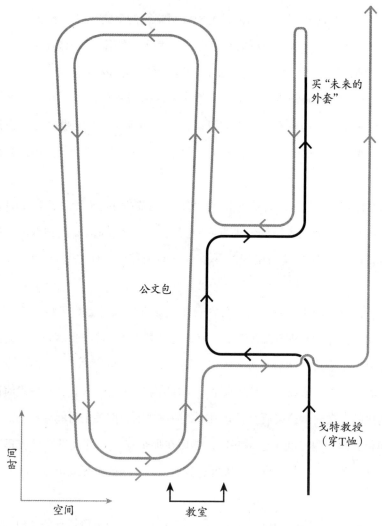

买"未来的外套"

公文包

戈特教授（穿T恤）

空间

教室

图 21.1　戈特教授演讲的时空图。

图片来源: J. 理查德·戈特。

我的世界线开始于我出生的时候，结束于我死的时候，但是公文包的世界线是一个闭环。公文包就是我们所说的幽灵粒子。这个词是以一个不知从哪里冒出来的幽灵命名的。

公文包从未离开过我的视线，它从未自己跑去参观公文包制造厂。研究回到过去的时间旅行的物理学家在考虑量子效应时必须解决这些幽灵粒子。如果我的公文包在我演讲后随身携带时被磨损出痕迹，则该怎么办？伊戈尔·诺维科夫曾指出，一个幽灵粒子所经历的这种磨损和撕裂必须在某一时刻得到修复，才能恢复到原来的状态——我的公文包也不例外。这并不违反熵增定律，因为公文包不是一个孤立的系统：来自外部的能量被用于修理公文包。

信息也可以是幽灵。设想我回到1915年，把正确的广义相对论场方程交给了爱因斯坦，他可以将其写下来并发表。这些信息从何而来呢？我通过阅读他的论文了解到这些信息，他又从我这里了解到——这是一个循环的世界线。

幽灵粒子在物理定律下是有可能存在的，只是它们不大可能会出现，而且幽灵粒子越大、越复杂，它们就越不可能出现。如果我在报告厅的地板上发现了一个回形针，这次我不带公文包，而是带着这个回形针回到过去，并且我又及时地把它放在我一开始捡到它的地方，则同样的故事也会发生。那么，回形针就是一个幽灵，它会比公文包更简单，体积更小。更容易的是，我甚至可以找到一个电子并把它带回到过去，放在报告厅里。找到像公文包这么大、这么复杂的东西，尤其是能幸运地找到一个里面装有演讲稿的公文包，这更加不太可能。我认为这样复杂的幽灵是有可能存在的，但不太可能出现。

当你有一条回到过去的世界线时，回到过去的时间旅行就发生了。

通常的情况由图 18.1 所示的地球和其他行星的世界线螺旋环绕太阳的世界线来刻画。没有什么比光速更快的了，世界线都向着未来前进。图 21.2 展示了回到过去的时间旅行的情况。时间旅行者的世界线在时间上向后循环，以参观他自己过去的事件。

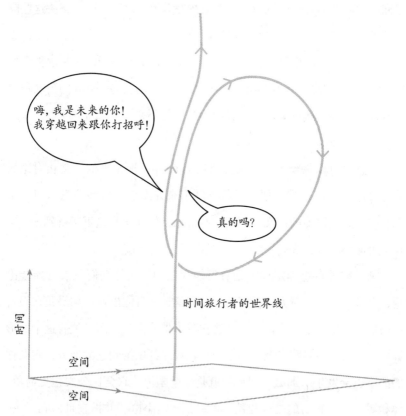

图 21.2　时间旅行者的世界线的时空图。

图片来源: 改编自 J. 理查德·戈特的《爱因斯坦宇宙中的时间旅行》。

　　时间旅行者从代表过去的底部开始往上走，直到他遇到了年老时的自己的世界线。他对年老时的自己说: "嗨! 我是未来的你! 我穿越回来跟你打招呼！"年老的他回答说："真的吗？"然后，他继续回到过去，遇到了年轻时的自己，说："嗨！我是未来的你！我穿越回来跟你打招呼！"年轻时的自己回答说："真的吗？"时间旅行者经历了两次这样的场景，一次是年轻时的自己，一次是年老时的自己，但这种场景只发生过一次。你可以考虑它是世界线上的一个四维雕塑。它永远不会改变：这就是所看到的情景。如果你想知道体验它会是什么样，那就沿着一条世界线同时看看其他世界线将如何接近你。

这让我们想到了一种处理祖母悖论（如果我回到过去，在我的祖母生下我的母亲之前意外地杀死了她，该怎么办）的方法。那样的话，她不会生下我的母亲，我的母亲也不能生下我，这意味着我不存在。因此，我不能回到过去杀死我的祖母，这反过来意味着她还活着并生下了我的母亲，我的母亲又生下了我。这是一个悖论。祖母悖论的保守解决方案是时间旅行者无法改变过去。他们总是过去的一部分。你有可能回到过去，在你的祖母年轻的时候和她一起喝茶吃饼干，但是你不可能杀死她，因为她生下了你的母亲，你的母亲又生下了你。解决方案必须是自洽的。基普·索恩、伊戈尔·诺维科夫和他们的合作者构建了一套思维实验，包括时间旅行、碰撞的台球，以证明似乎总有可能找到不会产生悖论的自洽解决方案。

你不必担心改变历史：无论你多么努力，你都不会改变任何事情。如果你回到"泰坦尼克号"上去警告船长关于冰山的事，船长则会无视你的警告，就像他无视所有其他关于冰山的警告一样，因为我们知道最终船还是沉了。你会发现改变事件是不可能的。电影《比尔和特德历险记》中的时间旅行也是基于同样的自洽原则。

祖母悖论的另一种解决方案是埃弗雷特（美国物理学家）的多世界

量子力学理论。物理学家对此的意见不一，但让我们先来看看它是如何解释这个问题的。在多世界理论中，众多平行世界可以像铁路调车场中的众多铁轨一样共存。我们看到的一段历史就像列车在一条铁轨上行驶。我们看到的事件就像我们经过的车站：这是第二次世界大战……这是人类登月，等等。但还有许多平行世界。在一个世界中，第二次世界大战从未发生。这基于理查德·费曼的量子力学的多体历史研究方法。他发现，要计算任何未来实验结果发生的概率，你就必须考虑所有可能导致这个结果的历史。有些人认为这只是量子力学计算中的一个奇怪规则，但多体世界模型的支持者认为所有这些历史都是真实的，并且它们相互影响。戴维·多伊奇认为，时间旅行者可以回到过去，在祖母还是个小女孩的时候就杀死她。这将导致一个新的分叉轨道。在那个分叉的历史中，将会有一个时间旅行者和一个死去的祖母。但是在原来的轨道上，时间旅行者被生下来，他的祖母依旧活着——这个独立的轨道现在仍然存在。在他转到另一条轨道之前，他仍然记得他在这条轨道上的那段历史。两个轨道都存在。

我们现在有祖母悖论的两个解决方案，每一个方案都可以用于解释这个悖论。其中一个是保守的，它是一个单一的、自洽的、不变的四维雕塑；另一个是更为激进的多世界量子力学理论。任意一个方案都是可行的。

现在，如果我们回到关于时间旅行者回到过去的世界线的那幅图（见图 21.1），那么我们可以注意到它有一个问题。在这幅图中，光以 45° 的斜率传播。当时间旅行者在顶部循环时，为了回到过去，在某个点上，他的世界线相对于时间轴的斜率必须大于 45°。这意味着在某一时刻，他的速度一定超过了光速。当他越过顶点的时候，他的速度实际上是无限的。如果你能跑得比光还快，你就能回到过去。这一观念在 A.H.R. 布勒的五行打油诗中得到了证实。

有一位年轻的女士叫光明，

她能跑得比光快得多。

有一天，她出发了，

以相对的方式，

并在前一天晚上返回家中。

爱因斯坦在他的狭义相对论中指出了这种观点的问题：你不能造出一枚速度比光速还快的火箭。如果你的速度总是比光速慢，你的世界线相对于时间轴的倾角永远不会超过 45°，你也不能回到过去。然而，在爱因斯坦的广义相对论中，时空是弯曲的，你可以通过走捷径，或者穿过虫洞，或者（我们在后面将会看到）绕着一根宇宙弦走来打败一束光。如果你能打败一束光，你就能够回到过去。

假设你有一张纸，它的水平方向表示空间维度，垂直方向表示时间维度（见图 21.3），那么你的世界线就是这张纸上的一条垂直的绿线。你很懒，只是待在家里，所以你的世界线从这张纸的底部一直延伸到顶部。然而，对于弯曲的时空，规则改变了。让我们把纸弯成一个水平放置的圆柱体，用胶带将纸的头尾两端粘住。现在你的世界线是一个回到过去的圆圈。

你总是向着未来前进，却又回到过去。同样的事情也发生在麦哲伦的船员身上。他们一直绕着地球的表面向西行进，但是又回到了欧洲。如果地球表面是平的，这就不可能发生。同理，时间旅行者总是向着未来旅行，但如果时空足够弯曲，他就可以回到过去的某个事件中。

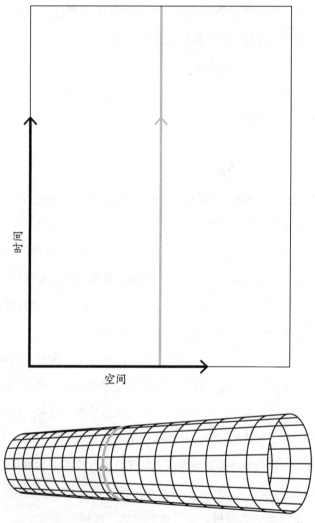

图 21.3　弯曲的时空允许世界线绕回到过去。

图片来源: 改编自 J. 理查德・戈特的《爱因斯坦宇宙中的时间旅行》。

　　广义相对论场方程的各种解都允许这样做。在讨论它们之前，让我先描述一下宇宙弦。1985 年，我找到了宇宙弦周围几何学的爱因斯坦场方程的精确解。塔夫茨大学的亚历克斯·维伦金找到了一个近似解，然后我找到了一个精确解。蒙大拿州立大学的威廉·希斯科克也独立发现了同样的精确解，所以我们共同分享这项发现的荣誉。精确解告诉我们宇宙弦周围的几何结构是什么样子。

但是，什么是宇宙弦呢？它是一条很细的（比原子核还细）、量子真空能在张力下构成的高能、高密度线，很可能是宇宙大爆炸后留下的。许多粒子物理学理论都预言了这样的弦。我们目前还没有找到它们，但我们肯定会一直搜寻下去。

物理学家已经认识到真空（没有粒子和光子的真空区域）可以从渗透空间场的存在中获得能量。例如，这一概念在最近发现的希格斯场及其相关粒子希格斯玻色子中发挥了作用。在用大型强子对撞机发现希格斯玻色子后，弗朗索瓦·恩格勒和彼得·希格斯因预测希格斯玻色子的存在而获得2013年诺贝尔物理学奖。正如我将在第23章中所讨论的，我们现在相信非常早期的宇宙具有一种高真空能量。当这种真空能量衰变为正常粒子时，其中一些可能仍然陷入高真空能量的细线——宇宙弦中。这就像一场雪融化了，留下一些雪人站到了最后。同样，宇宙弦是由早期宇宙遗留下来的真空能量构成的。

宇宙弦没有终点：如果宇宙的范围是无限的，那么它们要么无限长，要么闭合循环。可以想象一下（无限长的）意大利细面和意大利面圈。我们预期无限长的线和闭环都是存在的。宇宙弦网络中的大部分质量包含在无限长的弦中。

对于宇宙弦周围空间的几何学，我们不禁要问，垂直于弦平面的横截面会是什么样的？你可能认为这看起来像一张纸，中间有一个点，那是弦穿过的地方。但是一根宇宙弦被认为是非常巨大的——大约每厘米

1000万亿吨，因此，它显著地扭曲了周围的空间。它看起来不像中间有一个点的纸，而像一个缺了一块的比萨（见图21.4）。

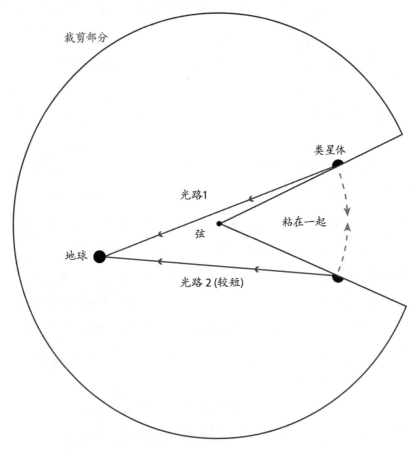

图 21.4　宇宙弦周围的几何结构。

图片来源: 改编自 J. 理查德·戈特的《爱因斯坦宇宙中的时间旅行》。

你开始吃比萨，首先简单地拿起一块，一直吃，直到把这块吃完。这一块就一去不复返了。你拿着剩下的比萨，小心地抓住比萨缺口的那两条边，把这两条边拉到一起。这样，你就能把比萨围成一个圆锥。这是宇宙弦周围几何形状的横截面。弦本身穿过比萨的中心。圆锥几何表明，它的周长不等于比萨半径的 2π 倍。这是因为缺了一块。即使比萨一块都不少，它的周长还是会短一点儿。你可以看到它不遵守针对平面的欧几里得几何学原理。

被吃掉的那块比萨的角度和宇宙弦在单位长度上的质量成比例。对于实际上可能是由早期宇宙所产生的宇宙弦而言（粒子物理学大统一模型预测，它们产生在一个弱核力、强核力和电磁力的统一开始破碎的时代），这个角其实是相当小的——也许为半角秒或更小。这已经非常小了，但仍然可以检测到。

在图 21.4 中，宇宙弦位于中心，你可以看到缺口处的两条边被粘在一起。假设我坐在地球上看着弦后面的类星体。光可以通过经过弦两边的两条直线轨迹（光路 1 或光路 2）中的任何一条到达我这里。如果你把缺口的两边粘在一起，使这张纸变成一个圆锥，两条光路就会在宇宙弦两边围绕着圆锥弯曲。它们的路径被引力透镜效应弯曲了。正如在第 19 章中所讨论的，这与使光在经过太阳附近时发生弯曲的作用是相同的。然而，它们的轨迹尽可能直。我用尺子和笔画下了它们的轨迹。当比萨被粘成一个圆锥时，人们可以驾驶卡车沿着从类星体到地球的光路 1 或光路 2 直行。两条路径都是测地线。因为两束光可以沿直线从类星体到达地球，我们可以看到类星体在宇宙弦的两端的孪生图像。我们可以通过搜索天空中出现在宇宙弦两侧相反方向上的类星体图像来搜索宇宙弦，它们就像双排扣西服上的一对纽扣。我们还没有发现任何宇宙弦的引力透镜效应，不过我们仍在搜寻。

这幅图的一个显著特征是两条光路的长度不同。例如，在图 21.4 中，路径 2 比路径 1 短一些。所以，如果我乘坐宇宙飞船从类星体那里以 99.9999999999% 的光速沿路径 2 飞到地球，我就可以打败沿着路径1 传播的一束光，因为通过路径 1 的光束要走更长的距离。通过走捷径，我就能打败光了！

虽然我们还没有看到宇宙弦，但我们已经观察到这种引力透镜现象发生在一个位于我们和类星体之间的星系上。我们看到遥远的类星体QSO 0957+561 的两幅图像，它们位于一个透镜星系相对的两侧。星系所产生的时空扭曲正以与宇宙弦相同的方式弯曲光线。在这种情况下，背景类星体的亮度不是稳定的。由埃德·特纳、托米斯拉夫·坤迪克以及韦斯·科里领导的一组天文学家（我也参与其中）能够测量类星体内同一次爆发的两幅图像，并判断两幅图像之间有长达 417 天的延迟。这只是 89 亿年光旅行时间的一小部分。如果你想知道你能否比光速更快，那么在这种情况下，答案是肯定的：你能比光速更快！在一场穿越真空的公平竞赛中，一束光以 417 天的优势击败了另一束光，但是只能通过走捷径的方式。

所以，搜索类星体的双重图像是找到宇宙弦的一种方法。到目前为止，所有的情况似乎都可以用星系透镜来解释，但我们预计弦透镜类星体更罕见。这并不令人感到奇怪，我们将继续搜寻。

宇宙弦处于张力之下，通常以光速的一半左右的速度迅速移动。就像光束通过一根宇宙弦相对的两个方向时会相互弯曲一样，当宇宙弦从两艘相对静止的宇宙飞船之间快速穿过之后，这两艘宇宙飞船也会相互吸引。当宇宙弦从两艘宇宙飞船之间穿过时，这两艘宇宙飞船会向彼此加速。现在假设一艘宇宙飞船是地球，另一艘宇宙飞船是宇宙微波背景辐射。当宇宙弦经过时，它会在其后面远处的宇宙微波背景中引起轻微的多普勒频移。如果宇宙弦由左向右从宇宙微波背景和我们之间通过，这就会使宇宙微波背景中宇宙弦的一侧（左侧）比另一侧略热一些。我们正在搜寻这样的结果。就像振动的橡皮筋一样，振荡的宇宙弦环可以产生引力波，未来我们也可以用基于太空的LIGO来寻找引力波。因此，我们有许多充满希望的方法来搜寻宇宙弦。

怎么才能利用一条单一的宇宙弦所展现的捷径效果呢？1991年，针对两条运动的宇宙弦，我找到了广义相对论爱因斯坦场方程的精确解。在这个解之下，两条平行的宇宙弦相互靠近，就像在夜间经过的两艘帆船上的桅杆一样。宇宙弦1是垂直的，从左向右移动；宇宙弦2也是垂直的，从右向左移动。那么，这两条宇宙弦周围的几何结构是怎样的？

不出乎意料，这次缺了两块。垂直于这两条宇宙弦的横截面看起来就像一张缺了两部分的纸，你可以把它折成一个小纸船（见图21.5）。将其平铺之后，我们看到两个缺失的部分，一个源于宇宙弦1并在页面上向上扩展，另一个源于宇宙弦2并在页面上向下扩展。（两条弦向你的方向扩展，垂直于纸面。）现在有两条捷径。从图中的行星A开始，你可以沿着两条宇宙弦之间的一条直线路径（被标记为路径2）到达行星B。但是有一条更短的直线路径，绕着宇宙弦1走，你会更快地到达行星B。同样，另一条捷径（直线路径3）会让你从行星B回到行星A，比沿路径2回去快。如果你从行星A出发，沿着路径1到达行星B，速度为光速的99.9999999%，你就可以打败沿着路径2直接到达星B的光束。路径1比路径2短，因为缺少一块"比萨"。这意味着你可以在准备通过路径2的光束离开行星A后再离开行星A，但在该光束到达星B之前就到达行星B。你离开行星A，到达行星B。这里，沿着路径2有两个具有类空间隔的事件：在空间上间隔的光年超过了在时间上以年为单位的数字。

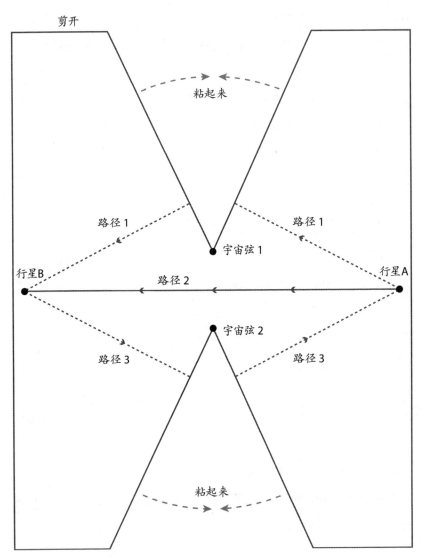

图 21.5　围绕两个宇宙弦的几何结构。

图片来源: 改编自 J. 理查德·戈特的《爱因斯坦宇宙中的时间旅行》。

　　因为你走了捷径，所以你打败了光束，事实上走得比光速还快。这意味着一些快速向左移动的观察者——我们叫他科斯莫——会判断这两个事件是同时发生的。由于他的速度（比光速慢），他会把时空斜切成像法国面包一样的薄片，然后判断你离开行星A与到达行星B是同时的。

现在，带着宇宙弦1和观察者科斯莫，把解的上半部分快速移到右边。现在宇宙弦1不是静止的，而是快速向右移动。由于运动是相对的，科斯莫不再向左移动，只是静静地站在中间。科斯莫看到你在中午12点离开行星A。科斯莫计时，看到你在中午12点到达行星B。科斯莫再计时。如果你能做到一次，你就能做两次。将解的下半部分以同样的速度（但比光速慢）快速滑到左边，同时携带宇宙弦2。你可以离开行星B，沿着捷径（路径3）行进，然后打败沿着路径2到达行星A的光束。你离开行星B和回到行星A之间的距离为几光年，而不是几年的时间。如果足够迅速地移动解决方案的下半部分（但仍然比光速慢），然后宇宙弦2以接近光速的速度移动被科斯莫观测到，他就会观察到你在离开行星B的同时抵达行星A。所以，如果他看到你在中午12点离开行星B，他就会看到你在中午12点又回到了行星A。科斯莫再计时。但你一开始就在中午12点离开了行星A。科斯莫计时。你离开行星A和回到行星A是在同一时间和同一地点。你可以及时回来为自己送行，并且和早些时候的自己握手！你有时间回到你过去经历的事件。这才是真正的回到过去的时间旅行。

在你看来是这样的。当你到达行星A的太空港时，一个年长版本的你来到这里，说："你好，我曾经在宇宙弦附近！"你会问："真的吗？"然后，你乘坐宇宙飞船绕着宇宙弦1出发，沿着路径1到达行星B。接着，你马上离开行星B，绕着弦2旅行，及时回到行星A去见年轻时的自己。你说："你好，我曾经在宇宙弦附近。"那时，你听到年轻时的自己问："真的吗？"

遇见年轻时的自己是否违反了能量守恒定律？毕竟，最初只有你们中的一个人，而现在在那场会面中有两个你。其实，这并不会违反能量守恒定律，因为在广义相对论中只有局部能量守恒。这意味着一个房间里的质量－能量增加的唯一途径就是有东西进入房间。但作为一个时间旅行者，你和其他进入房间的人一样。因为你的进入，质量－能量就会增加。所以，在这些解中存在局部能量守恒。

重要的是这两根宇宙弦经过彼此并向着相反的方向移动。那么，你需要的只是一艘绕着宇宙弦旅行的宇宙飞船，然后你就可以回到你出发的时间和地点。迈克尔·莱蒙尼克以我构思的时间机器为主题为《时代》杂志写了一篇文章，这篇文章中有一张我举着两条宇宙弦和一个小宇宙飞船模型的照片。

加州理工学院的柯特·卡勒特发现了我的双宇宙弦解的有趣特性。曾经有一个时代，回到过去的时间旅行还没有发生过。当两条宇宙弦在遥远的过去相隔很远的时候，环绕它们一圈需要很长的时间，你总是在出发之后回到行星 A 上的家。但是当这两条宇宙弦足够接近的时候，当它们刚好彼此擦肩而过时，你可以绕着这两条宇宙弦回到过去，去参观你自己过去经历的事件。这样的事件在时间旅行的范畴内。图 21.6 是此类事件的三维时空图。

在图 21.6 中，垂直方向代表时间，水平方向代表空间的两个维度。宇宙弦 1 向右移动，它的世界线是一条向右倾斜的直线。宇宙弦 2 向左移动，它的世界线是一条向左倾斜的直线。时间旅行者的世界线也被显示出来了。他移动得很慢，所以他的世界线几乎是垂直的，直到他到达行星 A。然后，你可以看到他在中午离开，绕着两条宇宙弦转了一圈后，又在中午回来了。他向年轻时的自己打招呼。然后，他度过了他的余生，他的世界线再次接近垂直。卡特勒发现时间旅行的区域被一个叫作柯西视界的表面所限制。这个表面的形状像两个灯罩，一个倒扣在另一个的上面。注意，接近行星 A 的时间旅行者开始于遥远的过去。在那里，回

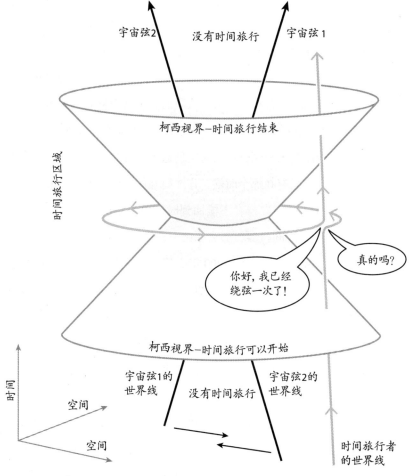

图 21.6　双宇宙弦时光机器的时空图。

图片来源：改编自 J. 理查德·戈特的《爱因斯坦宇宙中的时间旅行》。

到过去的时间旅行是不可能的。然后，他穿过柯西视界，时间旅行就在那里开始了。在那之后，他可以看到来自未来的时间旅行者。在一段时间内，时间旅行是可能的，但他最终跨越了第二个柯西视界。在那里，回到过去的时间旅行停止了。在那之后，他将不会遇到更多来自未来的时间旅行者。到那时，这两条宇宙弦已相距甚远，以至于任何时间旅行者都不能再绕着宇宙弦走一圈并在出发的同时回到他出发的同一时间。

这就回答了霍金的著名问题："那么所有的时间旅行者都在哪里呢？"如果时间旅行是可能的，为什么不会有大批来自未来的时间旅行者出现在著名的历史事件中呢？为什么我们看不到来自遥远未来的时间旅行者带着他们的摄像机和银色的宇航服出现在肯尼迪遇刺的影片中呢？答案是，当你在未来通过扭曲时空创造出一台时间机器时，一个柯西视界就产生了，只有在那个时候，你才能开始看到来自未来的时间旅行者。但是，这些时间旅行者不能回到时间机器发明之前。如果你在3000年创造了一台时间机器，那么原则上，你可以用它从3002年回到3001年，但是你不能用它回到3000年之前，因为在那之前，时间机器还未被创造出来。我们还没有见过这样的时间旅行者，因为我们还没有制造出任何时间机器！这也是由虫洞和曲率引擎构造的时间机器的工作原理，我们稍后将对此进行讨论。但这意味着即使我们审视过去，没有发现来自未来的时间旅行者，在未来的某个时间，我们仍然有可能通过柯西视界看到来自未来的时间旅行者突然出现。

我们预计宇宙弦将以无限弦的形式（以及有限弦闭环的形式）出现，就像我们讨论过的那些弦那样。因为它们处于张力之下，我们预计无限的宇宙弦会以大小等于光速的一半的速度迅速移动。但是，在实践中，你不会指望足够幸运地发现两条无限的宇宙弦以创造时间机器所需的速度穿过彼此。为了制造一台时间机器，大统一理论下的宇宙弦必须至少以光速的 99.99999999996% 运动（比光速稍慢，但仍然非常快）。但你总能找到一条闭环的宇宙弦，并利用巨型宇宙飞船的引力操纵它，使它因张力过大而塌缩。宇宙弦环很像橡皮筋。通过在它附近驾驶巨型宇宙飞船，你可以操纵它，使它啪的一声关闭。这样一来，弦的两段又长又直的部分就能以足够高的速度相互经过，形成一台时间机器。我能够证明（在我于 1991 年发表在《物理学评论快报》上的关于宇宙弦时间机器的论文中），在这个例子中，宇宙弦环正处在一个黑洞内的塌缩点，黑洞将围绕它形成。那可不是一件好事！

我曾证明过，这很可能将穿越时空的区域困在黑洞内。李立新和我后来发现，你的火箭在时间机器中绕着宇宙弦旋转的额外质量很可能也会在你的周围形成黑洞。

宇宙弦环会有两段又长又直的部分以高速朝着相反的方向穿过，因此这个环会有角动量。所以，形成的黑洞会是一个旋转黑洞。

让我们来讨论一下旋转黑洞。正如第 20 章所提到的，罗伊·克尔在 1963 年发现了旋转黑洞（角动量黑洞）的爱因斯坦场方程的精确解。旋转黑洞的解（事件视界）内部的情况是由布兰登·卡特计算出来的。克尔的解有两个临界半径：r_+，表示事件视界；r_-，较小，表示内部视界或柯西视界。

在克尔黑洞的中心，我们发现的不是一个点状奇点，而是一个环状奇点。曲率只在这个环上变为无穷大（实际上，几乎为无穷大，因为量子效应会使它变得模糊一点儿）。如果你撞到圆环上，潮汐力会杀死你。但有趣的是，落入旋转黑洞的研究生是可以避免撞上环状奇点的。这并不妨碍他走向未来。研究生首先穿过 r_+（事件视界），然后进入 r_-（柯西视界）。环状奇点在柯西视界内，研究生一穿过柯西视界就能看到它。如果研究生跳跃着穿过环状奇点，就像跳着穿过一个呼啦圈一样，他将进入一个全新的大宇宙（宇宙 1）。卡特指出，如果研究生穿过环状奇点进入宇宙 1，并在环状奇点的另一边以特定的方式环绕环状奇点的圆周，他实际上就可以在进入前通过环状奇点跳回到我们这边。研究生可以利用一个小时间循环回到过去，在他开始跳到过去之前和年轻时的自己打个招呼。当然，黑洞外的人是看不到这些的，因为这一切都发生在事件视界内。一旦研究生穿过柯西视界，他就进入了一个可以穿越到过去的区域——如图 21.6 所示。这个柯西视界标志着一个时间旅行时代的开始—— 一个完全被困在黑洞的事件视界内的时代。这个研究生再也不能回到我们的宇宙来向他的朋友们吹嘘他的穿越冒险了。然后，他就可以行进至未来。在这个时空图中，环状奇点向一边偏离，并不会阻碍研究生走向未来。他通过穿越第二个柯西视界（如图 21.6 所示）离开时间旅行区域，然后可以跳出来进入另一个像我们这样的大宇宙（宇宙 2）。他从一个旋转白洞中跳出来进入了宇宙 2。他可以在那里度过他的一生，或者跳回洞里，在未来航行到更多的宇宙中。这就像在多层建筑里乘坐电梯。想象一下，你坐在地上一层的电梯里——这就是我们的宇宙。门关上了，你就上楼了——再也回不到一楼的宇宙了。你把它留在过去了。门又开了，你看到一个新的宇宙（宇宙 1），可以通过跳出环状奇点离开电梯，进入宇宙 1。你可以一直待在宇宙 1 中，直到你死去；也可以通过再次穿越环状奇点跳回电梯里。如果这样做了，你将继续上升，然后通向下一个宇宙（宇宙 2）的大门将打开。你可以选择离开电梯，住在宇宙 2 中，或者只是留在电梯里，看着电梯门在无穷的新宇宙之前开开关关，继续向未来上升，直到永远。但你永远不会回到地面一层的宇宙（我们的宇宙）中。克尔解表明，所有这些都发生在一个旋转黑洞中，它在我们宇宙有限的过去中真实地形成了。

但是，我们也必须考虑一些注意事项。

在第20章中，教授安全地停留在黑洞外。教授发射的光子落入黑洞后，研究生甚至可以在穿过事件视界后接收到。教授可能给研究生发过信息，比如"做得好"或"坚持下去，你将会写出一篇好论文"。研究生会收到所有的信息。在穿越事件视界和穿越柯西视界之间（发生的这两个事件都和研究生相距有限的时间），研究生将看到在黑洞之外我们宇宙全部、无限、未来的历史。新闻头条会越来越快地出现在研究生的面前。根据克尔解，在穿越柯西视界之前，研究生原则上会在有限的时间内接收到来自外界的无限多的新闻广播。

这对历史学家来说是件好事。如果研究生对我们宇宙的未来感到好奇，他就能在有限的时间里发现我们宇宙全部、无限、未来的历史。但是，这很危险！这些加速的新闻报道正是由蓝移的光子携带的，所以它们将以非常快的速度出现。光子发生了蓝移，因为它们落入黑洞并获得能量。导致光子发生蓝移的因素与使它们携带的新闻报道加速的因素是相同的。像这样的高能光子是伽马射线，它们可以杀死研究生。当研究生穿越过柯西视界时，光子会任意地（无限接近）蓝移，它们会沿着柯西视界形成一个曲率奇点，挡住未来通往时空旅行区域和其他宇宙的道路。

但是，沿着柯西视界的这个奇点可能很不稳固。根据阿莫斯·奥里的计算，那里的潮汐力可能不会撕裂你的身体。潮汐力可以累积到无穷大，但只会在那里停留无穷小的时间。这就像过了一个减速带。研究生会感到一阵颠簸，但能活下来。研究生可能会发现，他的身体并没有被无限拉伸（意大利面条化），而只是伸展了两三厘米，就像去了一趟脊椎按摩师的诊疗室一样。另一个未知之处是，柯西视界似乎是不稳定的：柯西视界的波动可能会增长，使解的一部分被导向新的且不可预测的方向。对研究生有利的一件事是，我们不知道量子引力定律——引力在微观尺度上是如何运作的。这个爱因斯坦广义相对论方程的克尔解并没有考虑到量子效应。我们预测量子效应在微观尺度上是重要的，并能抹掉奇点。这可能会帮助研究生渡过难关。但是，因为我们不知道量子引力定律，所以我们真的不知道会发生什么。当我们得出粒子物理学的统一理论时，我们也许能回答这个问题。与此同时，旋转的黑洞仍然保留着一些秘密。找到答案的一种方法就是跳进去！

现在回到宇宙弦环上。它刚刚掉进一个旋转黑洞里，变成了一台时间机器。卡特勒发现的为绕宇宙弦进行时间旅行而形成的柯西视界与旋转的克尔黑洞中形成的柯西视界一致。一旦穿过柯西视界，你就进入了时间旅行区域。在宇宙弦环塌缩的情况下，我们没有确切的解决方案来指导我们，但有趣的是在1999年索伦·霍尔斯特和汉斯－尤根·马彻尔发现了一个类似的低维情况下的精确解，两个粒子（和锥形表面的几何图形——就像宇宙弦）在弯曲时空中以高速经过彼此，创建了一台被困在旋转黑洞内的时间机器！

对于宇宙弦环的情况，我们必须考虑几种可能性。你也许可以绕着宇宙弦环移动，然后回来和年轻时的自己握手，但你会发现自己在一个黑洞里，因此，你永远无法回到外面向大家报道你的冒险经历。然后，你可能因到达奇点而死亡。如果你真的很幸运，你就可能会跳出去，进入另一个宇宙，但你仍然不能回来见你的朋友。更糟糕的是，你就可能会在能够穿越时空之前就因到达奇点而死亡。我们并不知道哪种情形会出现。

斯蒂芬·霍金已经证明，如果一个柯西时间旅行视界出现在一个有限的区域内，并且物质密度从不为负，那么某个奇点就应当在柯西视界的某个地方形成。从根本上说，这是一个定理，即想要通过轻轻地弯曲时空（而不需要在任何地方形成奇点）就把你车库里的普通材料制造成一台时间机器是很难的。在两条无限弦相交的情况下，能量密度在任何地方都是非负的，但由于宇宙弦是无限的，柯西视界延伸到无限远处，霍金定理并不适用。但对于有限宇宙弦环的解，我们可以想象创造一台时间机器，你可能认为在黑洞的柯西视界中会形成一个奇点。这个奇点并不一定会挡住你的去路，但至少在穿过柯西视界时，你会在远处看到它。然而，如果这个柯西视界被困在一个黑洞里（就像我预测的那样），并且黑洞通过霍金辐射蒸发（这一定会发生），那么黑洞外的量子真空态有一个轻微的负能密度（导致视界收缩）。在这种情况下，霍金定理并不适用。因此，形成一台被困在旋转黑洞内的时间机器并不一定违反任何定理。在这个黑洞中，你在穿过柯西视界之前不会被奇点杀死。

事实是黑洞会在有限的时间内蒸发，这意味着你在穿过柯西视界以前是看不到整个宇宙的未来的（但能看到在事件视界通过蒸发降为零大小之前发生的事情）。因此，当你掉进去的时候，你不会被正在发生任意高度蓝移的光子击中。这也是很有帮助的。

柯西视界是不稳定的，但我们有为不稳定的情况设计的战斗机，它们在飞行员的驾驭下变得非常容易操控，就像为了在你的指尖平衡一支很长的铅笔一样，你需要迅速地来回移动你的手指，以抵消它掉下来的倾向。变戏法的人总是用长棒来保持平衡。原则上，一个超级文明或许能够通过以正确的方式积极地扰乱柯西视界来达到稳定它的目的。

如果你想回到一年前，绕着正在塌缩的宇宙弦环（在黑洞内）转一圈，这就需要找到和操纵一个质量相当于银河系质量一半的宇宙弦环。这是一个只有超级文明才能尝试的项目。

在进行时间旅行之前，你会被杀死吗？你能在一个旋转黑洞里活到通过时间旅行到达自己过去亲历的事件吗？要回答这些问题，我们最终需要理解量子引力定律——引力在微观尺度上的运作。这就是这个问题如此有趣的原因之一。

移动的宇宙弦并不是爱因斯坦广义相对论方程的唯一时间旅行解。第一个时间旅行解是著名数学家科特·哥德尔在 1949 年提出的一个非膨胀而又旋转的宇宙解。尽管我们的宇宙在膨胀而不是旋转，但哥德尔的解表明，广义相对论在原则上允许时间回到过去。如果存在这样的一个解，那么就可能还有其他的解。1974 年，弗兰克·蒂普勒证明了一个无限高的旋转圆柱体可以让时间回到过去。1988 年，基普·索恩以及他的同事迈克·莫里斯和乌尔维·乌尔茨弗提出了一种使用可穿越虫洞的时间机器。在广义相对论中，虫洞是连接弯曲时空中两个遥远的点的短隧道。一个可穿越的虫洞能够保持足够长的开放时间，让你通过它（不像我们在第 20 章中学习的克鲁斯卡尔图中的虫洞）。根据我们对广义相对论的理解，这样的隧道是可能存在的，尽管它们尚未被发现。隧道的一端可能在地球附近，而另一端在 4 光年外的半人马座阿尔法星。然而，隧道可能只有 3 米长（见图 21.7）。

如果从地球上发射一束光到半人马座阿尔法星，那么这束光需要 4 年才能到达那里。但是跳进虫洞，几秒后你就能到达半人马座阿尔法星了。通过这种方式，你可以通过一条穿越虫洞的捷径打败从地球到达半人马座阿尔法星的光束。虫洞的开口是什么样子？在图 21.7 中，它

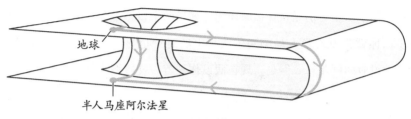

虫洞在地球和半人马座阿尔法星之间制造了一条捷径

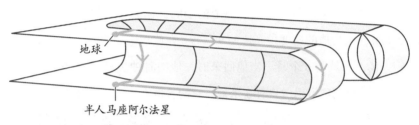

曲率驱动在空间中造成了一个U形扭曲,它同样在地球和
半人马座阿尔法星之间制造了一条捷径

图 21.7　虫洞和曲率引擎。

图片来源: 改编自 J. 理查德·戈特的《爱因斯坦宇宙中的时间旅行》。

显示为一个圆,但该图只显示了两个空间维度。实际上,虫洞口看起来
像一个球体。它看起来就像人们有时在花园里看到的那种闪闪发光的反
射球。这在基普·索恩担任物理顾问的电影《星际穿越》中得到了正确
的描述,但别指望能在这里面看到地球上花园的倒影。相反,你看到
的是一个围绕半人马座阿尔法星轨道运行的行星上的花园。跳进地球
上的那个球体里,你就会从半人马座阿尔法星附近的另一个花园里跳
出来。

　　下面是我们如何把虫洞变成一台时间机器的说明。假设你在 3000
年 1 月 1 日发现了这样的一个虫洞。如果透过虫洞看,你就会看到半人

马座阿尔法星，但是在什么时候呢？如果两个口（虫洞隧道的两端）同步，你就会发现半人马座阿尔法星上的时钟也显示 3000 年 1 月 1 日。这就没有时间旅行。但是，现在假设你开着一艘巨型宇宙飞船，在引力的作用下驶出靠近地球的虫洞口，进行 2.5 光年的旅行，然后以 99.5% 的光速返回。地球上的人们将看到这段往返旅程只需要 5 年多一点的时间，虫洞口将于 3005 年 1 月 10 日返回地球。

假设一个宇航员坐在虫洞隧道的中间，你会看到他变老的速度要慢 90%，因为他的速度是光速的 99.5%。在旅途中，他的年龄只有 5 岁除以 10，也就是 6 个月。当他回来时，他的时钟会显示 3000 年 7 月 1 日。但是虫洞隧道仍然只有 3 米长。它的长度在旅途中不会改变，因为它的几何形状是由虫洞隧道内的物质决定的，而这一点并没有改变。此外，宇航员相对于半人马座阿尔法星的虫洞口是静止的，而半人马座阿尔法星的虫洞口相对于半人马座阿尔法星是静止的，因为没有东西在那一端移动它。因此，宇航员的时钟必须与半人马座阿尔法星保持同步。如果在虫洞返回时你往虫洞里看，你看到宇航员的时钟显示的是 3000 年 7 月 1 日，那么当你越过他的肩膀看他身后的半人马座阿尔法星上的时钟时，它们也一定显示 3000 年 7 月 1 日。因此，当虫洞在 3005 年 1 月 10 日返回地球时，你透过虫洞看到半人马座阿尔法星的时钟显示的是 3000 年 7 月 1 日。你看到了你的机会：你穿过虫洞，在 3000 年 7 月 1 日发现自己在半人马座阿尔法星上。再坐上宇宙飞船，以 99.5% 的光速返回地球。穿过正常空间的这段旅程将需要 4 年多一点儿的时间。你将于 3004 年 7 月 8 日回到地球上。但是，你是在 3005 年 1 月 10 日开始旅行的，所以你在出发前就已经回来了。你回到了过去。你可以看到你自己过去经历的事件。3004 年 7 月 8 日，在开始旅行之前，你可以在地球上和年轻时的自己握手。请注意，在时间机器被创造出来之前，你不能使用虫洞回到过去，那时候地球附近的一个虫洞口正在被带去旅行。例如，你不能回到 3000 年前，因为那是在虫洞口被同步之前。

这项研究的灵感来自卡尔·萨根。他当时正在写一本科幻小说《接触》。为了他的情节，萨根希望女主人公朱迪·福斯特能跳进虫洞，出现在距离我们 25 光年远的织女星附近。卡尔想确保他正确地运用了物理原理，于是给他的朋友基普·索恩打了个电话。当索恩和他的同事们研究虫洞的物理学时，他们发现虫洞必须用一些负能的东西来撑开，这些东西的能量小于零，具有引力排斥力。光会汇集在虫洞上，穿过虫洞隧道，在另一边散开。这就是负能物质排斥力的特征。回想一下，在克鲁斯卡尔图中有一个虫洞与黑洞相连，但是你无法穿过它到达另一边。你不可能在到达一个奇点并被撕裂之前到达另一个宇宙。但是用负能的东西，你可以撑开虫洞，从而让自己通过。但是，在哪里可以找到负能呢？

奇怪的是，一种叫作卡西米尔效应的量子效应实际上产生了负能物质。如果你把两个平行的金属导电板放在一起，这两个金属导电板之间的量子真空态就是具有负能密度。M.J. 斯巴纳和 S.K. 拉莫雷奥已经在实验室中验证了与卡西米尔效应相关的压力效应。黑洞周围的哈特勒 – 霍金量子真空态也具有轻微的负能密度，这使得黑洞随着时间的推移而蒸发，减小了它的事件视界区域。这两个例子说明你可以制造负能的东西。索恩和他的同事认为，如果把两个球形板背对背地放在虫洞隧道中，堵塞隧道，它们之间只有 10^{-10} 厘米的距离，两个球形板之间的卡西米尔效应就可以支撑虫洞打开。你要打开板子上的活动门才能通过它。（由于这些解包含一些负能的东西，虫洞解可以在有限区域内以一种无奇点的方式创造时间机器，因为我以前讨论过的霍金定理并不适用于此处）。

对于索恩和他的同事提出的时间机器，每个虫洞口相当于 1 亿倍太阳质量，半径为 1AU。建造这样的虫洞将是一个巨型工程，只有一些超级文明才有可能去尝试。唯一的方法是找到一些相距 1.6×10^{-33} 厘米、直径为 1.6×10^{-33} 厘米的微观量子虫洞口。它们是量子时空泡沫的一部分，被认为存在于微观尺度中。然后你必须把它们分开，缓慢地将它们放大到 1 亿倍太阳质量。这绝不是你能在车库里建造的东西！但马尔达塞纳和萨斯坎德最近的研究表明，连接量子纠缠粒子的微观虫洞至少给了我们一个起点。

另一种著名的时间机器是星际迷航中的曲率引擎。这是一种 U 形的空间扭曲，也创造了一条穿越太空的捷径，例如去半人马座阿尔法星。这种时间机器没有孔洞，只有一个 U 形的扭曲（见图 21.7）。物理学家米盖尔·阿尔库比雷从广义相对论的视角研究了这个问题，他发现你需要一些正能的东西和一些负能的东西来让它工作，但这在理论上是可能的。

阿莫斯·奥里最近提出了一个环面体（甜甜圈形状）时间机器。涉及时间旅行的创造性广义相对论解仍在探索之中。

斯蒂芬·霍金认为，尽管广义相对论允许时间旅行，但一些尚未被发现的量子效应可能总是会介入，进而阻止时间旅行。他提出了他的时序保护假说，认为物理定律会以某种方式阻止时间回到过去。当然，这只是一个假说。他的这种假说基于一些迹象，即当一个人接近柯西视界和时间旅行区域时，量子真空态可能会爆炸（变为无穷大）。李立新和我找到了一个反例，有一种不同的量子真空态，它不会在柯西视界上爆炸。霍金的学生迈克尔·J.卡西迪从不同的推理中找到了同样的例子。因此，在某些情况下，你可以进行时空旅行。再说一次，要确定以上想法，我们需要先确定量子引力定律。

1895 年，H.G. 威尔斯出版了他的小说《时间机器》。当时已知的物理定律——牛顿定律有一个大家都同意的世界时间，无论是穿越到未来或者过去的时间旅行都是禁止的。然而在仅仅 10 年后的 1905 年，爱因斯坦就证明了穿越到未来的可能性。宇航员根纳迪·帕达尔卡已经穿越了 1/44 秒到达了未来（详见第 18 章）。1915 年，爱因斯坦基于弯曲时空的引力理论允许你通过捷径来打败光束，从而为回到过去的时间旅行打开了大门。目前，爱因斯坦方程的几个解被发现了，原则上允许回到过去的时间旅行。

我们现在的情况与 H.G. 威尔斯写他那本著名的书时的情况正好相反。爱因斯坦的广义相对论已经通过了我们迄今为止设计的每一个测试，是我们最好的引力理论，而且在理论上，它确实有允许时间回到过去的解，即使所需的方法只有超级文明才有可能尝试。我们知道引力在宏观尺度上的表现，但我们也知道在微观尺度上，量子效应应该变得重要起来，所以我们仍然需要发展量子引力理论。我们必须将广义相对论和量子力学成功地结合在一个可行的理论中，这样才能理解我们能否真的建造一台时间机器回到过去。正如我们目前所理解的，物理定律似乎允许通过时间旅行回到过去，但问题仍然是我们将来发现的任何物理定律是否会阻止这种时间旅行。

由于与时间旅行的可能性相关，我在《爱因斯坦宇宙中的时间旅行》一书中探讨了狭义相对论和广义相对论的概念。我们在广义相对论中研究回到过去的时间旅行，不是为了现在制造一台时间机器，而是为了发现宇宙如何运行的线索。时间旅行解在极端条件下检验了物理定律。在第 23 章中，当我考虑宇宙开始时的极端条件时，我重新回顾了时间旅行。

第22章 宇宙的形状和大爆炸

J. 理查德·戈特

为了讨论宇宙的形状，我们首先回顾一下宇宙有多少个维度。正如我们以前所说的，我们生活在一个四维宇宙中。你需要四个坐标来定位任一事件：三个空间维度和一个时间维度。爱因斯坦在他的狭义相对论中指出，事件之间的间隔（至少在平坦时空中）可以用 $ds^2 = -dt^2 + dx^2 + dy^2 + dz^2$ 来测量。dt^2 项前面的负号将时间维度与空间维度区分开来，并保证所有的观察者都同意光速是恒定的。

我们可以想象一个宇宙有不同数量的空间和时间维度。一个有两个空间维度和一个时间维度的宇宙会用 $ds^2 = -dt^2 + dx^2 + dy^2$ 来测量事件的间隔。生活在那个宇宙里的人不知道 z 坐标是什么——他们不知道上下。这些人将生活在平面上。一幅平面的图片（见图22.1）显示了一个生活在平面上的人站在他的房子里。

他家前面有一个门道，他甚至可以在他的后院中修建一个游泳池。但是，如果他想去游泳，就必须走出前门，爬上屋顶，从屋顶跳进游泳池。他有一只眼睛，眼睛的前面有一个晶状体，后面有一个视网膜。你可以看到他的整个横截面。我们可以看到他身体的内部。不管他得了什么病，我们都可以给他一个很好的诊断，因为我们可以看到他所有的内部器官。他有嘴、食道和胃，但没有贯穿全身的消化道。如果他真的有贯穿全身的消化道，那么他就会裂成两半！他必须在胃里消化食物，然后把剩下的食物吐出来。他举着一份报纸。我们的报纸是二维的，它们是一张张纸，但是他的报纸是一维的，像一条线。他的报纸是由点和划组成的莫尔斯电码。当他想上床睡觉时，他只要做一个后空翻就可以了。他的大脑是如何工作的呢？你不能在平地上建立交叉的神经元（或电线），但是电磁信号在平地上是可以互相交叉的，所以你可以用电磁波代替神经元把信号从一个细胞传到另一个细胞。从原则上讲，一个生活在平面上的人可能有大脑，但他的大脑运作起来要困难得多。

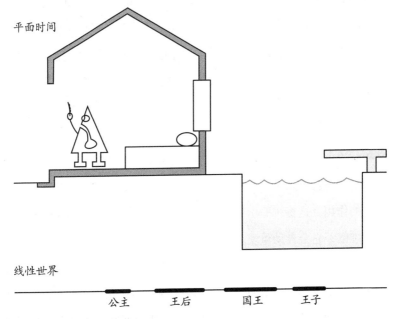

图 22.1 平面世界和线性世界。

图片来源：改编自 J. 理查德·戈特的《爱因斯坦宇宙中的时间旅行》。

1880 年，埃德温·阿伯特写了一本精彩的书《平面国》，讲述了一些生活在这样的一个二维空间中的生物。叙述者是个古板的人。

如果只有一个空间维度和一个时间维度，那么将会发生什么？这就是线性世界（如图 22.1 所示）。所有的东西都位于一条直线上，然后有 $ds^2 = -dt^2 + dx^2$。人是线段。你可以有一个国王、一个王后、一个王子和一个公主，但如果你住在线性世界中，你就只能直接看到你左边和右边的人。他们看起来像一个点。你最好喜欢他们，因为你从来没有见过别人。智慧生命在平面世界里似乎难以出现，在线性世界里更是无望实现。

我们也可以想象比我们看到的空间维度更多的时空。假设我们增加一个额外的空间维度，然后有 $ds^2 = -dt^2 + dx^2 + dy^2 + dz^2 + dw^2$。这是一个拥有四个空间维度和一个时间维度的时空。它有一个额外维度的空间（w）。1919 年，西奥多·卡鲁扎提出存在这样一个额外的维度。为什么呢？因为他发现了一件不同寻常的事。如果你相信爱因斯坦广义相对论方程并把它们应用在这样的一个五维时空中，而且这个解和 w 的方向是统一的，那么你就会得到一些结果，它们相当于在四维空间的爱因斯坦广义相对论方程（正常引力）上再加上麦克斯韦方程组（被爱因斯坦用狭义相对论进行更新）！这是一个奇迹！电磁学相当于引力在一个额外维度上的作用。这将统一引力和电磁学。爱因斯坦的广义相对论有一个额外的维度，它会自动重现麦克斯韦方程组——这似乎太巧合了。

尽管这个发现很有吸引力，但这个理论有一个很大的问题：它似乎没有任何意义。为什么我们看不到这个额外的维度呢？ 1926 年，奥斯卡·克莱因找到了答案。他的想法是额外的维度会像吸管一样卷曲起来。吸管是一个圆柱体，它的表面是一个二维平面，毕竟它是由二维材料做成的。如果生物生活在一根吸管的表面上，它们就必须是二维生物。换句话说，它们是平面生物。只需两个坐标，你就能在吸管表面找到自己的位置：一个垂直坐标描述你在吸管上有多高，一个角坐标描述你在吸管表面的位置。但如果吸管的周长很小，你从远处看时，它就是一维的，就像一个线性世界。我们只注意到吸管的宏观尺寸——吸管的长度。如果一根稻草的周长比一个原子还小，那么我们就根本看不到它的周长。

因此，卡鲁扎－克莱因理论解释了电磁学。带正电的粒子沿逆时针方向环绕吸管运动，带负电的粒子沿顺时针方向环绕吸管运动，像中子这样的中性粒子不做圆周运动。如果吸管像弓一样弯曲，那么顺时针和逆时针的测地线就可以在宏观方向上有不同的弯曲，因为它们在小的额外维度上有不同的起始速度。这就可以解释为什么在电场中带正电荷的粒子可以向与带负电荷的粒子相反的宏观方向加速。由于它们在小圆周方向上的速度是不同的，所以它们在不同的测地线上运动。

这也解释了为什么电荷是量子化的。粒子的波的性质意味着只有一个整数（1，2，3，…）的波长可以绕吸管的圆周，这也意味着粒子在 w 方向上的动量（取决于它们的波长）必须是质子或电子电荷的整数倍。根据观察到的质子和电子的电荷数，我们可以求出吸管的周长，即 8×10^{-31} 厘米。它比原子核还小，这就解释了为什么我们看不到额外的那个维度。

爱因斯坦在创建了广义相对论之后一直想找到一个统一所有自然力的大统一物理学理论。可以说，卡鲁扎和克莱因在实现这一目标方面取得了一些进展，他们实现了电磁学和引力的统一。电磁学就是引力在一个卷曲的额外维度上的作用。但卡鲁扎－克莱因理论还有另外一个解释：

吸管的周长可能随时间和地点的变化而变化。这就相当于在时空中有一个可以随地点变化的标量场。标量场是具有大小而不指向任何特定方向的场。温度是一个标量场。风速是一个矢量场，因为它有一个速度，并且指向一个特定的方向（例如北方）。在这种情况下，标量场就是指这一点上额外维度的周长的大小，因此，它也就是这一点上的电子的电荷数。如果你只想要广义相对论和麦克斯韦方程组，那么这个周长就必须保持固定不变，因为我们总是观察到，无论我们在哪里找到它们，电子都具有相同的电荷。如果周长确实改变了，那么就会导致电子的电荷改变，而这是无法观察到的。我们不清楚是什么因素使吸管的周长保持不变的。如果它是固定不变的，就像人们可能喜欢的那样，那么他们的理论就没有给出新的预测。它只给出了与标准广义相对论和标准麦克斯韦方程组相同的预测。爱因斯坦是幸运的，他的广义相对论给出了不同于牛顿理论的预测（关于水星轨道和光线弯曲），这些预测都可以被验证。但是卡鲁扎和克莱因没有新的预测，所以这个理论无法得到验证，他们也没有获得诺贝尔奖。

现在，我们已知的四种力为强核力、弱核力、电磁力和引力。强核力使原子核结合在一起，而弱核力在某些形式的放射性衰变中很重要。斯蒂芬·温伯格、阿卜杜勒·塞拉姆和谢尔顿·格拉肖因将弱核力与电磁力结合在一起而在 1979 年获得诺贝尔物理学奖。他们的理论预测，正如光子是电磁力的载体，重的 W_+、W_- 和 Z_0 粒子将是弱核力的载体。这些粒子是在欧洲核子研究组织（CERN）的粒子加速器（位于日内瓦附近）中被发现的。卡洛·卢比亚和西蒙·范德梅尔因这项工作分享了 1984 年的诺贝尔奖。强核力、弱核力和电磁力都是在粒子物理的标准模型中进行讨论的。最近，欧洲的研究人员利用大型强子对撞机发现了希格斯玻色子，这是该理论的一个预测。希格斯玻色子是与希格斯场相关的粒子，希格斯场是一个渗透空间的标量场，赋予 W_+、W_- 和 Z_0 粒子质量。粒子物理学的标准模型已经非常成功，但目前还不能解释暗物质或非零质量的中微子。强核力、弱核力和电磁力还没有与引力统一起来。

今天，在大统一理论方面最有希望的就是超弦理论，它将把这四种力集合在一起。这基于基本粒子不是点状的，而是大约 10^{-33} 厘米长的细弦。这些弦就像我们讨论过的宇宙弦，因为它们有正的质量和长度上的张力。但是，超弦的厚度不是微观厚度，而是零厚度。弦中不同的振动状态形成了不同的基本粒子，如夸克、电子等。爱德华·威滕已经证明了超弦理论的 5 种不同版本以及另一种被称为超引力的理论实际上是一种包罗万象的理论的限制性情况，他称之为 M 理论。在 M 理论中，时空是 11 维的，有 10 个空间维度和 1 个时间维度。它假设了我们已经知道的 3 个宏观的空间维度，另外还有 7 个微小的、卷曲的空间维度。如果我试图向生活在线性世界中的人解释吸管是什么样子，我就会说它像一条线，只是这条线上的每个点都不是点，而是一个小圆。如果我们有两个额外的空间维度，那将是一个很小的二维平面，而不是一个圆，但是有可能是一个小甜甜圈的表面。在 M 理论中，这 7 个卷起来的维度像一些微小的椒盐卷饼，它们应该可以解释强核力、弱核力和电磁力。在你认为存在空间点的任何地方，实际上都有一个微小的、七维的、卷起来的椒盐卷饼形状。许多形状都是有可能的，我们的目标是找到正确的形状，能够解释我们所观察到的粒子物理学。

这有点儿像沃森和克里克在寻找 DNA 分子结构时遇到的难题。许多结构似乎都是可能的，但什么才是正确的结构呢？当他们最终解决了这个问题时，由此产生的结构可以解释染色体如何分裂并产生相同的单独副本。答案是 DNA 的双螺旋结构，它可以展开并吸引互补的碱基对形成两个相同的螺旋。同样，在物理学中，我们希望找到额外空间维度的微观几何结构来解释我们所看到的物理现象。今天，许多人都在为此努力，沿着卡鲁扎和克莱因开辟的道路前进。丽萨·兰德尔和她的同事拉曼·桑卓姆已经探索了一个高度弯曲的额外维度如何解释为什么引力相对于其他力是如此地弱。如果有人发现了某个版本的 M 理论，它具有可验证的预测并与观测结果一致，那么这个人就实现了爱因斯坦关于发现粒子物理学统一理论的梦想，他就会与牛顿和爱因斯坦同行。这是一个令人振奋的前景。

在研究了微观宇宙之后，我们现在准备研究宏观宇宙。我们想提出一幅包含整个宇宙的地图，这将给我们展示很多有趣的东西，包括低地球轨道上的哈勃太空望远镜、太阳和行星、恒星和星系、遥远的类星体和宇宙微波背景辐射这些我们可以看到的最遥远的事物。问题是，与可观测宇宙相比，我们的星系很小，而太阳系相对于我们的银河系来说只是一个微小的点。因此，在一幅完整的地图上描绘宇宙并展示所有有趣的东西是一个挑战。

图 22.2 是从地球赤道向外看的整个可观测宇宙的横断面，地球位于地图的中心。我们处于可观测宇宙的中心并不是因为我们处于任何特殊的位置，而是因为我们处于我们可以看到的区域的中心，这毫不奇怪。如果你爬上帝国大厦的顶部，你就会看到一个圆形区域，被以帝国大厦为中心的地平线环绕着。从埃菲尔铁塔的顶层观景台上，你会看到一个以它为中心的圆形区域。在这幅可观测宇宙的地图上，我们所能看到的最遥远的东西显示在圆周上，是宇宙微波背景辐射（由 WMAP 观测到）。在这个圆圈里，我们看到了斯隆数字巡天项目观测到的 126594

个星系和类星体。两个扇形区域中布满圆点，显示了所观测区域的横截面。空白扇是观测时没有覆盖的区域。你可以在图中看到斯隆长城（在第15章中讨论）。类星体比星系的距离更远。正如你所知道的，当我们向外看的时候，我们是在回顾过去。数十亿年的回望时间如图22.2所示。我们的银河系只是位于这幅图中心的一个点，而太阳和太阳系中的行星是看不见的。

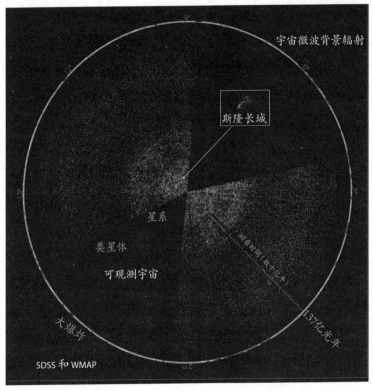

图22.2　穿过可观测宇宙的赤道横截面。我们位于我们能看到的范围的中央。每一个点代表一个星系或者类星体，还有一个由斯隆数字巡天项目测量的红移。（这幅图的中心部位是在图15.4中预先画好的。）宇宙微波背景辐射形成了周界。

图片来源：J.理查德·戈特和罗伯特·J.范德贝。

我们真正想要的地图是索尔·斯坦伯格所称的"从第九大道看到的世界景色"这一期《纽约客》的封面。它展示了一个纽约人的世界观。曼哈顿的建筑物在前景中显得很突出。哈德逊河要小一些，"泽西"只是位于河对岸的一块狭长地带。美国中西部被压缩到与哈德逊河差不多的宽度，太平洋也同样狭长，它与亚洲相邻。对一个纽约人来说，重要的东西都以大比例显示，而更遥远的地方则以小比例显示。这正是我们想要看到的整个可观测宇宙的图景。我们希望太阳系中对我们来说很重要的物体能以更大的尺寸显示，而更遥远的物体能以更小的尺寸显示。

20 世纪 70 年代，我在读研究生的时候开发了一种地图投影方法来做这项工作。这些年来，我制作了多幅不同版本的地图。我在 20 世纪 90 年代做了一幅口袋版地图。

这张宇宙地图是一幅保形宇宙地图。"保形"意味着它保存局部形状，就像地球的墨卡托地图那样。冰岛在墨卡托地图上的形状和古巴一样。局部区域以真实的形状显示，既不被压扁，也不向哪个方向拉伸。这就是在谷歌地图上使用墨卡托地图的原因。如果你将其放大一点儿仔细观察，就会发现它有合适的形状，但大小是错误的。在墨卡托地图上，格陵兰岛的面积似乎与南美洲差不多，但实际上它的面积只有南美洲的 1/8。我的这幅地图是类似的，因为离地球更远的物体是用更小的比例描绘的，但形状是正确的。

2003 年，马里奥·尤里奇和我做了一幅大型的专业版地图，最终被《新科学家》杂志和《纽约时报》选中。这项研究发表在 2005 年的《天体物理学杂志》上。《洛杉矶时报》将其与墨卡托地图和巴比伦地图进行了比较，称其为"迄今为止最令人费解的地图"。鲍勃和我制作了一幅全彩的、大尺寸的地图（旋转 90°，显示在接下来的几页中，见图

22.3）。将本书旋转 90°，可以看到地图的底部、中部和顶部。

从左到右，这是一幅从地球赤道向外看的 360° 全景图，横坐标为黄经，纵坐标表示到地球的距离，每个大的刻度以离开地心距离 10 倍的量级为标识。天体距离远 10 倍时，标尺刻度显示的就只是原来的 1/10。一个物体离得越远，它被描绘得越小。人们可以看到赤道处的地球表面是一条直线。你可以看到月球、太阳和行星。较远的地方是恒星，如比邻星、半人马座阿尔法星和天狼星。在更远的地方，我们可以看到银河系的大部分。除此之外，还有 M31 和 M81 星系，然后是 M87 星系。"长城"是由玛格丽特·J.盖勒和约翰·胡克拉发现的，它是一条巨大的星系链。位于地图上方的那条线是宇宙微波背景辐射，这是我们能看到的最遥远的东西，它环绕着我们。

这幅地图是 2003 年 8 月 12 日格林尼治标准时间 4 点 48 分可观测宇宙的快照，显示了以地球赤道平面为中心的 4° 宽的区域（尽管我们也展示了这个范围之外的一些著名天体）。此时，卫星和行星显示在它们的位置上，星系显示在此时它们到我们的距离上，也就是说它们显示在它们的共同参考系的距离上。我们展示了当时所有已知的柯伊伯带天体，展示了所有已知的以赤道平面为中心的 2° 范围内的小行星。地表以下是地幔和地核。大气显示为地球表面上方一条细细的蓝线，一直延伸到电离层。我们展示了绕地球运行的 8420 颗人造卫星。你可以看到国际空间站和哈勃太空望远镜。月球是圆的，距离太阳 180°。图中显示了火星在其轨道上最接近地球时的样子。水星、金星、木星、土星、天王星和海王星也被描绘出来。图中显示的最大的小行星是谷神星（直径为 945 千米）。柯伊伯带天体在冥王星之后很久才被发现，它们在这幅图中也和冥王星一起被展示出来。这幅图包括一些有行星的恒星，比如

HD 209458，它有一颗木星大小的行星。这张图包括 7 倍太阳质量的黑洞天鹅座 X–1 和星系 M87，后者的核心有一个 30 亿倍太阳质量的黑洞。我们在第 11 章中提到的哈尔斯 – 泰勒双星脉冲星是一个由两颗中子星组成的系统，它们被锁定在一个紧密的轨道上。它们正在缓慢地向内螺旋运动，因为正如爱因斯坦所预测的那样，这个系统正在发射引力波。赫尔斯和泰勒因这一发现在 1993 年获得了诺贝尔物理学奖。接近地图顶部的是斯隆数字巡天项目探测的 126594 个星系和类星体。它们出现在两个垂直区域之间的空白区域，代表该巡天项目没有覆盖的区域。它们同图 22.2 所示的扇形区域相同，只是根据新的数据重新绘制。

这幅图包括星系的"斯隆长城"，这是我和马里奥·尤里奇在 2003 年测量的，它长达 13.7 亿光年，是迄今发现的宇宙中已知最大的结构。它的长度大约是"盖勒长城"和"修克拉长城"的两倍。但是因为它有三倍远，所以它在图中以三分之一的比例显示。因此，在图中，它看起来大约是"盖勒长城"和"修克拉长城"的三分之二。"斯隆长城"被列入 2006 年吉尼斯世界纪录，成为宇宙中最大的结构。我从没想过自己会被载入吉尼斯世界纪录，我甚至不用在 10 分钟内吃掉 68 个热狗或者收集最大的麻线球就被载入吉尼斯世界纪录了！直到 2015 年，这一纪录才被一项更深入的研究所打破。

这幅图显示了 3C 273。如第 16 章所讨论的，它是第一个被测量到距离的类星体。我们展示了昴星团（当时已知最遥远的星系）和 GRB 090423（伽马射线暴发，是当时探测到的最遥远的天体，很可能是超新星）。在地图的最顶端是宇宙微波背景辐射，这是我们能看到的最远的东西。我在 8 岁的时候就对天文学产生了兴趣。那时还没有发现已知的柯伊伯带天体（冥王星除外），没有发现系外行星，没有发现脉冲星，没有发现黑洞，没有发现类星体，没有发现伽马射线爆发，也没有观测到宇宙微波背景辐射。这幅地图显示了我们在一代人的时间里取得了多大的进步。

现在我们来谈谈宇宙在大尺度上的几何结构。当爱因斯坦完成他的广义相对论方程时，他想把它们应用到宇宙学中。他的方程式说明了能量密度和压力是如何使时空弯曲的。他的方程的一个解是平坦的空时空，但他想要找到一个宇宙学解（即适用于整个宇宙的解）。问题是他的方程不会产生静态解。牛顿设想了一个静态的宇宙，恒星排列在无限大的空间中，其密度或多或少是一个常数。每颗恒星都受到其他恒星的引力作用，但由于在各个方向上的力的大小相等，所以它们相互抵消了，每颗恒星都会保持原来的位置。这导致了一个静态模型，人们认为这是对宇宙的正确描述。在牛顿时代，他们不知道星系。如果你像牛顿那样有绝对空间的概念，这种力作用于不同方向而相互抵消的想法可能行得通。但在爱因斯坦的理论中，如果你试图建立一个最初是静态的模型，所有星系之间的相互吸引就会导致宇宙开始坍塌。然而，爱因斯坦也认为宇宙是静态的（请记住，这是在他于1915年发表广义相对论之后不久。哈勃关于星系的性质和宇宙膨胀的研究还要等待10年甚至更久）。爱因斯坦当时只知道（银河系中的）恒星，而且它们相对于太阳的速度和相对于光的速度之比很小——他认为宇宙基本上是静止的。为了解决这个问题，爱因斯坦做了一件非常不寻常的事：他在他的方程中增加了一项！它被称为宇宙常数，它的作用是抵消宇宙在引力作用下收缩的趋势。

如今，物理学家会说这相当于爱因斯坦提出真空空间中实际上具有一个小的正能量密度。（乔治·勒梅特在1934年首次提到了这一

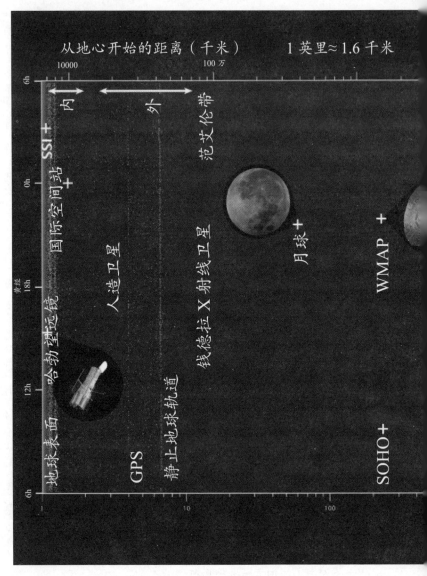

图 22.3　宇宙地图。

图片来源: 改编自 J. 理查德·戈特和罗伯特·J. 范德贝的著作（《国家地理》, 2011 年版）。

到地心的距离(天文单位)

图 22.3　宇宙地图。（续）

图片来源：改编自 J. 理查德·戈特和罗伯特·J. 范德贝的著作（《国家地理》，2011 年版）。

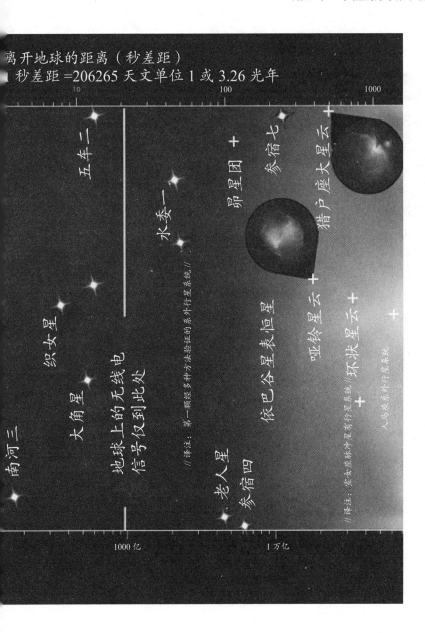

离开地球的距离（秒差距）
1 秒差距 =206265 天文单位 1 或 3.26 光年

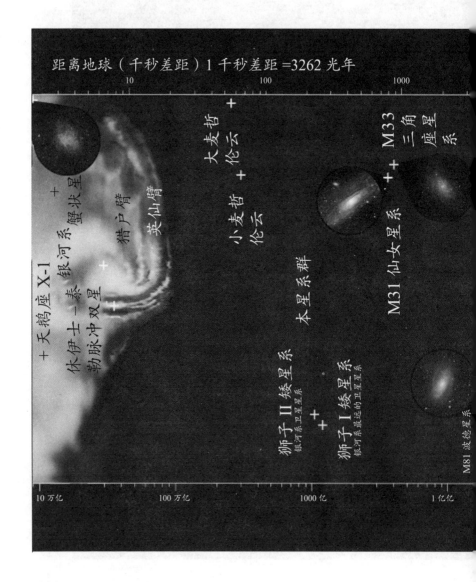

图 22.3　宇宙地图。（续）

图片来源: 改编自 J. 理查德・戈特和罗伯特・J. 范德贝的著作（《国家地理》, 2011 年版）。

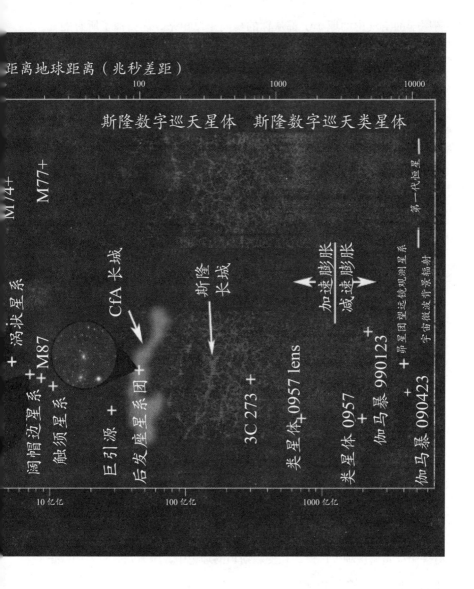

点。）这是什么意思呢？如果你把所有的东西（任何一个人、椅子以及满屋子的空气中的原子）都从你的房间里拿出来，你去掉了所有的光子和其他粒子，你就只剩下一个真空空间。我们期望它的能量密度为零，但假设真空空间的能量密度是正的。对于乘坐火箭飞船以不同速度飞行的宇航员来说，他们所测量的能量密度是相同的，因为没有理想的静止状态，所以真空必须有一个负压，并且在空间的三个方向上都是相等的。这个真空压力必须有一个负号（与能量密度相反）。回想一下，在方程 $ds^2 = -dt^2 + dx^2 + dy^2 + dz^2$ 中，对应于时间方向的项（$-dt^2$）的符号与对应于三维空间的项的符号相反。这个方程的形式对于移动的宇航员来说是相同的。它没有首选的静止标准。同样，具有正能量密度（与爱因斯坦理论中的时间维度有关）以及在 x、y 和 z 方向上具有相同大小的负压的真空也是如此。现在，如果你能把一些真空放在盒子里，负压就会把盒子的两边拉到一起，让它坍塌。但是，如果它均匀分布，你就不会注意到它。在天气现象中，气压差产生力，它们能使风把东西吹倒。但是，如果压强是均匀的，你就不会注意到它。在你的房间里，空气的压力大约是 1.013×10^5 帕，但你并没有注意到它，因为它是均匀的，不会把你推来推去。同样，由于真空的压力在整个空间中是均匀的，所以，它不会产生流体动力。然而，它确实有一个引力的影响。

能量密度是很有吸引力的，它能把东西拉到一起。在爱因斯坦方程中，压力和能量密度是同等重要的。这是牛顿不会想到的，但在爱因斯坦方程中，应力能张量 $T_{\mu\nu}$ 导致了时空弯曲。这里既有一个压力项，也有一个能量密度项。因此，在爱因斯坦的理论中，压力是有引力的。正压相互吸引，而负压相互排斥。由于真空中的压力作用于 3 个方向，负压的引力排斥效应比真空的正能量密度的引力吸引要大 3 倍，所以真空

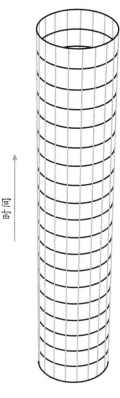

宇宙

图 22.4 爱因斯坦静态宇宙的时空图。时间是垂直的维度，未来朝上。我们只显示了一维的空间（圆柱的周长）和一维的时间（垂直方向）。在这个模型中，恒星（或星系）的世界线是圆柱上向上的绿色直线（测地线）。圆柱的周长不随时间而变化，模型是静态的。这幅图中唯一真实的东西就是圆柱本身——内部和外部都没有意义。

图片来源: J. 理查德·戈特的《爱因斯坦宇宙中的时间旅行》。

的整体引力效应是排斥的。今天，我们称这种非零真空能量密度（及其伴随的负压）为暗能量。它被称为"暗"是因为你看不见它，称之为"能量"是因为真空有正能量。正如尼尔所强调的，天文学家就是喜欢简单的名字。

1917 年，为了创建他的宇宙模型，爱因斯坦假设恒星均匀地分布在空间中。因为它们具有引力吸引力，他将其与宇宙常数的引力斥力相平衡。这将产生一个静态模型——一个具有特定几何形状的模型。爱因斯坦静态宇宙的时空图看起来像一个圆柱体的表面（见图22.4）。

在这幅图中，我们只显示了时间维度和一个空间维度。我们暂时不考虑空间的其他两个维度，以便进行可视化。时间是纵坐标，圆柱是垂直的，它在任何时候都有一个圆形截面。圆圈代表一个空间维度。这是圆形世界。生活在线性世界中的人可能不是生活在无限长的直线上，而是生活在圆周上——圆形世界。那么，线性世界中的人怎么知道他是不是生活在圆形世界中呢？他向一个方向走了 $2\pi r$ 的距离后，会发现自己又回到了开始的地方。这是一个封闭的宇宙模型。在这个模型中，宇宙自我封闭形成一个圆。恒星（或星系）的世界线是垂直于圆柱底面的绿色直线。这些是测地线路径，尽可能地直。你可以一直驾驶一辆卡车，不需要转动方向盘。银河系的那些世界线是平行的。随着时间的推移，星系之间的距离既不会越来越近，也不会越来越远。宇宙的周长不随时间变化。这是一个圆，圆的半径不随时间变化。所有这些属性都证实它是一个静态模型。星系的引力正好被宇宙常数（我们现在称之为暗能量）的整体引力排斥效应所平衡。

现在，让我们讨论一下图中遗漏的两个额外的空间维度。实际上，这个宇宙的几何形状既不是圆也不是球体，而是我们所说的超球。什么是超球？圆是在欧几里得平面上到中心点的距离相同的点的集合。球体是三维欧几里得空间中到中心点的距离为 r 的点的集合。球体本身是二维平面。一个生活在平面世界中的人可能生活在一个球体的表面。他会发现，如果他径直向某个方向出发，他就会经过 $2\pi r$ 的距离回到他出发时的位置。他还可以通过画一个有三个直角的三角形，将球体的北极和赤道上的两个相距 90° 的点连接起来，从而发现自己是一个球体世界的居民，如图 19.1 所示。这不是欧几里得平面几何。球体的任何横截面都是圆。有趣的是，马克·阿尔珀特和我证明，如果爱因斯坦生活在平面世界中（在那里，点质量之间没有引力吸引），他就可以设计出一个球形的静态宇宙，而不需要引入一个宇宙常数。但是爱因斯坦并不生活在平面世界中，所以他必须使用一个更高维度的球体！圆和球体，正如我们通常所知道的，可以分别被称为一球和二球。三球，即超球，只是比球体多了一个维度的版本，它是四维欧几里得空间中到中心点的距离都是 r 的点的集合。在这个四维欧几里得空间中，点和点之间的距离用 $ds^2 = dx^2 + dy^2 + dz^2 + dw^2$ 来表示。（这里没有时间维度。）我们增加了一项，w 是一个额外的类空间维度。超球是满足 $r^2 = x^2 + y^2 + z^2 + w^2$ 的点的集合。圆是一条弯曲的一维闭合线，球体是一个弯曲的二维曲面，而超球是一个弯曲的三维体。

圆有一个有限的圆周长度（$2\pi r$），球有一个有限的表面积（$4\pi r^2$），超球有一个有限的体积（$2\pi^2 r^3$）。如果你住在一个三维宇宙中，你动身去北方，一直向前飞，你最终就会经过 $2\pi r$ 的距离回到你出发时的位置。在环绕宇宙一周后，你将从南方回到家中。如果你出发往东，总是向前飞行，你将在环绕宇宙 $2\pi r$ 的距离后，从西边回到你的家中。如果你离开家，直直地向上出发，你将在旅行了 $2\pi r$ 的距离后，从下方回到你的家中。这是一个三维宇宙，就像我们的宇宙一样，有三对方向——南北、东西和上下。无论你沿哪条路出发，你都会回到你出发时的位置。在爱因斯坦的超球宇宙中，一个勇敢的旅行者可以探索遥远的星系，他只要一直沿着测地线朝任何方向走，就一定能回到他的家中。他总是像回旋镖一样回到家中。这个空间是有边界的，但没有边界来阻止他的旅行。

一个超球宇宙是封闭的，只有有限的体积和有限数量的星系。例如，如果星系之间的平均距离是 2400 万光年，那么每个星系的平均体积就是（2400 万光年）^{3}。如果静态三维宇宙的曲率半径是 24 亿光年，那么超球宇宙的体积就是 $2\pi^2$（24 亿光年）^{3}。现在（24 亿）^{3}/（2400 万）^{3} 等于 100 万。这意味着这个宇宙中会有 $2\pi^2 \times 10^6$ 个星系，也就是说大约有 2000 万个星系。如果你生活在一个爱因斯坦静态宇宙中，你就会发现星系并没有相互分离，它们的数量是有限的。生活在这样一个宇宙中的天文学家可以对它们进行识别和计数。

在超球宇宙中，没有特殊的观察者，每个星系的位置都是相似的，就像球体表面没有特殊的点一样。在地球上，所有的观察者都可以把自己看作中心（也就是说，自己坐在球体的最高点）。对我们地球人来说，似乎我们现在站在世界之巅。我们是站着的，所以其他人一定都是反过来倒挂着的！澳大利亚人一定是倒挂着的！但任何人都可以认为他是中心。在北京，有一个圆形平台，被认为应该代表世界的中心。在英国，0°经线——本初子午线正好穿过伦敦郊区的格林尼治，那里有一个天文台。我们所有的人都认为自己在中心，因为所有的点都是平等的。重要的是，如果你生活在一个超球宇宙中，你数了数星系，就会发现各个方向上星系的数量都是相等的。计数将是各向同性的，也就是说与方向无关——就像哈勃发现的那样。

爱因斯坦在1917年发表了他的静态宇宙学解，他为他的方程添加的宇宙常数让空间增加了额外的曲率。但是，这一额外的曲率太小了，以至于不会对爱因斯坦提出的广义相对论在太阳系中的验证产生影响。此外，添加这一项不会改变方程保持局域能量守恒的事实。爱因斯坦也许是那个时代唯一足够聪明的人，他弄出这样一个修正来推导出一个静态宇宙。

与此同时，亚历山大·弗里德曼发现了爱因斯坦最初的场方程的宇宙学解（没有宇宙常数）。弗里德曼的解决方案中只有普通的恒星（或星系）。这是一个动态的解决方案（而不是静态的），使得它更难解决。在他的模型中，宇宙的几何形状是一个超球，就像爱因斯坦提出的那样，但是现在允许半径随时间变化。他找到了一个解决方案（见图22.5），它的时空图看起来就像一个垂直放置的橄榄球（准备好了，马上开球）。

时间坐标在这幅图上是垂直的，未来在上面。我们在这幅图中展示了一个时间维度和一个空间维度。空间维度表示为一个半径随时间变化的圆形截面。超球宇宙在大爆炸（在底部）时以零半径开始膨胀。随着时间的推移，它会扩展到更大的周长，直到在橄榄球中间达到最大，然后开始坍缩。最终，在最后的大坍缩时刻，它会崩溃到零半径。银河系的世界线是沿着橄榄球接缝分布的绿色测地线，从大爆炸开始，到大坍缩结束。这些世界线应尽可能直。你可以驾驶一辆卡车沿着它们行驶，而不必转动方向盘。这显示了爱因斯坦方程运作的最佳状态。星系的质量导致时空弯曲，而时空弯曲导致星系的世界线（橄榄球上的接缝）弯曲。接缝从底部分开，但橄榄球表面的曲率在大的裂缝处把它们拉回到了一起。大爆炸之后，星系在开始的时候都在飞离彼此。但是万有引力（曲率）减缓了它们的膨胀，在橄榄球的赤道处暂时停止膨胀。最终，在橄榄球的上半部分，星系开始向彼此移动。随着宇宙的周长开始缩小，星系之间的距离开始减小。它们都在大坍缩时一起崩溃。你不会

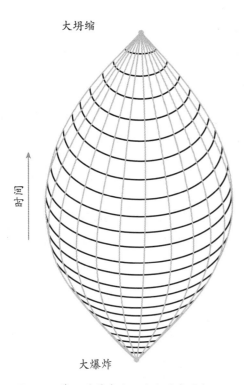

大坍缩

宇宙

大爆炸

图 22.5　弗里德曼宇宙。这个时空图也只显示了一个空间维度（橄榄球形状的周长）和一个时间维度（垂直方向）。星系的世界线是橄榄球上垂直分布的绿色接缝，它们是测地线——你可以在表面画出的最直的线。星系的质量决定了曲线的形状，而世界线则与曲面上的测地线一致。宇宙是动态的，一开始就发生了大爆炸。随着时间的推移，宇宙的圆周变得越来越大，星系开始分离。这是一个膨胀的宇宙。但最终，星系的引力导致宇宙开始收缩，并以巨大的坍缩结束。这幅图中唯一真实的东西就是橄榄球表面本身，橄榄球的里里外外都没有任何意义。

图片来源: J.理查德·戈特的《爱因斯坦宇宙中的时间旅行》。

想待在这种地方！当宇宙的体积缩小到零时，你将被碾碎。你会遇到一个大的弯曲奇点，在那里曲率变为无穷大——就像黑洞中的奇点一样。

我要强调的是，这里唯一真实的东西就是橄榄球表面本身。橄榄球的里面不是真的，橄榄球的外面也不是真的。我们只是在高维空间里画橄榄球，这样我们就能把它形象化。

时间从大爆炸开始，那里有一个曲率无穷大的奇点。我们在第14章中开始讨论大爆炸。大爆炸之前发生了什么？这个问题在广义相对论的背景下毫无意义，因为时间和空间是在大爆炸时创造的。这就像问南极的南方是什么一样。如果你向南走得越来越远，你最终会到达南极。但是你不能走得比南极更远。同样，如果你在时间上走得越来越远，你最终会到达大爆炸。那是时间和空间被创造的时候，所以那是你能去的最早的地方。亚里士多德喜欢无限古老的宇宙，因为你不必问它是如何开始的。他担心，如果它有一个开端、一个最初的原因，那么你就必须解释是什么引起了最初的原因。爱因斯坦和牛顿也喜欢无限古老的宇宙。但弗里德曼的宇宙是在过去有限的时间里由大爆炸开始的，当时宇宙和时间都被创造出来了。

尽管弗里德曼在1922年发表了这些解决方案，但是几乎没有人关注它们。爱因斯坦认为它们是他的场方程的有趣的数学解，但他认为他的静态模型实际上适用于宇宙。然后，正如我们在第14章中看到的，哈勃在1929年发现了宇宙膨胀。弗里德曼的模型曾预测，宇宙要么扩张，要么坍缩。现在哈勃已经发现星系的世界线确实在移动，这将把我们置于弗里德曼模型的什么位置？我们将处于橄榄球的下半部分，处于银河系世界线分叉的扩张阶段。根据1931年的进一步数据，哈勃和休马森发现遥远的星系正以高达20000千米/秒的速度远离我们，这巩固了宇宙正在膨胀的结论。

1931 年，爱因斯坦得知哈勃的结果后告诉乔治·伽莫夫，引入宇宙常数是他一生中最大的错误。为什么？没有人注意到弗里德曼的论文。但是，假设爱因斯坦没有想到宇宙常数，他将不得不放弃一个静态模型，并可能亲自发现弗里德曼模型。如果爱因斯坦发表了与弗里德曼相同的模型，全世界的人都会正视他。爱因斯坦可能是那个事先就预言宇宙不是静止的而是在膨胀或收缩的人。然后，当哈勃发现宇宙膨胀时，这将是对爱因斯坦广义相对论的进一步确认。这将是爱因斯坦最伟大的成功。请记住，以前没有人谈论过任何类似宇宙膨胀的内容。人们会问：膨胀成什么？在爱因斯坦的理论中，弯曲空间本身可以膨胀。它没有扩展到任何地方（没有到橄榄球内部，没有到橄榄球外部，只有橄榄球本身）。它只是伸展，连接所有星系的空间越来越大。这一点很神奇。感谢这一切，爱因斯坦宣布引入宇宙常数是他最大的错误。稍后，在第23 章中，我们将指出，如果爱因斯坦生活在今天，他就可能有理由修改这个评定。

弗里德曼模型并不是唯一一个只使用你能想象到的正常物质的模型（即没有负压和暗能量之类的东西）。你能构造出的这种类型的最普遍的模型是什么？在我们看来，宇宙是各向同性的（在各个方向都是一样的）。哈勃在各个方向上观察到数量相等的星系，他也观察到各个方向上从我们身边逃离的星系数量相等。现在，正如迈克尔在第14 章中所讨论的，你可能认为这意味着我们正处于一场大爆炸的中心。如果你站在一边，你就可能会发现中心方向的星系比其他方向的星系要多。但是，如果你位于中心，你就会看到在不同方向上有数量相等的星系。但是在哥白尼之后，我们就不相信我们位于宇宙的中心了。不，当所有其他星系都偏离中心时，我们不可能是唯一一个在中心的特殊星系。如果你应用哥白尼原理，即我们在宇宙中的位置不可能是特殊的，那么在任何星系的观察者看来，宇宙必须是各向同性的（否则我们就是特殊的）。从远处的星系看，宇宙也必须是各向同性的。如果所有的观察者看到的宇宙在各个方向上都是相同的，那么宇宙一定是均匀的。

如果一个区域的星系密度比另一个区域的大，那么靠近这个区域的观察者在密度增大的方向上会比在其他方向上看到更多的星系，他的结果就不是各向同性的。当然，在小尺度上，我们可以看到星系团，但在大尺度上，我们可以看到在不同方向上数量相等的星系。因此，在很大的尺度上，宇宙必须是各向同性和均匀的。广义相对论中唯一的各向同性模型是曲率一致的模型。如果在一个特定的时期，一个范围的曲率比另一个范围的曲率大，那么在每个观察者看来，各个方向的曲率就不一样了。在一个各向同性模型中，这个曲率没有特殊的方向，所以曲率必须在所有方向上都是相同的，并且是恒定的。弗里德曼的超球宇宙就是这样一个解决方案：它有均匀的正曲率。它就像一个球（一个二球）一样有正曲率，超球宇宙同样也没有特殊的点和特殊的方向。

高斯将二维曲面的曲率定义为 $1/(r_1 r_2)$，其中 r_1 和 r_2 是曲率的主半径。球面的高斯曲率是 $1/r_0^2$，其中 r_0 是球面的半径。从球体的顶部看，两个曲率半径都有相同的符号，例如从左到右以及从前到后的两条测地线都是向下的曲线。两个负数（向下弯曲）相乘为正，所以它们的乘积 $r_1 r_2$ 是正的，$1/(r_1 r_2)$ 也是正的。因此，球面的曲率总是正的。

但还有另外两种可能性（零曲率和负曲率）。首先，宇宙可以在一个特定的时期有一个几何图形，曲率为零，或者是平坦的，就像一个无限的平面。（当我们说这样的宇宙是"平坦的"时，我们指的是"不弯曲的",而不是二维平面。这是一个无限的三维宇宙,它遵循欧几里得立体几何定律。)这个宇宙的范围是无限的,有无数个星系(没有中心,如第14章所讨论的)。

在第三种情况下,曲率是负的。某一特定时期的几何形状呈负曲线,就像一个无限大的西部式马鞍。西部式马鞍从左到右向下弯曲,以适应你的腿,但是从前到后又是向上弯曲,以适应马的脖子和背部。因此,这两个方向上的曲率是相反的,因为正数乘以负数的结果是负数,所以曲率 $1/(r_1r_2)$ 是负的。在西部式马鞍上画一个圆,它的周长大于 $2\pi r$。在一个西部式马鞍形状的宇宙中,如果你打算去一个与你的位置相距 r 的地方,你就会沿着周长向上和向下运动,所以周长大于平面上的 $2\pi r$。

一个负曲面形成了一个无限的宇宙,同时也有无数个星系。负弯曲的情况是一个双曲线宇宙,如图22.6所示。它是一个碗状表面,存在于狭义相对论的普通平坦时空中。在该图中,时间坐标是垂直的,未来朝上。我们还展示了两个维度的空间,由水平的红色箭头表示。

如果你从碗底的中心开始,用卷尺量出碗沿的周长,你就会发现沿着表面画的半径的长度出乎意料地比圆周短。这是因为除了在空间中移动外,你的卷尺在靠近碗的表面时也在时间上发生了移动。测量的距离因为 $-dt^2$ 项而缩短,$-dt^2$ 项被从你用卷尺测量时得到的 ds^2 值中减去。如果这个碗构造的圆的半径相对于它的周长是短的,那么这就意味着圆周相对于半径是大的——负曲率的标志。(西部式马鞍是一个类比,它捕捉到了大的圆周与半径之比,但有特殊的方向——前后、左右,这是双曲线宇宙所不具备的:它在所有方向上都是一样的。)这个双曲线表面延伸到无限远处,有无限的体积,包含无限多个星系。弗里德曼在1924年研究了这类模型。他发现宇宙在一次大爆炸中诞生,然后无限膨胀。

图 22.6　通常时空中的负双曲型弯曲空间（蓝色）。垂直方向表示时间，指向顶部。我们还展示了两个类空维度，用水平轴表示。

图片来源：拉尔斯·罗威德。

后来，霍华德·罗伯逊研究了平坦的或者说零曲率的情况，发现宇宙也是在一次大爆炸中诞生，并永远膨胀下去。

让我们总结一下这些结果（见表 22.1）。在一个正弯曲的宇宙中，在一个特定时期画的三角形的内角和超过 180°，就像在一个球体上一样。在一个平坦的或者说零曲率的宇宙中，在一个特定时期内三角形的内角和等于 180°。在一个负弯曲的宇宙中，在一个特定时期内三角形的内角和小于 180°。正弯曲的弗里德曼宇宙在空间和时间上都是有限的。它在空间中弯曲，形成一个封闭的表面，并在时间上封闭，最后发生巨大的坍缩。平坦的和反向弯曲的弗里德曼宇宙在空间上是无限的，包含无数个星系，在时间上也是无限的，永远向未来扩展。

表 22.1　弗里德曼型大爆炸模型的特性

模型	超球	平面	双曲空间
曲率	正	0	负
圆的周长	$< 2\pi r$	$= 2\pi r$	$> 2\pi r$
三角形内角和	$> 180°$	$= 180°$	$< 180°$
星系数量	有限	无限	无限
恒星产生于	大爆炸	大爆炸	大爆炸
未来	有限	无限	无限
膨胀历史	膨胀，然后坍缩，终结于大挤压	永远膨胀	永远膨胀

　　在彭齐亚斯和威尔逊于 1965 年发现宇宙微波背景辐射后，研究人员开始寻找这些模型中最能描述我们宇宙的模型。目前，来自 WMAP 和普朗克卫星的数据支持零曲率模型，其精度超过 1%。但是，我们发现宇宙的动力学比弗里德曼预想的要复杂得多。在哈勃的观测证实了弗里德曼模型所预测的宇宙膨胀之后，仍有一些未解之谜。大爆炸之前真的什么都没有吗？是什么引发了大爆炸？宇宙微波背景辐射是如何达到我们所观察到的均匀程度的呢？回答这些问题将使我们重新审视宇宙的极早期历史。

第 23 章　暴胀和宇宙学的最新进展

J. 理查德·戈特

这一章的内容探索的是极早期宇宙，可以追溯到大爆炸甚至其发生之前。我们在前面讨论到，1948 年乔治·伽莫夫想知道宇宙在最开始的时候是什么样子。他推断宇宙将在大爆炸的过程中被压缩，同时变得非常热并充满热辐射，而这种辐射在宇宙膨胀时会逐渐冷却下来。

我们可以通过思考弗里德曼宇宙模型来解释这种说法。每一个时期对应一个有限的圆周。当这个三维宇宙膨胀时，它的周长就相应地变大。想象光子像在环形赛道上行驶的赛车一样环绕这个圆周运动。随着时间的推移，赛道的周长越来越大，同时赛车在赛道上不断地互相追逐。假设 12 个光子在圆形轨道上的间距相等，就像钟面上的 12 个数字一样。当赛道膨胀时，赛车全都以光速行驶。如果它们开始时在赛道上的间距相等，每辆车与前面的车之间的距离都是赛道长度的 1/12，那么当赛道扩张时，它们在赛道上的间距仍保持相等。每辆车都同样完好，那么每辆车都不会追上或落后于前一辆，或者被后一辆车撞上。如果每相邻两辆保持同等的距离，那么当赛道变长时，它们之间的距离就会增大。如果赛道的长度变为原来的两倍，那么每相邻两辆车之间的距离就会随之变为原来的两倍。现在想象一段绕圆周顺时针旋转的电磁波，12 个光子中的每一个都可以被放置在一个波峰上。光子和相应的波峰都以光速运动，那么光子会在电磁波运动时相对停留在波峰上。因此，当轨道变长时，相邻两个波峰间的距离也会随之增大。当宇宙的周长变为原来的两倍时，电磁波的长度（相邻两个波峰间的距离）同样会加倍。

这就解释了为什么光会随着宇宙膨胀发生红移：因为空间的拉伸。这种红移意味着早期宇宙的热辐射会随着宇宙的膨胀而冷却（因为波长变得更长）。通过计算大爆炸后 3 分钟内发生的核反应，并与我们如今发现的氦的丰度相匹配，伽莫夫的学生罗伯特·赫尔曼和拉尔夫·阿尔弗根据估算宇宙自早期以来膨胀了多少，计算出如今辐射的温度。他们算出现在的温度是 5 开。在 20 世纪 60 年代，如我们在第 15 章中所述，普林斯顿大学的罗伯特·迪克想到了同样的计算过程，得出了相似的结论，并决定寻找辐射。但是，彭齐亚斯和威尔逊抢先找到了，击败了迪克的团队。

1989 年，宇宙背景探测器（COBE）卫星发射升空，用于详细测量宇宙微波背景辐射。它在光谱上发现了一个几乎完美的黑体形状（正如伽莫所预测的那样），温度为 2.725 开。乔治·斯穆特和约翰·马瑟因其在 COBE 项目中做出的贡献而获得了 2006 年的诺贝尔物理学奖。

伽莫夫和阿尔弗关于宇宙微波背景辐射的预测，以及阿尔弗和赫尔曼关于宇宙微波背景辐射温度为 5 开的估算，共同组成了科学史上最引人注目的有待证实的预测之一。这就像预测一个 15 米宽的飞碟会降落在白宫草坪上，随后有一个 8 米宽的飞碟真的出现了！这也是哥白尼原理（没有一个观测者有特别的位置）的重要证明。通过哈勃对各向同性的观测，哥白尼原理直接把我们引向了均匀的、各向同性的爱因斯坦场方程的弗里德曼大爆炸解。伽莫夫和他的同事们就用它来预测宇宙微波背景辐射。

由此产生的弗里德曼大爆炸模型获得了前所未有的成功，但一些重要问题也随之出现了。这个宇宙有一个开始——一个大爆炸，那么在大爆炸之前发生了什么呢？当时的标准答案（本书第 22 章已给出）是时间和空间都是在大爆炸中产生的，所以在大爆炸之前没有时间。尽管如此，人们仍然想知道为什么大爆炸如此均匀。当我们从不同的方向观察时，宇宙微波背景辐射的温度均匀到差异只有十万分之一。这些不同的区域如何"知道"要保持同样的温度呢？当我们朝一个方向看时，我们会看到 138 亿光年。我们回顾宇宙仅 38 万年历史的情况。在标准的大爆炸模型中，某个区域应该只受距离它 38 万光年以内的物质的影响。但是，当我们以相反的方向——横跨天空 180°——观察 138 亿光年以外时，我们看到的另一个区域在本质上具有相同的温度。根据标准大爆炸模型，这两个相对的区域在大爆炸发生 38 万年之后（当我们看到它们时）相距 8600 万光年。它们在诞生后的 38 万年里没有时间和彼此交流。通常，我们之所以看到两个区域处于统一温度之下，那是因为它们有时间进行交流，以达到热平衡。但在标准大爆炸模型中，在天空中可以观察到的宇宙微波背景辐射彼此距离很远的部分还没有时间进行因果联系。在弗里德曼模型中，宇宙的不同区域一定奇迹般地以相同的温度开始了均匀膨胀。为何会这么统一呢？

COBE 也探测到天空中的不同区域间有十万分之一的微小波动。如果宇宙是完全均匀的，随后就不会出现密度增大而形成星系和星系团的变化。我们的存在依赖宇宙最初的小波动，这些小波动最终会在引力的作用下变为我们今天所观察到的星系。宇宙必须几乎完全一致，但并不完全一致。这是一个谜团。我想起了大萧条时代的那句话："如果我们有一些培根的话，我们就可以在早餐时吃培根和鸡蛋，如果我们还有一些鸡蛋！"我们需要先解释整体统一性的存在，然后解释微小波动的发生。

1981年，艾伦·古斯对此问题提出了一种解决方法。他的模型表明宇宙起源于一段短时期的加速扩张。他称之为暴胀。在时空图中，这看起来像一个小喇叭，像高尔夫球座一样指向上方，用来支撑弗里德曼的橄榄球时空。它从喇叭口附近的有限圆周开始，但当我们慢慢地向上移动到喇叭口时，它会变得非常大。弗里德曼橄榄球的底部被一个小喇叭嘴所取代，喇叭嘴底部的圆周有限——可能只有 3×10^{-27} 厘米（见图23.1）。喇叭时期的持续时间比大爆炸时期橄榄球尖端单独存在的时间要长一些，而这段额外的时间让我们今天看到的不同区域有足够的时间进行因果联系。一开始，圆周很小，不同的区域得益于这一点额外的时间，偶然接触，然后喇叭时期的加速膨胀把它们拉开，相距很远。它们只是看上去似乎没有足够的时间进行交流。

古斯建立这个模型的依据是什么？他认为在早期的宇宙中，很可能存在一种蕴含高能量密度的真空状态，因此

图 23.1　暴胀的开始（喇叭）开启了弗里德曼的宇宙大爆炸（橄榄球）

图片来源：J. 理查德·戈特。

存在一种高负压状态——模仿爱因斯坦著名的宇宙常数所暗示的真空曲率。但古斯想要这个宇宙常数具有很大的值。我们通常认为真空的密度是零，毕竟它已经清除了所有的粒子和辐射。但是，由于宇宙中充满了像希格斯场这样的场，真空空间是可能具有能量密度的。真空能量的多少取决于物理定律。古斯认为，在早期宇宙中，弱核力、强核力和电磁力会被统一为一个单一的超力，而当时的真空能量（当时的物理定律与现在的不同）可能会远高于如今我们看到的极微小的值。因此，宇宙常数并不是一个常数（正如爱因斯坦认为的那样），而是可以随时间变化。在最早期的宇宙中，真空能量密度可能会非常高。伴随这种高能量密度而来的是巨大的负压。根据狭义相对论，它保证了以不同的速度在空间中旅行的不同观测者所看到的真空能量都是相同的。前文讨论过，真空能量密度产生一个引力，但在三个方向上的负压产生一个三倍大小的斥力。根据爱因斯坦的方程，这将使宇宙以古斯想要的加速膨胀开始。正是这个由斥力产生的最初的膨胀被我们称为大爆炸。

事实上，威廉·德西特在 1917 年就已经发现了爱因斯坦场方程的类似喇叭的解。他只用宇宙常数就解出了爱因斯坦的真空空间方程。由于没有普通物质来平衡宇宙常数的排斥效应，这个解产生了一个以加速度膨胀的宇宙。这个完整的解叫作德西特空间。这个时空是一个三维宇宙，从无限的过去以无限的半径开始。它正在以接近光速的速度收缩。但是宇宙常数的排斥效应开始减缓收缩，直到它停止在一个最小的半径——最小周长的腰部，然后开始膨胀。它随着宇宙常数的排斥效应膨胀得越来越快，最终速度越来越接近光速。在无限的未来，这个宇宙膨胀到无限大。德西特空间的时空图看起来就像一件窄腰束身衣（见图 23.2）。这幅图显示了水平圆周上的一维空间和垂直方向上的时间维度。

未来是会走向顶部的。底部的裙状部分表示收缩阶段，中间的腰状部分表示宇宙的最小半径。它在顶部以扇形展开，形成一个喇叭。

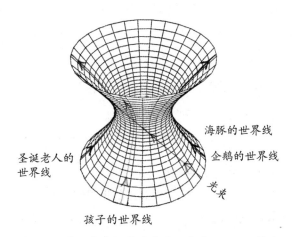

图 23.2　德西特空间的时空图，该图显示了一维空间和一维时间。

图片来源: J. 理查德・戈特。

　　在弗里德曼时空模型中，这里唯一需要注意的是束身衣形状的表面，而可以忽略内部和外部。只有表面是真实的。这种束身衣形状的时空在单个时间切片上有水平的圆形截面。这些截面表示在宇宙时间的某个特定时刻三维宇宙的周长。这些圆在底部很大，在腰部达到最小，然后在顶部再次变大。当它先收缩后膨胀时，显示出三维宇宙的大小。垂直的"束身衣状态"代表粒子可能的世界线。它们是笔直的测地线，卡车可以沿着它们在束身衣形状的表面笔直地行驶。束身衣形状在底部合拢，在上半部分展开之前，在腰部达到最小。在上半部分，时空曲率导致这些粒子彼此加速远离。当粒子分开并接近光速时，它们的时钟开始以指数速度慢下来。它们的时钟在逐——渐——降——低——速——

度。随着时间的推移，圆周会大大膨胀。虽然这张图显示了空间在后期以接近光速的速度近似线性地膨胀（一个锥体以接近 45° 的角度打开），以粒子自身所携带的指数级慢速时钟来衡量，圆周在每个连续的时间间隔内似乎都在倍增，增加为 2、4、8、16、32、64、128、256、512、1024……导致了指数级加速膨胀。这个过程就像货币的通货膨胀，也正是古斯给模型命名为暴胀的原因。

再来看腰部。它是一个圆，代表了三球宇宙在其最大收缩点的三维空间。记住，它实际上是一个三球。我们可以把这个圆最左边的点称为这个宇宙的"北极"。圣诞老人就住在那里。想想左边的红色束身衣曲线，它是圣诞老人坐在三球宇宙北极的世界线。在右边 180° 外的束身衣曲线是南极企鹅的黑色世界线。圣诞老人的世界线在北极，他永远不会看到企鹅生活在南极。在无限的过去，从企鹅身上发出的一束光以 45° 向左上方传播，斜向上穿过束身衣形状的正面，就像一根对角的腰带，但它永远不会到达左边圣诞老人的世界线。宇宙中有视界。圣诞老人从来不会看到企鹅身上发生的任何事情——他从来没有看到任何"腰带"上边和右边的东西。想一想一个住在圣诞老人附近的孩子，他的绿色世界线如图 23.2 所示。那个孩子发出的光能照到圣诞老人，圣诞老人会在延迟时间里看到孩子加速离开他，来自孩子的光会逐渐发生红移。如果那个孩子给圣诞老人发送信息"一切都很顺利"，圣诞老人就会接收到"一——切——都——"，但他永远不会收到"很顺利"。信号"很"沿着 45° 的腰带行进，却始终没有到达圣诞老人那里。在圣诞老人看来，这个孩子就像掉进了一个黑洞中。当孩子的世界线越过 45° 的"腰带"，也就是圣诞老人的活动视界后，这个孩子发出的信号就不再到达圣诞老人那里。圣诞老人和孩子之间的距离太大了，以至于从"腰带"的另一边发出的信号"顺利"无法穿越圣诞老人和孩子之间不断扩大的距离。这并不违反狭义相对论,后者只是说别人的宇宙飞船不能以超过光速的速度经过你。但是广义相对论仍然允许两个粒子之间的空间伸展得很快,以至于光无法覆盖它们之间不断增大的距离。德西特时空解释了粒子如何在腰部附近达到沟通和热平衡状态,然后分散到很远的地方。

古斯最终提议德西特宇宙从腰部(一个我们现今估计长度可能只有 3×10^{-27} 厘米的小圆周)开始。他正在消除无限收缩阶段(整个时空的下半部分)。刚开始只需要一点儿高密度真空状态,巨大负压的排斥力会导致时空开始膨胀,然后膨胀得越来越快,宇宙的尺寸每隔 10^{-38} 秒就会增加 1 倍。宇宙会变得非常大。随着宇宙的膨胀,真空状态的能量密度将保持不变,宇宙常数也会保持不变。一个高能量密度的小区域会膨胀为一个高能量密度的大区域。

奇怪的是,这并不违反局部的能量守恒。如果我有一个高密度、负压流体的盒子,当扩张盒壁的时候,我必须做一些功来把盒壁拉开以抵抗负压的膨胀。我在负压(或吸力)的作用下把盒壁拉开所做的功会给流体增加能量——刚好能使它的能量密度保持在盒子膨胀时的高水平。因此,能量会在局部守恒。但在宇宙中,是什么在拉盒壁?那仅仅是来自它附近的其他类似的时空小盒子的负压。只要整个宇宙的压强是均匀的,膨胀本身就在做功。

在广义相对论宇宙学中,没有全球性的能量守恒,因为没有平坦的地方(近似于狭义相对论时空)可以建立一个能量标准。因此,如果有负压,宇宙的总能量含量会随时间而增加。这使得古斯能够以一小块高密度真空开始建立他的暴胀模型,然后让它自然地成长为一个具有相同密度的真空状态的大宇宙。真空状态以这种方式进行"自我复制",从很小的尺寸开始呈指数级增长。正因为如此，古斯说宇宙"是终极的免费午餐"。最终，随着强核力、弱核力和电磁力解耦，真空状态将会衰减。当真空中的能量密度下降到一个较小的值时，它的真空能量就会以基本粒子的形式倾倒出来。宇宙中将充满基本粒子的热分布。

这里，宇宙之初的暴胀喇叭与橄榄球形状的弗里德曼大爆炸模型的底部汇合在了一起。然后宇宙膨胀开始减速，就像橄榄球模型那样。压强现在只是粒子的普通热压，它是正的。在膨胀加速的喇叭阶段（比如圣诞老人和孩子）相互说"再见"的世界线，将在减速的弗里德曼阶段开始后再次说"你好"。暴胀表明，弗里德曼大爆炸模型的初始条件可以自然产生。最初真空状态（通过负压）的排斥性引力效应引发了宇宙大爆炸！大爆炸并不一定要从一个奇点开始，而是可以从一个小的高密度真空区域开始。暴胀可以解释宇宙为什么那么大，为什么那么均匀。当宇宙膨胀到巨大的尺寸时，任何皱纹都会被抚平。这也可以解释我们所观察到的十万分之一的微小波动。这些是由于海森堡的不确定性原理而产生的小的随机量子涨落。起初，宇宙的大小每过 10^{-38} 秒就增加 1 倍。在这些较小的时间尺度上，不确定性原理保证了任意场能量的随机波动。事实上，我们如今看到的宇宙中的海绵状星系团（宇宙网络）以及宇宙微波背景辐射中的热点和冷点都表明初始条件似乎是随机的，其方式与暴胀所预测的随机量子涨落完全一致（详见我所著的《宇宙网络》一书，2016）。

然而，古斯认识到暴胀有一个问题。开始时的高密度真空状态不会立即衰变为基本粒子。西德尼·科尔曼研究的一种现象是，这种高密度膨胀的海洋会衰变为低密度真空气泡。它就像锅里的开水，不会一下子变成蒸汽。蒸汽泡在水中形成。但这不是一个均匀的分布——不是我们

所希望的均匀宇宙。所以，古斯提到了这个问题。1982 年，我提出暴
胀会产生泡沫宇宙——每个泡沫都会膨胀成一个独立的宇宙，就像我们
的宇宙一样（见图 23.3）。

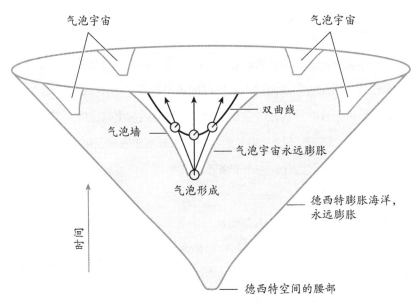

图 23.3　气泡宇宙在膨胀的海洋中形成——一个多元宇宙。

图片来源：改编自 J. 理查德·戈特的《爱因斯坦宇宙中的时间旅行》。

　　在我的理论模型中，我们生活在一个低密度气泡中。我注意到，气
泡形成后，真空能量经过一段时间才衰减。它会在双曲面上衰减，形成
一个均匀的、负弯曲的双曲弗里德曼宇宙（回忆一下图 22.6）。从气泡
内部，我们正在望向太空，并往回看时间，所以我们看到的只是我们自
己的气泡宇宙和在它被创造出来之前均匀膨胀的海洋。在我们看来，一
切都是一致的——以解决古斯的非均匀性问题。气泡以近似光速的速度
膨胀，但暴胀的海洋膨胀得如此之快，以至于气泡永远无法渗透到整个

空间中。新的气泡宇宙不断形成，暴胀的海洋在它们之间扩张，为更多的新气泡宇宙的形成提供空间。我设想在不断膨胀的海洋中形成无数个泡沫宇宙——我们现在称之为多重宇宙。这些气泡宇宙内部将有负曲率，并将永远膨胀——它们将是双曲弗里德曼宇宙。在不断膨胀的气泡中，常数元表面将是双曲线。常数元表面是指单个粒子上的闹钟都显示自气泡形成以来的常数时间。它呈双曲形状，因为速度更快的粒子有更慢的时钟，因此它们的闹钟响起的时间被推迟了（与图 22.6 相比）。这就产生了一个双曲形状，当它在膨胀的气泡壁内向上弯曲时，其范围是无限的（见图 23.3）。最终，当气泡在无限的未来膨胀到无限大的体积时，会产生无数星系。因此，一个非常小的高密度德西特空间可以产生无数个无限气泡宇宙。

这似乎很奇怪。一个人如何从一个有限的开始得到无限多个宇宙，每个宇宙最终的大小都是无限的呢？德西特时空看起来像一个喇叭，喇叭口向上张开。横切过德西特腰部空间的喇叭口是一个圆形。这是一个具有有限周长和有限体积的小三维宇宙，就像爱因斯坦所考虑的那样。但是，喇叭的顶部像一个圆锥。你可以把圆锥切成圆形、抛物线或者双曲线，这取决于你怎么切圆锥。如果你水平分割德西特时空，就会得到一个圆环—— 一个三球宇宙。如果你把它切成 45° 的斜面，就会得到抛物线和一个无限平坦的宇宙。如果你用一个垂直的平面把它切开，就会得到一条双曲线—— 这就形成了一个无限负弯曲的宇宙。这就像一个关于盲人和大象的古老寓言。一个人摸了摸大象的鼻子，说大象像一条蛇。另一个人摸了摸大象的腿，说大象像树干。还有一个人摸了摸大象的身体，说它像一堵墙。同样，德西特空间的形状也取决于你如何分割它。在一个无限延伸的气泡宇宙中做一个双曲线切片，你就得到了一片无限的空间。这标志着膨胀的德西特真空结束并将其能量释放为粒子的新纪元的到来，弗里德曼模型由此开始。就像一条面包可以被切成美国式面包片或法国式面包片，真正的东西是面包本身。如果我们观察德西特时空的暴胀模型，就可以看到在腰部，它是一个有限的三球宇宙，并永远膨胀下去，直至无限大。这种非凡的时空几何结构允许在不断膨胀的海洋中创造无限数量的无限气泡宇宙。

如果不同的气泡相应地通过隧道效应和滚落的方式进入不同的山谷，而那些地方的参数也不一样，那么不同的气泡宇宙中可能有不同的物理定律。正如安德烈·林德和马丁·里斯所强调的，我们在宇宙中看到的物理定律只能是局部的特例。

对于德西特暴胀宇宙模型来说，从腰部开始是很重要的。我们不想要它以前的无限收缩阶段。博尔德和维伦金解释了其中的原因：气泡也会在收缩阶段形成，在那里气泡会在收缩的空间中膨胀；低密度气泡会相互碰撞，填满整个空间，结束膨胀，阻止它到达腰部和膨胀阶段。你会得到一个大收缩奇点。气泡内部没有负压，不会在腰部产生扭转。因此，博尔德和维伦金的结论是，膨胀的多元宇宙一开始只是一片膨胀的有限海洋。它可以很小，小到 3×10^{-27} 厘米。它也不是什么都没有，而可能是你得到的几乎为零。

真空能量密度可以看作景观中的海拔高度。高度代表真空能量密度。村野的不同地方对应着产生真空能量的场的不同值（比如希格斯场）。不同的位置（场的不同值）对应不同的高度（真空能量密度的不同值）。现在的我们具有非常低的真空能量密度——我们接近海平面。但在早期宇宙中，真空能量密度会很高，就像被困在高山峡谷中一样（见图 23.4）。

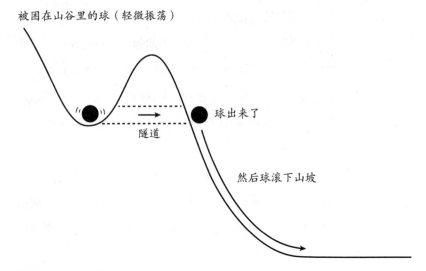

被困在山谷里的球（轻微振荡）

隧道

球出来了

然后球滚下山坡

图 23.4　量子隧穿。

图片来源: 改编自 J. 理查德·戈特的《爱因斯坦宇宙中的时间旅行》。

　　一个被困在高山峡谷中的球最终是不稳定的，它到达海平面的能量状态更低。但如果四面环山，它就可能会被困住。在牛顿的宇宙中，它没有办法滚下来，但在量子力学中，它可以通过隧道穿过周围的山脉，然后滚到海平面以下。

　　量子隧穿是乔治·伽莫夫发现的一个过程。它解释了铀的放射性衰变。铀原子核通过发射一个阿尔法粒子（一个含有两个质子和两个中子的氦原子核）进行衰变。阿尔法粒子被其他质子和中子强大的核力吸引，从而被困在原子核内。这种强大的力就像环绕山谷的山脉，把阿尔法粒子困在原子核内。但强核力是短程力，如果阿尔法粒子能以某种方式脱离原子核，超越强引力的影响，它就能逃脱。粒子带正电荷，然后会被带正电荷的主核排斥。它会滚下山，远离原子核，它所获得的动能缘于静电斥力。根据测量到的铀衰变时释放的阿尔法粒子的能量，科学家可以计算出它开始时的高度。结果表明，它原来是在铀核外发射的！它是怎么出来的？量子力学告诉我们，正如光子同时具有波和粒子的性质一样，我们通常称为粒子的物体也具有波和粒子的性质，比如阿尔法粒子。阿尔法粒子的波的性质意味着它没有很好地局域化，在某种意义上，海森堡的不确定性原理决定了它必须如此。伽莫夫发现，阿尔法粒子有很小的可能性通过隧道穿过把它困在铀核内的"大山"，突然发现自己远离原子核。在那里，由于静电斥力，阿尔法粒子会从"山上"滚下来，远离原子核。这让我想起了禅宗的一个隐喻：鸭子是怎么从瓶子里出来的（瓶颈太细，无法让鸭子逃出）？回答：鸭子出来了！所以，阿尔法粒子通过隧道穿过这座山，随后"阿尔法粒子出来了"。这是伽莫夫可能获得诺贝尔奖的一项科学贡献。

在气泡宇宙的例子中，山谷以其高真空能量密度代表初始暴胀宇宙（位于德西特空间的腰部）。它很乐意待在高密度永远不断扩张的状态，但在很长一段时间之后，它将有机会通过隧道，滚下海平面，将真空度的能量释放出来转化成动能，并生成普通的基本粒子。这种隧穿现象代表了一个内部真空能量密度略小于外部真空能量密度的小气泡的瞬时形成。气泡外的负压大于气泡内的负压，两者之差将气泡壁向外拉。它膨胀得越来越快，最终接近光速。与此同时，气泡内部的真空能量密度正缓慢地沿着山坡滚向海平面。暴胀在气泡内持续了一段时间，就像它滚下山坡一样。当它滚到海平面并以粒子的形式储存真空能量时，暴胀阶段停止，弗里德曼阶段就开始了。在我的论文发表后不久，安德烈·林德、安德烈亚斯·阿尔布雷希特和保罗·斯坦哈特各自发表了描述类似场景的论文。在气泡之外，真空状态仍然存在于山谷中，无边无际的海洋继续快速加速膨胀。我讨论过的几何和广义相对论参与形成了我们今天所说的"多重宇宙"，它们与气泡宇宙的形成有关。同时林德、阿尔布雷希特和斯坦哈特也各自提出了详细的粒子物理学设想，这些设想实际上都认同气泡宇宙的形成。我的理论需要暴胀在气泡宇宙中持续一段时间来创造我们所生活的宇宙。在林德、阿尔布雷希特和斯坦哈特的模型中，这是自然发生的，因为气泡中的真空能量密度需要一段时间才能缓慢地滚下山坡，接近海平面。1982 年的晚些时候，斯蒂芬·霍金发表了一篇论文，采纳了气泡宇宙的观点，指出最初的量子涨落会随着暴胀而膨胀，并呈现宇宙学尺度，而这种形式恰好是宇宙中成功孕育星系和星系团所需要的。我们在第 15 章中描述过，随后在宇宙微波背景辐射和星系分布中观察到的结构与暴胀的预测非常吻合。

尽管在遥远的将来，邻近的气泡宇宙有可能与我们的宇宙相撞（也许 10^{1800} 年后，天空中因此而突然出现一个热点，辐射会杀死所有的生命），其他大多数宇宙在多重宇宙中永远被一个视界所遮蔽。它们离我们如此之远，以至于它们发出的光永远无法穿过我们和它们之间不断膨胀的区域。如今看来，暴胀一旦开始就很难停止。它将永远继续膨胀，创造出一个拥有无数宇宙的多重宇宙。1983 年，林德提出了混沌暴胀理论，这也将在不断膨胀的海洋中产生低密度的多重宇宙。林德的混沌暴胀模型依赖量子涨落，允许使你在地面上随机移动。量子涨落可能会把你带到山上，那里的真空能量密度很高。海拔越高，能量密度越高，膨胀加倍的时间越短。受高膨胀率的影响，高海拔地区正以较快的速度产生更多的高真空能量密度空间。因此，高海拔地区的繁殖速度更快，就好像人们生活的海拔越高，孩子就越多一样。几代人之后，几乎所有人都住在山里。整个多重宇宙将以很高的速率膨胀，然后个别区域可以滚进山谷，创造出像我们这样的个体口袋宇宙。空间的大部分体积将分布在迅速扩张的山区，但会有补丁（口袋宇宙）通过滚动到海平面形成。所以，我们不需要从山谷开始。在一般情况下，我们总是期望在不断膨胀的多重宇宙中形成像我们这样的低密度宇宙。

尽管我们无法在多重宇宙中看到其他宇宙，但我们有理由相信它们存在，因为它们似乎是暴胀理论的必然预测，而膨胀理论解释了大量的观测数据。

当 WMAP 和普朗克卫星得出它们的结果时，暴胀理论的验证得到了极大的促进。在不同的角分辨率下，宇宙微波背景辐射的温度波动幅度与暴胀预期的模式完全吻合（回想一下图 15.3）。WMAP 和普朗克卫星的观测也表明，宇宙的曲率近似为零。在一个正曲率的宇宙中，我们在微波背景地图中会看到更少的斑点，因为一个大圆的周长小于我们期望从欧几里得几何学中得出的 $2\pi r$。如果是反向弯曲，周长就大于 $2\pi r$，会有更多的斑点，而且这些斑点的角尺度将小于欧几里得几何的预期。观测结果表明，温度波动的峰值强度约为 1°。这与零曲率宇宙的预测是一致的。

这意味着我们并非真正知道曲率的标志。宇宙的曲率很小，我们无法测量它。我们目前的数据显示，可见宇宙是平坦的，其精确度略优于 1%。同样，一个篮球场看起来是平的，尽管我们知道它的曲率与地球的曲率一致。只是地球的半径比篮球场要大得多，这就保证了篮球场的曲率不明显。我们知道，早期的人们认为地球是平的，因为他们能看到的那一小部分地面几乎是平的。但事实上我们了解到，宇宙的曲率半径远远大于我们可以看到的 138 亿光年的宇宙微波背景辐射半径。古斯强调，无论宇宙最初是什么形状（无论是正弯曲还是负弯曲），在最简单的模型中，暴胀通常会持续到一定程度，使宇宙比我们所能观测到的要大得多。古斯预言我们会发现一个近似平坦的宇宙。他是对的。如果我们的宇宙是一个气泡宇宙，这仅仅意味着它在气泡内持续膨胀了很长一段时间，就像真空状态在隧穿后滚下山一样。从泡沫内部看，有一段"较长的"暴胀时期，如果翻倍的时间是 10^{-38} 秒，那么膨胀为原来的 2^{1000} 倍只要 10^{-35} 秒就能实现。这将使目前宇宙的曲率半径比我们能看到的部分大 10^{274} 倍，所以它看起来是平的。

今天宇宙学模型是由两个参数定义的：Ω_m 和 Ω_Λ。这两个参数的值决定了宇宙的膨胀历史，以及它是有限的（比如三维）或无限的范围。第一个参数描述物质密度，以 $\Omega_m = 8\pi G \rho_m / (3H_0^2)$ 的形式给出。其中，G 是牛顿引力常数；ρ_m 是如今宇宙中物质的平均密度（包括普通物质和暗物质）；H_0 是现在的哈勃常数，用于量化宇宙膨胀速度。分子（$8\pi G\rho_m$）描述了宇宙中的密度（万有引力的大小），而分母（$3H_0^2$）描述了动能的扩张。在只有物质参与的简单弗里德曼模型中，Ω_m 可以告诉我们宇宙是否会永远扩张下去。如果 $\Omega_m > 1$，则万有引力克服扩张的动能，宇宙最终崩塌。这是图 22.5 所示的三维弗里德曼橄榄球形状的时空。如果 $\Omega_m < 1$，则扩张的动能克服引力，我们得到的反向弯曲的弗里德曼宇宙将无限膨胀。如果 $\Omega = 1$，则动能平衡了引力，模型是平面。随着密度减小，膨胀速度会越来越慢，膨胀的动能会随着时间减小。这些弗里德曼模型都有 $\Omega_\Lambda = 0$ 的情况，在真空空间中没有真空能量密度。

如果如今有真空能量的存在，我们就必须考虑第二个参数的值。它描述了真空能量密度且以 $\Omega_\Lambda = 8\pi G \rho_{vac} / (3H_0^2)$ 的形式给出，其中 ρ_{vac} 是如今宇宙中的真空能量密度（暗能量的密度）。我们使用下标"Λ"提醒自己，暗能量"Λ"就像爱因斯坦的宇宙常数。我们可以在一个平面上展示所有可能的宇宙模型。水平坐标代表 Ω_m（物质密度），而纵坐标代表 Ω_Λ（真空能量 – 暗能量）。

自 2000 年反馈结果以来，WMAP 已经高精度地测量了宇宙微波背景辐射，并对这些估计进行了修正，形成了一个标准的宇宙学模型，解释了所有的观测限制。普朗克卫星进一步完善了这些估计：$H_0 = 67$（千米 / 秒）$/M_{pc}$；宇宙的年龄为 138 亿年；等式 $\Omega_m + \Omega_\Lambda = 1$ 的观测误差在 1% 以内，因此与平面模型一致。

根据 WMAP 的结果，结合超新星和其他数据，并通过利用爱因斯坦方程建立暗能量下压力与能量密度的比值（一个被称作 w 的关键测量量），甚至能够追踪宇宙扩张的历史。WMAP 发现 $w = -1.073 \pm 0.09$，这与爱因斯坦的宇宙常数模型在观误差范围内预测值为 — 1 相吻合。普朗克卫星也得出了类似的估计。最近，斯隆数字巡天项目利用星系集群数据以及扎克·斯莱皮安和我提出的拟合公式，测得 w 的当前值为 $w_0 = -0.95 \pm 0.07$。普朗克卫星项目利用上述数据和公式以及来自前景星系的背景引力透镜大小的数据，发现 $w_0 = -1.008 \pm 0.068$。在观测误差范围内，所有这些估计值都与真空能量（暗能量）的 $w = -1$ 的期望值一致。我们知道暗能量的密度是正的，因为高于普通物质和暗物质的能量密度的正能量密度能使宇宙平坦（如我们观察到的那样）。我们知道暗能量的压强是负的，因为考虑到暗能量的密度必须是正的，只有负的暗能量压强才能产生引力斥力，以保证我们所观察到的宇宙加速膨胀。我们甚至可以精确地测量这个负压的大小，发现在观测误差范围内，它等于 -1 乘以暗能量的能量密度。爱因斯坦会很高兴！他的宇宙常数项不是一个错误！

有时人们说暗能量是一种神秘的力量，它导致了目前宇宙膨胀的加速，又或者我们对暗能量一无所知。但那不是真的，引起宇宙加速膨胀的力就是引力，因为暗能量的负压是排斥性的。我们强烈地认为，暗能量与宇宙本身的东西有关联，也就是出现在爱因斯坦方程右边的部分，而不是作为万有引力定律的一部分出现在方程的左边，因为我们怀疑在早期宇宙中存在着不同的（更高的）暗能量，从而产生了暴胀。我们怀疑暗能量是由一个或多个场产生的真空能量的一种形式，但我们不知道是由哪一个或哪几个产生的。我们知道暗能量的数量与时间近似恒定，但我们不知道它是在缓慢下降（滚下山）还是在上升（滚上山）。这是目前研究的重点。

斯隆数字巡天项目利用在星系集群中发现的一个特征尺度，能够对哈勃常数做出准确的估计。该尺度与图 15.3 所示的宇宙微波背景辐射的波动相对应。这样，他们不用造父变星就可以建立整体尺度，同时利用超新星数据来绘制哈勃常数随时间的详细变化。他们发现 $H_0 =$（67.3 ± 1.1）（千米 / 秒）$/M_{\mathrm{pc}}$。这意味着暗能量的密度约为 6.9×10^{-30} 克 / 厘米 ^{3}。如果我们画一个以我们为中心且半径与月球轨道相等的球体，这个球体中包含的暗能量的质量相当于 1.6 千克——相对于地球的质量而言非常小，以至于我们没有注意到它对月球轨道的轻微引力作用或负压对月球轨道的轻微排斥作用。但它对宇宙尺度的影响是深远的，在宇宙尺度中，物质的平均密度只有 3×10^{-30} 克 / 厘米 ^{3}。

建立这种误差较小的宇宙学模型是一项相当复杂的工作。WMAP和普朗克卫星对宇宙微波背景辐射中波动的功率在角函数的范围内进行了详细的测量，这与暴胀模型预测的结果非常一致（如图 15.3 所示）。这是对暴胀的一次戏剧性的实验证明。我们今天看到的暗能量正是早期宇宙膨胀所需要的形式，只是密度非常低。

最近，一项新的关于暴胀的独立测试被提出了。如果膨胀导致宇宙的大小大约每 10^{-38} 秒增加 1 倍，那么在早期只能看到 10^{-38} 光秒或 3×10^{-28} 厘米的距离。这个距离很小，由于海森堡的不确定性原理和爱因斯坦方程可知，这会导致时空几何的波动（波纹）。波动以光速传播，即引力波。这将在宇宙微波背景辐射的偏振中留下一个特征性的旋涡图案，原则上是可以测量的。到目前为止，还是不知道如何发现它。目前从普朗克卫星上所获得的最佳上限结果，加上凯克和 BICEP2 的地基实验，位于最简化的林德混沌暴胀模型之下。所产生的引力波的振幅取决于滚下的小山的具体形状（见图 23.4）。普朗克团队认为与数据最吻合的暴胀模型是阿列克谢·斯塔洛宾斯基的模型，其倍增时间在膨胀期结束时为 3×10^{-38} 秒，而在最简单的林德模型中为 5×10^{-39} 秒。这种剧烈程度降低了 5/6 的膨胀会产生振幅缩短 5/6 的引力波，安全地低于当前的上限。一系列观测工作（包括高空气球实验和南极地面实验）正在进行，以减小观测误差，并进一步测试膨胀模型。天文学家们正焦急地等待着，看这些观测结果能否为了解早期宇宙打开一扇新的窗户。

关于目前的宇宙，在 20 世纪从事宇宙学研究的早期天文学家中，最接近真理的是乔治·勒梅特的研究。1931 年，他提出了一个大爆炸模型：宇宙从大爆炸开始，并像弗里德曼模型描述的方式那样扩张，直到进入滑行阶段，在此期间宇宙常数几乎与物质密度完全平衡，近似于爱因斯坦的静态模型。在那之后，宇宙进一步膨胀。随着物质变得更加稀薄，宇宙常数开始占主导地位。这个模型的时空图看起来像橄榄球的下半部分（弗里德曼相），然后是一个圆柱（爱因斯坦静态相），最后是喇叭口（德西特空间相）。除了中间的滑行阶段，勒梅特的工作是正确的。他是第一个通过结合哈勃到星系的距离和斯莱弗红移计算宇宙膨胀率的人，也是第一个提出爱因斯坦的宇宙常数可以被看作具有正能量密度和负压的真空状态。这已经相当不错了！

暴胀理论非常成功地解释了我们所看到的宇宙结构。我们真的不知道膨胀是如何开始的，因为随着宇宙呈指数级膨胀，膨胀会"忘记"它的初始条件，从而稀释掉任何初始成分。但对于暴胀是如何开始的，学界又出现了一些猜测。

暴胀可以从一个很小的德西特三维宇宙的腰部开始，它的周长可能从仅有的 3×10^{-27} 厘米开始膨胀。但这是怎么回事呢？亚历克斯·维伦金认为这可能缘于量子隧穿，这一过程类似于气泡宇宙的形成。这一次，静止在山谷中的球将对应一个零大小的三维宇宙。然后，它会穿山而过，突然发现自己在外面的斜坡上。这相当于一个有限大小的三维宇宙——德西特腰部。当它滚下山时，这个相位对应于德西特漏斗。那么，这个宇宙的时空图会是什么样子呢？

维伦金展示出了一幅看起来更像羽毛球的宇宙时空图（见图 23.5），底部的点是开始时类似零大小的宇宙的点。上部有羽毛，呈漏斗状，是最后德西特展开的部分。将底部的点与上部的漏斗连接起来的是一个黑色的半球体。这代表了贯穿山体的隧道的几何形状。隧道中的"地下"使得时间维度前面的负号反转：时间变成了另一类空间维度。半球是一个不完整的四维空间，有 4 个空间维度，但没有时间维度。在这个区域内没有时钟嘀嗒作响：隧穿发生在一瞬间。球在山谷里，然后突然出来了。詹姆斯·哈特尔和斯蒂芬·霍金考虑了这样的一个模型，并补充了这样的一个观点：在这个半球的底部，起点（南极）与表面上的其他点没有什么不同。它和地球上的南极完全一样，南极和地球表面的其他点也没有什么不同。这个宇宙的底部没有边界——霍金称之为无边界条件。

霍金曾说过，这个早期的区域具有想象的时间。虚数 i 是 –1 的平方根。在通常情况下，$ds^2 = -dt^2 + dx^2 + dy^2 + dz^2$。如果我们有虚时间 it，因为 $i^2 = -1$，$-d(it)^2$ 就变成 $+dt^2$，我们可以得到 $ds^2 = dt^2 + dx^2 + dy^2 + dz^2$。想象的时间听起来很吓人，但它只是把时间变成了另一个普通的空间维度。这个区域是一个四维空间，而不是三维空间和一维时间。

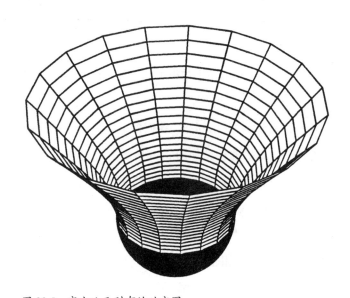

图 23.5　宇宙从无到有的时空图。

图片来源：J. 理查德·戈特的《爱因斯坦宇宙中的时间旅行》。

　　量子隧穿确实很奇怪。我们在寻找一些发生在宇宙最开始时的奇怪事情，因为当时发生的事情非常了不起。也许是量子隧穿，你也并不是完全无从下手。我们从一个量子态开始，这个量子态对应于一个零大小的宇宙，它知道所有的物理定律和量子力学定律。为什么零大小的宇宙中没有物体，它却了解物理定律？物理定律只是物质行为的规则，如果没有物体，物理定律又代表什么？这是试图无中生有地创造宇宙的问题之一。

同时，安德烈·林德指出，膨胀的宇宙可以通过量子涨落产生另一个膨胀的宇宙。一个德西特膨胀的喇叭可以生出另一个膨胀的喇叭，它会发芽生长，就像树枝从树上长出来一样。事实上，这根树枝会膨胀，长得和树干一样粗，并且长出自己的树枝。树枝将继续长出新的小枝，形成一个无限分形的宇宙树。全部的全部都始于一根原始的树干，每个分支都是一个漏斗，可以形成气泡宇宙（如图 23.3 所示）。我们可能生活在一个气泡宇宙中的一根树枝上，但你可能会问自己：树干从哪里来？

我和李立新试图回答这个问题。我们提出，其中的一根树枝向后弯曲，长成了树干。我们的模型如图 23.6 所示。沿着顶部，我们看到 4 个漏斗状的德西特暴胀宇宙，将它们从左到右分别标记为 1、2、3 和 4。宇宙 1 孕育了宇宙 2。宇宙 2 孕育了宇宙 3。宇宙 3 孕育了宇宙 4。宇宙 4 是宇宙 2 的孙宇宙。这些分支将继续扩张，并产生额外的分支，直到无穷。这些漏斗不会互相碰撞——想象一下它们在更高维度的空间中彼此丢失。在这个时空图中，和前面的图一样，只有表面本身是真实的。

现在，我们来看看这个模型最令人惊讶的特性：宇宙 2 还产生了另一个分支，它在时间上向后弯曲，长大成为树干。它在开始时创造了一个小的时间循环，它看起来像数字"6"中的循环。"宇宙 2 是它自己的母亲！"正如我们已经讨论过的，广义相对论允许时空中的循环。在这个模型中没有曲率奇点。我们能够为这个宇宙找到一个自洽、稳定的量子真空状态。时间循环有一个柯西视界，标志着时间旅行的终点。它与树干的夹角为 45°，正好在树枝离开树干的上方。你可以继续在底部的"6"中循环多次，但是当你移动到分支之外的"6"的顶部时，就没有回头路了。如果在柯西视界之前，你就可以回去和分支在另一个循环中访问自己的过去，但是一旦越过柯西视界，你就超出了分支点，只能继续上升到顶部的渠道之一。这个宇宙在一开始有一台关闭的小时间机器。奇怪的是，离开这样的一台时间机器是稳定的，实际上这使得在宇宙之初建造一个宇宙更容易。

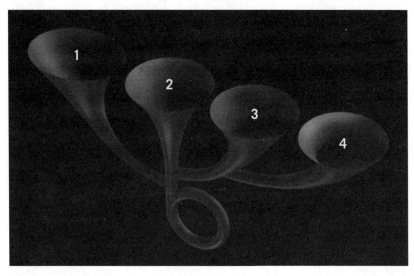

图 23.6　戈特和李立新自创的多重宇宙模型。底部的循环表示时间机器，宇宙产生它自己。

图片来源：J. 理查德·戈特和罗伯特·J. 范德贝（《评估宇宙》，国家地理，2011）。

这很有趣，因为把时间机器定位在宇宙的起点，正好能放在你想用它解释起源问题的地方。宇宙中的每一个事件都有先于它的事件。如果在时间循环的任何地方总有一些事件沿逆时针在你的面前发生，并以通常的因果方式引起你的注意，这种多重宇宙相对于过去就是有限的，但没有最早的事件。这可能发生在广义相对论的弯曲时空中。

这个理论模型似乎也很符合超弦理论。超弦理论或 M 理论假设一个十一维时空由一个宏观的时间维度、3 个宏观的空间维度和另外 7 个微观的空间维度组成，这些维度是蜷曲的、微观的，正如卡鲁扎和克莱因所希望的那样。复杂的微观形状决定了物理定律。有趣的是，暴胀理论表明，我们今天看到的 3 个宏观空间维度最初大约和微观的卡鲁扎 - 克莱恩维度一样小——德西特腰围大约为 3×10^{-27} 厘米。这个微观的德西特圆周随着宇宙的膨胀而大大扩张。最初，有 10 个蜷曲的微观空间维度。其中，7 个仍然蜷成很小的一团，而另外 3 个则从一开始就膨胀起来了。我们的模型提出，最初时间也蜷缩在一个微观的时间环中。如果时间环具有我们所提出的自洽量子真空状态，那么时间环在时间上的圆周长度（顺时针方向）可能短至 $5 \times 10^{-44} \sim 10^{-37}$ 秒。在时间环中，所有的十维空间以及时间维度都是蜷曲的、微小的。

关于暴胀，一件奇妙的事情是一小块真空状态膨胀成一个大个头，每一小块看起来都和开始时的一模一样。如果其中一个小片段是你开始时的片段，那么你就有了一个时间环。因此，在我们的理论中，宇宙不是从无到有地创造出来的，而是由某物创造出来的，由它自身的一小部分创造出来，然后宇宙就可以成为它自己的母亲。时间旅行是广义相对论所允许的一种不寻常的现象，也许这正是我们需要解释宇宙如何起源的原因。

如今，我要说的是，暴胀理论处于非常好的状态。它详细地解释了我们在宇宙微波背景辐射中看到的波动（回想一下图 15.3）。如果你怀疑暴胀的发生，请记住我们今天看到的是低等级暴胀。宇宙正在加速膨胀，这很可能是由密度为 6.9×10^{-30} 克 / 厘米 ^{3} 的低密度真空状态（暗能量）造成的。暴胀只依赖早期宇宙中的大量暗能量，它似乎不可避免地会产生宇宙的多元化。科学家对此究竟有多大把握？在一次会议上，有人问英国皇家天文学家马丁·里斯爵士他对我们生活在一个多重宇宙中有多大把握。他说他不愿意把自己的性命押在这上面，但他愿意拿他的狗的性命作为赌注。林德站起来说，他花了几十年的时间研究多重宇宙的想法，已经证明他会把自己的性命押在这上面。诺贝尔奖得主史蒂文·温伯格说，他愿意用林德的性命和马丁·里斯的狗的性命打赌！

暴胀是如何开始的？我们不知道。它是通过量子隧穿（也许是最流行的模型）从无到有产生的，还是通过更加奇怪的方式产生的，在开始的时候有一个小的时间循环？佩德罗·冈萨雷斯－迪亚兹推测，当我们有一个真正的量子引力理论时，这两个模型甚至可能是相同的。保罗·斯坦哈特和尼尔·图罗克的另一种推测是，大爆炸发生在两个飘浮在十一维时空中的宇宙相撞时，它们由此突然升温，发出重复的砰砰声。（这就像两张纸一样，它们代表平坦的世界，在三维空间中不断地在一起拍打。在M理论中，这类事情原则上是可以发生的。）李·斯莫林认为我们的宇宙可能诞生于前一个宇宙的黑洞中。当一颗恒星坍缩形成黑洞时，它的内部的密度不断增大，直到形成高密度真空状态。这种真空状态的引力排斥性导致它在德西特腰部反弹，产生膨胀的状态，从而创造多重宇宙，就如克劳德·巴拉比和瓦莱丽·弗罗洛夫所指出的一样。所有这一切都将发生在形成的黑洞内部，克鲁斯卡尔图中的微笑奇点将被德西特膨胀阶段的开始所取代。

这些都是物理学家正在探索的一些推测性的想法，用于回答终极问题：宇宙究竟是如何开始的？在这些备选方案中，目前最流行的可能是

"从无到有"模型，但我们根本不知道哪个是正确的。当我们发现一种万物理论时，我们可能会知道答案。这种理论能将广义相对论、量子力学和强核力、弱核力、电磁力结合起来，来解释所有的物理定律。当我们有了万物理论的方程式时，我们就会看到它们所产生的宇宙学解。这就是我们学习基础物理的原因。我们正在寻找宇宙如何运行的线索，甚至可能是它是如何开始的。

第 24 章　我们在宇宙中的未来

J．理查德·戈特

这一章节的内容是关于宇宙的未来的。我将同时把宇宙历史上过去和未来的重大事件放在时间轴上来探讨。这将涉及一些在遥远未来的漫长时期以及早期宇宙中非常短暂的时期发生的一部分事情。我们可以谈论的早期宇宙中最早发生的是什么？

要回答这个问题，我们需要回答两个相关的问题：我们可以衡量的最短时间是什么，我能想象的最快的时间是什么？每个时钟（即使石英表）都必须有来回移动的东西，例如钟摆。如果我想要最快的时钟，就只需要最快的东西来回移动。我该用什么？光！这是我可以来回发送的最快的东西。实际上，我所需要的只是图 17.1 中的光钟，上面有两个镜子，光束在它们之间来回反射。如果我想让它走得更快，那么我该怎么办？将两个镜子靠在一起。两个反射镜的距离越近，时钟走得就越快。我的时钟中将有一个光子上下弹动。

当我的时钟变得非常小时，会发生什么？我遇到一个问题。我的时钟中至少必须容下一个光子的波长 λ。如果我的时钟中的两个镜子之间的距离为 L，则我的时钟最小为 $L = N$。光子的波长和频率之间的关系

为 $\lambda = c / v$。波长越小，频率越高。随着减小时钟的大小，我必须减小光子的波长，所以它可以放进去，因此我必须增加光子的频率。增加它的频率意味着增加它的能量，因为光子的能量为 $E = hv$。我们一定不能忘记爱因斯坦方程 $E = mc^2$。光子的能量对应于一定的质量。因此，当我使时钟变小时，光子的能量增加，时钟的质量增大。最终，时钟的质量变得非常大，同时它的尺寸被压缩为一个非常小的值 L，以至于它落入了自己的史瓦西半径之内并形成了一个黑洞！如果我尝试使时钟的嘀嗒声过快，则当时钟的长度约为 1.6×10^{-33} 厘米且每 5.4×10^{-44} 秒（这个时间被称为普朗克时间，是可以测量的最短时间）嘀嗒一次时，它将以这种方式崩塌并形成黑洞。1.6×10^{-33} 厘米是上文提到的长度，我说过史瓦西黑洞中心的奇点的大小不完全为零——它实际上被量子效应所模糊，大小约为 1.6×10^{-33} 厘米（该长度称为普朗克长度，是可以测量的最短长度）。我解释的弦理论预测的那些额外空间尺寸的周长约为 10^{-33} 厘米，这也是普朗克长度。

你无法测量比普朗克时间短的时间。我和李立新在描述宇宙诞生时谈论的那个小小的时间循环的长度可能就这么短（见第 23 章）。实际上，如果你以 1.6×10^{-33} 厘米的尺度和 5.4×10^{-44} 秒的量级观察普通时空，根据不确定性原理，时空的几何形状应该变得不确定。在这种规模下，时空应该呈海绵状相互连接。我们可以使用基本常数计算普朗克长度的值，$L_{\text{Planck}} = [Gh / (2\pi c^3)]^{1/2} = 1.6 \times 10^{-33}$ 厘米。在这里，我们看到了我们所有的老朋友：牛顿的万有引力常数 G，用于计算黑洞的史瓦西半径；普朗克常数 h，用于计算光子的能量，$E = hv$；光速 c，用于计算光子能量的质量（$E = mc^2$）。普朗克时间 $T_{\text{Planck}} = L_{\text{Planck}} / c$，等于光束穿过普朗克长度所需的时间。忽略幂 2 和因子 π，这是最快的时钟崩塌成黑洞之前的最小尺寸。这个最快的小时钟的质量是普朗克质量，即 2.2×10^{-5} 克，而这个小时钟的密度是普朗克密度，即 5×10^{93} 克/厘米^3。在量子力学开始将事物抹平之前，这就是黑洞中的奇点所能达到的那种密度。普朗克尺度是量子力学在广义相对论中发挥作用的例子。如前所述，我们还没有一个统一的量子引力模型。因此，普朗克尺度（在长度或时间上）代表了一个极限，超过这个极限，就我们目前的理解是无法达到的。

普朗克时间，也就是 5.4×10^{-44} 秒，是我们能测量到的最短时间，也是我们能在宇宙中提到的最早时间。正如我所讨论的，我们的宇宙可能只是一个膨胀漏斗中的一个小气泡（或补丁），是无限分叉的宇宙树上的一个分支，是多重宇宙中的一个。它的年龄可能是任意的。但我计算了小气泡宇宙形成后的时间，表 24.1 显示了每个时期所发生的事件。

表 24.1　宇宙演变时期

开始时间	发生的事件
5×10^{-44} 秒	普朗克时间
10^{-35} 秒	暴胀结束，随机量子涨落散播的星系已经开始形成，物质产生，夸克汤形成
10^{-6} 秒	夸克凝聚成质子和中子
3 分钟	氦合成，轻元素产生
380000 年	重组，电子与质子结合形成氢原子，宇宙微波背景辐射产生
10 亿年	星系形成
100 亿年	地球上出现生命
138 亿年	我们现在的时间点
220 亿年	太阳完成了主序列的生命周期，变成了白矮星
8500 亿年	宇宙冷却到吉本斯-霍金温度
10^{14} 年	恒星消逝，最后的红矮星死亡
10^{17} 年	行星分离，恒星碰撞会将行星带离母星，摧毁白矮星或中子星太阳系
10^{21} 年	银河系质量的黑洞形成，大多数恒星和行星被驱逐
10^{64} 年	质子应该已经衰变，黑洞、电子、正电子、光子、中微子和重子被留下
10^{100} 年	银河系质量的黑洞蒸发

当膨胀结束时，大约在大爆炸之后 10^{-35} 秒，早期宇宙中充满高密

度暗能量的真空状态会衰变为热辐射。这个热辐射的温度极高，而且包含了光子（电磁力的载体），以及夸克和反夸克、电子和正电子、μ 介子和反 μ 介子、τ 子（介子较重的对偶物）和反 τ 子、中微子和反中微子、胶子（强核力的载体）、x－玻色子（一些理论预测的假想粒子，其不对称衰变创造了今天宇宙中超过反物质的物质）、W 和 Z 粒子（弱核力的载体）、希格斯玻色子（与赋予粒子质量的希格斯场相关的粒子）、引力子（引力场的载体，就像光子是电磁场的载体一样）。如果超对称理论是正确的，上面列出的每一种粒子就会有超对称的另一部分。

爱因斯坦发现的引力波，也就是时空几何中的涟漪，以光速穿过真空。这是他的广义相对论场方程的一个解。类似地，麦克斯韦先前发现以光速穿过真空的电磁波是他的电磁场方程的一个解。我们从泰勒和赫尔斯的双星脉冲星那里得到了引力波存在的间接证据（引力波将由引力子组成），这颗脉冲星正吸引着一个越来越紧的轨道。这与爱因斯坦预测的中子星轨道运行时引力波的发射完全一致。2015 年 9 月 14 日，LIGO 实验首次对引力波进行了直接探测。激光干涉仪以极高的精度（质子直径的千分之一）测量一对反光镜之间的距离，并记录引力波经过时两个反光镜之间的距离的微小变化。既然爱因斯坦也发现了激光的原理，那么爱因斯坦预测的引力波到底有多合适？最终将用激光探测出结果。这些引力波的来源是一个 29 倍太阳质量的黑洞和一个 36 倍太阳质量的黑洞，它们在一个紧密的双星轨道上相互吸引，并合成一个 62 倍太阳质量的黑洞。所以，引力波是存在的，探测结果与以光速运动的引力子一致。引力是一种非常微弱的力，我们还没有发现任何单独的引力子，但我们认为它们一定存在，因为我们已经发现了引力波，期望它们具有波粒二象性，就像电磁波和光子那样。

我们称这个时期的宇宙为夸克汤,所有这些基本粒子都在周围嗡嗡作响。夸克可以自由运动,不受严格三元组的限制。由于不确定性原理,在某些区域,量子真空态衰变得稍晚,而在另一些区域,量子真空态衰变得稍早,从而导致量子真空态衰变时产生的热辐射的密度发生了随机波动。

当暴胀结束时,这些密度波动出现在大爆炸之后 10^{-35} 秒。它们成为了种子,并在 138 亿年的引力作用下最终形成了我们今天看到的星系和巨大的星系团。在我们所看到的海绵状星系图案(见图 15.4)中,巨大的星系团由星系的细丝(或链)连接在一起,这种结构称为宇宙网。它代表了这些早期量子涨落的(大大扩展的)化石残骸,而这些早期量子涨落是在宇宙诞生后 10^{-35} 秒时形成的。

当宇宙膨胀时,这锅热汤变冷,大量的粒子衰变为更轻的粒子。最初宇宙中包含等量的物质和反物质,但人们认为重 X– 玻色子的不对称衰变有利于物质而非反物质的形成,会导致衰变产物中的物质略多于反物质。当物质和反物质粒子以相同的数量碰撞和湮灭而产生光子时,剩下的部分就会被物质所控制。我们今天看到的星系是由物质构成的。现在宇宙中的反物质粒子非常稀少,而且总是有与众多物质粒子相遇并湮灭的危险。物质粒子的数量大大超过了反物质粒子。

在大爆炸之后 10^{-6} 秒时,辐射变得非常冷,以至于夸克与其他夸克结合形成质子和中子。夸克有 6 种不同的类型:上夸克、下夸克、奇夸克、魅夸克、顶夸克和底夸克。最轻的夸克是上夸克和下夸克。质子由两个上夸克和一个下夸克组成,它们通过相互交换三个胶子而结合在一起。中子由两个下夸克和一个上夸克组成,夸克也由三个胶子连在一起。上夸克的电荷数是 +2/3,下夸克的电荷数是 –1/3。因此,质子的电

荷数为 +1，而中子呈电中性。

在大爆炸之后 3 分钟时，氦的合成开始了。此过程在第 15 章中讨论过。宇宙已经冷却到质子和中子可以融合成轻元素的程度。最常见的元素是氢（质子），但除此之外，还有相当数量的氦以及少量的氘和锂。这是伽莫夫和他的学生用来预测宇宙微波背景辐射存在的时期。

在大爆炸之后 38 万年的时候，宇宙已经冷却到 3000 开。此时，电子可以与质子结合产生氢原子。我们已经讨论过，这个过程叫作复合。在宇宙中，由带电的质子和电子组成的带电等离子体变成了由氢组成的电中性气体，其中每个质子捕获一个电子，生成一个呈电中性的氢原子。在这个时期之前，光子不断受到带电的质子或电子的偏转——这使得它们做随机运动。光子并没有走多远，一直在偏转。经过重新组合后，光子可以畅通无阻地在长距离的直线上传播。由于这种光子自由运动的变化，当观测宇宙微波背景辐射时，我们可以直接看到这个时期。

在大爆炸之后 10 亿年的时候，星系开始形成。第 16 章中讨论的高红移类星体来自早期形成的星系，这些星系可以在此之前的某个时刻看到。

今天的宇宙有 138 亿年的历史。

到大爆炸之后 220 亿年的时候，太阳将完成它的主序生命周期，变成一颗白矮星。仙女星系将与银河系撞到一起。

在大爆炸之后大约 8500 亿年的时候，根据吉本斯和霍金描述的一个过程，宇宙将冷却到一个恒定的温度。正如第 23 章所讨论的，观测表明宇宙中充满了暗能量，其特征是压力的大小与其能量密度相等，但为负的（动态等效于爱因斯坦的宇宙常数）。物质因膨胀而变薄，而暗能量保持同样的密度。在遥远的未来，宇宙会逐渐被暗能量所主宰。因此，未来宇宙的几何形状应该类似于德西特空间——一个时空漏斗。它应该一直在扩张。今天能够交流的两个星系将会以越来越快的速度逃离彼此。最终，两个星系之间的空间将膨胀得非常快，快到光无法穿过它们之间那不断增大的距离。在我们看来，一个遥远的星系就像落入黑洞一样，它会变得越来越红。如果遥远星系中的外星人发出信号说"一切都很顺利"，在我们看来，他们是在说"一……切……都……很"。我们永远也收不到这个信号结尾的"顺利"两个字。发生在遥远星系晚期的事件将超出我们的视界，我们永远不会看到它们（回想一下图 23.2）。

霍金证明了事件视界会产生霍金辐射。吉本斯和霍金计算出，在德西特空间的晚期，任何在场的观察者都会看到由此产生的热辐射，由此将其称为吉本斯 – 霍金辐射。热辐射，在我们宇宙的未来会有一个约 220 亿光年的特征波长（λ_{max}）。随着宇宙以指数方式膨胀，宇宙微波背景辐射的波长不断增大，每 122 亿年就增加 1 倍。在 8500 亿年之后，宇宙微波背景辐射将具有超过 220 亿光年的特征波长，与事件视界产生的吉本斯 – 霍金辐射相比将变得不重要。在那时，我们应该看到宇宙的温度停止下降，变成恒定的吉本斯 – 霍金温度（约 7×10^{-31} 开）。这非常冷，但仍然在绝对零度以上。

这些想法实际上是可验证的。吉本斯 – 霍金辐射也产生于宇宙膨胀的早期阶段，它包括电磁辐射和引力辐射。在我看来，如果像第 23 章所讨论的那样，早期宇宙的引力辐射最终通过宇宙微波背景辐射偏振留下的印记被探测到，将构成霍金辐射机制的一个重要实验验证。这些引力波不是由运动的物体产生的，就像 LIGO 探测到的引力波一样，这些引力波将由不同的东西产生。霍金机制是一个量子层面的过程。所以，这将是一件令人兴奋的新事情。

我们认为在遥远的未来看到的吉本斯－霍金辐射最终对智慧生命有害。费里曼·戴森曾经证明，如果智慧生命能把它的余热倾倒在一个越来越冷的水浴中，那么它就能以有限的能量储备无限期地生存下去。如果我用可见光光子在一个温度为 300 开的影院里放映一部电影，那么将需要一定的能量来放映这部电影。但是假设我们把影院里的一切都放慢，放映电影时使用的是可见光波长两倍的红外光子，我就可以用一半的能量（每个光子将消耗一半的能量）来放映同一部电影，但电影的时长将是前者的两倍（因为光子的波长是后者的两倍），在影院的热辐射中光子的波长也会是原来的两倍，所以影院的温度会是 150 开而不是通常的 300 开。智慧生命可以通过思考来保存能量，沟通得更加缓慢。一个人甚至可以通过不断放慢自己的思维，用有限的能量拥有无限的思想。假设一个人可以把他的余热（由包括思维过程在内的所有生物过程产生）倾倒在不断冷却的微波背景中，时不时地休眠，并随着时间的推移在越来越低的温度下工作，这也是允许的，只要宇宙微波背景辐射继续冷却到绝对零度就可以了。但是在 8500 亿年的时候，宇宙将达到与吉本斯－霍金温度相等的平衡温度。在那之后，宇宙的温度将保持不变。那么，人们就不能通过在低于这个温度的温度下工作来节约能量。一个人需要制冷，这将很快地消耗掉剩余的能量。此外，其他星系将逃离到事件视界之外，只留下有限的能量储备供你使用。智慧生命开始陷入能量困境，最终会消亡。

这是另一个问题。在大爆炸之后 10^{14} 年的时候，随着最后一颗低质量恒星耗尽氢燃料而死亡，所有恒星都消亡了。宇宙变得黑暗，只有剩下的恒星残骸（白矮星、中子星和黑洞）。有些行星可能仍然绕着它们转。但到大爆炸之后 10^{17} 年时，足够多的恒星近距离接触将会发生，将行星从轨道上撕裂并抛入星际空间。

在大爆炸之后 10^{21} 年，银河系质量的黑洞形成了。两体引力作用将一些恒星抛出星系，而其他恒星则落入中央黑洞。引力辐射使黑洞附近的恒星螺旋上升。

根据霍金的说法，到大爆炸之后 10^{64} 年（如果还没有发生的话），质子应该会通过一个罕见的过程衰变，暂时落入普朗克大小的黑洞内（根据不确定性原理），然后通过霍金辐射使黑洞迅速衰变。黑洞不保存重子（质子和中子），它不记得它是由质子还是由正电子构成的，但它记得它的电荷。因此，正电子（比质子轻）可以作为黑洞的衰变产物之一被释放出来，而质子却消失了。当质子衰变时，电子和正电子作为质量最大的粒子留给了我们。质子的衰变可能比这还要早，也许是在大爆炸之后 10^{34} 年的时间尺度上，但它们很可能已经衰变了 10^{64} 年。

10^{100} 年后，银河系质量的黑洞通过霍金辐射蒸发。

那以后呢？物理学家们的标准观点是，暗能量代表着一种真空状态，它具有恒定的正能量密度（和负压）。史蒂文·温伯格将我们目前的状况比作生活在略高于海平面的山谷中——我们的海拔高度表明真空中存在的暗能量的数量。我们已经到达了这个山谷的底部，只是坐在那里。真空中的能量——暗能量并不随时间变化。这将使宇宙的大小在很长一段时间内以每 122 亿年翻一番的速度增长。

如果有足够的时间，我们的真空状态（也就是导致暗能量的真空状态）很可能会通过量子隧道（穿过谷壁）进入一个更低的能量状态（在谷外的低空地形）。这将导致一个低密度真空状态的气泡在我们宇宙中某个可见的地方形成。气泡外部的负压将比内部的负压更大，这将把气泡壁向外拉。不久之后，气泡壁将以接近光速的速度向外运动。它会永远膨胀。物理定律在气泡内部是不同的，当气泡壁撞到你的时候，你就会被杀死。

单位时间内通过量子隧道走出山谷到达较小高度的地区的概率是可以计算出来的。由于已知的希格斯玻色子真空的不稳定性，我们可能在 10^{138} 年之内看到密度较低的真空气泡形成。但许多物理学家认为，希格斯玻色子真空将被高能效应稳定下来。在这种情况下，根据安德烈·林德的推测计算，只有在 $10^{10^{34}}$ 年以后，密度较低的真空气泡才会开始形成！这些气泡会形成，就像图 23.3 中的气泡宇宙一样，它们永远不会渗透到整个空间。不断膨胀的真空状态将继续以每 122 亿年翻一番的速度扩大，其体积将无休止地增加——不断膨胀的海洋会不时地形成气泡。在后期，我们的宇宙就像永远嗞嗞作响的香槟。

更罕见的是，正如林德和维伦金所指出的，量子涨落可能导致整个可观测宇宙跃迁到高度真空的能量密度，并创造一个新的、快速膨胀的、高密度的宇宙。这就像我们在宇宙形成之初看到的高能膨胀一样，会引发一个新的多重宇宙。这可能需要 $10^{10^{120}}$ 年才能实现！

我们也许根本不是住在山谷里，而是住在斜坡上，我们会慢慢地滚到海平面上。这被称为慢滚暗能量。正如巴拉特·拉特拉、吉姆·皮布尔斯、扎克·斯莱皮恩、我以及其他许多人所探索的那样，这将导致暗能量的数量在数十亿年的时间里缓慢消散，最终下降到零能量密度的真空状态。这种下降在以前的膨胀中也发生过一次，当时高密度的暗能量状态下降到了我们今天看到的低能量真空状态。这可能会再次发生，最终让我们滚到海平面上——一个真空能量为零的地方。这些场景可以通过测量到目前为止宇宙的膨胀历史来研究。这时我们可以用爱因斯坦的方程测量暗能量中压力和能量的比值，我们称之为 w。如果 w 恰好是 -1，动态地等价于爱因斯坦的宇宙常数，这就有利于"困在山谷里"的情况，暗能量将保持它的现值，宇宙将永远以每 122 亿年增大 1 倍的速度增长。然而，如果 w 小于 -1，我们就会慢慢地下降到海平面上，加速膨胀的速度最终会变为近似线性的膨胀速度。这也就代表着宇宙将永远膨胀，但速度是线性的。在这种情况下，宇宙随着时间的推移膨胀。

罗伯特·考德威尔、马克·卡米考斯基和内文·温伯格提出了一个激进的观点，他们认为 w 可能比 -1 更小，并称之为幻象能量。它会产生一种真空能量并随着宇宙膨胀而增加，导致失控的膨胀，并在未来创造一个奇点（一个大裂口），可能在 1 万亿年内将星系、恒星和行星撕裂。这种幽灵能量在控制暗能量的场的滚动运动中需要负动能，在我看来这在基础物理理论上是不可能的。在这种情况下，我们今天看到的暗能量与早期膨胀时的暗能量完全不同。所以，虽然这仍然是一种可能性，但在我看来，它相对于其他两种情况来说似乎不太可能。但许多物理学家对幽灵能量相当重视。

正如第 23 章所讨论的，w 当前的最佳估计值是 $w_0 = -1.008 \pm 0.068$（普朗克卫星小组利用了所有可用的数据，包括来自斯隆数字巡天项目的数据）。值得注意的是，在误差范围内，这与 -1 的简单值（近似于爱因斯坦的宇宙常数）是一致的，它对应于我们所处的山谷底部的模型。这个结果强烈地支持暗能量代表一个真空状态正能量和负压力的观点，但是这些观测结果还不能真正区分我们静止地坐在山谷底部的模型和我们缓慢地滚下山坡（或爬上山坡）的模型。在后一种情况下，w_0 接近 -1，但并不完全等于 -1，略高于或低于 -1。如果未来对 w 的精确测量表明它与 -1

明显不同，我们就可以知道慢滚动暗能量图和幻象能量图是否更受欢迎。但是，如果随着测量值的不断改进和误差的不断减小，我们在误差范围内继续与 $w_0 = -1$ 保持一致，我们就很可能会宣布坐在山谷底部的模型获胜。有一些正在进行中或在未来提出的实验项目可以潜在地将 w_0 的误差降低一个数量级以上。希望这些项目能揭示宇宙的最终命运。

现在你们有关于宇宙未来可能会发生什么的最好预测。但是，我们这些人在宇宙中的未来呢？我们身上可能会发生什么？我们人类这个物种在遥远的未来可能会如何发展？这是几个我们急于知晓答案的问题。

首先，我想指出的是，我们生活在一个非常适宜居住的时代。宇宙已经冷却到适宜居住的程度，碳和生命所必需的其他元素已经有足够的时间来形成，而恒星今天也在发出美丽的光芒，提供合适的温度和能量。在这个时代，我们也许期望找到聪明的观察者。当恒星消失后，智慧生命将会更难生存。如果我们看表 24.1，就会发现自己处在一个宜居的时代。由罗伯特·迪克提出且后来被布兰登·卡特命名的"弱人择原理"给出了精确的公式。该原理认为，聪明的观察者当然应该认为自己处于宜居位置——宇宙中适宜居住的时代。（从逻辑上讲，他们不可能生活在一个不适宜居住的时代并提出这个问题！）事实上，我们确实发现自己正处于宇宙中看起来最适宜居住的时期。

但作为迄今为止宇宙中唯一的智慧观察者，我们想知道作为一个物种，我们未来的寿命可能有多长。我们该如何看待这个问题呢？

1969 年，我参观了柏林墙（见图 24.1）。当时人们想知道柏林墙会持续多久。一些人认为它很快就会消失，但也有人认为柏林墙将永远是现代欧洲的特色。为了估计这堵墙未来的寿命，我决定应用哥白尼原理。我当时想我并不特别，我的访问并不特别。我大学刚毕业就来到欧洲——那时候花 5 美元就能在欧洲度过一天。我刚好路过柏林墙，因为我在柏林，而柏林墙碰巧就在那里。我可以在它的历史上的任何时候看到它。但如果我的参观不是特别的，我参观的地方就应该是柏林墙的起点和终点之间的某个随机点。那么，我有 50% 的机会处于它存在的历史一半的中间位置（将其分为四等份的话，我有 50% 的机会处于中间的两部分）。如果我在中间两部分的开始访问，那么它的历史的 1/4 已经过去，还有 3/4 在未来。在这种情况下，柏林墙未来的寿命将是过去寿命的 3 倍。相反，如果我在中间两部分的末端访问，它的历史将有 3/4 属于过去，1/4 属于未来，它的未来寿命是过去的 1/3。

图 24.1　1969 年，J. 理查德·戈特在柏林墙前。

图片来源: J. 理查德·戈特的作品集。

因此，我推断我有 50% 的可能性处于这两个极限之间，并且未来柏林墙的寿命将是其过去寿命的 1/3 到 3 倍（见图 24.2）。在我参观的时候，柏林墙已经有 8 年的历史了。站在柏林墙边，我向朋友查克·艾伦预测，柏林墙未来的寿命将在 2.66 年至 24 年之间。

科学家通常倾向于做出 50% 以上可能是正确的预测。他们喜欢做出有 95% 的概率是正确的预测。这是科学论文中通常使用的 95% 置信水平。如何改变论点？利用哥白尼原理时，请记住，如果你的位置并不特殊，有 95% 的概率，无论你在观察什么都处在 95% 的可观测周期的中间，也就是说既不是在另外 5% 的前 2.5%，也不是后 2.5%（见图 24.3）。

用分数表示，2.5% 是 1/40。如果你的观察在中间 95% 的开始（从开始到现在只有 2.5%），那么你所观察到的历史的 1/40 已经过去了，39/40 还在未来。在这种情况下，未来是过去的 39 倍。如果你只剩下 2.5%，那么其中的 39/40 已经过去了，剩下的 1/40 还在未来，未来是过去的 1/39。如果你处在 95% 的中间，在这两个极端之间（有 95% 的可能性），那么它的未来将是过去的 1/39 到 39 倍。因此，无论你观察的是什么，它未来的寿命将是过去寿命的 1/39 到 39 倍（95% 的确定性）。

我决定把这个原理应用到一些重要的事情上，应用到人类的未来上。我们人类大约有 20 万年的历史。这要追溯到非洲的线粒体夏娃，我们都是它的后裔。这个原理会说有 95% 的信心，如果我们这个物种的历史在时间轴上的位置并不特殊，我们的未来寿命就应该至少有 5100 年（200000/39），但低于 780 万年（200000×39）。我们没有其他智慧物种的精算数据（那些能够提出这类问题的物种），因此可以说这是我们能做的最好的事情。

未来寿命的范围如此之大，因为人们希望有 95% 的把握是正确的。

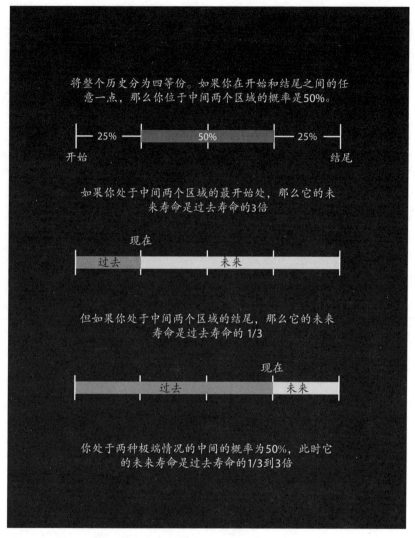

将整个历史分为四等份。如果你在开始和结尾之间的任意一点，那么你位于中间两个区域的概率是50%。

25% · 50% · 25%

开始 · 结尾

如果你处于中间两个区域的最开始处，那么它的未来寿命是过去寿命的3倍

现在

过去 · 未来

但如果你处于中间两个区域的结尾，那么它的未来寿命是过去寿命的1/3

现在

过去 · 未来

你处于两种极端情况的中间的概率为50%，此时它的未来寿命是过去寿命的1/3到3倍

图 24.2 哥白尼原理（50% 置信水平）。

图片来源: J. 理查德·戈特。

然而，许多给出自己估计的专家做出的预测超出了这一范围。一些关于世界末日的预言说，我们可能在不到 100 年内灭绝。如果这是真的，我

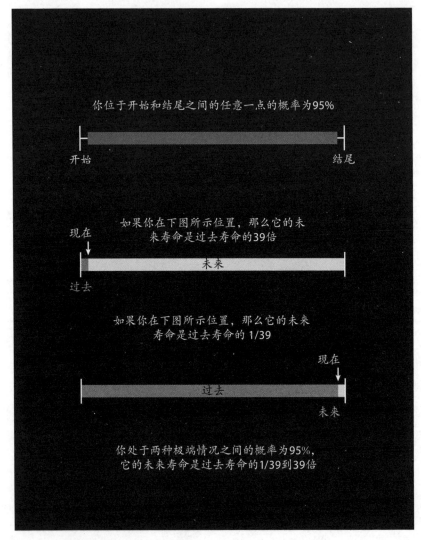

图 24.3　哥白尼原理（95% 置信水平）。

图片来源：J. 理查德·戈特。

们将非常不幸地处于人类历史的尽头。一些乐观主义者认为，我们将继续在银河系中开拓新的居住地并持续数万亿年。但如果这是真的，我们将非常幸运地位于人类历史的开端。因此，即使其范围很广，也仍然具有很大的信息量，将可能性限制在比其他许多估计更小的范围内。

当然，我们在天文学中学到的一切都告诉我们，我们应该认真对待哥白尼原理（你的位置不太可能是特殊的）。我们开始认为我们在宇宙的中心占据了一个特殊的位置，但后来我们意识到，我们的地球只是众多围绕太阳运行的行星之一，然后我们发现太阳只是一颗普通的恒星，不是我们星系的中心。我们知道我们的银河系是一个普通的星系，在一个普通的超星系团中。我们发现的越多，我们所处的位置就越不特别。

哥白尼原理是有史以来最成功的科学假设之一，经受住了各种各样的环境的反复检验。克里斯蒂安·惠更斯（Christiaan Huygens）用它来预测恒星的距离。他问，为什么太阳在宇宙中最亮？他推断这些恒星和我们的太阳是一样的。如果其他恒星在本质上和太阳一样明亮（假设太阳并不特别），而这些恒星在天空中看起来比太阳暗得多，那么这一定意味着它们离我们很远。他认为天空中最亮的恒星天狼离我们最近。根据他估计的天狼星相对于太阳的亮度，他计算出天狼星的距离一定是太阳的 27664 倍。实际上，他把距离精确到 20 倍以内。考虑到其中涉及的巨大不确定性，这是一个了不起的成就。惠更斯正确地发现，与太阳系的大小相比，恒星之间的距离是巨大的。

当哈勃看到其他星系在各个方向上都远离我们时，他本可以得出这样的结论：我们处在一场大爆炸的特殊中心。但在哥白尼之后，我们不会相信这个概念。有这么多的星系，我们不可能如此幸运地生活在位于中心的一个星系里。如果它在我们看来是那样，那么它在所有星系的观察者看来一定是一样的——否则我们将是特殊的。这就引出了广义相对论的齐次、各向同性、大爆炸模型。伽莫夫、赫尔曼和阿尔弗在彭齐亚斯和威尔逊发现宇宙微波背景辐射 17 年前，就用这些数据预测了宇宙微波背景辐射的存在。这是科学史上被证实的最伟大的预言之一。这一成功在很大程度上是通过认真对待哥白尼原理，然后跟随它的方向而取得的。

有趣的是，用哥白尼原理预测的我们这个物种的总寿命与地球上其他物种的实际寿命非常吻合。我有 95% 的信心预测智人的总寿命在 205100 年到 800 万年之间（这仅仅是我们已经拥有的 20 万年历史加上我们未来可能拥有的额外 5100 年或 780 万年）。我们的祖先直立人生存了 160 万年，而尼安德特人只生存了 30 万年。哺乳动物的平均寿命为 200 万年，地球上其他物种的平均寿命在 100 万年到 1000 万年之间。可怕的霸王龙也只存在 250 万年就灭绝了。它们在大约 6500 万年前被一颗小行星毁灭。

请记住，我的哥白尼预测只是基于我们过去作为一个智慧物种（一个有自我意识、能够问这样问题的物种，一个能够做代数题的物种）的寿命，就像尼尔会说的那样。如果我们这个物种真的能存活 1 亿年，那么我们很幸运地发现自己位于人类的历史的开端，从一开始到现在就只有 200000 年。此外，正是在这样一个时代，用我们过去的寿命可以预测其他物种的总寿命。如果我们在 1 万亿年历史的某个随机时间点（比如说 4000 亿年后）进行观察，我们就会知道我们这个物种比其他物种存活的时间要长得多，而且我们自己会正确地预测出未来更长的寿命。根据我们目前观察到的实际寿命，如果人类已经有 4 亿年历史而不是 20 万年历史，我对我们的未来就会更加乐观。

从原则上讲，智人的寿命可能比其他物种长得多，这仅仅是因为我们是一个智慧物种。但我们仍然是哺乳动物，用哥白尼原理预测的寿命与其他哺乳动物的寿命相当。尽管哺乳动物比一般物种聪明得多，但它们的寿命并没有明显延长，而原始人（如直立人和尼安德特人）的寿命也不比典型哺乳动物长。智力和寿命似乎没有关联。这应该让我们停下来再思考一番。

事实上，如果我们简单地利用其他哺乳动物的精算数据来预测我们未来的寿命，我们就会发现人类未来的寿命在50600年到740万年之间（95%置信水平）。这些限制都在哥白尼原理所暗示的范围之内，而哥白尼原理仅仅基于我们过去作为一个智慧物种的寿命。只要我们还在地球上，我们就会面临像其他物种灭绝一样的危险。我们人类的历史只有大约20万年。相对于其他物种，我们的智力并不一定会改善我们的命运。这一事实应该让我们担心。爱因斯坦很聪明，但他活得并不比其他人都长。智力对物种延长寿命可能没有那么大的帮助。

现在你可能认为这也不错。当然，智人会灭绝，但这没关系，因为我们将来会演化出一个更聪明的物种来取代我们。然而，达尔文指出大多数物种根本没有留下后代物种，少数物种留下许多后代物种，它们繁殖开来。大多数物种在没有后代的情况下就灭绝了。在这方面，请注意我们人类家族中的所有其他物种（包括尼安德特人、海德堡人、直立人、能人以及南方古猿）都已经灭绝。我们是仅存的原始人。相比之下，啮齿动物目前有1600种，它们生活得很好，而且有很多生存的机会。在一本名为《人类之后》的精彩著作中，道格尔·迪克森推测，在5000万年的演化之后可能会发生的事情也许并不符合我们的喜好。我们人类在100万年后消失了。5000万年后，兔子仍然很普遍，但它们和鹿一样大，被一群像老鼠一样的动物猎杀，这些动物是今天啮齿动物的后代。这本书和它所描绘的未来世界的可怕之处在于它似乎很合理，但显然不是我们想听到的。地球上所有的动物都不是智慧观察者，都不会问这样的问题："我们这个物种能存在多久？"当然，道格尔·迪克森对动物的具体预测实现的可能性很小，因为演化有很多种方式，但这本书指出这些方式中的大部分都很可能不包括未来的智慧观察者。史蒂芬·杰伊·古尔德也提出了类似的观点，称我们只是演化圣诞树上的"一个小玩意"。

哥白尼的论点同样适用于整个智慧谱系（我们这个物种加上任何未来可能遗传自我们的智慧物种后代）。我们是我们血统里的第一个智慧物种（可以问这样的问题），所以目前整个智慧血统只有 20 万年的历史（只有宇宙年龄的 1/65000），因此，智慧血统不可能永远存续下去，其未来的寿命应该和我们人类的寿命一样受到限制。考虑到我们是第一个观察到自己的物种，我们很可能是人类谱系中唯一有智慧的物种。这符合达尔文的观察，即大多数物种在灭绝后没有留下后代。

有些时候，你不应该用这个公式。结婚誓词宣布 1 分钟后，你就不能用它来预测婚礼只剩下 39 分钟了！你被邀请在一个特殊的时间参加婚礼，见证它的开始，但大多数时候你可以用哥白尼原理。自从我引入这个原理以来，这个原理已经被测试了很多次并取得成功。一个例外是不要用它来估计宇宙未来的寿命。你可能生活在一个特殊的（可居住的）地方，因为你是一个聪明的观察者。（早期炽热的宇宙中不存在智慧观测者，当主序星熄灭时，智慧观测者可能会消失。）但对于聪明的观测者来说，你在时空中的位置并不特殊。一般来说，哥白尼原理是成立的，因为在智慧观测者所处的所有位置中，根据定义只有少数特殊的地方，剩下的都是非特殊的地方。你可能只是生活在那些不特殊的地方之一。此外，相对于智慧观测者所做的全部观测，你当前的观测不太可能位于特定的位置。

我们没有宇宙中智慧物种寿命的精算数据，没有数据表明这种情况会持续多久，但我们知道自己过去作为一个智慧物种的寿命，不应该忽视这一重要数据。哥白尼原理告诉我们如何利用这些信息，以95%的置信度粗略地估计我们未来的寿命。

如果你不特别，你就应该认为自己出生在按时间顺序排列的人类名单上随机的某个地方。在过去的20万年里，大约有700亿人出生。哥白尼原理给出了95%的概率，未来出生的人口应该在18亿到2.7万亿之间。我从1993年发表在《自然》杂志上的论文《人择原理》的作者布兰登·卡特的推荐人那里得知，他、约翰·莱斯利和霍尔格·尼尔森也指出，你不太可能是人类有史以来第一个出生的婴儿。卡特（后来莱斯利对卡特的工作进行了详细阐述）使用贝叶斯统计得出了这个结论，而尼尔森则独立得出了相同的结论，他的观点是你应该在按时间顺序排列的人类名单中占据随机位置——就像我自己的推理思路一样。我找到了志同道合的同事。

你可能来自一个人口高于中位数的国家。世界上190多个国家中有一半的人口不足700万。但由于会有更多的人生活在人口偏多的国家，世界上约97%的人口生活在人口中位数以上的国家。你出生在一个人口超过700万的国家吗？正如你可能生活在一个人口超过中位数的国家，你也可能生活在一个人口众多的世纪。的确，你们生活的这个世纪的人口是有史以来最多的。你希望生活在某件导致人口激增的事件（比如农业的出现）发生之后，同时生活在导致人口下降的事件之前。你希望生活在一个人口激增的时代，那时的人口比中位数的世纪还要多。这种高峰可能发生在人类历史上的任何随机时刻。如果你想知道在你之后会有多少人活着，那就问问以前有多少人活过。如果你想知道人类在未来会存续多久，那就问问人类在过去存在了多久。

你可能生活在一个智慧文明中，这个文明的人口数量超过了宇宙中智慧物种的中位数，这与你可能生活在一个人口众多的国家的原因是一样的。大多数聪明的观察者生活在中位数以上的文明中，而你很可能是众多观察者中的一员。这意味着目前地球上的人口数量很可能超过宇宙中智慧物种的中位数。这不是科幻小说中常见的情景，科幻小说常描绘由外星人组成的巨大星系文明来到我们弱小的地球上攻击我们。虽然这是一个很好的剧本，但这并不符合统计规律。就人口而言，我们自己很可能是更成功的文明之一！高科技文明有可能拥有大量的人口，所以我们可能希望成为其中之一。

2015 年，巴塞罗那大学的费格斯·辛普森提出了一个有趣的推论：既然我们可能来自一个人口超过中位数的星球，那么大多数有智慧观测者居住的星球可能都比地球小。因此，对智慧生命或任何一种生命的搜索都应该把更多的注意力放在比地球小的行星上，因为大多数例子可能就在地球上。

我们也可以将哥白尼原理的 95% 置信水平作为银河系中无线电传播文明平均寿命的上限，并代入第 10 章讨论的德雷克方程中。这基于这样一种想法：在无线电传播文明的智慧观测者中，你不太可能是特别的。你可能生活在寿命较长的无线电传播文明中，因为随着时间的推移，它们包含了更多的智慧观测者。另外，你不可能生活在无线电传播文明的开端。尽管如此，一些无线电传播文明的寿命总是比我们人类文明的寿命长，它们对人类文明的平均寿命做出了贡献。想象一下，把不同文明加在一起，形成一个长长的时间轴，其长度等于所有文明的寿命加在一起的总和。将无线电传播文明按寿命排序，最长寿的无线电传播文明在时间轴的末端。如果你不是特别的，你就应该随机出现在那个很长的时间轴上，并且随机地出现在智人的时间区间（即我们无线电传播文明的总寿命）内。我利用这个想法，加上一些奇特的代数，为无线电传播文明的平均寿命设定了 95% 的置信上限——12000 年。如果平均寿命超过这个数字，我在 1993 年发表的论文要么在我们的无线电传播文明中出现得异常地早，要么在所有无线电传播文明的时间轴上出现得异常地早。这样就产生了哥白尼式的估计，你可以将其代入德雷克方程：$L_c <$ 12000 年（95% 置信水平）。尼尔在第 10 章中使用了这个估计。

如果你认为智慧物种通常会演化成智慧机器物种或基因工程物种，那么你就必须问问自己为什么你不是智慧机器，为什么你没有基因工程。

如果你认为智慧物种通常会在他们的星系中移民，那么问问自己为什么你不是一位太空移民。1950 年，恩里科·费米提出了两个关于外星人的著名问题：他们在哪里，为什么很久以前他们没有移民到地球上？哥白尼原理为费米的问题提供了一个答案：在所有智慧观测者中，有相当一部分人肯定还坐在他们的母星上（否则你就会很特别）。移民一定不会经常发生。重要的是，这意味着我们可以首先应用德雷克方程，估计在其母星上独立出现的智慧文明的数量。如果移民的情况不普遍，那么这大约等于我们将发现的外星文明的总数。

假设你预先认为下面两个假设都是等概率的。

假设 1：人类将留在地球上，直到灭绝。

假设 2：未来人类将移民到银河系中的 18 亿颗可居住的行星上。

贝叶斯统计说，假设 1 和假设 2 的先验概率必须乘以你观察到的事物存在的可能性。根据假设 1，我们在地球上，那么你作为一个人有 100% 的可能性观察到你在地球上。但是如果人类移民到了 18 亿颗行星上（即假设 2 是正确的），那么作为一个人，在 18 亿颗人类居住的行星中，你发现自己在第一颗行星上的概率只有十八亿分之一。因此，即使你最初认为我们会在银河系中移民与停留在地球上的可能性是 1∶1，考虑到你生活在地球上，贝叶斯统计要求你重新估算银河系移民的概率十八亿比一。如果你不特别，那么在 18 亿年中，你就只有一次机会发现自己在第一颗行星上。既然是第一颗行星，那么在 18 亿年中我们只有一次机会会继续向 18 亿颗行星移民。然而，我们在未来向更多的行星移民将不会是不可能的，这能给我们更多的生存机会。在我们还有一个太空计划的时候，我们应该尽快做到这一点。

人类太空计划的目标应该是通过太空移民来改善我们的生存前景。这可以合理的代价实现。例如，你可以先把 8 名宇航员（包括男性和女性）送到火星上，他们可以用当地的材料在那里繁衍后代。你只需要找到几个宇航员，他们愿意去火星做一次单程旅行，并留在那里生儿育女。这些人宁愿成为火星文明的奠基人，也不愿回到地球上成为名人。这样大胆的人很容易找到。我最熟悉的宇航员斯托里·马斯格雷夫曾经告诉我，他很乐意参加一次去火星的单程旅行。火星一号小组已经找到了 100 个认真的候选人，他们都想成为火星移民。冷冻的卵子和精子可以随身携带，以实现遗传的多样性。（这样，即使只有少数宇航员被派往火星，许多在地球上出生的人最终都可能在火星上有后代。）火星有合理的引力（地球引力的 1/3）、大气、水和生命必需的所有化学物质，这不像月球。火星的大气由二氧化碳构成，可以从二氧化碳中获得供生命呼吸的氧气，永久冻土和火星的极地冰帽中有大量水。如果居住地被安置在地下 10

米深的地方，并且人们只在地面上短暂停留，那么辐射水平是可以忍受的。我们的祖先住在洞穴里，我们的火星移民也将住在洞穴里。我们的轨道飞行器甚至在火星上发现了一些值得一看的洞穴口。

我已经证明在火星上建立这样一个居住地，我们在未来送入轨道的质量只需要和我们过去所送的一样多，没有太多要求。罗伯特·祖布林表示，将 8 名宇航员送往火星并为他们提供紧急返回设施（希望不会被使用）将需要向近地轨道发射 500 吨物质。他们将被从那里发射到火星轨道并在制动器进入火星大气层之前着陆。根据杰拉德·奥尼尔的说法，一个太空居住地只需要每人 50 吨物质就能创造出一个"封闭系统中的生物圈"。为了将这 400 吨物质送到火星表面，需要将大约 2000 吨物质发射到近地轨道。相比之下，阿波罗计划的"土星 5 号"火箭和美国航天飞机已经向近地轨道发射了超过 1 万吨的物质，俄罗斯和中国的载人航天计划甚至更多。美国国家航空航天局目前正在考虑建造一种重型运载火箭，能够将 130 吨有效载荷送入近地轨道（"土星 5 号"级运载火箭），发射 20 次就足以建造这个居住地。其中 4 枚火箭可以在肯尼迪航天飞行中心的垂直装配大楼里一次制造完成。如果研制这种火箭需要 10 年时间，并且每 26 个月发射 4 枚，火星居住地可能在另外 9 年内建成。从现在开始，这个居住地只需要 19 年就能建成。我写这篇文章的时候，人类航天计划已经有 55 年的历史了。哥白尼原理表明，为人类太空计划提供资金，至少有 50% 的机会再持续 55 年，足以建立一个火星居住地。要求建立这样一个火星居住地并非没有道理。Space X 的负责人埃隆·马斯克对私人资助的火星移民计划很感兴趣。有一次，在罗伯特·祖布林组织的一次火星会议上，我和他站在同一个讲台上。我讲了我的理由，人类应该想在不久的将来去火星移民，马斯克介绍了他将如何着手去做！尼尔在他的《太空编年史》一书中提出了去火星的理由。在火星上建立居住地将改变世界历史的进程，事实上你甚至不能再称之为"世界"历史了！斯蒂芬·霍金在接受采访时也表达了自己的观点："我相信人类的长远未来一定在太空。在未来的 100 年里，要在地球上避免灾难是相当困难的，更不用说在未来的 1000 年或 100 万年了。人类不应该把所有的鸡蛋都放在一个篮子里或者一个星球上。我们希望在分散风险之前，能避免篮子掉下去。"

如果火星上的一对夫妇平均生育 4 个孩子，那么火星上的人口将每 30 年翻一番，600 年后将达到 800 万。（据说整个澳大利亚的原住民是 5 万年前从印度尼西亚乘木筏来到这里的 30 个人的后裔。到欧洲人来这里定居时，原住民的数量已经增长到 30 万至 100 万。）如果你担心太空计划的资金被取消，那么建设一个自给自足的居住地正是你想要的。不要把宇航员送到火星上，然后把他们都带回地球。相反，把他们留在那里，他们可以帮助我们改善生存前景。火星移民将给我们人类带来两次而不是一次机会，并可能使我们的长期生存概率翻倍。这将是一份人寿保险，防止我们在地球上遭遇任何可能摧毁我们的灾难（从气候灾难到小行星撞击，再到突如其来的流行病）。这也可能使我们到达半人马座阿尔法星的概率增加一倍。从一个居住地可以找到其他居住地。

环顾四周，我们就可以看到宇宙在向我们展示我们应该做什么。我们生活在浩瀚宇宙中的一个小点上。宇宙告诉我们：通过扩散出去，增加我们的栖息地来改善我们的生存前景。我们生活在一个布满灭绝物种遗骨的星球上，我们这个物种的年龄与整个宇宙相比微不足道。我们应该在灭亡之前把人口扩散开来。我们拥有太空项目的历史仅有半个世纪，它能够把我们送到其他星球上，所以应该在它消失之前尽可能明智地利用它。我们是冒险出去还是放弃探索宇宙？事实上，人们在地球上进行这样的对话是一个警告，我们的结局很有可能是被困在地球上。

　　1969年夏天，我不仅参观了柏林墙，而且参观了巨石阵。当时，巨石阵大约有3870年的历史。它还在那儿！我还特地去了佛罗里达州，观看了"土星5号"火箭的升空，它把尼尔·阿姆斯特朗、巴兹·奥尔德林和迈克尔·柯林斯送上了月球。那时，"土星5号"火箭已经发射了7个月。再过3.5年，这样的"土星5号"火箭发射将会结束。"土星5号"火箭发射的场景非常壮观（见图24.4）。当它越升越高的时候，它看起来就像一把魔剑，拖着一缕比它本身还要长的火焰。我从未见过这样的事情。大约有100万人来参观，他们静静地看着火箭发射，但是当火箭消失在高高的卷云中时，人群中爆发出巨大的欢呼声。开拓太空是我们应该做的。

图24.4　"土星5号"火箭发射。

图片来源：J. 理查德·戈特。

　　我们的智慧赋予我们巨大的潜力——在银河系中移民并成为超级文明的潜力，但大多数智慧物种都不能实现这一点，否则你就会发现自己仍然是一个单一星球物种中的一员。我们控制的能源远不如我们的太阳那么强大。我们不是很强大，存在的时间也不长，但我们是有智慧的生物，已经了解了很多关于宇宙和控制宇宙的规律——宇宙是在多久以前形成的，它的星系、恒星和行星是如何形成的。这是一个令人震惊的成就，我们在这里讲述了它的故事。

致 谢

　　由于许多人的辛勤工作，本书以及我们当初共同开设的课程才取得了成功。首先，我们感谢普林斯顿大学的同事们，我们这些年来从他们身上学到了很多东西，他们为我们提供了非常富有激情而又十分愉快的工作氛围。我们特别感谢内塔·巴克尔教授，她最初让我们三个人联手工作。

　　我们感谢我们的学生，包括卡伦·布莱克、韦斯·科利、朱莉·科默福特、丹尼尔·格林、洛永尚、贾斯汀·谢弗、乔舒亚·施罗德、扎克·斯莱皮安、伊斯克拉·斯特拉特瓦和迈克尔·沃格利。我们感谢拉明·阿什拉夫、索拉·特通卡西里、葆拉·布雷特、索发·基哈科斯·施特劳斯（迈克尔的妻子）和凯西·格里兹斯基在此过程中提供的帮助，感谢露西·波拉德－戈特（戈特的妻子）对整本书进行了编辑。我们感谢罗伯特·J.范德贝分享了他的一些天文照片，感谢李立新在制图方面提供的帮助。我们也感谢亚当·伯罗斯、克里斯·奇巴、马蒂亚斯·扎尔达里亚加、罗伯特·J.范德贝、唐·佩奇和我们进行有益的讨论。

　　我们感谢普林斯顿大学出版社的项目编辑马克·贝利斯、文字编辑赛义德·韦斯特摩兰和责任编辑英格丽·格内利希。

迈克尔·A．施特劳斯

尼尔·德格拉斯·泰森

J.理查德·戈特

467

附录 1　质能公式 $E = mc^2$ 的推导

假设你在一个实验室里，有一个粒子从左到右缓慢地运动，其速度 v 远小于光速 c（即 $v \ll c$）。这时可以应用牛顿定律。如果粒子的质量 为 m，根据牛顿定律，它就具有指向右侧的动量（$P = mv$）。粒子发出 了两个光子，每个光子的能量为 $E = h\nu_0$。它们的方向相反：一个向右， 另一个向左。粒子损失的能量（$\Delta E = 2h\nu_0$）等于粒子"看到"的由两个 光子携带的能量。爱因斯坦证明，光子的动量等其能量除以光速 c。 粒子"看到"两个光子带走的动量相等，但方向相反，两个光子携带的 总动量为零（如粒子所示）。粒子"认为"自身处于静止状态（根据爱 因斯坦的第一个假设），它在相反方向上发出两个相同的光子。通过对 称性，一个静止的粒子向两个方向发射两个相同频率的光子时仍会保持 静止。来自两个光子的反作用力抵消了。粒子的世界线保持为一条直线： 它的速度不变（见图18.4）。

向右运动的光子最终将撞到实验室的右墙上。它撞到墙壁，把墙壁 向右推了一丁点儿。这就是辐射压力的效应：墙壁吸收了光子的动量， 因此墙壁被推向右侧。坐在右侧墙壁上的观察者将看到朝右侧飞去的光 子撞击右侧墙壁的频率高于发射频率（它将向光谱的蓝端移动），因为 粒子正在接近右侧墙壁。这是多普勒效应的一个实例。与此相反的是， 坐在实验室左侧墙壁上的观察者将看到一个向左传播的红移光子以比发 射频率低的频率撞击左侧墙壁，因为粒子正在远离他。较高频率（更蓝）

468

的光子所具有的动量要大于较低频率（更红）的光子。因此，右侧墙壁
受到的（向右）撞击力比左侧墙壁受到的撞击力（向左）更大。这两个
撞击力不会抵消，实验室会受到一个向右的总的作用力。让我们计算一
下这个总的作用力有多大。

由粒子测量发射出的光子（视为光波）的相邻波峰之间的时间为
Δt_0，它等于 1 除以粒子"看到"的光的频率 v_0。例如，若光的频率为
100 赫，则相邻两个波峰之间的时间为 1/100 秒。用 v 表示粒子相对于
实验室的速度。正如我们已经讨论过的那样，粒子时钟的速度将为实验
室时钟速度的 $\sqrt{1 - v^2/c^2}$（在实验室的静止坐标系中测量）。但是在此计
算中，我们假设 $v \ll c$，因此我们将忽略所有含 v^2/c^2 的项，而仅保留那
些含 v/c 的项。（例如，若 $v/c = 10^{-4}$，对应于地球绕太阳的轨道速度 30
千米 / 秒，那么 $v^2/c^2 = 10^{-8}$，二次幂项很小，以至于相对于一次幂项可
以忽略。）由于我们在 $v \ll c$ 的极限范围内工作，因此粒子时钟的嘀嗒速
度与实验室时钟的嘀嗒速度基本相同。这意味着因为粒子的运动非常缓
慢，粒子所"听到"的两次嘀嗒声之间的时间间隔（Δt_0）和实验室所"看
见"的（$\Delta t'$）基本上是相同的。

因此，相对于实验室处于静止状态的观察者还会观测到粒子发射
的第一个波峰与下一个波峰之间的时间间隔（$\Delta t' = \Delta t_0 = 1/v_0$）。（见图
18.4，其中时间间隔 $\Delta t'$ 显示为垂直虚线。）当粒子向右发射下一个波
峰时，下一个波峰相对于第一个波峰落后的距离为 $d = (c - v) \Delta t'$。这
等于光束在时间 $\Delta t'$ 内传播的距离（即 $c \Delta t'$）减去粒子走过的距离（即
$v \Delta t'$）。两个波峰都以速度 c 向右传播（根据爱因斯坦的第二个假设），
因此它们平行移动，并且它们之间的距离保持在 $d = (c - v) \Delta t'$。坐在
实验室右侧墙壁上的观察者看到的光的波长 λ_R 等于相邻两个波峰之间

的距离，因此 $\lambda_R = (c - v)\Delta t'$。图 18.4 中的时空图说明了这个思想实验。波峰之间的距离 λ_R 是在实验室时间的瞬间测得的（沿时空图中的一条水平线）。

因此，两个波峰到达右侧墙壁的时间间隔为 $\Delta t_R = \lambda_R/c = (c-v)\Delta t'/c$，并且向右传播的光子频率为 $v_R = 1/\Delta t_R = c/[(c-v)\Delta t'] = v \cdot c/(c-v)$。现在对于 $v \ll c$，比值 $c/(c-v)$ 仅保留 v/c 中的一次幂项，大约是 $1+v/c$。例如，若 $v/c = 0.00001$，则 $c/(c-v) = 1/0.99999 \approx 1.00001$，可以达到较高的精度。这样一来，坐在实验室右侧墙壁上的观察者看到朝右移动的光子以大小为 $v_R = v_0(1 + v/c)$ 的频率撞击墙壁。由于多普勒效应，他发现频率比发射频率 v_0 高出 $1+v/c$，其中 v 是粒子的速度。这是发生蓝移的光的标准多普勒频移公式，该光束由以低速 v 向墙壁运动的粒子发射。

当向右运动的光子撞击右侧墙壁时，它会把向动量分出一个向右的分量 $hv_R/c = hv_0(1+v/c)/c$ 给墙壁。

该粒子还向左发射一个光子，最终光子将撞到左侧墙壁。坐在实验室左侧墙壁上的观察者看到该光子以大小为 $v_L = v_0(1-v/c)$ 的频率撞击左侧墙壁。公式中速度的符号相反，这是因为左侧墙壁上的观察者看到粒子正在以速度 v 远离他。由于多普勒效应，他看到的光子的频率低于发射频率。因此，两个光子传递给实验室的向右的总动量，等于向右运动的光子施加的动量 $hv_0(1+v/c)/c$ 减去向左运动的粒子施加的动量 $hv_0(1-v/c)/c$，两个光子的方向相反。这样就可以得到两个光子传递给实验室的向右的总动量是 $2hv_0(v/c^2)$。向右传播的高频（更蓝）光子会产生较大的冲击，而向左传播的低频（更红）光子会产生较小的冲击，因此二者不会相互抵消。现在就有了 $2hv_0 = \Delta E$，正好是粒子以两个光子形式给出的能量。因此，实验室获得的向右的动量为 $\Delta Ev / c^2$。因子 v / c^2 归因于引起多普勒频移的因子 v / c，还有光子所携带的动量与能量之比 $1 / c$。

动量守恒要求实验室获得的向右的动量等于粒子损失的向右的动量。粒子向右的动量为 mv（$v \ll c$，牛顿的动量公式是准确的）。因为粒子的速度不变，所以失去向右的动量 mv 的唯一方法就是失去质量。它的向右的动量损失必须是 $v \Delta m$，其中 Δm 是粒子损失的质量。

既然 $\Delta Ev / c^2 = v \Delta m$，我们可以发现 $\Delta E / c^2 = \Delta m$。粒子的小速度 v 被抵消了！只要 $v \ll c$，答案就不依赖 v。将方程的两边乘以 c^2，得出 $\Delta E = \Delta mc^2$。粒子失去了质量，损失的这部分质量 Δm 乘以 c^2 等于发射的两个光子的能量 ΔE。去掉方程两边的符号 Δ，你就会得到 $E = mc^2$。发射两个光子的能量等于粒子所损失的质量乘以 c^2。当粒子失去质量时，它释放的能量为 $E = mc^2$。许多书都解释了这个方程的意义以及它起到的作用，但是并没有告诉你如何推导它。现在你知道该怎么做了。

附录 2　贝肯斯坦、黑洞熵和信息

当前直径为 15 厘米的硬盘驱动器可以存储大约 4×10^{13} 字节的信息。你可以将多少字节的信息存储到这种硬盘驱动器中？由于这是一个思想实验，因此要使硬盘驱动器为球形，它大约相当于半径为 7.5 厘米的葡萄柚的大小。贝肯斯坦证明，黑洞具有与事件视界面积成比例的有限熵。当以普朗克长度的平方度量面积时，黑洞视界的熵（S）恰好是事件视界面积的 1/4（准确值最终由霍金获得）。

以普朗克单位测量，半径为 7.5 厘米的黑洞的表面积为 4π（7.5 / 1.6×10^{-33}）$^2 \approx 2.76 \times 10^{68}$。它的四分之一是熵值，即 $S = 6.9 \times 10^{67}$。特定数量的熵（混乱增加）对应于特定数量的信息破坏。对应于熵 S 的信息量为 S / ln2。2 的自然对数（在公式中表示为" ln 2"）为 0.69。之所以加入 2 是因为 1 字节信息是一个"是或否"问题的答案，该问题有两种可能。[一个包含 20 个问题的游戏可以回答 20 个"是或否"问题，它会为你提供 20 字节的信息，如果你知道我正在考虑的数字介于 1h 和 2^{20}（即 100 万）之间，那么你的第一个问题应该是：是在上半部分吗？继续将确认的区域平均分为两份。在 20 个问题之后，你会猜到我的数字。] 因此，创建半径为 7.5 厘米的黑洞相当于在宇宙中增加了无序性，等于破坏了 10^{68} 字节的信息。

有 $2^{10^{68}}$ 种不同的方式制造这样的黑洞，这就需要 10^{68} 字节的信息来描述黑洞，并且当黑洞形成时，关于黑洞的构成信息也会丢失。如果半径为 7.5 厘米的硬盘驱动器包含 10^{68} 字节以上的信息，那么当你令其坍缩（也就是说，挤压之以使其变得越来越小，直到形成半径小于 7.5 厘米的黑洞）时，则将丢失 10^{68} 字节以上的信息。但这是不允许的，因为如果在形成黑洞时会丢失 10^{68} 字节以上的信息，则形成的黑洞的半径必须大于 7.5 厘米。这是一对矛盾。因此，实际上发生的事情是，当你尝试将越来越多的信息打包到固定半径为 7.5 厘米的硬盘驱动器中时，其质量将不断增加；到包含 10^{68} 字节的信息时，其质量将是地球质量的 8.4 倍，而地球会坍缩成一个黑洞。这样一来，10^{68} 字节的信息是直径为 15 厘米的硬盘驱动器可以存储的信息量的上限。

扩展阅读

[1]Abbott, E. A. *Flatland*. New York: Dover, 1992.

[2]Bienen, H. S., and N. van de Walle. *Of Time and Power*. Stanford, CA: Stanford University Press, 1991.

[3]Brown, M. *How I Killed Pluto and Why It Had It Coming*. New York: Spiegel & Grau/Random House, 2010.

[4]Ferris, T. *The Whole Shebang*. New York: Simon and Schuster, 1997.

[5]Feynman, R. *The Character of Physical Law*. Cambridge, MA: MIT Press, 1994.

[6]Gamow, G. *One, Two, Three . . . Infinity*. New York: Dover, 1947.

[7]Goldberg, D. *The Universe in the Rearview Mirror*. Boston: Dutton/Penguin, 2013.

[8]Goldberg, D., and J. Blomquist. *A User's Guide to the Universe*. Hoboken, NJ: Wiley, 2010.

[9]Gott, J. Richard. *Time Travel in Einstein's Universe*. Boston: Houghton Mifflin, 2001.

———. *The Cosmic Web*. Princeton, NJ: Princeton University Press, 2016.

[10]Gott, J. Richard, and R. J. Vanderbei. *Sizing Up the Universe*. Washington, DC: National Geographic, 2010.

[11]Gould, S. J. *Wonderful Life*. New York: W. W. Norton, 1989.

[12]Greene, B. *The Elegant Universe*. New York: Vintage Books, 1999.

[13]Hawking, S. W. *A Brief History of Time*. New York: Bantam Books, 1988.

[14]Kaku, M. *Hyperspace*. New York: Doubleday, 1994.

[15]Lemonick, M. D. *The Light at the Edge of the Universe*. New York: Villard Books/Random House, 1993.

———. *The Georgian Star*. New York: W. W. Norton, 2009.

———. *Mirror Earth*. New York: Walker & Company, 2012.

[16]Leslie, J. *The End of the World*. London: Routledge, 1996.

[17]Misner, C. W., Thorne, K. S., and J. A. Wheeler. *Gravitation*. San Francisco: Freeman, 1973.

[18]Novikov, I. D. *The River of Time*. Cambridge: Cambridge University Press, 1998.

[19]Ostriker, J. P., and S. Mitton. *Heart of Darkness*. Princeton, NJ: Princeton University Press, 2013.

[20]Peebles, P.J.E., Page, L. A., Jr., and R. B. Partridge. *Finding the Big Bang*. Cambridge: CambridgeUniversity Press, 2009.

[21]Pickover, C. A. *Time: A Traveler's Guide*. New York: Oxford University Press, 1998.

[22]Rees, M. *Our Cosmic Habitat*. Princeton, NJ: Princeton University Press, 2001.

———. (ed.). *Universe*. Revised edition. New York: DK Publishing, 2012.

[23]Sagan, C. *Cosmos.* New York: Random House, 1980.
[24]Shu, F. *The Physical Universe.* Sausalito, CA: University Science Books, 1982.
[25]Taylor, E. F., and Wheeler, J. A. *Spacetime Physics.* San Francisco: W. H. Freeman, 1992.
[26]Thorne, K. S. *Black Holes and Time Warps.* New York: Norton, 1994.
[27]Tyson, N. deG. *Death by Black Hole.* New York: W. W. Norton, 2007.
———. *The Pluto Files.* New York: W. W. Norton, 2009.
———. *Space Chronicles.* New York: W. W. Norton, 2012.
[28]Tyson, N. deG., and D. Goldsmith. *Origins.* New York: W. W. Norton, 2004.
[29]Tyson, N. deG., C. T.-C.Liu, and R. Irion. *One Universe.* New York: John Henry Press, 2000.
[30]Vilenkin, A. *Many Worlds in One.* New York: Hill and Wang/Farrar, Straus and Giroux, 2006.
[31]Wells, H. G. *The Time Machine* (1895), reprinted in *The Complete Science Fiction Treasury of H. G. Wells.* New York: Avenel Books, 1978.
[32]Zubrin, R. M. *The Case for Mars.* New York: Free Press, 1996.